东北典型湖库微生物、藻类群落特性研究

魏自民　赵　越　张　旭　朱龙吉　赵昕宇　康可佳　主编

科学出版社

北　京

内 容 简 介

　　湖库中浮游微生物及藻类组成对水体中物质循环转化具有重要意义。本书选取东北典型湖库,阐明了浮游细菌群落结构季节性、区域性特征,分析了浮游细菌种群结构与水体营养特性的响应关系,探讨了水体中氮、磷代谢相关功能微生物的演化规律,揭示了东北典型湖库氨氧化细菌种群的多样性,系统识别鉴定了东北典型湖库浮游植物的形态学特征,揭示了浅水、深水湖库水生态指标对真核浮游植物多样性影响的差异性。通过进行东北典型湖库藻类生长潜力试验,揭示东北典型湖库水体营养盐输入与藻类生长的响应关系,以期为东北平原与山地湖区水华产生机制及预防提供理论依据。

　　本书可供流域水环境、湖泊科学、水质标准、环境科学与工程、生态学、生物学等多个学科的科研和管理人员阅读。

图书在版编目(CIP)数据

东北典型湖库微生物、藻类群落特性研究 / 魏自民等主编. —北京:科学出版社,2019.11

ISBN 978-7-03-062712-4

Ⅰ. ①东… Ⅱ. ①魏… Ⅲ. ①湖泊-浮游微生物-微生物群落-研究-东北地区 ②湖泊-藻类-微生物群落-研究-东北地区 Ⅳ. ①Q939 ②Q949.2

中国版本图书馆CIP数据核字(2019)第242182号

责任编辑:罗 静 岳漫宇 付丽娜 / 责任校对:郑金红
责任印制:吴兆东 / 封面设计:刘新新

科学出版社出版
北京东黄城根北街 16 号
邮政编码:100717
http://www.sciencep.com

北京虎彩文化传播有限公司 印刷
科学出版社发行 各地新华书店经销

*

2019年11月第 一 版 开本:720×1000 1/16
2019年11月第一次印刷 印张:22
字数:441 000

定价:198.00 元
(如有印装质量问题,我社负责调换)

前　言

我国湖泊主要集中分布于东部平原、青藏高原、蒙新高原、云贵高原、东北平原与山地五大湖区。湖泊富营养化的加剧，造成全国范围的湖泊富营养化灾害频发，成为制约我国社会和国民经济持续发展的重大环境问题。现场监测表明，东北平原与山地湖区已有相当数量的湖泊接近或处于富营养化水平。因此，识别东北平原与山地湖区及其流域特征、探明浮游细菌群落结构多样性及其与水环境因子的响应关系、揭示影响藻类生长的关键水环境营养盐限制因子，可为建立东北平原与山地湖区污染物控制技术体系、从根本上解决湖泊富营养化问题提供重要的科学依据。

本书是在国家水污染控制与治理科技重大专项（2009ZX07106-001-001、2009ZX07106-001-006）、国际环境监测与信息课题（2014）"中俄界河（黑龙江和乌苏里江）本底、有机污染现状及浓度水平调查"、国家自然科学基金面上项目（51778116；51878132）等的联合资助下完成的，同时也参考收录了大量国内外相关专家、学者的专著或论文的最新内容，作者也从中获得了很大的教益与启发，在此向他们表示衷心的谢意。

本书分六章，其中第一章介绍了在东北平原与山地湖区所选取的典型湖库的流域特征，以及各典型湖库采样及分析方法。第二章分析了东北典型湖库细菌群落多样性组成，探讨了细菌多样性与环境因子的响应关系，对比了不同湖库细菌群落组成及其环境影响因子的差异性。第三章探讨了水体中与氮、磷代谢相关的可培养微生物生物量的变化规律，明确了氮、磷代谢相关微生物数量与水质指标的互作关系，比较了不同湖库氮、磷代谢相关微生物数量的时空分异特征。第四章通过对典型湖库水体不同点位氨氧化细菌进行 PCR-DGGE 分析，阐明不同湖库氨氧化细菌空间分布的差异性，揭示水体环境因子与氨氧化细菌的响应关系。第五章基于形态学的显微鉴定结合分子生物学的 DGGE 技术，分析了各典型湖库浮游植物的时空变化规律，通过多元统计分析，揭示了各湖库浮游植物与环境因子的相关性。第六章采用藻类生长潜力试验，分析了水体营养盐组成及铜绿微囊藻密度、叶绿素 a 等的变化规律，探讨了氮、磷营养盐的输入与铜绿微囊藻生物量的响应关系，分析了铜绿微囊藻生长过程中细胞内溶解性有机物荧光特性变化。

编写此书的主要人员分工如下：第一章由张旭、康可佳编写，第二章由卢倩、贾立明、陈宇峰编写，第三章由赵越、汤玉、吴俊秋编写，第四章由赵昕宇、解新宇、杨红宇编写，第五章由魏自民、陈晓蒙、赵然编写，第六章由朱龙吉、宋新宇、李强编写。全书由魏自民、赵越完成统稿及校稿工作。

　　本书是作者多年来在水环境领域研究与实践的结晶，但还有许多工作需要补充和完善，且编者水平和经验有限，书中仍难免有不妥之处，在此恳请读者不吝指教。

编　者

2019 年 6 月于东北农业大学

目　　录

前言
第1章　东北平原与山地湖区典型湖库基本特性 ················· 1
1.1　我国湖库概况 ······························· 1
1.2　我国湖泊的分区 ····························· 2
1.3　东北典型湖库概况 ························· 2
　　1.3.1　五大连池 ························· 3
　　1.3.2　兴凯湖 ··························· 9
　　1.3.3　镜泊湖 ·························· 13
　　1.3.4　大伙房水库 ······················ 18
　　1.3.5　松花湖 ·························· 25
　　1.3.6　红旗泡水库 ······················ 30
　　1.3.7　连环湖 ·························· 32
　　1.3.8　桃山水库 ······················· 34
　　1.3.9　磨盘山水库 ······················ 35
1.4　水体样品采集方案 ························ 36
　　1.4.1　采样点布设原则 ···················· 36
　　1.4.2　各指标分析方法 ···················· 44
参考文献 ································· 45
第2章　东北平原与山地湖区典型湖库微生物多样性 ············· 46
2.1　概述 ································ 46
　　2.1.1　传统微生物学方法 ··················· 46
　　2.1.2　现代分子生物学方法 ·················· 46
　　2.1.3　湖泊微生物多样性国内外研究进展 ··········· 47
　　2.1.4　研究湖库微生物多样性的必要性 ············ 49
　　2.1.5　主要内容及方法 ···················· 49
2.2　东北平原与山地湖区典型湖库微生物群落组成 ········· 51
　　2.2.1　大伙房水库微生物多样性分析 ············· 51
　　2.2.2　松花湖微生物多样性分析 ··············· 54
　　2.2.3　镜泊湖微生物多样性分析 ··············· 56
　　2.2.4　兴凯湖微生物多样性分析 ··············· 58
　　2.2.5　红旗泡水库微生物多样性分析 ············· 60

　　　2.2.6 连环湖微生物多样性分析 ························· 62
　　　2.2.7 桃山水库微生物多样性分析 ························· 64
　　　2.2.8 西泉眼水库微生物多样性分析 ······················ 66
　　　2.2.9 磨盘山水库微生物多样性分析 ······················ 67
　2.3 东北平原与山地湖区典型湖库细菌多样性与环境因子的响应关系 ····· 69
　　　2.3.1 大伙房水库水体中细菌多样性与环境因子的响应关系 ········ 69
　　　2.3.2 松花湖水体中细菌多样性与环境因子的响应关系 ·········· 71
　　　2.3.3 镜泊湖水体中细菌多样性与环境因子的响应关系 ·········· 72
　　　2.3.4 兴凯湖水体中细菌多样性与环境因子的响应关系 ·········· 74
　　　2.3.5 红旗泡水库水体中细菌多样性与环境因子的响应关系 ········ 76
　　　2.3.6 连环湖水体中细菌多样性与环境因子的响应关系 ·········· 77
　　　2.3.7 桃山水库水体中细菌多样性与环境因子的响应关系 ········· 79
　　　2.3.8 西泉眼水库水体中细菌多样性与环境因子的响应关系 ········ 80
　　　2.3.9 磨盘山水库水体中细菌多样性与环境因子的响应关系 ········ 81
　2.4 东北平原与山地湖区典型湖库微生物多样性差异性分析 ·········· 83
　　　2.4.1 不同湖库水体中细菌 DGGE 图谱分析 ················· 83
　　　2.4.2 不同湖库水体中细菌多样性与环境因子的响应关系 ········· 85
　　　2.4.3 典型湖库水体中细菌群落结构区域差异性 ·············· 87
　　　2.4.4 典型湖库水体细菌类群与环境因子响应关系的差异性 ········ 88
　2.5 本章小结 ··· 88
　参考文献 ·· 89
第3章 东北平原与山地湖区氮、磷代谢相关微生物群落特性 ·········· 93
　3.1 概述 ··· 93
　　　3.1.1 研究背景 ······································ 93
　　　3.1.2 主要研究内容和方法 ······························ 94
　3.2 氮、磷代谢相关微生物变化 ······························ 95
　　　3.2.1 五大连池氮、磷代谢相关微生物变化 ················· 95
　　　3.2.2 兴凯湖氮、磷代谢相关微生物变化 ··················· 99
　　　3.2.3 镜泊湖氮、磷代谢相关微生物变化 ·················· 102
　　　3.2.4 大伙房水库氮、磷代谢相关微生物变化 ················ 106
　　　3.2.5 松花湖氮、磷代谢相关微生物变化 ·················· 109
　　　3.2.6 红旗泡水库氮、磷代谢相关微生物变化 ················ 112
　　　3.2.7 连环湖氮、磷代谢相关微生物变化 ·················· 115
　　　3.2.8 桃山水库氮、磷代谢相关微生物变化 ················· 119
　　　3.2.9 西泉眼水库氮、磷代谢相关微生物变化 ················ 122
　　　3.2.10 磨盘山水库氮、磷代谢相关微生物变化 ··············· 125

3.3　氮、磷代谢微生物类群与水质指标的响应关系···128
　　3.3.1　五大连池水体氮、磷代谢微生物类群与水质指标的响应关系·············128
　　3.3.2　兴凯湖水体氮、磷代谢微生物类群与水质指标的响应关系·················130
　　3.3.3　镜泊湖水体氮、磷代谢微生物类群与水质指标的响应关系·················131
　　3.3.4　大伙房水库水体氮、磷代谢微生物类群与水质指标的响应关系·········133
　　3.3.5　松花湖水体氮、磷代谢微生物类群与水质指标的响应关系·················134
　　3.3.6　红旗泡水库水体氮、磷代谢微生物类群与水质指标的响应关系·········135
　　3.3.7　连环湖水体氮、磷代谢微生物类群与水质指标的响应关系·················137
　　3.3.8　桃山水库水体氮、磷代谢微生物类群与水质指标的响应关系·············138
　　3.3.9　西泉眼水库水体氮、磷代谢微生物类群与水质指标的响应关系·········139
　　3.3.10　磨盘山水库水体氮、磷代谢微生物类群与水质指标的响应关系·······140
3.4　不同湖库间水体微生物类群分布特征···141
　　3.4.1　氨化细菌的数量与分布···141
　　3.4.2　反硝化细菌的数量与分布··142
　　3.4.3　磷细菌的数量与分布···143
　　3.4.4　微生物功能菌群与水质指标的相关关系···144
　　3.4.5　因子分析···145
3.5　东北湖库沉积物中微生物类群的分布特征···147
　　3.5.1　五大连池···147
　　3.5.2　兴凯湖···150
　　3.5.3　镜泊湖···153
　　3.5.4　松花湖···156
　　3.5.5　大伙房水库···159
　　3.5.6　红旗泡水库···162
　　3.5.7　连环湖···166
　　3.5.8　桃山水库···169
　　3.5.9　西泉眼水库···172
　　3.5.10　磨盘山水库···175
3.6　不同湖库间沉积物中微生物类群的分布特征···178
　　3.6.1　氨化细菌的数量与分布··178
　　3.6.2　反硝化细菌的数量与分布··179
　　3.6.3　磷细菌的数量与分布···180
3.7　讨论··181
　　3.7.1　东北湖库水体中微生物类群分布差异···181
　　3.7.2　水体微生物类群与水质指标的关系···182
　　3.7.3　不同湖库间水体微生物类群分布差异···182

　　　3.7.4　东北湖库沉积物中微生物类群分布差异 ·················· 184
　　　3.7.5　不同湖库间沉积物中微生物类群分布差异 ············· 184
　3.8　本章小结 ·· 185
　参考文献 ·· 186
第4章　东北平原与山地湖区氨氧化细菌群落结构多样性 ············· 189
　4.1　概述 ·· 189
　　　4.1.1　背景 ··· 189
　　　4.1.2　主要研究内容和方法 ··· 193
　4.2　东北平原与山地湖区氨氧化细菌群落结构特征 ··············· 195
　　　4.2.1　浅水湖库氨氧化细菌群落结构特征 ······················· 195
　　　4.2.2　深水湖库氨氧化细菌群落结构特征 ······················· 204
　　　4.2.3　松花湖四季的氨氧化细菌群落结构分析 ·················· 210
　4.3　东北平原与山地湖区氨氧化细菌与环境因子的响应关系 ···· 213
　　　4.3.1　浅水湖库氨氧化细菌与环境因子的相关性分析 ········· 214
　　　4.3.2　深水湖库氨氧化细菌与环境因子的相关性分析 ········· 220
　4.4　探讨东北典型湖库氨氧化细菌群落分布差异性 ··············· 226
　　　4.4.1　氨氧化细菌群落的空间分布差异 ·························· 226
　　　4.4.2　环境因子对氨氧化细菌群落分布的影响 ·················· 227
　4.5　本章小结 ·· 228
　参考文献 ·· 229
第5章　东北平原与山地湖区藻类与环境因子的响应关系 ············· 233
　5.1　概述 ·· 233
　　　5.1.1　淡水浮游植物生态概述 ·· 233
　　　5.1.2　浮游植物多样性研究的方法学 ································ 235
　5.2　东北典型湖库浮游植物形态学鉴定 ······························· 239
　　　5.2.1　红旗泡水库 ··· 239
　　　5.2.2　西泉眼水库 ··· 240
　　　5.2.3　兴凯湖 ··· 242
　　　5.2.4　连环湖 ··· 243
　　　5.2.5　桃山水库 ·· 244
　　　5.2.6　镜泊湖 ··· 245
　　　5.2.7　松花湖 ··· 247
　　　5.2.8　各湖库之间的比较 ·· 248
　5.3　东北典型湖库真核浮游植物的 PCR-DGGE 分析 ··············· 251
　　　5.3.1　真核浮游植物基因组 DNA 提取和 PCR 扩增结果 ······· 251
　　　5.3.2　5 个浅水湖库春、夏、秋三季真核浮游植物 DGGE 分析 ········· 252

5.3.3　2 个深水湖库真核浮游植物 DGGE 分析 ················· 261

5.3.4　冬季样品真核浮游植物 DGGE 分析 ····················· 265

5.4　东北典型湖库真核浮游植物与环境因子的相关性分析 ············ 267

5.4.1　5 个浅水湖库真核浮游植物与环境因子的相关性分析 ········· 267

5.4.2　2 个深水湖库真核浮游植物与环境因子的相关性分析 ········· 273

5.5　综合评价藻类与环境因子的响应关系 ························ 275

5.5.1　浮游植物多样性研究的方法 ·························· 275

5.5.2　东北典型湖库的生态环境 ···························· 276

5.5.3　东北典型湖库浮游植物时空演替规律 ···················· 277

5.5.4　东北典型湖库浮游植物群落与环境因子的相关性 ············· 278

5.6　本章小结 ··· 279

参考文献 ·· 280

第 6 章　东北平原与山地湖区营养盐输入与藻类生长的响应关系 ········· 283

6.1　概况 ··· 283

6.1.1　湖泊富营养化现状 ································· 283

6.1.2　铜绿微囊藻与水体富营养化的响应关系 ·················· 284

6.1.3　主要研究内容和方法 ······························ 285

6.2　不同湖库水体的藻类生长潜力 ···························· 290

6.2.1　镜泊湖水体的藻类生长潜力 ·························· 291

6.2.2　兴凯湖水体的藻类生长潜力 ·························· 293

6.2.3　五大连池水体的藻类生长潜力 ························ 295

6.2.4　松花湖水体的藻类生长潜力 ·························· 297

6.2.5　大伙房水库水体的藻类生长潜力 ······················ 299

6.3　不同湖库水体藻类生长控制因子的研究 ······················ 301

6.3.1　镜泊湖水体 AGP 试验最大现存量的多重比较 ·············· 302

6.3.2　兴凯湖水体 AGP 试验最大现存量的多重比较 ·············· 303

6.3.3　五大连池水体 AGP 试验最大现存量的多重比较 ············· 304

6.3.4　松花湖水体 AGP 试验最大现存量的多重比较 ·············· 305

6.3.5　大伙房水库水体 AGP 试验最大现存量的多重比较 ··········· 306

6.4　不同湖库水体营养盐输入与藻类生长的响应关系 ················· 307

6.4.1　营养盐输入对藻密度的影响 ·························· 307

6.4.2　营养盐输入对藻类比增长率的影响 ····················· 309

6.4.3　营养盐输入对藻液中 TDN 含量的影响 ·················· 311

6.4.4　营养盐输入对藻液中 NO_3^--N 含量的影响 ················· 312

6.4.5　营养盐输入对藻液中 TDP 含量的影响 ·················· 314

6.4.6 营养盐输入对藻液中正磷酸盐含量的影响 ·················· 315

6.4.7 营养盐输入对藻中叶绿素 a 含量的影响 ·················· 317

6.5 营养盐输入对藻细胞内溶解性有机物荧光特性的影响 ·················· 319

6.5.1 镜泊湖 IDOM 的荧光特性 ·················· 319

6.5.2 镜泊湖 IDOM 的三维荧光区域积分 ·················· 321

6.5.3 兴凯湖 IDOM 的荧光特性 ·················· 321

6.5.4 兴凯湖 IDOM 的三维荧光区域积分 ·················· 323

6.5.5 五大连池 IDOM 的荧光特性 ·················· 323

6.5.6 五大连池 IDOM 的三维荧光区域积分 ·················· 325

6.5.7 松花湖 IDOM 的荧光特性 ·················· 325

6.5.8 松花湖 IDOM 的三维荧光区域积分 ·················· 327

6.5.9 大伙房水库 IDOM 的荧光特性 ·················· 327

6.5.10 大伙房水库 IDOM 的三维荧光区域积分 ·················· 329

6.5.11 不同湖库 10 个点位的聚类分析 ·················· 329

6.6 湖库营养盐输入与藻类生长区域差异性分析 ·················· 330

6.6.1 不同湖库水体 AGP 试验差异 ·················· 330

6.6.2 不同湖库水体藻类生长控制因子的差异 ·················· 331

6.6.3 不同湖库水体营养盐输入与藻类生长的响应关系差异 ·················· 331

6.6.4 不同湖库水体铜绿微囊藻荧光特性差异 ·················· 332

6.7 本章小结 ·················· 333

参考文献 ·················· 334

第1章　东北平原与山地湖区典型湖库基本特性

1.1　我国湖库概况

湖泊是陆地上的盆地或洼地积水形成的，是具有一定水域面积、换流周期较为缓慢的水体。湖泊作为陆地水圈的重要组成部分，参与自然界的水分循环。湖泊是与人类生存和发展密切相关的重要自然资源，具有改善环境、调节河流、灌溉田地、疏通航运、繁衍水生生物及提供旅游观光等功能；湖泊也是人类淡水资源的主要来源之一，可以发挥调节气候、蓄洪防旱、促淤造陆、维持生物多样性和生态平衡等多种作用[1]。

我国幅员辽阔，资源丰富，湖泊数目众多且种类多样、分布广泛。最新的调查结果表明[1]：我国境内占地面积在 $1.0km^2$ 以上的天然湖泊共有 2700 多个，总面积约为 $91\ 019.63km^2$，约占全国国土面积的 0.9%。我国湖泊不仅包括世界上海拔最高的青藏高原湖泊，还有位于海平面以下的艾丁湖；既有数量众多的浅水湖泊，又有大量的深水湖泊，还有淡水湖、咸水湖、盐湖、吞吐湖和闭流湖。另外，从湖泊形成原因上看，我国拥有构造湖、火山口湖、堰塞湖、冰川湖、岩溶湖、风蚀湖、合成湖及海成湖等众多类型的湖泊[1,2]。

近年来，随着社会经济的不断发展和人类生活水平的提高，排入江河湖泊等水体的污染物日益增多，水体富营养化的速度呈逐年加剧的趋势。1985 年 9 月，淀山湖首次暴发大面积"水华"，上海湖区面积的 90%被绿色被膜覆盖[3]。1992 年春季，汉江下游水体突变成黄褐色，硅藻迅速增殖，并伴有藻腥气味，发生水华[4]。2005 年 7 月，南京玄武湖发生蓝藻水华，导致湖水水质恶化，并散发出浓重的恶臭气味[5]。2007 年 5 月，无锡太湖"蓝藻"大暴发，顿时使全城大部分地区陷入不同程度的水荒中[6]。方红云[7]的研究指出，滇池水体流动性差，营养盐含量高，且地处我国西南地热带上，因此，很容易引起蓝藻的大面积暴发。

富营养化会导致水体质量下降，直接影响水源地周边地区人民的生活和生产的发展，给供水带来各种困难；富营养化也会导致水生态系统失去平衡，使湖泊老化的速度加快，同时也会破坏水产资源；发生富营养化的湖泊的水体上经常会产生蓝绿色絮状漂浮物，并散发出恶臭气味，严重影响水体景观[8]。目前，富营养化是我国湖泊面临的最主要的环境问题，因此，预防、控制湖泊水体富营养化必须引起高度重视。

1.2　我国湖泊的分区

综合湖泊的地理位置、形成原因、气候条件等,将我国湖泊划分为五大湖区[9]:蒙新高原湖区、青藏高原湖区、云贵高原湖区、东北平原与山地湖区和东部平原湖区。

(1)蒙新高原湖区,又称西北干旱区湖区,即内蒙古自治区、新疆维吾尔自治区、甘肃省等范围内的湖泊,约占全国湖泊总面积的 11.5%。该区湖泊多为构造湖和风蚀湖;新疆吐鲁番盆地的艾丁湖是我国地势最低的湖泊,该湖区降水稀少、蒸发强度大,因此,湖泊大多发育成咸水湖或盐湖[9]。

(2)青藏高原湖区,以盐湖和咸水湖为主,是世界上湖泊数量最多、海拔最高的高原内陆湖区,约占全国湖泊总面积的 48.4%。该区湖泊在成因上多与构造运动和冰川作用有关;目前我国已知的地势最高的湖泊——藏北高原的喀顺错湖位于该湖区;该湖区气候寒冷、干燥,降水稀少,湖泊补给主要来源于冰川融水;海拔高、湖水深、面积小是青藏高原湖区的主要特点[9]。

(3)云贵高原湖区,即云南、贵州等地区的湖泊,该区湖泊湖水较深、面积较小,约占全国湖泊总面积的 1.4%。我国唯一的腾冲青海酸性湖和第二深水湖——抚仙湖均位于该湖区;该湖区干湿季节分明,且湖水清澈,矿化度低,景色迷人[2]。

(4)东北平原与山地湖区,即地处黑龙江、吉林、辽宁三省的湖泊,多为火山口湖、构造湖和堰塞湖,约占全国湖泊总面积的 5.7%。该区还有一些小而浅的泡子;我国面积最大的火山堰塞湖——镜泊湖位于该湖区;夏季温凉多雨,冬季寒冷多雪,湖泊冰冻期较长[9]。

(5)东部平原湖区,即长江、黄河、淮河、珠江等流域中下游平原地区的湖泊,具有分布密集、地势平坦、雨量充足、营养物质含量高等特点,约占全国湖泊总面积的 31.0%。我国的五大淡水湖——洞庭湖、鄱阳湖、巢湖、洪泽湖和太湖均位于该湖区;该湖区湖泊在成因上多与河流水系的演变有关,并且气候温暖湿润,水系发达,湖泊的水源补给丰富;资源类型丰富,开发、利用历史悠久,人为活动强烈是该湖区的主要特点[2]。

1.3　东北典型湖库概况

东北三省包括黑龙江省、辽宁省、吉林省,其土地面积约为 $7.9 \times 10^5 km^2$,约占我国国土面积的 8.2%,其中部为平原区,北部为小兴安岭山地,东西两侧为长白山山地和大兴安岭山地,南端濒临辽东湾。东北地区土地资源丰富,世界闻名的黑土带就分布在此地，东北地区著名的松嫩平原、三江平原、松辽平原是我国重要的粮食生产基地，其耕地面积约占全国的 17.0%，此外，东北地区还具有较丰富的森林、矿产资源。

东北典型湖库区域地处温带湿润、半湿润气候区，夏季较短，且温凉多雨，入湖水量颇为丰富；冬季漫长，且寒冷多雪，湖泊的封冻期一般可长达 4~6 个月，全年的降水量主要集中在 6~9 月。东北地区气温偏低，蒸发作用微弱，因而虽然降水量并不十分丰富，但该地区湿度仍较高，具有大量的湖泊、水库及沼泽地。东北地区典型湖库在防洪、供水、旅游、航运、养殖、维持生态平衡和环境保护方面都具有重要意义。

本书所涉及的代表性湖泊如下。

东北平原与山地湖区位于我国东北地区，总面积约 3955.3km^2，约占全国湖泊总面积的 4.4%，其中面积 1km^2 以上的湖泊 140 个。东北地区三面环山，中间是松嫩平原和三江平原。分布于平原地区的湖泊，当地习称泡子，其成因多与地壳沉陷、地势低洼、排水不畅和河流摆动等有关，这些湖泊的特点是面积小、湖盆坡降平缓、现代沉积物深厚、湖水浅、矿化程度较高等。而分布于山地湖区的湖泊，其成因多与火山活动关系密切，这是本湖区的一个重要特色。

1.3.1　五大连池

1.3.1.1　自然概况

五大连池位于黑龙江省北部五大连池市，是我国第二大火山堰塞湖。地理位置处于 48°34′N~48°38′N、126°00′E~126°21′E，既是我国著名的风景名胜区和天然的"火山公园"，又是我国最大的冷泉疗养区。五大连池属于浅水富营养化湖泊，具有水产养殖、旅游观赏、饮用水源等功能。由于自然与人为的因素，水体富营养化速度加快，面临沼泽化的危险。五大连池是兼渔业、旅游观赏、饮水水源等多功能的湖泊，在渔业方面，从五个池子的容量上看，仍有很大潜力可开发；在旅游方面，可开辟水上游览活动，五池北岸、二池的一部分是天然浴场。

五大连池是由火山熔岩堵塞白河河道形成 5 个相连的火山堰塞湖而得名的。五大连池位于火山群的中心，周围有 14 座火山丘环湖分布，该地区是我国目前保存最完整的"天然火山博物馆"。湖的西岸有一片约 68km^2 的石龙熔岩，东面有土岗与耕地接壤。

自第四系下更新世以来，五大连池地区火山频频喷发，形成了面积达 800 余平方千米的玄武岩台地。据史料记载，其中的老黑山和火烧山及其熔岩流于 1719~1921 年喷发形成。清《黑龙江外记》记有："墨尔根（今嫩江县）东南，一日地中忽出火，石块飞腾，声震四野，越数日火熄，其地遂成池沼，此康熙五十八年(公元 1719 年)事"。《宁古塔记略》记有:"城外东北五十里有水荡。于康熙五十九年六、七月间,忽烟火冲天,其声如雷,昼夜不绝,声闻五、六十里。其飞出者皆黑石、硫磺之类,终年不断,竟成一山,直至城郭,热气逼人三十余里,只可登山而望。今热气渐衰,然数里之中,人仍不能近,天使到彼察看,亦只远望而已。嗅之惟硫磺气。至今如此,人无有识者。"这次火山喷发,堵塞了讷谟尔河的支流——白河,并迫使河道东移,河流受阻而形成石龙河贯穿、呈念珠状的 5 个湖泊。

五大连池自南向北依次为:一池、二池、三池、四池、五池,其中三池面积最大($8.92km^2$),五池次之,一池最小($0.25km^2$);二池、三池最深(二池深达 13m、三池 12m)。四池、五池为泥沙底;三池部分为泥沙底,部分为熔岩底;二池大部分为熔岩底,少部分为泥石底;一池全部为熔岩底。5 个池子总面积为 $18.47km^2$,蓄水量约 $1.57\times10^8m^3$。5 个池子之间连接,总流长约 5250m。

五大连池地区河流发育不良,无大河流,水流量较小,主要河流有:石龙河(白河),发源于南格拉球山以北的沼泽地,流经五池、四池、三池、二池、一池后,沿石龙台地东缘南流,注入讷谟尔河,河宽仅数米,长度不详,流量不大;药泉河,发源于药泉湖,沿石龙台地西侧流入石龙河;张通世沟,源头在尾山农场一带,流经东北部丘陵状平原,注入三池,是五大连池的一条重要支流。以上河流流域面积及流量均较小,故直接利用价值不大。

1. 气候

五大连池的气候特点是春季风大,干旱;夏季短促,温热多雨;秋季凉爽,早霜;冬季漫长,寒冷干燥。年平均气温−0.1℃,7 月气温最高(平均为 21℃),1 月气温最低(平均为−24.2℃)。年平均降水量为 267.8mm,降水时间集中在 6~8 月,占全年降水量的 65%以上。年平均蒸发量为 1253mm。年平均无霜期 119d,终霜日 5 月 17 日前后,初霜日约为 9 月 15 日。湖区属于湿度较大地带,年平均相对湿度为 68%。年平均积雪日期约 122d,日照时数为 2624h。

五大连池湖水每年 5 月初解冻,10 月末开始结冰,结冰期达半年之久。石龙河 4 月下旬解冻,11 月上旬结冰,与讷谟尔河解冻和结冰的时间大体相同。湖内最高水位在 8 月,最低水位在 4 月。

2. 植被与土地利用

植被概况:五大连池火山群自然保护区属于寒温带大陆性季风气候,植被位于长白区北部,属温带北部针阔叶混交林。森林植被既有大小兴安岭植被特点,又有长白山植被特点,奇特而多样的自然生态条件使植物资源种类繁多、蕴藏量大、分布广。该区的野生植物有 143 科 428 属 1044 种。

五大连池风景名胜区的行政区划面积约为 1060km², 约有耕地 35.8 万亩①、林地 32.1 万亩、草原 5.73 万亩、湿地 15 万亩。

1.3.1.2　水生生物群落

1. 浮游植物的种类组成

据 1990～1992 年调查, 五大连池共鉴定出浮游植物 74 属 177 种, 隶属于 8 门。其中种类最多的是绿藻门, 有 32 属 91 种, 占总种数的 51.41%; 其次是硅藻门, 有 22 属 50 种, 占 28.25%; 蓝藻门有 9 属 17 种, 占 9.6%; 裸藻门 3 属 6 种; 隐藻门 2 属 6 种; 甲藻门 3 属 3 种; 金藻门 2 属 3 种; 黄藻门 1 属 1 种。不同季节浮游植物种类组成有所变化, 各门藻类夏、秋季种类数较多, 春季最少。

2. 浮游植物的数量变化

据 1990～1992 年调查, 五大连池二池浮游植物平均数量为 225.15×10^4 个/L, 最多的是硅藻 (133.58×10^4 个/L), 占浮游植物总量的 59.33%; 其次是蓝藻 (59.72×10^4 个/L), 占 26.52%; 隐藻 (21.37×10^4 个/L) 占 9.49%; 其他占 4.67%。数量变化与季节变化有明显的关系, 夏季生物量最高 (339.8×10^4 个/L), 秋季最低 (150.7×10^4 个/L)。春季以硅藻为主 (160.8×10^4 个/L), 占 86.94%, 其次为隐藻 (14.4×10^4 个/L) 和绿藻 (9.0×10^4 个/L); 夏季以蓝藻最多 (152.4×10^4 个/L, 占 44.85%), 其次是硅藻 (135.8×10^4 个/L, 占 39.96%) 和隐藻 (38.9×10^4 个/L, 占 11.45%); 秋季硅藻占优势 (104.1×10^4 个/L, 占 69.08%), 其次是蓝藻 (26×10^4 个/L) 和隐藻 (10.8×10^4 个/L)。在各个季节硅藻的数量均较多且变化较小, 对藻类数量变化起稳定作用; 蓝藻的数量变化最大, 春季只有 0.75×10^4 个/L, 而夏季高达 152.4×10^4 个/L, 是春季的 200 余倍。

3. 浮游植物优势种变化

五大连池浮游植物的优势种群随季节的变化而变化。其中, 硅藻门的小环藻、冠盘藻和隐藻门的尖尾蓝隐藻、隐藻变化不大, 在各季均占优势, 美丽星杆藻春季较多, 夏季以后渐少, 颗粒直链藻与其相反, 春季较少, 夏、秋季占优势, 蓝藻门的水华束丝藻在夏季占绝对优势, 每升水样中达 137.6 万个, 秋季随水温降低逐渐消失。其他藻类也是夏季繁盛, 秋季消失。总之, 五大连池浮游植物群落结构明显地随季节变化而变化: 春季, 硅藻种类最多, 数量最大, 优势种类是小环藻、美丽星杆藻、冠盘藻等; 夏季, 绿藻种类最多, 蓝藻数量最大, 占优势的种类是水华束丝藻、小环藻、颗粒直链藻、冠盘藻、尖尾蓝隐藻等; 秋季, 绿藻

---

① 1 亩≈666.7m²

种类最多，硅藻数量最大，占优势的种类是颗粒直链藻、小环藻等。各门藻类在一年中的变化也不一样。硅藻：各季节种类和数量变化较稳定，但春季稍高，且小环藻、颗粒直链藻、冠盘藻、星杆藻占绝对优势，对硅藻的生物量起决定性作用。蓝藻：一年中随季节变化最为显著，春季种类和数量均很少，随着水温的升高而迅速增长；夏季最高，成为水体中优势种类；秋季随水温的降低而逐渐衰退。蓝藻在夏季形成水华，其主要种类除水华束丝藻外，尚有鱼腥藻、微囊藻、项圈藻等属的种类，由于夏季蓝藻大量出现，夏季的浮游植物生物量剧增，是其他季节的 2 倍左右。绿藻：绿藻门种类数最多，但个体数量并不大，无明显优势种，常见的有栅藻属、美丽胶网藻、四角藻属、实球藻属、空球藻属、卵囊藻属、盘星藻属、十字藻属、角星鼓藻属等。隐藻：种类不多，但数量始终较大，尖尾蓝隐藻、隐藻是优势种。甲藻：夏季，一池、二池出现大量的角甲藻，秋季消失。其他藻类种类不多，数量也不大，在水生生态环境中所起作用不大。

4. 浮游动物种类组成及优势种的分布

据 1981～1982 年调查，五大连池浮游动物有 68 属。其中轮虫类最多（31 属），占 45.6%；原生动物 23 属，占 33.8%；枝角类占 11.8%；桡足类占 8.8%。原生动物多分布于四池、五池，春季最多，主要种类为球形砂壳虫、焰毛虫等。轮虫多分布于一池、四池、五池，夏季最高，优势种是针簇多肢轮虫、蒲达臂尾轮虫、疣毛轮虫等。桡足类终年可见，以无节幼体为主。枝角类多分布于三池、四池、五池，主要种类是秀体潘、小栉潘、象鼻潘等。

5. 浮游动物生物量年变化

浮游动物生物量年平均为 3.112mg/L，其中 1981 年为 3.2352mg/L，1982 年为 2.9887mg/L。浮游动物生物量四池为最高（1981 年为 5.666mg/L，1982 年为 5.8359mg/L），一池最低（1981 年为 1.662mg/L，1982 年为 1.632mg/L）。

6. 浮游动物生物量的季节变化

五大连池浮游动物季节变化最明显，二池、三池秋季生物量最高（其中二池 1981 年为 3.03mg/L，1982 年为 2.892mg/L；三池 1981 年为 2.911mg/L，1982 年为 2.2681mg/L）。一池、五池最高峰出现在夏季（其中一池 1981 年为 3.057mg/L，1982 年为 3.0844mg/L；五池 1981 年为 5.799mg/L，1982 年为 4.6523mg/L）。

7. 浮游动物的垂直分布

浮游动物的垂直分布与季节有关，春季高峰在中层（1.5386mg/L），主要种类为桡足类；夏季高峰出现在底层（2.2627mg/L），主要种类以桡足类、枝角类为主；冬季上层最高（0.4652mg/L）。

8. 底栖动物的种类

五大连池底栖动物文献中记载有38种，优势种类为中华颤蚓、摇蚊幼虫、褶纹冠蚌、纹沼螺等。

9. 水生维管植物的种类

五大连池有水生维管植物35种，主要种类有菱、菰、菹草、金鱼藻、芦苇、水葱、宽叶香蒲等。

10. 鱼类的分布

五大连池共计有鱼类10科39种，常见的种类有鲫、鲤、鲢、鳙、草鱼等。各池种类分布无差异，但群体数量有明显不同。三池因投放鲢、鳙，目前以鲢数量最多，其次是鲫、青梢红鲌、鲤等；五池以鲤数量最多；一池、二池、四池均以鲫数量最多。五大连池是黑龙江省旅游观赏重点景区之一，但目前功能仍以渔业为主，是黑龙江省著名的产鱼区，年产量约120t。五个池子均为独立水体，三池1955年开始放养鱼苗，以鲢、鳙为主，放养鱼类占总产量的60%，银鲫占20%，青梢红鲌占15%。五池1992年开始放养鱼苗，以鲤、鲢为主。一池、二池、四池则以自然鱼类为主。

五大连池的渔政管理归属五大连池农场，现在三池、五池由农场渔业公司和农场11队集体统一管理，其他各池采取单船划片承包。

1.3.1.3　五大连池面临的主要问题及旅游资源

1. 湖泊沼泽化问题

五大连池入湖河流较小，河流带来的泥沙量对湖泊的淤塞作用并不明显，但由于湖岸地带失去森林或草原的保护，地表径流带来大量泥沙，威胁着湖泊生存，湖面逐年扩大，水深和地质也发生变化。其中以五池面临的威胁最大，有资料表明，与20世纪50年代相比，五池湖床在1984年平均上升了1.1m，底质由过去单纯的玄武岩变成大部分为泥沙底。由于湖水变浅，底质多泥沙，大量水生植物得以生长。五池除湖中心少数区域外，均有水生植物分布，沿岸带、亚沿岸带水生植物生长茂密，覆盖率约40%。漂浮植物、沉水植物在水下密如蛛网，有些地方延伸到湖心。四池面积较小，湖外除西部为石龙河外，其余均为耕地，大量泥沙随雨水冲入湖中，水深逐年变浅，水生植物大量生长，周围已形成沼泽化，并且正向湖心扩展，因之湖面逐年缩小。一池、二池、三池情况尚好，但同样存在类似现象。因此，防止湖泊沼泽化已成为五大连池面临的主要问题。

2. 五大连池环境保护措施及旅游

五大连池作为一个风景名胜区，需要较高的环境质量指标，以保持一种清洁的高标准的水质。加强对湖岸的护坡工作，是当前势在必行的任务，应从石头护坡和植树造林两个方面同时进行，以防止湖泊进一步的沼泽化和富营养化。在五大连池上游，应进行退耕还林，加强对流域内森林植被的保护，禁止乱砍滥伐，控制水土流失。对农田中化肥和农药的施用量也要加以控制，减少其入湖量，防止湖泊水环境进一步恶化。

地球在长达46亿年的复杂演化过程中，为人类提供了优美的自然环境和丰富的物质资源。五大连池就是第四纪火山活动给人类留下的一片珍贵遗产，这里山秀、水幽、泉奇、石怪、洞异，是集生态旅游、休闲度假、保健康疗、科学考察于一体的高含量、多功能、综合型国际旅游胜地，被誉为镶嵌在欧亚大陆桥上的一颗璀璨的明珠。

约 $1060km^2$ 的景区内矗立着14座新老期火山，喷发年代跳跃很大，由史前的200多万年到近代的280多年前，是世界顶级火山资源。这里拥有世界上保存最完整、分布最集中、品类最齐全、状貌最典型的新老期火山地质地貌。14座拔地而起的火山锥，山川辉映，景色优美；石龙、石海、熔岩瀑布、熔岩暗道、熔岩钟乳、熔岩旋涡、象鼻熔岩、翻花熔岩、喷气锥碟、火山砾和火山弹等微地貌景观，千姿百态，被科学家称为"天然火山博物馆"和"打开的火山教科书"。五个相连如串珠般的湖泊，是最新期火山岩浆填塞了远古凹陷盆地湖乌德林池而形成的，五大连池也因此而得名。它是我国第二大火山堰塞湖，池岸曲线变化复杂，有收有放，景观效应极佳。这里的铁硅质重碳酸钙镁型的矿泉水，是蜚声中外的世界名泉，享有"神泉""圣水"美誉，和法国的维希矿泉、俄罗斯北高加索矿泉并称为"世界三大冷泉"，在民间已有上千年的医用、饮疗和洗疗历史，对康复疗养和人类的延年益寿具有神奇的功效。

目前，五大连池已荣获两项世界级桂冠和11项国家级荣誉，包括世界地质公园、世界人与生物圈保护区(世界级)，以及中国国家地质公园、中国旅游胜地四十佳、中国人与生物圈保护区、中国矿泉水之乡等(国家级)等。现在已开发出七大观光区、八大奇观、100多个景点。七大旅游观光区包括新期火山奇观观光区、世界名泉观光区、古火山生态观光区、火山堰塞湖观光区、火山熔岩冰洞游览区、龙门石寨科考探险区和火山民俗文化观光区。八大奇观有：雄峻陡峭的山巅火口、波澜壮阔的翻花石海、造型奇绝的喷气锥碟、霜花似玉的熔岩冰洞、碧水一泓的天池胜景、云雾蒸腾的石龙温泊、鬼斧神工的龙门石寨、景色如画的群山倒影。这里的四奇、四怪神秘而奇特，四奇是：水往西边走、车往上坡跑、三伏赏冰雪、数九长绿草；四怪是：喝水能治病、洗泉把疾消、熔岩赛火炕、石头水上漂。得天独厚的地质资源为五大连池创造了举世罕见的六大自然环境：有世界上最纯净的天然氧吧；有世界上品位最高的具有医疗保健作用的磁化矿化电荷离子水；有集保健、美容、医疗于一体的矿泉洗疗、泥疗区；有天然的火山熔岩台地——太阳热能理疗场;有功能最齐全、规模最大的富有1000～3000伽玛峰值的火山地质全磁环境;有不受任何污染的纯绿色矿泉系列健康食品。由此形成了世界上综合条件最完善的自然环境理疗基地。神奇的火山环境还孕育着神奇的火山民俗文化,药王济世、秃尾巴老李大战小白龙的故事在当地广为流传。游中华胜地,饮天下名泉,观绝世奇景,听神话传说,真是"走遍千山万水,风景这边独好"。

1.3.2 兴凯湖

1.3.2.1 自然状况

兴凯湖,为满语,原为中国内湖,1860年《中俄北京条约》签订后,变成了中俄界湖。湖水从东北部龙王庙附近流出为松阿察河,注入乌苏里江。兴凯湖富产鱼类,是国家AAAA级度假、养生、旅游胜地,素有"东方夏威夷"之美称。罕见的原生态湿地环境已成为摄影人心中的"理想国"及影视剧外景拍摄基地。兴凯湖是由地壳断裂凹陷之后,玄武岩浆喷溢而形成的湖泊。远在古生代,地壳运动使地槽发生褶皱隆起,形成密敦断裂带,即东裂谷支。中生代晚期(距今约6600万年),东裂谷支局部地区基底断裂沉陷,并伴有火山活动,于是形成火山碎屑堆积和陆相碎屑沉积,凹陷处形成了湖泊。后来受第三纪和第四纪新构造运动的影响,地势下降,湖面扩大,到更新世后期,湖面缩小,出现碟形和带状沙岗等微地貌,形成大、小两个兴凯湖。大湖在我国境内的湖周曲线长度为86.25km。

兴凯湖(44°30′N～45°30′N、132°00′E～132°50′E)位于我国黑龙江省东南部和俄罗斯远东滨海边区,是中俄界湖,为造山运动地壳陷落而形成的构造湖。兴凯湖呈椭圆形,北宽南窄。

兴凯湖流域分为三个平原。地势西高东低,整个地形可分为三个自然区,即当壁镇—湖西公路—农场林业队湖岗区;湖西公路—农场林业队湖岗区,为大、小兴凯湖分界;农场林业队—龙王庙湖积平原和沼泽区。

当壁镇至湖西公路长26km,海拔110～180m,湖岸海拔70m,距湖3km处有蜂蜜山主峰,其海拔为574m。沿湖林地为以阔叶林为主的针阔混交林带。

从小湖西公路至小湖东岸,长35km,通称湖岗,是一条在大、小湖之间的天然沙岗,顶部海拔为75km左右,上宽10余米,底宽60～100m,岗上生长着原始树林。小兴凯湖北岸仍是漫岗,距小湖北岸18km处的板石山海拔为161m,小湖北岸海拔为85m左右。从小湖东岸至龙王庙长25km,均为湖积平原上隆起5条南北走向的长形沙岗和土岗,从大湖边缘起向东依次为大湖岗、太阳岗、二道岗、荒岗和南岗。各岗互相平行,呈弧形围绕大湖,各岗相距6～8km,形成狭长平原，岗顶海拔为 72～80m。从荒岗和南岗向东、向北均为大面积沼泽地。沼泽地表层为黏土，底层为灰蓝色重黏土。由于地势平缓，杂草丛生，阻滞水泄，常年积水。

1. 气候

湖区属于大陆性季风气候。春季冰雪消融吸热，湖区气温比周围低 1℃；夏季受湖面影响，天气凉爽，暴热天气少，昼夜温差不大；秋季因湖水放热，气温比周围高 1℃，多秋雨；冬季盛行西北风，经常出现暴雪天气，冰封期从 11 月至翌年 3 月。兴凯湖地区年降水量平均为 564mm，无霜期平均为 147 天，冰封期为 137 天，日照时期为 2574h，年平均温度为 3℃。

2. 植被

兴凯湖地区主要属于森林湿地带。由于气温适宜，雨量充沛，植物生长茂密。随着地势不同，植物群的分布错落有致。有的漫岗上为森林植物群落，缓坡上为蒿类群落，平原上为五花草群落、小叶樟群落、沼柳群落和芦苇群落。

3. 自然资源

兴凯湖流域面积为 1430km²，地域广阔，资源丰富。

土地资源：兴凯湖流域可耕地面积 676.67km²，现有耕地面积 263.07km²，尚可垦荒 413.6km²。湖区土地肥沃，黑土层厚 20～50cm，有机质含量在 3%～14%，呈弱酸性，适于农作物生长。

草林资源：湖岗天然次生林面积为 28.29km²。林木以柞树为主，还有大量药用植物，如玉竹、黄芪、平贝、百合、乌头、沙参、穿地龙、龙胆草、土三七、防风等 81 科 186 种。林中产品有榛子、橡子、野葡萄、蘑菇、木耳、黄花菜、蕨菜等。小湖沿岸有芦苇地 10 万亩，亩产可达 1.5t。芦苇生长茂盛，苇高 194cm，是造纸原料基地。兴凯湖湖边有广阔草原，仅东部地区草地面积有 50 余万亩，目前利用不到 1 万亩，故有雄厚的资源可待开发。

鱼类资源：大、小兴凯湖盛产淡水鱼类，达 13 科 65 种，有名贵稀有的三花（鳌花、鳊花、鲫花），有体大肉肥的欧洲鲶鱼，有金翅锦鳞的鲤，有洁白如玉的湖虾。体白肉嫩的大白鱼是我国四大淡水名鱼之一。

野生动物资源：湖区偏僻幽静，水草丰盛，有大量野生动物栖息繁衍。湖区珍贵禽类有天鹅、白鹤、丹顶鹤、白头鹳、鹭鸶、野鸭、雉鸡、鸳鸯等。

4. 兴凯湖水文理化特征

兴凯湖是大兴凯湖和小兴凯湖的统称，小兴凯湖隔沙岗与大兴凯湖相望，湖区总的形态呈椭圆形；北宽南窄，总面积为 4566km²。其中大湖为 4380km²（我国境内为 1220km²），是东亚大湖之一，仅我国境内面积就比镜泊湖大 13 倍；小兴凯湖面积为 176km²。

(1) 小兴凯湖

小兴凯湖东西长 35km，南北宽 4.5km，最深处 4～5m，平均湖深 1.8m。12 月开始封冻，10～15 天内湖面全部冻结。2 月底到 3 月初冰层厚达 0.9m。4 月中、下旬解冻。小兴凯湖与大兴凯湖被一条长 90km 的天然沙坝隔开，沙坝最宽处约 1km，海拔 69m。

生态特征：小兴凯湖湖面波澜不惊，相比于大兴凯湖，小兴凯湖较为宁静。小兴凯湖湖岸为细软沙滩，湖水清洁，无污染，湖水透明度 1.5～2.0m。小兴凯湖属于中等营养化湖泊，生态系统属于良性状态，盛产大白鱼和白虾，是黑龙江省主要水产养殖基地之一。

(2) 大兴凯湖

大兴凯湖属于构造湖、东亚第一大淡水湖，是中俄界湖，面积 4380km²，南北长 100km，东西宽 60km，水面高程 69m，平均水深 3.5m，最深 10m。湖底坡度极缓，酷似一个极大弦琴，故有琴海之称。1858 年《瑷珲条约》、1860 年《中俄北京条约》签订后，大兴凯湖 2/3 被沙俄所占。

大兴凯湖的主要特点是水面辽阔，浪花翻滚。该湖无风时浪高为 0.3m，有风时浪高可达 0.7m，好似万马奔腾，远望似茫茫大海。湖底为砂砾及泥沙，以砂为主，往往大浪卷起湖底黄砂，随浪翻滚，湖水呈黄色，距岸边 400m 以内有广阔湖岸浅滩水区。水化类型为重碳酸盐型水。

据调查，兴凯湖有 26 条河流汇入，在我国境内有 9 条，其中直接流入大兴凯湖的有 5 条，即白棱河、齐心河、梨树沟河、金银库河、胜利沟；直接流入小兴凯湖的河流再经新开流和泄洪闸流入大兴凯湖的河流有 4 条，即承紫河、坎子河（小黑河）、大西河和小西河。

大、小兴凯湖蓄水量大，是巨大的淡水资源，适于灌溉和养殖，也是该区动植物生存繁衍的基础。兴凯湖区地下水因受兴凯湖补给，资源非常丰富，是人类生活的基本保障。

根据环境保护法，该区水资源保护已走上正轨。按环境保护区要求，兴凯湖地区建设大量水库、防洪堤，以保护本区及穆棱河流域的生态平衡，兴凯湖另一水利功能是作为穆棱河洪峰水量的调节水库。

1.3.2.2　水生生物群落

大兴凯湖是黑龙江流域最大的湖泊。近年来，随着对兴凯湖开发力度的逐年加大，尤其是旅游业的发展和人口的增多，工业废水和生活污水等未经处理就直接排入湖中，导致水体污染，兴凯湖水环境生物种群和群落结构发生变化，水生态系统相对脆弱，抗干扰能力逐渐下降。

1. 鱼类

大兴凯湖和小兴凯湖地处我国东北平原，经松阿察河与乌苏里江相通；又是中俄界湖，在俄罗斯境内有山丘与之相接；其鱼类组成体现了温带和亚寒带特点，鱼类生态类型多样性体现了兴凯湖流域生态环境的多样化特点。大兴凯湖和小兴凯湖中的鱼类可划分为 5 种生态类群：①山溪型鱼类，如马口鱼和中华多刺鱼等。②江河洄游型鱼类，如江鳕、鳜、乌鳢、葛氏鲈塘鳢、乌苏里白鲑、鳅科鱼类。③江海洄游型鱼类，有日本七鳃鳗和大麻哈鱼，是由鄂霍次克海经黑龙江、乌苏里江和松阿察河上溯至兴凯湖的。④江湖洄游型鱼类，有草鱼、鲢、鳙、鳊、鲂等。⑤湖泊定居型鱼类，是大兴凯湖和小兴凯湖中产量最高且最主要的土著经济鱼类，如鲌亚科鱼类和鲤亚科鱼类，其中翘嘴红鲌是中国四大淡水名鱼之一。

2. 水生植物

大兴凯湖在我国境内岸边多为砂砾浅滩，加之湖面波涛汹涌，故无大型水生植物，湖内仅有少量浮游植物。

小兴凯湖湖底为泥质，湖床周围杂草丛生，主要经济植物是芦苇，面积 10万余亩。

浮游植物6门62种及变种，其中绿藻门种数最多(23 种)，占 37.1%；硅藻门次之(22 种)，占 35.48%；蓝藻门 12 种，占 19.35%；隐藻门和裸藻门均为 2 种，均占 3.23%；金藻门 1 种，占 1.61%。

3. 鸟类

兴凯湖地域辽阔，水草丰盛，偏僻幽静，是候鸟迁移的必经地。每年 4 月松阿察河口明水区有大批候鸟停留，可达余万只。一眼望去鸟群铺天盖地，十分壮观。兴凯湖栖息鸟类有 10 余种，其中珍稀鸟类有天鹅、白鹤、丹顶鹤等，一般鸟类有大雁。兴凯湖自然保护区重点保护的也是珍稀禽类。

1.3.2.3　旅游资源

兴凯湖景观条件：兴凯湖中心旅游区主要分为三大旅游板块，一是兴凯湖中心景工区（养殖场区），面积 1.98km^2，主要由龙王庙、小兴凯湖湖滨浴场、西泡子野生垂钓场野生动物观赏区构成；二是新开流景区，主要由新开流古文化遗址、水上乐园、大兴凯湖湖滨浴场构成；三是鲤鱼港景区，主要由百米泄洪闸、金色沙滩浴场构成。

兴凯湖旅游的食宿条件：农垦当壁镇旅游接待中心工程于 2008 年 5 月动工兴建，总建筑面积7800m^2，总投资 8580 万元，综合服务楼 1500m^2，在接待中心周围栽种樟子松、银中杨等树木 3500 株，并投资 400 万元购入清洁能源——水源热泵, 冬季供热、夏季制冷。农场完成综合服务楼 1 栋和住宿楼 17 栋的装修, 其中三星级宾馆 2 栋、五星级 3 栋, 总计住宿床位 79 张。中心内建设有 70 000m^2 绿化带、1540m^2 网球场、6000m^2 广场等设施, 俨然就是一座小城, 置身其中如同进入天然氧吧一般, 加上景区内兴凯湖、北大荒开发建设纪念馆、世界最小界桥——白棱桥等独特景观, 更让游客心驰神往。

兴凯湖旅游的交通条件: 对于周边的游客来说可以选择火车、汽车, 对于远途的游客增加了空运交通方式。现有幸福航空公司北京至鸡西直飞航线, 每天一班往返, 深圳航空公司哈尔滨至鸡西航线, 每天一班往返。伴随旅游大通道的开通, 旅游景区的基础建设、环境建设和服务质量的不断完善及交通条件的改善, 旅游人数逐年攀升, 据统计, 度假区每年 7~9 月接待国内外游客达 36 万人次, 出入境游客达 15 万人次以上, 口岸年过货量达 28 万 t。

1.3.3　镜泊湖

1.3.3.1　自然状况

镜泊湖为一河道型火山堰塞湖, 是第四纪镜泊火山群喷溢的玄武岩浆堵住牡丹江上游古河道而形成的。镜泊湖风景名胜区位于黑龙江省牡丹江市西南部, 地处黑龙江省东南部, 处于哈尔滨—玉泉—亚布力—镜泊湖旅游路线的终点, 是国家级风景名胜区, 是黑龙江省重要的旅游目的地, 距牡丹江市 100km。该湖区是我国第一批国家级重点风景名胜区, 同时又以其独特的火山地质景观成为省级自然保护区。镜泊湖风景区风光秀美, 交通便利, 周围峰峦重叠, 湖水平静如镜, 江心岛风景旖旎, 瀑布飞溅, 区位条件十分优越, 是闻名的旅游观光避暑胜地。2011 年被评为 AAAAA 级旅游景区。

镜泊湖流域北起吊水楼瀑布, 南至大山嘴子水电站, 流域面积为 3805.56km^2, 地理坐标为 43°31′N~44°21′N、128°08′E~129°13′E。湖泊处在牡丹江的上游, 是牡丹江市和沿岸 300 万人口生活及工农业生产的水源地, 因此它的首要功能是水源地。湖泊南部水面宽阔, 湖水较浅, 为水产养殖区。中部有东京城林业局水运场, 每年有数万立方米木材在水上托运, 北部为旅游集中区, 并且有一处 9.7×10^{4}kW 地下水电站的入水口。

总之, 镜泊湖的主要功能为水源地, 兼有旅游、养殖、发电、水运、调节水量和气候等多种功能。为此, 规划和保护好镜泊湖资源, 具有重要的经济、社会和环境意义。

镜泊湖状似蝴蝶, 其西北、东南两翼逐渐翘起(坡度 10°~20°, 个别达到 30° 以上), 湖中大小岛屿星罗棋布。大多数山峰海拔在千米左右, 最高峰大黑岭海拔

1210.4m，中间湖体部分水域广阔，湖泊容积 11.8 亿 m³。湖泊南北长 41km，平均宽 2.33km，最宽处 9km；湖盆形态由南向北逐渐加深，底质为南部多腐泥、北部多砂岩，并有少量的砂、淤泥沉积；湖周围尚有 30 余条入湖山间河流，较大者有大夹吉河、松乙河。

按地表形态及成因不同，流域地貌可分为五大类：中低山地貌、丘陵地貌、湖盆地貌、熔岩流地貌、堆积地貌。前三种类型占全区 85%以上。

本区位于东北新华夏系第二隆起带张广才岭褶皱山系的东南部与老爷岭的西北缘，火成岩及火山岩几乎遍布全区，古生代、中生代沉积岩仅零星分布。区内新老构造交织，既有东西构造体系，又有新华夏系及华夏系。其中华夏系构造体系为本区主体构造体系，它控制了区内主要湖泊和水系的发育，也造就了东南岸坡的地貌特征，本区新华夏系构造活动明显，形成了一系列的近代火山群(如地下森林即火山口景观)，大量的马莲河玄武岩岩流沿石头甸子河谷流下，在吊水楼附近形成一道熔岩墙屏障阻碍了牡丹江而形成了镜泊湖。

1. 气候

本区位于中纬度亚洲大陆的东岸，属于温带大陆性气候区，春季多风少雨，夏季降水集中，气候凉爽湿润，秋季短促，日照充足，冬季寒冷，冰期漫长。

(1)气温

流域内年均温 3.5℃，5～9 月平均气温在 10～20℃(属于旅游旺季)。

(2)降水

流域内平均降水量为 529mm，雨季集中在 7～9 月，占全年降水量的 60%左右，最长连续降水天数 9 天，共 78.4mm，年降水天数 100 天以上。

(3)风向、风速

流域内主导风向为西南风。春天多为西南风，冬季多为西北风。静风频率占30.3%。最大风力在 3～4 月，最小风力在 6～7 月，年平均风速 2～9m/s。春季大风天数最多 17 天。

(4)湿度和蒸发

流域内年蒸发量在 1022.9mm 左右，冬季蒸发量较小，蒸发主要集中在 6～9月。年均相对湿度 70.89%。

(5)日照和云量

流域内年日照时数在 1903～2161h。平均总云量为 3.6，低云量 2.45。

(6)降雪和冰冻

流域内年均降雪日 172.7 天，最早终雪日 3 月 19 日，最晚终雪日 5 月 8 日，最大积雪深度 34cm。湖面结冰期为每年 11 月底到翌年 4 月初。

2. 土壤与植被

本流域在植物区系上属于满洲植物区系，长白植物亚区针阔叶混交林带。在原始的针阔叶混交林中，乔木、灌木、林下地被植物都很茂盛，经常有寄生、附生、藤本植物生长。全区以森林为主，覆盖率 79.4%，草原荒地占 2.8%，农耕地占 11.7%，苗圃和果园占 0.2%。植被的垂直分布演替性明显。

3. 流域经济、社会特征

区内以林业为主，农业、工业次之，渔业和旅游业近年也有所发展，其中旅游业发展迅速，知名度日益提高。主要企业有镜泊湖发电厂，现年发电量 4.0858 亿 kW·h，水能利用提高率为 7.6%。

区内有东京城林业局所属的 7 个林场，镜泊、杏山两个乡，以及水产养殖场、各旅游宾馆等总计 136 个单位。常住人口约 7.69 万人，1.92 万户，其中以汉族为主，尚有少数朝鲜族。在旅游季节风景区内每日流动人口约 5.73 万人。

4. 镜泊湖湖泊形态

湖主体呈 NE—SW 向带状延长，局部受次级构造影响有 NW—SE 向分支，在平面上呈"3"字形，最宽处 4.85km，最窄处 0.55km，在 350m 高程水位时（平均水位）湖岸线长 198km。湖面面积 91.5km^2，湖泊容积 11.8 亿 m^3。

湖盆形态由南向北逐渐加深，并有少量的砂、淤泥沉积。最深处水深 48m。北部湖底为石基，在最北端玄武岩基上筑有平均高 5m、长 2632m 的人工溢流坝，湖底断面形态呈"U"字形，两岸陡峭。

牡丹江是松花江第二大支流，发源于长白山的牡丹岭，呈南北流向，全长 725km，在依兰县注入松花江。镜泊湖位于牡丹江上游与吉林省敦化市的交界处，干流来水总量为 41.12 亿 m^3，干流来水流量 65.25m^3/s，占入湖总流量的 70%，是湖水的主要来源。湖周围尚有 30 余条入湖山间河流，较大者有大夹吉河、松乙河、石头河、尔站河、石头甸子河、房身沟河等，这些直流均属于季节性河流，流急，水量受大气降水影响很大。

湖水主要通过电厂入口及溢流口流入下游牡丹江干流中。

5. 湖水位及入湖河水特征

区内变化最高水位出现在 8 月下旬。历史最高水位为海拔 354.43m，出现在 1960 年，最低水位在 3 月初，水位年变化量最大可达 13.17m，最小 4.43m，平均 9.43m。

入湖水含沙量小，年径流量少，多年平均径流深在 300mm 左右。最大年入湖流量达 171m^3/s，最小年入湖流量为 23m^3/s。入湖水量季节变化明显，每年内有两次汛期，春汛从 3 月下旬至 5 月中旬，主要为冰雪融水。因为流域内冬季降水仅占年降水量的 10% 左右，故年内最大洪峰流量多发生在 8 月。

6. 湖水物理状况

（1）湖流

镜泊湖湖水的主体流向为 N—NNE，基本分布在 0°～45°，与湖盆走向接近。镜泊湖水流速比较小。

湖水受风的影响，表层流速大于底层，平均为 0.071～0.116m/s。

（2）透明度、色度

湖水透明度夏季由南向北递增。冬季有冰层覆盖，不用再考虑湖水透明度。

（3）嗅味

无嗅、无味。

（4）水温

冬季水温为 0～0.8℃。

1.3.3.2　水生生物群落

1. 浮游植物

镜泊湖浮游植物种类很丰富。据调查，镜泊湖共鉴定出浮游植物 8 门 55 属 103 种及变种，其中绿藻门种数最多，为 44 种，占总种数的 42.72%；硅藻门次之，为 26 种，占 25.24%；蓝藻门 19 种，占 18.45%；黄藻门 5 种，占 4.85%；金藻门和隐藻门均为 3 种，均占 2.91%；裸藻门 2 种，占 1.94%；甲藻门 1 种，占 0.97%。

镜泊湖浮游植物全年的主要优势种为 5 门共 9 种。优势种的变化受季节影响。硅藻门的优势种为梅尼小环藻、颗粒直链藻及颗粒直链藻极狭变种；绿藻门的优势种为多形丝藻和斯诺衣藻；蓝藻门的优势种为银灰平裂藻和微小色球藻；隐藻门的优势种为卵形隐藻；金藻门的优势种为脆棕鞭藻。

从数量上看，镜泊湖藻类在春、夏、秋三季均以绿藻最多，冬季则以硅藻最多，蓝藻的最大值出现在夏季，硅藻最大值在春季。在 4 个季节中，蓝藻数量变化幅度最大，其次是硅藻，绿藻数量在春、夏两季没有变动，其他藻类数量波动不十分显著。

镜泊湖藻类生物量的季节分布以夏季最高，为 38.95mg/L；秋季最低，为 19.45mg/L。绿藻在春季生物量中占绝对优势，为 13.98mg/L，占春季总生物量的 50%；硅藻次之，为 5.91mg/L，占春季总生物量的 21%；隐藻和硅藻在夏季生物量中占优势，分别为 16.12mg/L 和 14.44mg/L，分别占夏季总生物量的 41%和 37%；秋季硅藻生物量占绝对优势，为 11.98mg/L，占该季节总生物量的 61%；冬季金藻生物量占优势，为 18.17mg/L，占该季节总生物量的 75%。

镜泊湖藻类生长的空间分布是不均匀的，从地理位置看，从南到北逐渐减少，最北端有所增大，往北逐渐减少，这是由于湖南部湖面宽、流速慢、水温高。在湖的中部，湖面较窄，湖水较深，流速较大，生物量也逐渐减少。到湖的最北部，由于湖面加宽、水深较大，而流速较小，再加上沿湖旅游点排放的有机废水，增加了水中的营养物质，促进了藻类的生长，因而生物量增加。藻类生物量随湖泊深度不同变化很大，其规律是随着深度的增加，藻类的生物量降低。

2. 浮游动物

镜泊湖的浮游动物共检出 31 种，其中原生动物 9 种、轮虫类 7 种、枝角类 4 种、桡足类 11 种；共检出 23 种底栖动物，其中环节动物门 10 种、节肢动物门 10 种、软体动物门 3 种。就全湖来说，镜泊湖浮游动物优势种随时间的变化而有所不同。调查发现，5 月是以杯状似铃壳虫为主，少数采样点出现恩氏筒壳虫。各种浮游动物的优势属种：6 月轮虫大量出现，成为优势种，此外，桡足类及无节幼体也大量出现，其优势种不明显；7 月全湖形成以锯齿真剑水蚤为优势种的浮游动物群落；9 月轮虫出现第二次峰值，成为优势种，主要以角突臂尾轮虫、锯齿真剑水蚤为次优势种类；10 月锯齿真剑水蚤上升为优势种，同时某些采样点又出现了兴凯侧突水蚤，轮虫仅在个别采样点成为优势种。

3. 鱼类

经调查，镜泊湖鱼类有 43 种，隶属于 6 目 13 科，占全省鱼类（97 种）的 44.33%；其中主要的经济鱼类有 15 种，占湖中总鱼类的 34.88%。在镜泊湖鱼类组成中，鲤形目鱼类最多，达 30 种，占湖中总鱼类的 69.77%，是镜泊湖鱼类的主体；在种类组成上，经济鱼类最多，其中鲤、鲫、鲢、鳙、红鳍鲌等出现率最高，为镜泊湖的优势种。

镜泊湖湖区习惯以阎王鼻子为界，以南称湖外，以北称湖里。湖外多栖息鲫、雅罗鱼、麦穗鱼、鲶、鳑、鲌亚科等小型鱼，这可能与湖外水浅、水温较高、多注水口、底质泥有机物含量较高有关；而湖里水深，砂质底质多石礁，湖区鱼类群落的群游习惯比较明显，尤其是产卵、越冬、索饵期更为集中。每年当水温降至 2～3℃时，鱼类集群，向深水地带洄游。3 月下旬气温上升，冰雪逐渐融化，清明前后河水开始向湖里注入，使水温升高，同时也携入大量氧气和有机质，诱使鱼类向湖外洄游，此时正是捕鱼生产的旺季，这充分说明了湖区鱼类生态习性与水深、水温、底质和饵料的分布关系。只要掌握鱼群的活动规律，就能正确地判断渔场，进行合理捕捞，促进渔业生产，同时也为鱼类资源的保护和增殖提供了科学依据。

1.3.3.3　旅游资源

镜泊湖位于黑龙江省牡丹江市东南部巍峨秀美的群山环抱之中，是我国最大的火山熔岩堰塞湖，其吊水楼瀑布是国内三大著名瀑布之一。1980 年其被黑龙江省人民政府批准为省级自然保护区，2001 年 9 月被中央文明委、建设部、国家旅游局评定为风景旅游示范点。纯朴自然的镜泊湖，岛湾错落，峰峦叠翠，景色清秀，古迹隐约，尽揽春花、夏水、秋叶、冬雪于一湖，令人惊叹神往，流连忘返。

镜泊湖风景名胜区的景观资源种类较为丰富，包括湖泊、河流、瀑布、湿地、火山、熔岩台地、地下熔岩隧道、原始森林、野生动物栖息地、古城遗迹和民族民俗等多项内容，集历史、人文、动植物、考古、地质、美学价值和生物多样性于一体，这在国内是罕见的。镜泊湖风景名胜区的景观资源较为分散，其风景资源由三部分组成：一是镜泊湖游览区，展现百里长湖的奇观胜景；二是火山口原始森林自然保护区，展现丰富的地下森林资源、动植物资源和神奇壮美的火山熔岩洞景观；三是唐代渤海国上京龙泉府遗址，展现了历史悠久的人文景观。镜泊湖风景名胜区景观资源点有 72 处，其中自然景观 48 处，占 67%；人文景观 24 处，占 33%。镜泊湖风景名胜区内景观资源以自然景观资源为主。在自然景观资源中，以洞穴、洲岛屿礁、石林石景、火山熔岩和湖泊等小类为主；在人文景观资源中，以遗址遗迹为主。在自然景观资源点中，地景有 33 处，占自然景观资源点总数的 68.8%，其中山景 1 处、峡谷 1 处、洞穴 9 处、石林石景 5 处、火山熔岩 6 处、洲岛屿礁 8 处、半岛 3 处；水景有 10 处，占自然景观资源点总数的 20.8%，其中泉井 2 处、湖泊 5 处、潭池 1 处、瀑布跌水 1 处、湖湾 1 处；胜景有 5 处，占自然景观资源点总数的 10.4%，其中森林 2 处、古树名木 3 处。在人文景观资源点中，园景有 2 处，占人文景观资源点总数的 8.3%，其中植物园 1 处、陵园墓园 1 处；建筑有 8 处，占人文景观资源点总数的 33.3%，其中风景建筑 3 处、民居宗祠 1 处、商业服务建筑 2 处、宗教建筑 1 处、纪念建筑 1 处；胜迹有 14 处，占人文景观资源点总数的 58.3%，其中遗址遗迹 6 处、摩崖题刻 2 处、雕塑 3 处、游娱文体场地 3 处。

1.3.3.4　景观资源价值

镜泊湖作为国家级风景名胜区，具有典型的地质学研究价值、珍贵的历史文化价值、独特的风景审美价值、动植物研究价值和生物多样性保护价值。

1.3.4　大伙房水库

1.3.4.1　自然状况

大伙房水库建在辽宁抚顺浑河上，控制流域面积 5437km^2，大伙房水库为带状河谷型水库，水库东西长约 35km，水面最宽处约达 4km、最窄处约 0.3km。水库最大水深 37m，最大库容量为 21.87 亿 m^3，最大蓄水面积 114km^2，多年平均流量 52.3m³/s,设计洪水流量 15 600m³/s,设计灌溉面积 129 万亩,装机容量 3.2 万 kW。大伙房水库于 1958 年竣工,是我国第一个五年计划中建造的第一个大型水库,当时是全国第二大水库。主坝坝型为黏土心墙土坝,最大坝高 48m,坝顶长度 1366.7m,坝基岩石为花岗片麻岩,坝体工程量 800 万 m³,主要泄洪方式为岸边溢洪道。近 10 年来,水库的水质基本维持在国家二类水的标准上。

辽宁大伙房水库位于浑河抚顺市区段的上游,距市中心 18km,以防洪、城市工业用水和灌溉为主,兼顾发电和养殖,目前为辽宁中部 9 个城市的饮用水源地。自然位置处于 41°50′N～41°56′N、124°4′E～124°21′E,苏子河和社河相继自浑河左岸汇入,因而在水库蓄水之后就形成了浑河、苏子河、社河三个入库口。水库上游三条河系全部包括在抚顺地区之内,浑河流经清原县,苏子河流经新宾县,社河流经抚顺县。大伙房水库流域属于长白山支脉西南延续部分,地势东高西低,哈达岭从东北伸入本流域内,沿浑河北岸向西南降为丘陵,龙岗山脉主峰海拔 1347m,沿浑河南岸向西南延伸为丘陵,海拔 66.3m,龙岗山脉构成了浑河、苏子河、社河及邻近水系的分水岭。本流域形成以低中山地形(海拔 800～1000m)为主的地势。

大伙房水库流域主要有 5 种地貌区:①河谷平地,主要是浑河冲积平原及浑河河谷,大部分为山间谷地;②丘陵地形,海拔 300～400m,高差在 100m 以上;③低山丘陵状低山地形,海拔 400～800m,高差 100～300m;④低中山地形,海拔 800～1000m,高差 300～500m;⑤中山地形,海拔 1000m 左右,高差在 500m 以上。山地走向属于我国第二隆起带的长白山山脉,其地貌特点是走向一致的平行山脉、山地丘陵和小的山间盆地相间排列。大伙房水库流域地质构造复杂,岩性比较单一,多处岩石裸露,属于古生代寒武纪地层。在中生代到新生代时期形成的一些小型拗摺盆地中沉积了侏罗-白垩纪及第三纪岩层。流域内分布最广的是太古代的花岗片麻岩,其次是干流右岸和苏子河流域西南地带,分布有大量的花岗岩,在苏子河木奇一带有白垩纪砂岩、砂页岩等分布。干流及苏子河河谷地带还有部分第三纪砂岩、页岩夹煤层等。此外,全流域尚有部分震旦纪石英岩、凝灰岩、夹煤层和侵入的玄武岩、安山岩、正长岩等零星分布。干、支流沿河两岸则由第四纪砂土、砂砾等组成。流域属于暖温带东亚大陆性季风气候,冬季漫长寒冷,夏季炎热多雨,一年中温差较大,四季分明。这主要是由于流域所处纬度较高,太阳辐射在一年中变化很大。

1. 气候

年平均气温为 3～7℃。流域内气温以 7 月最高,平均气温在 25℃左右,1 月气温最低在-19～-13℃。春秋季温度居中,春温稍高于秋温,流域内每天最高气温多出现在 13:00～14:00,最低气温出现在日出之前。海拔是决定流域内温度分布的主要因素,年平均气温的分布特点为流域西部地势较低,气温较高,年均气温大于 6℃，而流域东部地势较高，气温较低，年均气温低于 4℃。另外，等温线的走向与山脉、河谷走向大体平行，河谷气温高于山村气温。流域内河流封冻期为 10 月下旬，解冻期为 3 月下旬。

流域内无霜期是 130 天左右，因地形地势的影响差异较大，水库库区周围为 140 天以上，清原镇以西的浑河之谷、下营子村的苏子河沿岸为 130 天。清原镇以东、下营子村东南河段无霜期为 125 天，初霜日多出现在 9 月下旬，终霜日多出现在 5 月中旬。

流域内年平均降水量为 700～800mm。雨量多集中在夏季，7 月、8 月的降水量占全年降水量的 50% 以上，降水量为 460～500mm。冬季仅占全年降水量的 3.4%～4%，降水量为 28～32mm。秋季占 19%，春季占 16%，农作物生长季占 85%～88%。流域内年降水量总的分布特点是北多南少。水库流域的雨型特点是气旋雨。暴雨主要是西伯利亚的高压气团与太平洋的高压气团交锋而产生的。当锋带经过本流域时，沿着锋带的气旋能带来较丰富的雨量。夏季气旋多由西向东，而冬季气旋则由西北向东南，流域年平均相对湿度在 70% 左右。流域内春、夏两季多西南风，一般风力为 3～4 级，最大风力能达 8 级。

流域多年平均径流量为 $15.97 \times 10^8 m^3$，年内径流量变化较大，如 1960 年 8 月一次入库洪峰流量达 $7600 m^3/s$，而在枯水期时最小径流量仅 $2～3 m^3/s$。流域内每年平均径流深为 289mm，流域年径流变差系数为 0.38。本流域洪水一般分为春汛、伏汛和秋汛，较大洪水发生在 7 月末 8 月初。由于汛期水库对水位的限制，水库蓄水主要靠汛期后期来水，如汛末来水较少，则水库不能蓄满水。流域多年的蒸发量为 950mm，其中 5～7 月的蒸发量即占全国蒸发量的 45% 左右。

大伙房水库流域主要有 6 种土壤类型：①棕壤，是大伙房水库流域主要的地带性土壤，占土壤总面积的 77.49%，分布在低山丘陵和山前缓平高地上，是流域林地、果园、蚕场及旱田作物用地的主要类型。②暗棕壤，占土壤总面积的 8.1%，主要分布在清原、新宾两县大伙房水库流域海拔 600m 以上石质山地上部，没有耕地，主要是森林生长。③草甸土，占土壤总面积的 4.76%，主要分布在沿河两岸和山间沟谷平地上，由于土壤中含有丰富的有机质，因此是产粮食的主要土壤类型。④水稻土，占土壤总面积的 2.55%，主要分布在沿河低地、河漫滩、丘陵坡脚、山间谷地、缓坡平地上。⑤白浆土，占土壤总面积的 1.44%，呈岛状零星分布于清原、新宾两县东部。由于质地黏重，通透性不良，属于低产土壤，急需改良。⑥沼泽土，占土壤总面积的 0.3%，主要分布在山间沟谷洼地，地表常年积水。生长繁殖的芦苇、蒲草等植物为土壤提供大量的有机质，有的还形成泥炭层，可以进行综合利用。该流域的土壤质地砂、壤、黏都存在，轻至中壤居多，约占 55.6%。土壤厚度为 15～600cm。苏子河流域的土层比社河及浑河流域略浅。

2. 森林资源及植被

大伙房水库流域内有森林 $28.18 \times 10^4 hm^2$，占抚顺地区森林总面积的 51.1%。森林覆盖率为 51.8%，其中清原县 55.7%，新宾县为 52.7%，抚顺县为 57.2%，各乡镇的森林面积占土地面积的 20%～50%。

流域内森林是以水源涵养为主、以生产木材为辅的水源涵养与用材兼用类型。森林种类可分为针叶、阔叶两大类。针叶树以落叶松为主，有 $9.72 \times 10^4 hm^2$，阔叶树以柞树为主，有 $18.46 \times 10^4 hm^2$。流域内植物以长白山植物区系的植物为主，间有华北植物区系的成分。但由于历史的原因，原生植被受人为多次反复破坏，现在农村公路、铁路沿线及海拔 400～600m 低山区，以及村落上原始山区的森林砍伐殆尽，取而代之的是人工针叶林、稀疏的柞木林。流域内耕地以旱田为主，农作物以玉米、高粱、大豆为主，覆盖效果较差，尤以坡耕地的水土流失效果比较严重。在环绕大伙房水库的山区，由于有林场的经营管理，林木茂盛，覆盖较为理想，但水库北岸营盘一带的黄土丘陵树木稀少，应加强绿化。

3. 流域的社会经济概况

流域分属的各县属于林农混合区，流域中林地占 62%，农田占 9.7%，荒山占9%，牧地占 6%，村庄果园、河流等占 13.3%。流域现有人口 46.34 万。按各民族人口数量占总人口比例看，汉族约占 75%，满族约占 20%，其余为朝鲜族等其他少数民族。

流域的经济发展时间较久，经济部门结构有工、农、林、牧、副、渔、旅游等。近几年来，经济产值比较可观。由于流域内交通发达，因此经济发展比较快，尤其是工业，虽然起步较晚，但发展迅速。工业主要有采选矿、机械加工、化工、纺织、针织、造纸、印刷、中药材加工及医药制造、粮油及其他食品加工、塑料、纤维板制造等门类。流域的农牧业发展有悠久的历史，但发展速度、产值与效益均增长较慢，基本保持在 4%左右的年增长率。耕地以旱田为主，约占 82%，水田约占 15%。由于受水利设施兴建及修路的影响，耕地有减少趋势。目前，农民人口平均占有耕地 1.8 亩，主要是种植水稻、玉米、大豆。流域林业生产主要是由国有林场及少量的山林承包户承包。在林业产品构成上，原木占 90%以上，其余为原木初加工或板材产品、综合利用产品纤维板等，产量按原木计，年产量约$12 \times 10^4 m^3$。畜牧业发展潜力很大，1985 年以来，鹿场发展较快，年产值达数百万元。

流域的渔业发展较晚，近年来由于受乡镇工业的污染，大部分河段中鱼虾绝迹。大伙房水库末端实行人工网箱养鱼已有 20 多年，还有上游河流 10余个小水库，在 2003～2006 年共投入 1000 万元，对场区的休闲渔业设施进行改造和建设，新落成的 7 万 m^2 莲花广场，以灯光音乐喷泉、雕塑、游泳池、各种花卉为主体，非常美丽壮观，把餐饮、娱乐、垂钓、游船融为一体。秀美的莲花广场更是将天然与人工精美地融合在一起。通过发展休闲渔业，每年休闲渔业的收入都在 500 万元左右，不但给企业带来效益，还给企业职工创造了良好的工作环境。

近年来，随着流域中的永陵镇等古代遗迹及大伙房水库萨尔浒风景区的开放，旅游业有所发展，给流域带来了一定的经济效益。但水库旅游业的发展对水库造成了一定程度的污染，因此近两年开展水库旅游业受到一定的限制。为了流域生态环境的长远利益，从 1982 年开始已陆续在流域内开展山区生态建设的试点工作，此工作在恢复流域的生态平衡、提高林业生产的经济效益及保护水资源上均起到一定作用。

4. 水库水资源及水功能

水库上游的三条河流是水库的主要水源，其中浑河约占入库水量的 52.7%，苏子河占 37.1%，社河占 10.2%。大伙房水库是以防洪、灌溉、供工业和城市用水为主，兼有发电、养鱼等多种功能的水利枢纽工程。按照划分水域功能原则——饮用水水源地优先保护的原则，大伙房水库作为沈阳、抚顺两市的饮用水水源地，应将其作为重点保护区域，水库的整个库区定为集中式生活饮用水水源地一级保护区，其水质标准达到国家地表水环境质量标准中的二类水体标准。而浑河、苏子河、社河三条河流入库口作为水源地二级保护区，水质不得低于国家地表水环境质量标准中的三类水体标准。

水库多年平均径流量为 $15.97 \times 10^8 \text{m}^3$。径流年内分配极不均匀，由于冬季河川径流量靠地下水补给，枯水季节径流量最小，仅占年径流量的 5%～6%。春季径流量占 15%，汛期 6～9 月径流量占 70%，其中 7 月、8 月占 50%，径流量年际变化也较大，丰、枯水期年径流量仅为平均径流量的 1/3。由于径流量变化较大，因此出现了丰水年水量集中，需要大量弃水，而枯水年水量缺乏，往往不能满足各种用途的正常供水。水库多年平均流量为 $49.8\text{m}^3/\text{s}$，1960 年入库流量最大，为 $95.7\text{m}^3/\text{s}$；1978 年入库流量最小，为 $18.1\text{m}^3/\text{s}$。每年 4 月至 5 月初，冰雪融化的水注入水库，水位稍涨，5～7 月末因农田灌溉用水，水位下降至低点，7 月末雨季来临水位升高，一般至 10 月达到最高点。10 月至翌年 3 月水位变化不大，谓之冬季稳水期，水库水位年平均变幅为 11.3m，最大变幅为 19.26m，最小变幅为 5.3m。水库每年 12 月中旬至下旬全库封冻，直至翌年 3 月中旬全库才能解冻，所以水库每年约有 4 个月的冰封期。水库坝前最大结冰厚度为 0.84m，一般约为 0.6m。水库结冰时，一般由水库末端开始向坝前区推进，解冻时则是坝前区的冰盖先融化，而水库末端后融化。由于辽宁发电厂冬季回水入水库，水温一般达 30℃ 左右，因此在大坝北段非常溢洪道前有一块常年不冻区。随着水温的变化，不冻区也时大时小，在 1 月、2 月时，不冻区则沿大坝由北向南发展，使坝前区形成一道明沟，水汽蒸腾。

　　水库水温的年度变化与气温变化相适应，水温最高是 7～8 月，可达 29℃，最低水温 0℃，水温年内变化幅度在 23～29℃。大伙房水库坝前区域的水温还受辽宁发电厂汽轮机凝汽器循环水的影响，这部分水源引自大伙房水库，一般夏季用水量 23.63m³/s，冬季为 16.35m³/s。当灌溉时，即每年 5～9 月发电厂的循环热废水直接排入浑河区段的支流东洲河入浑河主干，不会影响水库，而非灌溉季节即每年 1～4 月及 10～12 月，辽宁发电厂的热废水以 10m³/s 的流量入大伙房水库。由于暴雨，泥沙淤积，大量的泥沙被河水挟带到水库。当水流进入水库回水末端时，因受回水影响流速骤然降低，从而降低了水流的挟沙能力，颗粒较大的泥沙首先淤积在水库末端，而颗粒较细的泥沙则随水流向坝前缓慢运动，逐渐沉积于库底。由于大伙房水库是一个带状的山谷型水库，水位年变幅大，回水变动范围在 15km 左右，因而未形成明显的三角洲淤积状态。多年来，水库中平均含沙量 0.54km³/s，是我国含沙量较少的水库。大伙房水库前几年水较清澈，尤以冬、春季水色碧蓝，但在夏季藻类茂盛期，水色为黄褐色，全库色度均小于 15 度，上下水层无很大区别，库区中以各流域入库口区域色度略高于坝前区。近年来，由于污染的加重，水库各断面的色度有升高趋势，三条河流入库口尤以浑河入库口北杂木色度最高，均在 21～40 度，均大于 15 度标准，其次是苏子河入库口，社河入库口虽比前几年有所增加，但仍比浑河、苏子河两条河色度低，由于受入库口的影响，库区色度以浑河 73 断面最高，向浑河 7 逐渐降低，浑河 73 色度在 16.2～27.5 度，浑河 7 色度在 8.8～23 度，浑河 37 及浑河 57 断面居中。水库水色常年呈微黄至黄色。

1.3.4.2　水生生物群落

1. 浮游植物

　　大伙房水库浮游植物种类多，种类结构变化明显，个体数量波动性很大。1979～2000 年，共检出浮游植物 174 种，隶属于 8 门(名录略)，其中以绿藻门种类最多，计 79 种，占藻类总数的 45.41%；硅藻门 42 种，占 24.13%；蓝藻门 29 种，占 16.7%；金藻门、甲藻门各 6 种，各占 3.4%，隐藻门、裸藻门和黄藻门各 4 种。由于大伙房水库每年水的更新量极大，入库水的比例为 1∶0.94，几乎库水全部更新。因此，水库中营养盐除在地质中有一定富集外，在库水中几乎全部更新。每年水库的营养盐量主要取决于入库水量中所含的营养盐量，故波动很大，从而决定了水库藻类数量的变化。

2. 浮游动物

　　根据 2002 年 6 月和 9 月的调查，大伙房水库浮游动物共 36 属 61 种，其中原生动物 10 属 18 种、轮虫 9 科 13 属 24 种、枝角类 5 科 8 属 13 种、桡足类 2 科 5 属 6 种，年平均数量和生物量分别为 17 677 个/L 和 2.0647mg/L，数量以急游虫、侠盗虫、长肢多肢轮虫、螺形龟甲轮虫、透明溞和近邻剑水溞最多。浮游动物的数量和生物量时空分布较明显，时间上 6 月为数量高峰，而 9 月为生物量高峰；水平分布中游数量和生物量均最低，下游数量和生物量均最高。水库浮游动物每年可为浮游动物食性鱼类提供 793t 鱼产力。

3. 底栖动物

大伙房水库底栖动物的特点是种类少而数量较多，6 个采样站调查共检测出底栖动物 34 种，隶属于 25 属 5 科。其中仙女虫科、细蜉科各一属一种，各占动物总种数的 2.9%；颤蚓科 10 种，占 29.4%；带丝蚓科一科一属，占种总数的 2.9%；摇蚊科幼虫占 58.9%。大伙房水库各站底栖动物平均密度在 766～1425 个/m²，其中 2 站动物密度最高，为 1425 个/m²，5 站次之，为 1319 个/m²，4 站 1135 个/m²，1 站 1026 个/m²，3 站 993 个/m²，6 站最低，为 766 个/m²，水库底栖动物绝大多数为颤蚓科种类，6 个站中颤蚓科所占比例为 86.5%～99.1%。动物密度变动为坝前区显著高于坝尾区。大伙房水库底栖动物种类主要由寡毛类和摇蚊科幼虫组成。1980 年水库寡毛种类为 7 种，主要是水丝蚓属种类，摇蚊科幼虫只检出 5 种。当时水库水位较低，蓄水量为 5 亿～7 亿 m³，水体营养化程度较高，为富营养型水域。进入 20 世纪 80 年代中后期至 90 年代中期，水库水位升高，蓄水量常年在 10 亿 m³ 以上，由于对入水库、河流的污染物和营养物质输入加强了管理，水体营养水平下降，为中营养型水域。寡毛类种类增加到 13 种，1980 年水库只有 12 种底栖动物，进入 90 年代中后期，共检出底栖动物 34 种，比 1980 年增加了 1.8 倍。

大伙房水库底栖动物种群变化与水中溶解氧量有密切联系。春、秋季节，水体对流充分，各断面上下层水体中溶解氧量几乎相等，且较高，对底栖动物影响不大。但在夏、冬两季，水的对流相对稳定，溶解氧的垂直变化悬殊，底层水中溶解氧量几乎接近为零，不耐低氧的种类消亡，而代之以耐低氧和有机污染的颤蚓、水丝蚓等大量繁殖，成为优势种类。水库溶解氧的水平分布，也是由坝尾向坝前逐渐降低，与底栖动物群落分布是一致的，由好氧种类向耐污种类过渡。

4. 鱼类

根据资料记载，大伙房水库共有鱼类 40 多种，其中青鱼、草鱼、鲢、鳙、团头鲂是人工投放的，鳜鱼、戴氏红鲌、尖头红鲌是人工带入的，其他种类是水库及河道自然繁殖的，主要经济鱼类有 5 种，即白鲢、花鲢、鲤、鲫、草鱼。根据 1959～1991 年资料统计，大伙房水库鱼产量变化很大，建库初期鱼产量约为 10 万 kg，年平均产量 15.5×10⁴kg。1966～1976 年鱼产量有所增加，年均为 31.3×

10^4kg，1979 年以后鱼产量逐年提高。

1.3.4.3　旅游资源

大伙房水库工程景观宏伟、自然景观独特、人文景观丰富，满乡风情，水利花园是辽宁旅游的一大亮点。大伙房水库周边居民认真研究旅游经营策略，充分挖掘旅游资源潜能，详细制定旅游规划，全面加强旅游基础设施建设和软环境建设，做大做强旅游业。2005 年，辽宁大伙房旅游有限公司成立，以地区旅游工作会议为契机，全面启动水库旅游宣传工作，重新设计风景区门票，印制旅游宣传图册，制作水库风光光碟，并与旅行社联合开发"水库一日游"旅游线路，将水库相关景点纳入旅游线路，增加游客数量。1981~2007 年，旅游公司接待游客 215 万人次，旅游总收入 2567.7 万元。

近几年，水库养殖总场也加大力度开发水库特色旅游，开辟垂钓、餐饮、休闲娱乐一条龙服务。投资 600 多万元建成河畔广场、莲花广场，为游人提供休闲场所。水库旅游业得到进一步发展，目前，不仅到水库观光游览的人遍布全国各地，而且还接待了来自几十个国家的外国友人，旅游业的发展不但增加了综合经营的收入，也大大提高了水库的知名度。2002 年水利部授予大伙房水库风景区"国家水利风景区"称号，2006 年被水利部评为"全国水利风景区建设与管理工作先进集体"。

1.3.5　松花湖

1.3.5.1　自然状况

松花湖位于 42°58′N~43°48′N、126°41′E~127°18′E，地处吉林省东部山地西侧、松花江上游。该湖是丰满电站大坝建成后形成的人工型水库湖泊。湖泊狭长而曲折，分支众多，湖面海拔 266.5m，北起丰满电站大坝，南至桦树镇（又名桦树林子），流域面积 42 500km²，其中水域面积约为 550km²，森林面积更是达到 26.4 万 hm²，南北长约 77km，东西（指湖面两侧山脊分水岭以内）宽约 94km，回水全长 180km，最大水深 75m，水面宽 10km，储水量在 108 亿 m³ 左右，属于黑龙江水系的外流湖区。

1. 地貌

松花湖周围环山，地势东南高、西北低，山峦起伏，千米以上的山峰有 60 余座。其中最高的南楼山高达 1404.8m，其他山岭均在海拔 600m 左右，相对高差 400m 左右，坡度 25°~40°，右岸多呈馒头状，左岸较陡峭。山间谷地多为"U"字形。区内主峰走向基本与湖轴平行，次级山峰多与湖轴垂直或斜交。岗峦重叠起伏，山头犬牙交错，地形十分复杂。湖区地貌类型包括山地、丘陵、台地、平地等，其中山地、丘陵占 70%左右。

湖区山地包括中山和低山，中山绝对高度在 800m 以上，相对高度多为 400～700m。在湖区内构成三列山岭，即老爷岭、哈达岭北段和威虎岭南段，山体完整切割较轻，山顶平缓，植被为针阔混交林，耕地极少，低山主要分布在中山两侧或大河河谷两侧，绝对高度 500m 左右，相对高度 200～400m。低山切割强烈，山顶尖峭，植被多是以柞树、杨树、桦树等为主的次生阔叶林，耕地坡度多为 10°～20°，山体被开垦后形成强侵蚀。

丘陵高度多在 300～500m。其中，深丘切割破碎，坡度 15°以下，植被为破坏严重的次生幼林或疏林，耕地不多，但有开垦到顶的现象；浅丘切割较轻，坡度 10°以下，分布较少，浅丘林木破坏比较严重，耕地较少，多为撂荒地、疏林、幼林或荒地。

台地是湖区的重要地貌类型，包括熔岩台地、冲积洪积台地和河流阶地三大类型，熔岩台地和冲积洪积台地多分布在沿江两岸，宽度数百米至数千米，植被由次生阔叶林、人工林、幼林和荒地组成，冲积洪积台地前缘过渡为河流阶地，以旱田为主，片蚀较严重。河流阶地多为二级和三级阶地，相对高度 20～60m，沟谷密度较大，有部分疏林和灌丛，三级阶地以旱田为主，二级阶地为大片旱田或水田。

平地指河流两岸的一级阶地和河漫滩，相对高度 5m 以下，地面平坦，水田分布广泛，河漫滩多为水淹地。

2. 气候

松花湖区属于温带大陆性季风气候，其基本特点是四季分明，年、日差较大，春季少雨，夏季雨量充沛，秋季晴爽，冬季漫长而严寒。然而，湖区由于受水面宽、山多林密等条件的影响，其气候兼具湖泊、谷地和森林气候的复合特征。湖区多年均温为 3.1～4.4℃，由西北向东南降低，1 月均温为–20～–18℃，7 月均温多为 21～23℃，最大相对湿度 80%～83%，日照 2400～2600h。初霜一般在 9 月中下旬，终霜在 5 月上旬，冬季多为北风和西北风。年均降水量 600～800mm，其中 7～9 月占全年降水量的 60%左右，具有季风气候的大环境和森林湖泊小气候的双重气候特点。

3. 土壤植被

湖区处于半山丘陵酸性黑黄土区，土壤分布除老爷岭土壤属于山地森林土外，以暗棕壤和白浆土为主，半山丘陵岗地多为山地黑黄土、岗地黑黄土、岗地黄土、山地黄沙土，江河沿岸的平地多为河淤土，山麓和低洼谷底以山川黑黏土比例较大，河岸低洼处分布有草炭土。湖区内一些小流域及沿湖平川地，土壤的分布规律有所不同，其垂直分布规律是 300～400m 基本为台地和阶地，土壤主要为黄土状黏土，其次为少量的白浆土。300m 以下为腐殖黏性冲积土，基本为平地，土质肥沃，透水性小，这些区域的土壤适合耕作。松花湖区森林、植被属于长白山植物区系。从植物的垂直分布上看，湖区处于针阔混交林带，树种以柞树为主，从乔木、灌木到水生、湿生、地被植物数百余种，尚有杨、桦、椴、柳等，水曲柳也占一定比例。林下、林间植被较好，覆盖率达到 80% 左右。人为因素造成了植物演变的更替，原始森林在湖区几乎不复存在，所能见到的均是次生林和人工林。

松花湖水源主要来自松花江及大气降水，湖区多年平均降水量 767mm，湖面蒸发量 1000mm 左右。流入松花湖区的地表径流，包括丰满水库控制的全部上游水系，如头道松花江、二道松花江、辉发河、拉拉河，共 152 条长 2km 以上的河流。其中主要支流 14 条，年均流量 447m³/s。由白山水电站、红石水电站控制的干流水系和辉发河水系，是湖区外的主要来水，湖区内有拉拉河水系及旺起河、蚂蚁河、大石头河、小石头河、小富太河、木箕河和漂河等，流入湖区的年径流总量约为 $140 \times 10^8 m^3$，径流深 329mm。其中，地下水总量的 $26 \times 10^8 m^3$ 为重复水量，不另计入。松花湖区水资源十分丰富，但天然径流年内时空分配不均。由于受大气降水影响，6～9 月为畅流期，径流量 $98 \times 10^8 m^3$，占总量的 70%，11 月至第二年 4 月为封冻期，径流量 $11 \times 10^8 m^3$，占总量的 8%。年际变化大，年径流量极值比为 3.19，变差系数为 0.45。入湖的泥沙量日趋增加，流域年入湖泥沙总量达到 $525.49 \times 10^4 t$，是建湖初期的 3.6 倍。松花湖流域总面积 1016 万亩，其中湖区内 618 万亩，相关区 39 万亩，土地利用现状为：耕地面积 114 万亩，占总面积的 11.22%；林地面积 737 万亩，占总面积的 72.54%；荒山荒地面积 75 万亩，占总面积的 7.38%；其他面积 28 万亩，占总面积的 2.76%。

4. 流域的经济、社会特征

松花湖是我国最早建成的大型水利枢纽，湖区的经济开发有一定基础，湖区内已有居民 22.8 万人。新中国成立以来，在党和政府的关怀下，采取的一系列措施使湖区的政治经济得到了很大发展，形成了具有多功能、多效益的湖区经济区。丰满水电站自 1943 年蓄水发电以来，至今已 76 年，丰满水电站建于松花江上，位于吉林市，是我国第一座大型水力发电站，初建于 1937 年，1943 年第一机组开始发电，当时发电规模较小，至新中国成立前夕又遭破坏，处于瘫痪状态。新中国成立后，经政府大力修复并加以改建，成为东北电网的主力电厂。1988 年，二期扩建工程上马后共安装 10 台机组，总装机容量 72 万 kW，三期扩建工程完工后，总装机容量达 100 万 kW，每年平均发电 19 亿度（1 度 =1kW·h），是东北地区电力系统中的主力电厂之一。该湖除发电外，还发挥了防洪、农田灌溉、城市与工业用水、航运、养鱼、旅游等多种功能，取得了较高的社会经济效益。松花湖的形成大大提高了下游堤防的防洪标准，保证了吉林、哈尔滨两大城市及沿江城乡的安全；既可保证吉林市热电、冶金、化学、造纸等大耗水工业和百万人口供水的需要,同时又可满足松花江两岸近 60 万亩农田灌溉的需要,河道的流量可保持在 100m³/s 左右,湖上还开辟了定期航班和旅游点。湖上渔业发达,可养殖面积达 80 万亩左右,年产量最高达 3000t,亩产 3kg。

湖区的农业发展也是可观的,湖区农业生产有 100 余年历史。由于大坝建成和几次人口大量流入,淹没耕地、毁林开荒,耕地向坡地迅速发展,耕地面积扩大到 61 万亩,水土流失加重,农业生产以粮食生产为主,可做到自给有余,但林、牧、渔、副各业的发展较慢,在工农业总产值中占比例较小,据 1983 年统计,在全湖区工农业总产值中,大农业占 38.7%,小农业占 23.9%,林业占 3.3%,牧业占 2.7%,副业占 5.2%,渔业仅占 0.6%。另外,湖区的森林和水资源均得到一定保护。由于采取了长期、有效的封山育林、植树造林等措施,森林的覆盖率达到 59.1%,人工林面积 26.6 万亩,蓄积量 158.5×10⁴m³,占森林总面积的 6%,占森林总蓄积量的 8.8%。森林的涵养水源和防蚀保湖作用已经相当明显,在全国大型人工湖泊中也名列前茅。湖水水质较好,可以满足国民经济发展对水质的要求。当然,湖泊在不同水域和不同时期仍有被污染物污染的情况。水土流失,以及农药化肥、工业三废的侵入,是入湖污染物的主要来源。

5. 湖泊成因

松花湖是 1937～1943 年因人工拦截松花江,修建丰满水电站而蓄水形成的人工湖。丰满水电站 1937 年动工,1943 年建成。松花湖大型水库的建成,改变了湖区的环境结构。266.5m 高程以下的居民全都迁移到高地或缓坡地上,农田的分布也随之扩大到台地和丘陵坡地上,使原有的原始林逐渐减少,耕地、人工林和次生林取而代之。

6. 湖泊水资源与水功能

松花湖区水资源丰富,开发利用程度高,经济效益也很大。湖区内还有拦蓄地方径流发电的小型电站 2 座,装机容量 370kW,年发电量 132 万度,为东北地区的经济建设做出巨大贡献。利用松花湖水灌溉的地区主要在吉林市以下的松花江沿岸,灌溉面积 52.6 万亩,湖区内利用地方径流灌溉的面积为 5.7 万亩,占湖区耕地的 9%。松花湖可常年保证坝下松花江流量不少于 100m³/s,保证吉林市从江中取水口的最低水位,供应吉林市大耗水工业(化学、造纸、冶金等)的用水及城市用水。松花湖水面宽阔,饵料丰富,湖湾众多,可养鱼面积达到 80 万亩,年产 3000t 左右,近年来,当地政府的一系列措施,如取缔拦网养殖户、加快招商引资,使投资商尽早开展渔业投入,经过 3 年的人工投放和封湖管理、轮捕轮放等政策的实施,松花湖渔业资源步入良性循环,在 2008 年渔业资源得到基本恢复,到 2010 年水产品总产量达到 8000t,成为吉林省重要的渔业基地之一。松花湖回水较长,水面宽,河道状况好,便于航运,湖上非封冻期通航可达 100km 以上,目前已经开通吉林丰满到桦树镇等地的航线。

1.3.5.2 水生生物群落

1. 浮游植物

松花湖共有浮游植物 124 种，隶属于 7 门 82 属。种类最多的绿藻门有 33 属 48 种，占全年出现种数的 38.7%，其次是硅藻门、蓝藻门、裸藻门、金藻门、黄藻门、甲藻门。浮游植物的优势种为：绿藻门的宫廷绿棱藻、实球藻、小球藻；硅藻门的颗粒直链藻；蓝藻门的水花鱼腥藻；甲藻门的飞燕角甲藻。浮游植物的数量和生物量较为丰富。松花湖浮游植物种类的季节分布特点是 7 月高，5 月次之，9 月低，水平分布特点是春、秋两季上游多喜流和耐热种类，中下游多静水可见种类，夏季则不十分明显。

2. 浮游动物

松花湖共有浮游动物 64 种，其中原生动物 28 种；轮虫 17 种，枝角类 8 种，桡足类 11 种，此外还有无节幼体。浮游动物优势种为原生动物的普通表壳虫、针棘匣壳虫、似钟形虫，轮虫的蒲达臂尾轮虫、萼花臂尾轮虫、前节晶囊轮虫、长三肢轮虫、弧形彩胃轮虫等，枝角类的柯氏象鼻蚤等，桡足类的近邻剑水蚤等。浮游动物种类的季节分布特点是 7 月高，5 月次之，9 月低。水平分布特点是上、下游种类数较多，中游略少，两岸高于湖心。垂直分布特点是上层高于中层，中层高于底层。

3. 底栖生物

松花湖有底栖动物 35 种，隶属于 21 科 31 属。其中，寡毛类 2 科 8 属 9 种，昆虫类 9 科 9 属 10 种，甲壳类 3 科 5 属 5 种。就其分布而言，上游的辉发河口桦树断面，水浅，无温跃层，底栖动物的种类组成较丰富。中游的拉拉河口断面，是拉拉河与库区的汇合处，为该库的第二缓冲带。这里底栖动物种类较少而数量较多，5 月最为明显，优势种为正颤蚓、盘丝蚓、水丝蚓，占总生物量的 80%。下游的凉水河、杨木沟、丰满 3 个断面，除具微量的底流外，表层基本处于稳水状态，有明显的温跃层。底栖动物数量较少，3 个断面采到的定性种类共有 8 种（其中丰满断面仅有 2 种），然而生物量比上游高得多，平均生物量为 17.2g/m^2。优势种仍为寡毛类的正颤蚓、盘丝蚓、水丝蚓。生物量的季节变化特点是 7 月高，5 月次之，9 月最低，年平均生物量为 9.1g/m^2。

4. 鱼类区系组成及主要经济鱼类

松花湖内鱼类品种众多，据县志记载，丰满大坝未建成前，松花江里的鱼类约有 56 种，素有"三花五罗十八子"之称。丰满大坝建成后，水与生态环境改变，加之捕捞水产的迅速发展，特别是 1960 年全湖捕捞网具实现胶丝化以后，捕捞强度和渔获量明显升高，影响了一些鱼类的繁殖和生长。目前松花湖能见到的种类约有 48 种。综合历史资料，近 40 年来，松花湖鱼类区系的变动规律是，由于多种因素，乌苏里白鲑、狗鱼、哲罗鲑、黑龙江鮰鱼、江鳕、细鳞鱼等冷水性鱼类已基本绝迹；蒙古红鲌、翘嘴红鲌等鱼类因产卵场环境改变等，种群数量急剧下降，也基本消失；20 世纪 60 年代产漂浮性卵的鳡鱼在库中还能够见到，雅罗鱼和黑龙江马口鱼等喜流性鱼在库中已逐渐减少，仅在上游河道中有发现。青鱼、草鱼、鲢、鳙等放养种类及无意引进的逆鱼在库中形成种群，尤其是鲢、鳙已成为库中的优势种群。

1.3.5.3　旅游资源

松花湖位于祖国东北吉林省，景观雄奇壮丽，远观松花湖，峰峦叠嶂，碧波万顷；身处其中，则能感受其景色秀丽，青山碧水，林木葱郁，深山幽谷，空气清新，沁人心脾，令人顿生流连忘返之意。松花湖百里湖区之中，水域、山峦、石壁、沙滩、港湾和林海，特色各不同，这也造就了其吉林省最美的自然风景区之一的地位。松峰景点：位于丰满西山，距堤坝 4km，稍偏离主航线，夏季适于登山、游泳、划船、钓鱼等，冬季可开展冰雪活动。湖内的迎宾岛位于主航线上，岛上树木不多，石影清秀。骆驼峰：三峰并立，林壑幽静，山下滩地平缓，像一片绿茸茸的草毯，水下无障碍物，适于露营活动，水域可开辟游泳、划船、垂钓区，与骆驼峰隔水相望，对峙而立的卧虎峰，峰顶有一块巨大的岩石，形似卧虎，岩石周围林木葱郁，确有密林虎踪之感。

1.3.6　红旗泡水库

1.3.6.1　自然状况

红旗泡水库坐落在大庆市区东侧卧里屯，位于嫩江平原中部，介于安达市和大庆市之间，是通过北部引嫩工程，引蓄嫩江水，以供应大庆石油化工用水为主，兼顾灌溉、养鱼等综合利用的平原水库。因靠近安达市红旗奶牛场，又是碟形凹地，而取名红旗泡水库。水库始建于 1972 年，库区面积 35km^2，库容 $1.16 \times 10^8 m^3$，是大庆的重要水源地，日供水 32 万 t，湖中有 40 多种鱼类、20 多种珍禽栖生繁衍，21 世纪初被国家评为全国水利风景区，是旅游休闲的好地方。

地貌特征：红旗泡水库位于黑龙江省安达市西北 21km、大庆市东北 13km，距大庆市高新产业开发区仅 6km。它始建于 1972 年，2000 年除险扩建工程完工。红旗泡水库是北部引嫩工程的蓄水工程之一。红旗泡水域属于北温带大陆性季风气候，其基本特点是四季分明，年、日较差大，春季少雨多大风，夏季温暖多雨，秋季清爽，天气好，冬季漫长而严寒。然而，湖区由于受水面宽、山多林密等条件的影响,其气候兼具湖泊和森林气候的复合特征。红旗泡水库水引自嫩江干流,主坝长 3478m,最大坝高 5.36m。进水闸位于西副坝北端,最大进水量 20m³/s。泄水闸位于库南主坝中间偏西部位,最大泄流量 70m³/s。泄水通过尾水渠注入北二十里泡,进入闭流区排水系统,而后泄入松花江。

1.3.6.2　水生生物群落

红旗泡水库是以供给大庆石油化工用水为主,兼顾改善水质、发展渔业生产等综合利用的一座大型平原湖泊型水库。水库兴利库容 1.1 亿 m³,兴利水位 147.85m,死水位 144.0m,可养鱼水面 2226hm²。水源充足,植被良好。库岸线较平直而斜缓,沿库内周围(除主坝前)分布有繁茂的水生植物,如苇草、蒲草、水葱、红蓼和稗草等。水草多生长在库岸边 1000m、水深 1m 内的浅水区域,为鲫的栖息、索饵、生长繁殖提供了良好的生态环境条件。1985 年以前,鲫产量占水库夏季渔获量的 40%以上。

水库水位高程多在 146m 左右,每年 7 月下旬以后逐渐提高,遇水库的工程施工期水位更低,1989~1990 年水库主坝用水泥预制块护坡,水位降到 145.58m,水库出现大批量死鱼。1996~1997 年水库除险扩建,引水分干渠及水库堤防加固,水位降到 145.7m,养鱼用水需二级提水。水位下降,最大落差在 2m 以上,严重地破坏了鲫产卵繁殖和生长的生态条件,产量大幅度下降。引水自嫩江至水库,流程长,高差达 70m,水质混浊。建库初期,水库中生长有大量沉水植被,使来水中的悬浮物聚沉。由于水质的混浊沉积、人为的投放草鱼和冬季捕鱼作业等,1986 年后水库中的大量沉水植物全部消失,特别是受地理的影响,春季多风,水质更加混浊,据测定透明度仅 18cm,而秋季水位高时透明度可达 118cm。

1.3.6.3　旅游资源

黑龙江省引嫩工程在红旗泡水库除险扩建工程中,结合旅游基础设施建设,建一处工程成一处景点,利用旅游收入完善景区建设。规划建设红湖旅游区,初步形成了清静绿野鲜、新奇名特优的北方水利旅游特色。现在年接待游客约 20 万人次,旅游收入 100 万元。红湖旅游区现初步建成 5 处景区,即入口区、仙人岛区、红湖广场区、垂钓区和清水湾洗浴区,分布着喷泉、钟楼、月牙岛、瀑布、彩虹门、栈桥、雕塑等 20 多处景点,且正在规划建设日本风情园、戏水乐园、大型植物园等项目。2001 年 10 月经水利部批准红旗泡水库红湖旅游区成为首批 18 个国家水利风景区之一。

红旗泡水库水面面积 35km²,它所处的松嫩平原腹地属于闭流区域,无较大河流和水面,红旗泡水库恰好满足了这一区域人们的戏水心理。水库东南岸的清水湾,沙质柔软,坡度平缓,水深适宜,是一处天然浴场。水库四周有浅水湿地

$667hm^2$，生长着茂密的芦苇，还有几十种挺水植物如菖蒲、水葱等。水库属于人工湿地，若乘船畅游库区，穿行于芦苇丛中，即可饱览这片北国水乡风光。湿地还可防风、固沙、调节水文、气候，产生氧气，净化水质，防止水土流失。水库四周有自然生长和人工栽培的风景林 $240hm^2$ 和花卉 $67hm^2$，形成一道绿色屏障，有樟子松、云杉、垂柳、银中杨、沙棘、串红、小桃红、野百合等。水库盛产鱼类 12 科 40 余种，还有蛙、虾等。鲜鱼走俏当地渔市，并远销外地。长 1km 的垂钓大堤，成为钓鱼爱好者的天堂。水库水域有鸟类 20 余种，常见的有江鸥、野鸭、苍鹭、野鸳鸯等，还有丹顶鹤、白天鹅等珍禽。红旗泡水库距大庆市和安达市很近，距哈尔滨市、齐齐哈尔市也不远，客源市场广阔，加之铁路、公路交通便利，电力、通信、住宿等配套设施齐全，游客到此十分方便。

1.3.7 连环湖

1.3.7.1 自然状况

连环湖位于大庆市杜尔伯特蒙古族自治县泰康镇西南 18km 处，是松嫩平原上一个久负盛名的大型浅水湖泊，湖区范围内的陆地地势低平，是黑龙江省最大的淡咸水湖，在杜尔伯特蒙古族自治县，位于 $46°30'N\sim47°3'N$、$123°59'E\sim124°15'E$。乌裕尔河和双阳河的河水到了这片低洼的土地，便滞留成为一组大型湖泊群，由哈布塔泡、他拉红泡、马圈泡、德龙泡、北津泡、羊草壕泡、西葫芦泡、二八股泡、小尚泡、红源泡、牙门气泡、敖包泡、那什代泡、火烧黑泡、铁哈拉泡、阿木塔泡、牙门喜泡、东湖等 18 个湖泊联合组成，总面积达到 840 多平方千米，这些湖泊平均深度只有半米，最深处也只在 2m 左右，是典型的湿地地区的浅水湖泊。数个湖泊之间以芦苇荡与岛屿相分离，高水位时水域相通，形成连环，湿地范畴的旅游资源类型非常丰富。

1. 地貌

沙垄间低地里形成的湖泊，又由于连环湖地貌结构为北高南低，南北长 120 里（1 里＝500m），东西宽 61 里，湖底平坦，纵横百里，是黑龙江省最大的内陆淡水湖之一，平均海拔 135～144m，湖底高程 135.5～136.9m，百里坡降仅有 1m，水域由 18 个湖泡、2 条沟、3 条人工引水渠组成，湖、沟、渠名称从南向北依次为牙门喜泡、阿木塔泡、铁哈拉泡、火烧黑泡、那什代泡、牙门气泡、敖包泡、小尚泡、红源泡、西葫芦泡、二八股泡、他拉红泡、东湖、羊草壕泡等。

2. 气候

连环湖水域属于北温带大陆性季风气候，其基本特点是四季分明，年、日较差大，春季少雨多大风，夏季温暖多雨，秋季清爽，天气好，冬季漫长而严寒。

然而，湖区由于受水面宽、山多林密等条件的影响，其气候兼具湖泊和森林气候的复合特征。年均气温4℃，水面结冰期长达165天。

3. 河流

湖泡彼此相连，由此得名连环湖。3条人工引水渠引导嫩江水入湖。湖内库容12亿m^3，超库容时开闸门下泄湖水入嫩江。

1.3.7.2　水生生物群落

连环湖浮游植物有5门37属，优势种群为硅藻门、绿藻门、蓝藻门，浮游植物数量平均为687.56×10^4ind/L，平均生物量为8.8883mg/L。硅藻门12属，以狭形颗粒直链藻为主，舟形藻次之，数量为362.43×10^4ind/L，占52.71%，生物量为4.5556mg/L。绿藻门13属，以栅裂藻为主，小球藻次之，数量为184.86×10^4ind/L，占26.89%，生物量为1.8500mg/L。蓝藻门9属，以胶鞘藻为主，数量为132.93×10^4ind/L，占19.33%，生物量为2.1000mg/L。其他种类为金藻门和裸藻门，主要为鱼鳞藻、尖尾裸藻和王氏裸藻，数量为7.33×10^4ind/L，占1.07%，生物量为0.3883mg/L。

1. 浮游动物种类组成及优势种

连环湖浮游动物共有4类31属，数量以原生动物、轮虫为主，占77.67%，生物量以桡足类最大，为1.1930mg/L，平均生物量为1.5842mg/L。原生动物9属，以钟形虫为主，小口钟虫次之，数量为124.93ind/L，占46.15%，生物量为0.1233mg/L。轮虫16属，以曲腿龟甲轮虫为主，迈氏三肢轮虫次之，数量为85.31ind/L，占31.52%，生物量为0.1293mg/L。枝角类仅在9月出现柯氏象鼻蚤，数量为10.10ind/L，占3.73%，生物量为0.1387mg/L。桡足类由5属组成，以近邻剑水蚤为主，数量为50.34ind/L，占18.60%，生物量为1.1930mg/L。

2. 鱼类组成及水禽资源

连环湖边缘浅滩部分长有茂盛的优质芦苇，是大庆地区优质芦苇产区之一。县政府已从连环湖划出4万多公顷的水面作为水禽自然保护区，区内共有鸟类240种，其中水禽92种，鸿雁、天鹅、丹顶鹤、灰鹤都是重点保护对象；多数是非保护动物的野鸭，有一二十种可以猎获。每年4月初至5月初、9月初至11月初是狩猎期。连环湖，自然水源承受乌裕尔河丰水年的泄水，水位不稳定，近年利用北部引嫩灌区灌水，水源有了保障。湖内鱼类组成基本与江河相似，鱼类有43种，其中鲤科33种，占76.6%。自1958年建为连环湖水产养殖场以来，加大人工放养量，放养鱼类比例逐年上升，鲤、草鱼、鲢和鳙占60%，鲫、翘嘴红鲌和杂鱼占40%。连环湖北与扎龙湖鹤类保护区毗连，沿岸芦苇丛生，沼泽连片，在这里栖息繁衍大量候鸟、雁鸭。连环湖鱼类资源丰富，已知65种，年捕鱼千余吨。

可养鱼面积达 56 万多亩,湖内盛产 40 种淡水鱼类,尤以鲤、草鱼、鲢、鳙、鲫、黑鱼、狗鱼、鲂、泥鳅、黄鱼(嘎牙子鱼)等为多,其经济价值上乘。湖内水生动植物丰富,浮游植物有 7 门 85 属,硅藻等营养型藻类蕴含量丰富,浮游动物有 25 属,底栖动物以日本沼虾和中华小长臂虾、秀丽白虾为主,可直接回捕,水生植物 40 余种,有 24 科,以芦苇为盛产。丰富的水生植物为淡水鱼繁衍生息创造了得天独厚的条件。

1.3.7.3　旅游资源

连环湖区兼有水产养殖和旅游的双重功能,湖区内有很多渔业和旅游业设施。旅游业开始于 1985 年,当年春天,东北林业大学 10 余名师生在连环湖水产养殖场进行了 20 多天的考察后,报林业部批准成立我国第一个国际水禽狩猎场。

1.3.8　桃山水库

1.3.8.1　自然状况

桃山水库位于黑龙江省七台河市,坝址以上集水面积 2043km^2,控制面积约占倭肯河干流控制面积的 32.7%,多年平均径流量为 2.98 亿 m^3。桃山水库以上地貌为低山丘陵区,地面高程为 89~854m,山区面积占 42.5%,丘陵面积占 17.9%,平原面积占 18.2%,河谷平原面积占 21.4%。主要土壤有暗棕壤、白浆土、黑土和草甸土等。森林资源较为丰富,植被为针阔混交林,其主要树种是柞、桦、杨、椴等。桃山水库位于倭肯河流域,倭肯河流域属于中温带大陆性季风气候,年平均气温为 3~4℃。四季变化分明,冬季漫长寒冷,夏季短促湿热,春季干旱少雨,秋季凉爽宜人。历年最低气温 −36℃,最高温度 35℃;年降水量在 526~650mm,上游山丘区明显大于河谷平原区山丘区,一般在 600mm 以上,平原区为 500mm左右。集水区属于中温带半湿润大陆性季风气候区。多年平均降水量在 548mm,降水主要集中在汛期 7~9 月,多年平均年径流深为 146mm,径流主要集中在 6~9 月,占全年的 67%。据倭肯水文站 1956~1992 年资料计算,输沙模数为 23.7t/(km^2·a),推算水库坝址以上年悬移质输沙量为 4.84 万 t。

1.3.8.2　水生生物群落

1. 浮游生物

20 世纪 20 年代末对建库初期的桃山水库进行资源调查,浮游植物种类以硅藻中的颗粒直链藻为优势种,浮游植物 8 月、9 月两次采样平均生物量 8.50mg/L,浮游动物以桡足类的剑水蚤为优势种,浮游动物两次采样平均生物量为 0.995mg/L。2002 年对浮游生物进行采样,浮游植物可分为 8 个门类,其中种类最多的绿藻门有 18 种,蓝藻门 11 种,硅藻门 9 种。其余各门依次是裸藻门(3 个物种)、黄藻门(3 个物种)、甲藻门(2 个物种)、隐藻门(1 个物种)、金藻门(1 个物种)。浮游动物共检出 32 个物种,其中轮虫 20 个物种、原生动物 7 个物种、桡足类 3 个物种、枝角类 2 个物种。

2. 建库前鱼类情况

据七台河市水产局资料,20 世纪 50 年代,七台河市年捕鱼量高达 1 万 kg 以上,而 1985~1990 年年均捕鱼量在 2000kg 左右,主要有鲤、鲫、鲶、狗鱼、黑鱼和马口鱼、老头鱼等。桃山水库现可养鱼水面 25km²。1991 年在库区水域采集到的鱼类样品不十分完全,共计 10 科 22 种。1997 年经初步调查,人工投放的鲢、草鱼基本绝迹,鲤、鲫、鲶等自然经济鱼类个体相差悬殊,不能形成繁殖群体,而各种非经济小型鱼类在水域中占据优势。1997 年春季对桃山水库实行了封库,并于当年投放近 5000kg 鲢、鳙鱼种,生长良好。

3. 集水区生态环境问题

桃山水库是七台河市城市生产、生活、生态的供水源地,肩负城市供水 4906 万 m³,以及下游 3 县(勃利、桦南、依兰县)6000 万 m³ 的农业供水及 20 多万人口的防洪任务,水库上游的水土流失和生态环境状况关系到该市生态安全、社会和谐、经济发展和人民的生存安全。因此,水库集水区的水土流失及其引发的系列生态环境问题必须引起高度重视。

1.3.9　磨盘山水库

1. 地理特征

磨盘山位于距哈尔滨市 211km 的五常市沙河子镇,这里有著名的大小磨盘山、石篷山,以及省内最高的山峰大秃顶子山。磨盘山群山环绕,与石篷山群形成的峡谷地带蜿蜒流淌着清亮的拉林河。磨盘山水库坝址位于拉林河上游,这里地面植被覆盖率达 83%,良好的生态环境形成了降水丰沛的小气候,年平均降水量 800mm 左右,是黑龙江省的暴雨高发区,年内分配极不均匀,其中 6~9 月占降水量 80%左右,汛期降水多集中在 7~8 月,这里还有丰富的地下水,拉林河和牤牛河塑造出河谷平原,良好的地理环境为地下水的贮存、运移、补给、交替创造了良好的空间,形成了资源丰富的"地下水库"。磨盘山水库上游 70km 处的凤凰山上有一块 300 多公顷的高山湿地,这里是磨盘山水库水源拉林河的源头,控制流域面积 1151km²,含氧量高,山上有高山湿地 300 多公顷,全年有 100 天降水,形成了独特的山区小气候。据水文部门监测,拉林河此处年径流量平均为 5.6 亿 m³,可以满足哈尔滨市的供水需求。这里水质极佳,根据黑龙江省、哈尔滨市环保部门监测站的多年资料,水库上游水质按国家检测标准,除总氮为 II 类水质标准外,其余指标均达到了 I 类水质标准,是非常优质的城市供水水源。

2. 气候

按我国的气候带划分，哈尔滨市气候属于中温带大陆性季风气候。降水量的分配极不均匀，夏季雨量充沛，冬季干燥少雨，秋雨多于春雨，春季多发生干旱。月、季、年降水变率最大，易旱易涝。黑龙江省多年降水区域分布表明，伊春、尚志、五常南部是我省 3 个降雨中心和暴雨中心。靠近磨盘山水库的五常市几个气象、水文站的降水资料分析如下：五常是我省降水变率最大、暴雨集中的地区之一，平均年降水变率在 20%以上，降水最多和最少年水量相差 1 倍多；五常市年平均降水量为 619.7mm，历史最大降水量为 852.2mm，最小降水量为 345.8mm；2001～2003 年中，2001 年降水量为 386.9mm，2002 年为 711.2mm，2003 年为 573.8mm。而靠近磨盘山水库的龙凤山水库 1992～2003 年平均年降水量为 643.3mm，其中 5～9 月的降水量占全年降水量的 78%；沙河子林业气象站年降水量是 670mm；三人班年降水量是 644.4mm；沈家营年降水量是 755.9mm。由此可见，五常降水量的分布是，越向西南、越靠近张广才岭西北坡，雨量越大，估计磨盘山水库集水区年降水量在 750～800mm。

3. 地理环境对降水的影响

由于磨盘山水库地处张广才岭西北坡，流坡及水库内地势东南高，向西北逐渐降低，最高处海拔为 1682m，整个水库处于山区河谷之中，因此集水区正处在山区迎风坡处，山坡对气流的抬升作用造成该地的多雨形势。另外，由于该处森林植被原始状态较好，湿度和蒸腾作用都有利于该地降水的增多。再者，由于磨盘山水库地处五常市的最南端，受南来气旋和台风降水系统的影响较大，因此降水明显多于五常市北部地区。例如，2004 年 7 月 23 日，受北来冷空气与南来气旋影响，龙凤山降水 3.0mm。而磨盘山水库集水区普降大雨到大暴雨，其中南岔为 43.2mm，东风工段、白石砬子、凤凰山脚、红旗林场均为 100～110mm，曙光林场、亮甸子、大新屯、李小房、铁山、王家街、二愣为 67～93mm，沈家营、沙河子、长安、大崴子、向阳山为 22.47mm。由此可见，磨盘山水库集水区与水库下游降水量的差异还是很大的。

1.4　水体样品采集方案

1.4.1　采样点布设原则

各湖泊采样点的布设尽量覆盖当地环境监测部门的国控、省控断面，并按照《地表水和污水监测技术规范》中的布点原则和相关要求进行布设，提交湖泊监测点位布设图件、采样点位置坐标等。

1.4.1.1　五大连池采样点分布

于 2009 年 9 月至 2011 年 12 月，对五大连池进行了现场采样和观察，各湖库采样点位分布见图 1-1 和表 1-2。

图 1-1　五大连池采样点位图

表 1-2　五大连池各采样点位的经纬度

湖泊	点位	北纬	东经
五大连池	W1(一池)	48°40'21.7″	126°10'53.6″
	W2(二池)	48°40'58.7″	126°11'01.2″
	W3S(三池上游)	48°43'50.3″	126°13'55.6″
	W3X(三池下游)	48°43'51.6″	126°13'00.8″
	W4(四池)	48°46'01.8″	126°10'44.4″
	W5(五池)	48°46'47.7″	126°09'14.2″

1.4.1.2　兴凯湖采样点分布

于 2009 年 9 月至 2011 年 10 月，对兴凯湖进行了现场采样和观察，各湖库采样点位分布见图 1-2 和表 1-3。

1.4.1.3　镜泊湖采样点分布

于 2009 年 9 月至 2011 年 10 月，对镜泊湖进行了现场采样和观察，各湖库采样点位分布见图 1-3 和表 1-4。

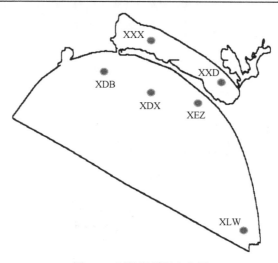

图 1-2 兴凯湖采样点位图

表 1-3 兴凯湖各采样点位的经纬度

湖泊	点位	北纬	东经
	XXD(小湖东)	45°17′02.2″	132°46′00.0″
	XXX(小湖西)	45°20′58.5″	132°22′12.1″
兴凯湖	XLW(龙王庙)	45°03′52.2″	132°50′58.4″
	XEZ(二闸)	45°15′33.4″	132°42′58.2″
	XDX(大湖心)	45°18′27.8″	132°22′01.5″
	XDB(当壁镇)	45°15′57.2″	132°01′52.4″

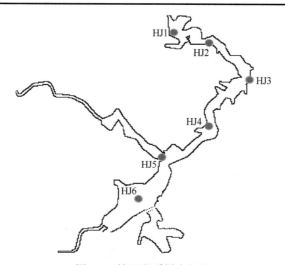

图 1-3 镜泊湖采样点位图

表 1-4　镜泊湖采样点位的经纬度

湖泊	点位	北纬	东经
	HJ1	44°02'12.2″	128°56'26.0″
	HJ2	44°00'01.8″	129°00'17.4″
镜泊湖	HJ3	43°57'17.6″	129°00'01.7″
	HJ4	43°54'23.3″	128°58'09.3″
	HJ5	43°52'32.5″	128°55'36.1″
	HJ6	43°50'04.0″	128°52'58.9″

1.4.1.4　大伙房水库采样点分布

于 2009 年 9 月至 2011 年 10 月,对大伙房水库进行了现场采样和观察,各湖库采样点位分布见图 1-4 和表 1-5。

图 1-4　大伙房水库采样点位图

表 1-5　大伙房水库采样点位的经纬度

湖泊	点位	北纬	东经
	LD1	41°52'47.6″	124°05'38.2″
	LD2	41°52'53.2″	124°06'41.2″
大伙房水库	LD3	41°53'01.8″	124°10'54.7″
	LD4	41°54'43.6″	124°14'18.7″
	LD5	41°55'32.5″	124°17'30.3″

1.4.1.5 松花湖采样点分布

于 2009 年 9 月至 2011 年 10 月，对松花湖进行了现场采样和观察，各湖库采样点位分布见图 1-5 和表 1-6。

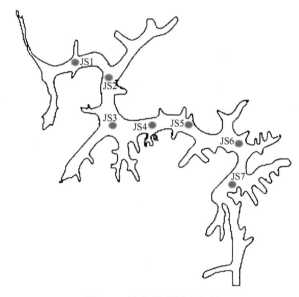

图 1-5 松花湖采样点位图

表 1-6 松花湖采样点位的经纬度

湖泊	点位	北纬	东经
	JS1B (表层)		
	JS1Z (中层)	43°41′53.1″	126°42′20.2″
	JS1X (下层)		
	JS2B (表层)		
	JS2Z (中层)	43°42′0.0″	126°46′32.3″
	JS2X (下层)		
	JS3B (表层)		
松花湖	JS3Z (中层)	43°39′27.0″	126°47′40.5″
	JS3X (下层)		
	JS4B (表层)		
	JS4Z (中层)	43°39′04.1″	126°51′47.3″
	JS4X (下层)		
	JS5B (表层)		
	JS5Z (中层)	43°38′56.0″	126°54′56.2″
	JS5X (下层)		

续表

湖泊	点位	北纬	东经
松花湖	JS6B(表层)		
	JS6Z(中层)	43°37′54.8″	126°55′36.4″
	JS6X(下层)		
	JS7B(表层)		
	JS7Z(中层)	43°36′29.0″	126°55′00.0″
	JS7X(下层)		

1.4.1.6　红旗泡水库采样点分布

于 2009 年 9 月至 2011 年 10 月，对红旗泡水库进行了现场采样和观察，各湖库采样点位分布见图 1-6 和表 1-7。

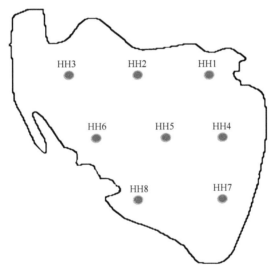

图 1-6　红旗泡水库采样点位图

表 1-7　红旗泡水库各采样点位的经纬度

湖泊	点位	北纬	东经
红旗泡水库	HH1	46°38′12.0″	125°15′14.3″
	HH2	46°38′22.7″	125°13′55.9″
	HH3	46°39′12.1″	125°10′35.6″
	HH4	46°37′32.1″	125°15′10.7″
	HH5	46°37′20.9″	125°13′53.9″
	HH6	46°36′52.6″	125°13′15.1″
	HH7	46°36′20.0″	125°15′04.3″
	HH8	46°36′26.0″	125°13′48.9″

1.4.1.7　连环湖采样点分布

于 2009 年 9 月至 2011 年 10 月，对连环湖进行了现场采样和观察，各湖库采样点位分布见图 1-7 和表 1-8。

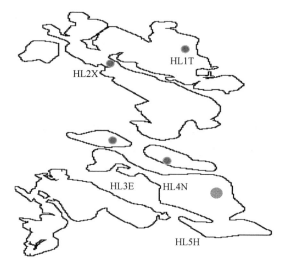

图 1-7　连环湖采样点位图

表 1-8　各采样点位的经纬度

湖泊	点位	北纬	东经
	HL1T（他拉红泡）	46°47′30.5″	124°11′07.4″
	HL2X（西葫芦泡）	46°46′18.7″	124°05′36.4″
连环湖	HL3E（二八股泡）	46°41′52.3″	124°01′22.6″
	HL4N（那什代泡）	46°38′44.5″	124°09′26.1″
	HL5H（火烧黑泡）	46°36′47.3″	124°12′10.2″

1.4.1.8　桃山水库采样点分布

于 2009 年 9 月至 2011 年 10 月，对桃山水库进行了现场采样和观察，各湖库采样点位分布见图 1-8 和表 1-9。

1.4.1.9　磨盘山水库采样点分布

于 2009 年 9 月至 2011 年 10 月，对磨盘山水库进行了现场采样和观察，各湖库采样点位分布见图 1-9 和表 1-10。

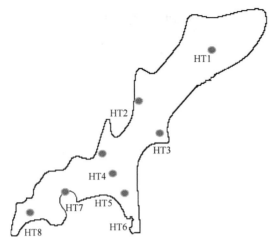

图 1-8　桃山水库采样点位图

表 1-9　桃山水库各采样点位的经纬度

湖泊	点位	北纬	东经
桃山水库	HT1	45°49′26.5″	131°05′03.9″
	HT2	45°49′13.6″	131°04′07.0″
	HT3	45°48′21.6″	131°04′31.8″
	HT4	45°48′37.6″	131°02′07.6″
	HT5	45°48′13.5″	131°02′27.1″
	HT6	45°47′56.4″	131°02′54.0″
	HT7	45°47′43.3″	131°01′28.8″
	HT8	45°47′05.8″	130°59′56.2″

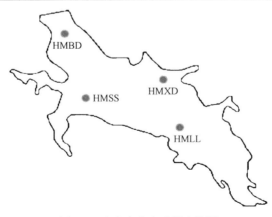

图 1-9　磨盘山水库采样点位图

表 1-10　磨盘山水库各采样点位的经纬度

湖泊	点位	北纬	东经
	HMXD	44°19′47.2″	127°48′38.4″
	HMLL	44°19′41.3″	127°47′15.4″
磨盘山水库	HMSS	44°18′31.7″	127°41′29.7″
	HMBD	44°23′46.0″	127°41′29.5″

1.4.1.10　西泉眼水库采样点分布

于 2009 年 9 月至 2011 年 10 月，对西泉眼水库进行了现场采样和观察，各湖库采样点位分布见图 1-10 和表 1-11。

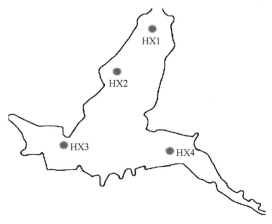

图 1-10　西泉眼水库采样点位图

表 1-11　西泉眼水库各采样点位的经纬度

湖泊	点位	北纬	东经
	HX1	45°17′13.0″	127°21′39.4″
	HX2	45°13′25.6″	127°19′17.0″
西泉眼水库	HX3	45°18′55.9″	127°16′55.1″
	HX4	45°16′52.1″	127°15′46.2″

1.4.2　各指标分析方法

调查的采样方法、布点要求与分析方法应进行统一和规范，以期与收集到的国家或地方监测部门的数据具有可比性、可用性。主要的规范包括以下 2 方面。

1)《地表水和污水监测技术规范》（HJ/T 91—2002）。

2)《水和废水监测分析方法》（第四版，中国环境科学出版社，ISBN 978-7-80163-400-4）。

参 考 文 献

[1] 马荣华, 杨桂山, 段洪涛, 等. 中国湖泊的数量、面积与空间分布[J]. 中国科学: 科学地球, 2011, 41(3): 394-401.

[2] 王苏民, 窦鸿身. 中国湖泊志[M]. 北京: 科学出版社, 1998.

[3] 阮仁良, 王云. 淀山湖水环境质量评价及污染防治研究[J]. 湖泊科学, 1993, 5(2): 153-158.

[4] 卢大远, 刘培刚, 范天俞, 等. 汉江下游突发"水华"的调查研究[J]. 环境科学研究, 2000, 13(2): 28-31.

[5] 张哲海, 梅卓华, 孙洁梅, 等. 玄武湖蓝藻水华成因探讨[J]. 环境监测管理与技术, 2006, 18(2): 15-18.

[6] 秦伯强, 王小冬, 汤祥明, 等. 太湖富营养化与蓝藻水华引起的饮用水危机——原因与对策[J]. 地球科学进展, 2007, 22(9): 896-906.

[7] 方红云. 浅析滇池蓝藻暴发原因[J]. 环境科学导刊, 2010, 29(S1): 74-75.

[8] 范荣桂, 朱东南, 邓岚. 湖泊富营养化成因及其综合治理技术进展[J]. 水资源与水工程学报, 2010, 21(6): 48-52.

[9] 金相灿, 等. 中国湖泊环境[M]. 第三册. 北京: 海洋出版社, 1995: 4.

第 2 章 东北平原与山地湖区典型湖库微生物多样性

2.1 概 述

2.1.1 传统微生物学方法

传统微生物学方法是一种经典方法，该方法主要是通过在培养基上培养微生物，随后利用显微镜观察其形态、群落特点及理化特征来鉴定微生物的类群。但是，这种方法需要进行一系列繁杂的形态特征鉴定和生理生化实验。同时，只有通过纯培养，对获得的菌株进行深入全面的研究，才能确定菌种在分类学上的地位。因此在微生物学研究中，经典的微生物技术仍然是一个不可替代的方法[1,2]。

微生物在地球物质循环、能量转换、环境与健康等方面发挥着重要作用，它是食物链中的分解者和初级消费者。由于自然环境中绝大部分细菌以目前的手段是不可培养的，传统微生物培养和分离方法所能鉴定的微生物只占环境微生物总数的 0.1%～10%，以培养为基础的传统方法严重制约了微生物多样性研究的快速发展[3,4]。

2.1.2 现代分子生物学方法

分子微生物生态学是利用分子生物学技术手段研究自然界微生物、生物及非生物环境之间相互关系及其相互作用规律的科学。1953 年，Watson 等建立了 DNA 双螺旋模型结构，从此开启了分子生物学领域的研究。以核酸分析技术为主的分子生物学技术，如 FISH、RFLP、RAPD、PCR-DGGE、扩增片段长度多态性(AFLP)等，逐渐被引入微生物多样性研究中，此后研究微生物生态学的各种分子生物学方法逐步建立起来[5-7]。

(1)荧光原位杂交技术

荧光原位杂交(fluorescence *in situ* hybridization，FISH)技术，是在已知微生物核酸片段上添加探针，随后与环境基因组中的 DNA 分子进行杂交，将已知微生物核酸片段序列与待检测序列进行对比，根据同源性检测该特异微生物种群的存在与丰度。该方法可应用于环境中特定微生物种群的鉴定、种群数量的分析及其特异微生物的跟踪[8]。

(2)限制性片段长度多态性

限制性片段长度多态性(restriction fragment of length polymorphism，RFLP)是第一个被应用于遗传研究的 DNA 分子标记技术，其基本技术原理是不同 DNA 具有多个不同的酶切位点，利用限制性内切酶切割成不同长度的 DNA 片段，再将这些片段电泳、转膜、变性，与标记过的探针进行杂交、洗膜，即可分析其多态性结果[9,10]。

(3) 随机扩增多态性

随机扩增多态性 DNA(random amplified polymorphic DNA，RAPD)技术，利用通用引物扩增不同的基因，会得到不同的目的片段，将模板中出现的特有条带作为分子标记，利用不同目的片段间的条带数目作为研究手段，条带数目越多代表越复杂[11]。RAPD 技术操作简单，可以对未知物种进行分子生物学的研究，分析其 DNA 多态性，不需要专门设计引物，利用通用引物即可，不同物种可以使用通用引物进行遗传分析。该技术在物种鉴定、微生物群落的多样性等各个方面广泛应用。

(4) 单链构象多态性分析

单链构象多态性(single strand conformation polymorphism，SSCP)分析的基本原理是利用 DNA 或 RNA 单链构象具有多态性的特点，当一个碱基发生改变时，分子内部的相互作用会改变 DNA 的空间构象，单链 DNA 分子空间构象的改变会使其在聚丙烯酰胺凝胶中的迁移位置产生差异性，从而使有差异的分子分离[12-14]。

(5) 变性梯度凝胶电泳

变性梯度凝胶电泳(denaturing gradient gel electrophoresis，DGGE)技术的基本原理是双链 DNA 分子在变性剂的作用下，在聚丙烯酰胺凝胶中进行电泳时，不同的目的基因在不同的解链温度下，DNA 链迁移速率的差异会使不同片段分开，从而将相同长度但序列不同的 DNA 片段分开。这种方法是目前研究微生物多样性较成熟的方法，可用来对环境样本中的生物多样性进行定性和半定量分析[15,16]。

2.1.3　湖泊微生物多样性国内外研究进展

水体浮游细菌是湖泊食物网的重要组成部分，对淡水水体生态系统的物质循环和能量流动起着重要的作用，它们主要参与有机物的分解，并将有机物矿化成能被植物用来进行初级生产的无机化合物[17-19]。

近几年，国内外开始采用现代分子生物学的方法进行微生物多样性的研究，如 16S rDNA 文库构建、DGGE、RFLP、末端标记限制性片段长度多态性等技术。除 RFLP 外，其他技术均用到 16S rDNA，其原因是 16S rDNA 在生物进化过程中具有高度保守性，所以其在系统发育研究中具有重要作用。同时，不同物种的 16S rDNA 在结构上具有特异性。依据其保守性和特异性，可确定它们系统发育的相关性或进化距离。目前，应用比较成熟的是 DGGE 技术，这一技术能够同时分析多个样品，其优点是可重复和易操作，在调查种群的时空变化及群落结构鉴定方面具有较大优势[20]。

目前，淡水湖泊微生物多样性的研究比较少，Zeng 等[21]分析了太湖和玄武湖沉积物中细菌群落的分布，发现理化指标对微生物群落结构具有重要影响。邢鹏等[22]研究了太湖梅梁湾与湖心区的浮游细菌，发现微生物菌群变化受季节影响：不同季节微生物群落差异较大。De Wever 等[23]、Lindström 和 Bergström[24]发现，空间位置变化对细菌群落结构具有重要的影响。赵兴青等[25]比较了南京市玄武湖、莫愁湖与太湖沉积物中微生物的群落结构，发现不同湖泊中存在明显差异。Gucht 等[26]发现，Blankaart 和 Visvijver 两湖中浮游细菌群落呈现明显的季节变化规律。Casamayor 等[27]利用 DGGE 技术对 16S rDNA 序列进行分析，发现 Ciso 和 Vilar 湖中微生物优势群落的结构与组成在时空上均不同。王晓丹等[28]研究密云水库不同季节细菌群落多样性时发现温度对微生物群落结构的影响较大。吴卿和赵新华[29]利用 PCR-DGGE 研究饮用水中微生物的多样性，得出不同取样点饮用水样品中虽存在特异菌，但各取样点水样中的优势菌相同。Wassel 和 Mills[30]研究了酸性矿山废水对受纳水体和沉积物中微生物群落的影响，发现受污染环境中微生物的多样性呈显著降低趋势。Sanders 等[31]研究表明，在贫营养海区异养浮游细菌的生物量和生产量主要受营养来源的限制，而在富营养海区则是以浮游动物摄食限制为主。Sommaruga 和 Robarts[32]发现在富营养湖泊中，异养细菌的数量并不随着营养程度的增加而快速增长。Pirlot 等[33]通过对雨季和旱季坦噶尼喀(Tanganyika)湖中异养细菌多样性进行研究发现，旱季细菌生物量最高。国内外很多研究者在研究富营养化时发现，细菌类群结构受营养化程度的控制[34-37]。在水体生态系统中，水体中营养物质成分的差异对细菌多样性有重要影响[38,39]。在同一湖库，不同季节营养物质的变化对生物群落结构有重要影响[40,41]。

细菌主要存在于土壤、水体和大气等自然环境中。作为生物地球化学循环的一部分，淡水生态系统起着重要的作用，淡水利用与人类之间的关系成为重中之重，而微生物作为生态系统中的消费者和生产者，对颗粒有机物氮、磷的溶解与沉降，溶解性有机物的形成与消耗，以及无机盐的形成等生态过程均起着重要的作用。因此，了解微生物多样性及变化规律能够更好地掌握淡水湖泊微生物的分布特征及其与环境因子的关系，更好地调节水体生态系统，为水体的净化和水体富营养化研究提供新的方法。

传统微生物培养方法严重限制了微生物生态学和环境学科的研究，而利用分子生物学的方法如 PCR-DGGE 技术，能够很好地分析微生物多样性及其变化规律，发现和分析一些不可培养微生物，也避免了传统微生物研究方法的局限性，丰富了微生物群落结构组成及其多样性。目前，该技术被广泛应用于水体、土壤、固体废物等领域的研究中。

DGGE 最先是在 1979 年由 Fischer 和 Lerman 提出的，是一种用于检测 DNA 突变的电泳技术。Muyzer 等于 1993 年首次将该技术应用于微生物的分子生态学研究。DGGE 技术的原理是利用 DNA 双链分子在浓度不断增加的化学变性剂的处理下，其双链会开始解链分离，而首先解链的是所需变性剂浓度较低的区域。较 AT 碱基对相比，GC 碱基对结合得要更加牢固，因此 GC 含量高的区域需要较高的变性剂浓度。同时，影响 DNA 分子解链的因素还有相邻碱基间的吸引力。若 DNA 分子的某一端解链，则 DNA 双链就由未解链部分缠绕在一起。如果变性剂浓度继续升高，两条 DNA 单链就会完全分开。变性梯度凝胶电泳技术主要依据 DNA 分子的两个特点：第一，如果 DNA 双链某一端解链，其在聚丙烯酰胺凝胶中的移动速度就会迅速下降；第二，若某一区域首先解链，而与其仅有一个碱基之差的另一条 DNA 双链就会有不同的解链变性剂浓度。因此，将混合的 DNA 样品加入含有变性剂梯度的凝胶电泳时，不同碱基组成的 DNA 就会分开。DGGE 技术在堆肥样品微生物检测中应用的主要流程如下：首先从待检测的堆肥样品中提取微生物总 DNA 并以此为模板，扩增细菌 16S rDNA 或真菌 18S rDNA 可变区片段。一般会在正向引物的 5′ 端添加上一个 35～40bp 的 GC 夹板，以保证扩增的 DNA 片段在含有变性剂的凝胶中保持部分的双链结构，而不至于完全变性成为单链。DNA 片段在凝胶中的迁移行为会因各自不同的解链结构域而不同。从理论上讲，DGGE 能够分辨仅有一个碱基之差的 DNA 序列。

2.1.4　研究湖库微生物多样性的必要性

在湖泊生态系统中，微生物作为分解者，在物质循环和能量循环中起着重要的作用。此外，微生物可用于监控环境变化，微生物群体通常对环境状况反应迅速，因而其群体是一个地区或历史环境变迁的良好记录。研究东北地区重点湖泊微生物的多样性，分析湖泊微生物的演化规律，可了解东北地区微生物群落结构的变化，这有利于我们深入地掌握湖泊微生物的分布特征及其在湖泊生态系统中的功能与作用，对深入开展湖泊生态环境研究具有重要的意义。水体浮游细菌是湖泊食物网的重要组成部分，它们主要参与有机物的分解，并将有机物矿化成能被植物用来进行初级生产的无机化合物。目前，我国学者多以南方的浅水湖泊进行微生物多样性的研究，对东北地区的研究相对较少，这使得对松花湖等深水湖泊的研究更有意义[42-44]。我国湖泊流域众多，地理环境的差异导致环境因子存在差异。相关研究表明，湖泊水体中微生物类群与相应营养盐含量密切相关[45-47]。基于此，以大伙房水库、松花湖和兴凯湖等 9 个湖泊作为研究对象，研究东北地区微生物群落结构，可为东北地区湖泊营养物基准及富营养化控制标准的指标建立提供依据。

2.1.5　主要内容及方法

环境是影响微生物群落结构的因素之一，但在实验室条件下可培养的微生物只占自然界的很少一部分，采用传统手段研究微生物多样性很难达到要求，本研究采用 PCR-DGGE 分析方法，弥补了传统微生物培养的缺陷。通过研究东北典型湖库不同季节微生物多样性，阐明时空变化对微生物群落结构的影响，构建湖库营养盐浓度与微生物种群结构的响应关系。

本章对 9 个东北典型湖库(大伙房水库、松花湖、镜泊湖、兴凯湖、红旗泡、连环湖、桃山水库、西泉眼水库和磨盘山水库)进行了水体样品采集。首先在了解各湖库水质基本情况的基础上，选择合适的采样点位，并利用 GPS 导航系统对采样点位进行定位。各湖库采样点分布，见第 1 章 1.4 部分。水样采集使用有机玻璃采水器，所采水样均为表层水，即水下 0.5m 处的水体。对于深水湖泊如松花湖，在每个采样点分表、中、下 3 个垂直层次，表(上)层水样采集深度为 0.5m、中层 6.0m、下层 16.0m 左右(下层深度不同点位略有变化)，装入事先经稀盐酸清洗液清洗过的聚乙烯瓶中，冷藏保存送回实验室，然后用 0.22μm 滤膜过滤后储存在–80℃ 的冰箱中。

DNA 的提取在 Zhou 等[48]方法的基础上改进，将滤膜剪碎于 5mL 的灭菌管中，加入 0.8mL DNA 提取液和 20μL 的蛋白酶 K。于摇床 220r/min 震荡 20min，37℃ 水浴 30min。水浴后加入 20%的 SDS 溶液 480μL，65℃水浴 2h。6500r/min 离心 5min，将上清液转移至新的离心管中，加等体积的碱性饱和酚/氯仿/异戊醇(25∶24∶1)，12 000r/min 离心 5min。将上清液转移至新的离心管中，加等体积的氯仿/异戊醇(24∶1)。加预冷的无水乙醇并于–20℃放置 1h 以上。4℃，14 000r/min 离心 10min 弃上清液，用 70%预冷的乙醇漂洗两次。再次离心，弃上清液后加入 80μL 的 TE 溶解。取 5μL 的 DNA 粗提溶液进行 0.7%琼脂糖凝胶电泳检测。剩余样品于–20℃下保存。

将提取后的基因组 DNA 作为 PCR 扩增模板，利用细菌 16S rDNA V3 区特异性序列 341F/534R 进行扩增[49,50]，其引物序列如下，上游引物 341F：CCTACGGGAGGCAGCAG；下游引物 534R：ATTACCGCGGCTGCTGG，其中上游引物 5′端连接有 GC 夹板：CGCCCGGGGCGCGCCCCGGGCGGGGCGGGGGCACGGGGGG。

水体微生物的 DGGE 胶浓度及电泳条件依据 Ferris 等[51]的实验进行改进，对不同湖库细菌基因组产物进行电泳分离，利用水平凝胶电泳确定 DGGE 中聚丙烯酰胺凝胶浓度，为 8%，变性梯度 35%~60%。电泳缓冲液为 1×TAE，电压 150V，60℃条件下电泳 4h，电泳结束后用 EB 染色 30min，用 UVP 凝胶成像系统观察结果并拍照。

利用 Quantity One(version 4.5)软件对 DGGE 图谱进行分析，对图谱中包含的信息进行量化处理后以二进制的格式输出，再利用非加权组平均法(UPGMA)对不同样品间细菌群落结构的相似性进行聚类分析[52]。DGGE 图谱中每一条带可以看作一个操作分类单元(operational taxonomic unit，OTU)，条带数可以反映微生物的种类数，条带数越多表明生物多样性越丰富，条带的亮度则反映微生物的丰度，条带越亮，表示该属微生物的数量越多，根据每条泳道内的 DGGE 条带数目和条带的峰强度，通过香农-维纳指数(Shannon-Wiener index，H')计算细菌物种多样性[53]。公式为

$$H' = -\sum_{i=1}^{S} P_i \ln P_i$$

其计算原理是将每一个单独的条带看作一个单独菌群，并且该条带的强度看作该菌群的丰度。P_i 为第 i 条带灰度占该样品总灰度的比率，H' 为样品中微生物的香农-维纳指数，S 为总物种数。

对水体细菌多样性与环境因子的响应关系进行分析，利用生物统计学软件 Canoco 5(version 5.0)研究各水样中微生物多样性与其环境因子的相关性，在进行典范相关分析(canonical correlation analysis，CCA)之前要将数据进行标准化处理，对出现一次的物种进行剔除，并对物种数据先进行判别成分分析(discriminant component analysis)，若排序轴长度大于 2，方可进行 CCA[52]。

2.2　东北平原与山地湖区典型湖库微生物群落组成

2.2.1　大伙房水库微生物多样性分析

大伙房水库水体微生物 DGGE 结果如图 2-1 所示。DGGE 图谱条带数量、位置及灰度上存在的差异，表明大伙房水库水体 5 个点位的上、中、下三层细菌群落结构具有显著的区域差异性。大伙房水库水体微生物 DGGE 图谱中约有 17 种不同的优势条带，中、下层水体中的菌落单元数较多，在上层出现的优势菌群大都在中、下层水体中出现。条带 3、8、9 等主要出现在上层和中层水样，而在下层上述条带消失，这可能与水体中的溶解氧浓度分布不均有关。由于大伙房水库水面面积大，在风浪的作用下，水体表面上下翻动较大，进而造成水体上层与中层含氧量较高；在阳光的照射下水生植物的光合作用同样会导致上、中层水体含氧量较高。以上两个因素致使大伙房水库上、中层水体有利于好氧菌的生长，而下层水体溶解氧浓度较低限制了好氧微生物的多样性。条带 4~6、10 在大伙房水库所有点位均有出现，通过对比发现，即使同一条带在不同泳道的灰度也明显不同，表明由于不同点位水体理化特性不同，不仅导致微生物不同菌群之间的区域差异性，同时对相似物种的分布也同样具有显著影响。13~17 等条带所代表的 5 个菌群主要出现在下层水体，由于下层水样采自水体 16m 以下区域，相对于上层

和中层而言，虽然下层含氧量较低，但由于距离底质较近，其中丰富的碳源及 N、P 等营养物质为下层水体中细菌的生长提供了条件。综上，大伙房水库各点位随取样深度增加微生物条带数呈增加趋势，表明随水体深度变化，细菌的种群结构呈现垂直的空间变化，微生物多样性具有差异性。此结论也与前人研究报道相符[23,54]，即水体细菌多样性在水平方向及垂直方向具有差异，这与不同空间营养物质的分布有关[55,56]。

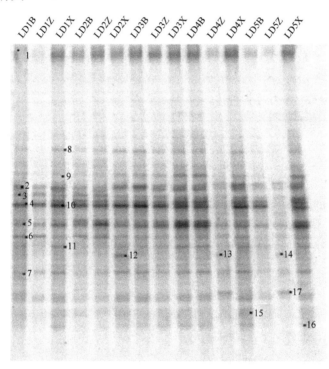

图 2-1　大伙房水库水体微生物 DGGE 图谱

通过 UPGMA 算法对各个水样进行聚类分析，生成系统进化树(图 2-2)。结果表明，15 个水样共分成了 4 个类群，除 LD4Z、LD5Z 两个点位外，其他点位相似度在 64%以上，最大相似度达到 92%。点位 LD4B 与 LD5Z 在同一深度水体的相似度要比不同深度水体菌群的相似度大，相似系数较低的为下层水体点位 LD1X、LD4X 与 LD3B、LD2Z。点位 LD3X 相似度不同于下层其他水体菌群，而是与上层菌群相似，同一点位上层和中层水样相似度大约在 70%，整体来看不同深度的菌群相似度在 64%左右。LD1X 和 LD4X 与其他点位菌群相似度则仅为 46%，这主要是由于 LD1 位于水库的下游，LD4 靠近养殖场，其营养物质含量丰富，存在不同于其他点位的菌群微生物，这两个点位的菌落单元数最多，物种更丰富。

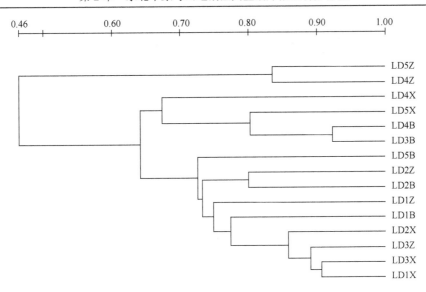

图 2-2　大伙房水库水体微生物 DGGE 图谱的聚类分析图

　　一般情况下，DGGE 图谱中条带所包含的微生物多样性可以通过香农-维纳指数（H'）进行表征（图 2-3）。随着深度的增加，微生物多样性呈增加趋势，条带的多样性与 DGGE 图谱结论基本一致，其中最大值出现在点位 LD1B 与 LD5Z，其多样性指数为 2.76，最小值出现在 LD1Z，为 2.28。其中，LD1B 和 LD4B 两个点位的 H' 高于 LD1Z 与 LD4Z，这主要是由于这两个点位位于河流的下游，且离生活区较近，10 月是旅游的旺季，人口活动频繁，其水体中营养物质丰富，从而表层的微生物多样性高于中层，同一空间菌落多样性因不同点位理化环境的差异而导致微生物群落出现差异。

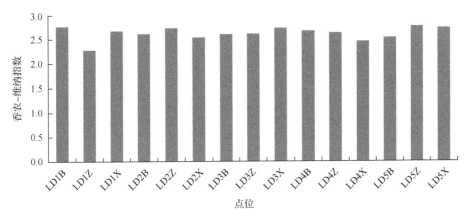

图 2-3　大伙房水库水体中微生物群落的香农-维纳指数

2.2.2 松花湖微生物多样性分析

松花湖水体微生物 DGGE 图谱如图 2-4 所示，其水体中微生物丰富度较高，不同点位垂向空间微生物多样性变化较大。DGGE 图谱在条带数量、位置及灰度上存在较大差异。松花湖中优势菌群有 18 种以上，条带 1 在中、上层(表层)出现频率较高，仅下层水样 JS1X 和 JS7X 两个点位未出现；条带 2～4、7 主要出现在 JS2、JS3、JS4、JS5 等点位，而条带 12 主要出现在 JS3X，属于优势菌群；条带 4 出现在 JS3B、JS4B、JS5B、JS3Z、JS4Z、JS5X 和 JS6X；条带 11、14、17 和 18 仅在个别点位出现。以上结果表明，松花湖不同空间水体含有不同的优势菌群。其中 JS1 和 JS2 点位 OTU 数高于其他点位，这主要是由于该湖泊位于松花湖下游，人口密度相对较大，加之水体流动性等因素，下游营养盐高于上游。松花湖平均每个点位至少有 15 个条带、5 个优势菌群，上层菌群少于中、下层。此外，该湖泊微生物多样性随着湖泊深度的变化也发生显著差异，随着深度的增加，条带数目呈增加趋势。

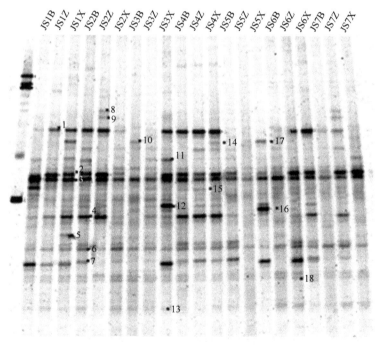

图 2-4　松花湖水体微生物 DGGE 图谱

通过 UPGMA 算法对 21 个水样进行聚类分析，如图 2-5 所示，松花湖水体 7 个点位的表、中、下三层细菌 DGGE 条带种类和分布表现出明显的差异。利用聚类分析可以将 21 个水样分成 7 个族群，其中 JS4Z 和 JS4X 的细菌群落相似度为 79%，两者与 JS4B 上的相似度为 73%；JS6Z 与 JS6B 的细菌群落相似度为 65%，

JS6X 与 JS3X 属于同一族群；而 JS7 点位三个层次微生物群落分布在不同的族群，其他点位与其类似。这说明不同深度的微生物群落结构之间相似性和动态性存在差异，这一结果主要是由于松花湖属于大型深水湖泊，下游有丰满大坝，水体交换慢，且采样季节为秋季，降水量少，导致在水体流速很小的情况下，水体环境条件在一段时间内相对稳定，对形成特定的细菌群落较为有利，此外营养水平的差异也同样为不同点位细菌群落结构的差异创造了条件[57]。

对 H' 的分析发现，如图 2-6 所示，在同一点位微生物条带数随深度增加而增

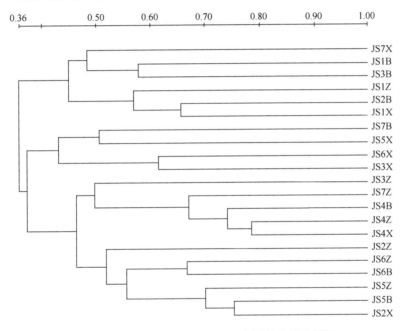

图 2-5　松花湖水体微生物 DGGE 图谱的聚类分析图

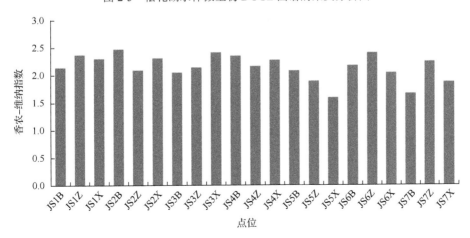

图 2-6　松花湖水体中微生物群落的香农-维纳指数

加，其中大部分以下层水样 H' 最高，JS1X、JS2X 分别为 2.37 与 2.47，这与 DGGE 图谱分析相同。从不同点位同一深度来看，各点位数据差异不是很大，仅在个别点位(如 JS6X、JS7X，H' 分别为 2.03 和 1.87)低于中层和上层水样，但并不能说明这两个点位菌落数要比上层低。

2.2.3　镜泊湖微生物多样性分析

镜泊湖水体微生物 DGGE 结果如图 2-7 所示，镜泊湖水体 6 个点位的上、中、下三层微生物 DGGE 条带种类和分布表现出明显的差异，共有 25 种以上的优势菌落出现。其中以中、下层水体中的菌落单元数较多，在上层出现的优势菌群在中、下层基本都有出现，在上层水样中 HJ1B、HJ2B 的菌落数要比 HJ3B、HJ4B、HJ5B、HJ6B 多，HJ1、HJ2 出现了其他所有点位不一样的菌落，HJ1 位于镜泊湖旅游区的入口，人为原因造成该点位微生物生长所需的氮和磷含量都偏高于其他点位。条带 1 仅在 HJ1 的中上层，属于优势菌落；条带 2、3、4、5、7、8 和 10 在中层水样出现频率较高；条带 7、24、25 在 HJ1B、HJ1Z 点位是优势条带，而且条带 24、25 应该属于这两个点位的特有菌落。条带 20、21 是 HJ1Z 的优势条带，在其他点位不明显。其他条带在各点位基本都有出现，整个图谱只有 HJ3B 的条带较少，优势条带也不明显。镜泊湖微生物多样性随着湖泊深度的变化会发生显著差异，随着深度的增加，条带数目呈增加趋势，有的条带消失，也有新条带出现。

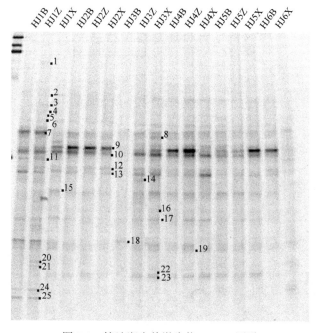

图 2-7　镜泊湖水体微生物 DGGE 图谱

无 HJ6Z 样品

通过 UPGMA 算法对各个水样进行聚类分析，生成系统进化树，如图 2-8 所示，17 个水样共分成 5 个族群，最小相似度仅为 26%，出现在 HJ1X，最大相似度达到 81%，出现在 HJ4Z 和 HJ4X，其次为 HJ5Z 和 HJ5X，相似度达到 80%，说明同一点位不同深度的菌落相似性较大，整体来看各点位中上层的菌落单元相似度要比下层相似度要高，这与 DGGE 图谱规律一致。不同点位在同一深度相似度最少在 60%，说明同一层次的细菌群落相似性比较大，与下层有明显区别，相似度在 36%，说明下层水体中的细菌菌落和上层差别较大，这与水体的环境有关，可能是由湖底的特定环境所造成的，不同点位之间的理化指标具有一定的差异性。

对 H' 的分析发现，如图 2-9 所示，HJ1 点位中 HJ1B 与 HJ1Z 的微生物多样性

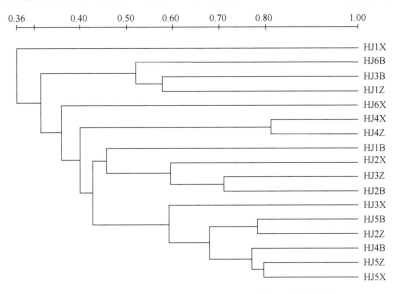

图 2-8　镜泊湖水体微生物 DGGE 图谱的聚类分析图

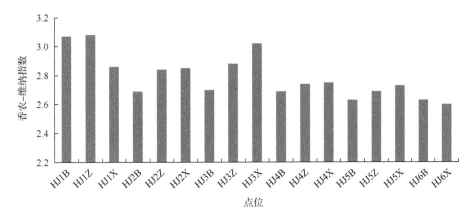

图 2-9　镜泊湖水体中微生物群落的香农-维纳指数

显著高于其他点位，HJ1B 香农-维纳指数达到 3.08、HJ1Z 为 3.09。下层水体微生物多样性要低于中、上层，从 DGGE 图谱上的条带来说，优势条带要少于 HJ1B 和 HJ1Z。其他点位微生物多样性基本与 DGGE 图谱条带变化一致，即在同一点位随深度增加微生物多样性呈增加趋势，不同点位间除 HJ1 点位之外，上层水体香农-维纳指数差异较小。

2.2.4　兴凯湖微生物多样性分析

兴凯湖微生物 DGGE 结果如图 2-10 所示，兴凯湖 DGGE 带图在条带数量、位置及灰度上存在较大差异，因此兴凯湖水体中微生物丰富度非常高，不同点位之间存在较大差异。在 5 个点位上共有 13 条不同的优势条带，其中 HXEZ 和 HXXD 都有 7 种以上的优势条带，条带 1 在所有点位均有出现，条带 2、3 仅在 HXXD 和 HXEZ 出现，说明该条带可能是这两个点位的特有菌群，条带 4 在 HXXD、HXXX 和 HXLW 等 3 个点位出现，这与所处的环境有关，它们都离生活区较近，人为活动频繁。条带 6、7、10 在 HXEZ 点位是优势菌群，在其他点位有出现，但是不属于优势菌群，条带 4、8、9、12 是 HXXD 的优势菌群，HXXD 和 HXXX 之间优势菌群差异性不大，而与其他 3 个点位差异较大，这是因为兴凯湖分为大湖和小湖，小湖周围除生活区以外还有田地，小湖的底质以泥为主，且水草丰富，大湖以沙为主，这些特定环境是造成微生物差异性较大的原因。

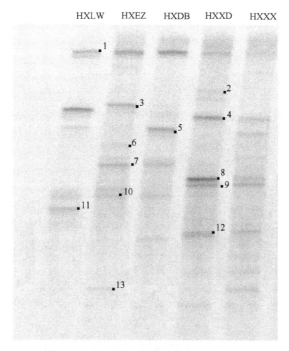

图 2-10　兴凯湖水体微生物 DGGE 图谱

　　通过 UPGMA 算法对各个水样进行聚类分析，生成系统进化树，如图 2-11 所示，5 个水样共分成 2 个族群，这与 DGGE 图谱一致，其中 HXXD 和 HXXX 为一个族群，相似度为 71%。HXLW 和 HXEZ 的相似度为 73%，它们之间存在一定的差异性，但是不大，HXLW、HXEZ 和 HXDB 等 3 个点位与 HXXX、HXXD 两个点位的相似度为 61%，兴凯湖大湖和小湖之间的细菌群落存在一定的差异性，与前面分析的兴凯湖大、小湖的特定环境有关结论一致。HXDB 的细菌多样性和 HXLW、HXEZ 的相似度为 70%，HXDB 附近是兴凯湖的旅游集中地和居民生活区，附近特定的环境可能造成细菌群落间有差异性，从聚类上就可以看出它们之间存在较大的差异，这应该与不同点位之间特定的环境差异有关。

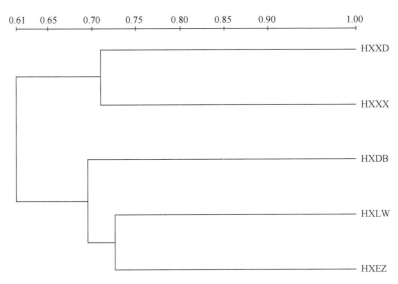

图 2-11　兴凯湖水体微生物 DGGE 图谱的聚类分析图

　　对香农-维纳指数的分析发现，如图 2-12 所示，最高的是 HXXD，多样性指数为 2.46；HXXX 多样性指数是 2.27，两者之间有一定差异，但是相差不大。大湖以 HXEZ 最高，为 2.4；HXLW 次之，HXDB 的多样性指数最低，为 2.03，但它们之间相差不大。微生物多样性与 DGGE 图谱的条带分析一致，以 HXLW、HXEZ 和 HXDB 为例对 DGGE 条带进行相对定量分析，结果如图 2-10 所示，同一条带在不同泳道上的灰度值也不一样，它们之间存在一定差异，因此各个点位优势条带不一致，也可能是造成各个点位之间在同一空间有差异的原因，同时也说明 DGGE 能够较好地辨别不同样品的细微差别。

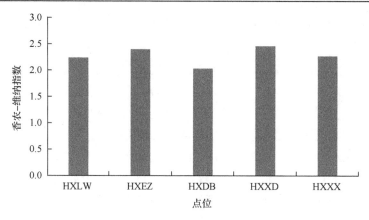

图 2-12　兴凯湖水体中微生物群落的香农-维纳指数

2.2.5　红旗泡水库微生物多样性分析

红旗泡水库微生物 DGGE 结果如图 2-13 所示，红旗泡水库 DGGE 带图在条带数量、位置及灰度上在不同点位间存在较大差异。不同点位间约有 19 种不同的优势菌群，除 HH3 以外，每个泳道有 15 种以上的不同菌群，条带 1 仅在 HH7 和

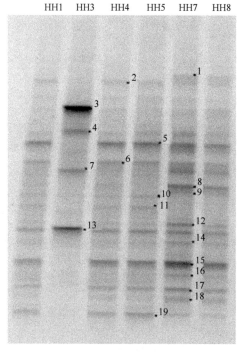

图 2-13　红旗泡水库水体微生物 DGGE 图谱

HH2、HH6 点位采样时因客观原因，未采集水样

HH8 两个点位出现，是这两个点位的特有物种，但与这两个点位上的其他条带相比，它们的优势要相对较差。HH3 条带最少，可能与其所在的周边环境有关，其位于红旗泡的入水口处，水体流动较快，各种营养物质随水流而下，不利于营养物质的储存等。但 HH3 有几条特别明显的条带，如条带 3 和条带 13，条带 3 是 HH3 点位的优势物种，在整个泳道上与其他条带相比，占有绝对优势，其他点位也有条带 3，但不占优势。条带 4 和 13 在所有点位均有出现，条带 5、6、12、14、15、17、18、19 均出现在除 HH3 以外的其他点位，它们在不同点位间的优势性存在一定差异。条带 7 在 HH3 和 HH7 两个点位要比其他点位占优势。H7 和 H8 在条带数量和优势条带上相差不大，相似度极高。

　　通过 UPGMA 算法对各个水样进行聚类分析，生成系统进化树，如图 2-14 所示，6 个水样共分成 2 个大族群，HH7 和 HH8 的相似度最高，达到 89%，HH7 和 HH8 两个点位靠近红旗泡西岸，周围水草丰富，其中芦苇占有一定的面积，特别有利于动植物的生长，这在一定程度上为微生物的生长提供了便利条件。HH3 与其他点位间的相似度最低，为 38%，HH1 与其他点位间的相似度为 52%。

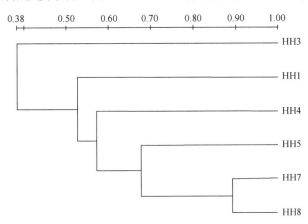

图 2-14　红旗泡水库水体微生物 DGGE 图谱的聚类分析图

　　对香农-维纳指数的分析发现，如图 2-15 所示，以香农-维纳指数研究微生物多样性所得结果与 DGGE 图谱结果一致，其中 HH3 多样性指数为 1.54，HH7 多样性指数为 2.71。HH1、HH4、HH5、HH7 和 HH8 多样性相差不大，说明它们各点位的细菌多样性还是比较高的，细菌种类比较复杂，多种细菌之间存在竞争和共生的关系。以 HH1、HH3 和 HH4 为例对 DGGE 条带进行相对定量分析，结果如图 2-13 所示，同一条带在不同泳道上的灰度值也不一样，它们之间存在一定的差异，因此各个点位优势条带不一致，也可能是造成各个点位之间在同一空间有差异的原因，同时也说明 DGGE 能够良好地辨别不同样品的细微差别。

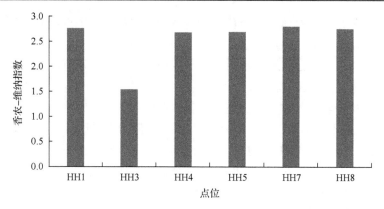

图 2-15　红旗泡水库水体中微生物群落的香农-维纳指数

2.2.6　连环湖微生物多样性分析

连环湖水库微生物 DGGE 结果如图 2-16 所示，连环湖水体 DGGE 带图在条带数量、位置及灰度上在不同点位间存在较大差异。不同点位间大约有 11 种不同的优势菌群，其中 HL4N 点位的优势条带数最高，包括了前 10 条带的优势条带，而且条带 1、2、3 是该点位具有优势的物种条带，在其他点位不具有优势。条带 4 是 HL1T 和 HL2X 最具优势的条带，这两个点位的不同物种基本一致，条带 5、6、7 和 10 在所有点位都有出现，只是不同点位间这 3 个物种在其生长环境中的竞争优势不一样，如条带 7 在 HL4N 点位上的优势要高于条带 5 和 6。条带 8、9 和 11 主要出现在 HL1T、HL2X 两个点位。在其他点位的优势性要低于这两个点位。

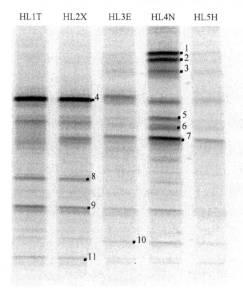

图 2-16　连环湖水体微生物 DGGE 图谱

　　通过 UPGMA 算法对各个水样进行聚类分析，生成系统进化树，如图 2-17 所示，5 个水样共分成 2 个大族群，其中相似度最高的是 HL1T 和 HL2X 两个点位，相似度达到 86%。HL3E 与 HL1T 和 HL2X 两个点位相似度为 81%，HL5H 与 HL3E、HL1T、HL2X 的相似度为 76%，整体来说这 4 个点位的相似度还是比较高的，可能是因为连环湖属于浅水湖，盐碱含量较高，平时水体的流动性较小等特定的环境。HL4N 与其他 4 个点位的相似度仅为 59%，这一点从 DGGE 图谱上明显能看出：HL4N 的优势条带要多于其他点位。

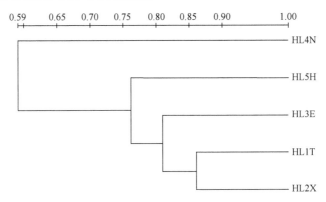

图 2-17　连环湖水体微生物 DGGE 图谱的聚类分析图

　　对图 2-18 香农-维纳指数(Shannon-Wiener index)的分析发现，以香农-维纳指数研究微生物多样性所得结果与 DGGE 图谱结果一致，以 HL4N 的多样性最高，多样性指数为 2.05，HL5H 的多样性次之，多样性指数为 1.77。HL1T 和 HL2X 的多样性差不多，HL2X 要高一点，这一点与聚类分析有一点细微差别，这也与条带在各泳道间灰度的差异有关。HL3E 的多样性最低，多样性指数为 1.59。以 HL1T、HL2X 和 HL4N 为例对 DGGE 条带进行相对定量分析，结果如图 2-16 所示，同一条

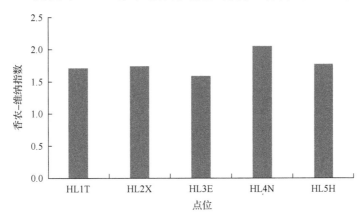

图 2-18　连环湖水体中微生物群落的香农-维纳指数

带在不同泳道上的灰度值也是不一样的，它们之间存在一定的差异，因此各个点位优势条带不一致，也可能是造成各个点位之间在同一空间有差异的原因，同时也说明 DGGE 能够良好地辨别不同样品的细微差别。

2.2.7　桃山水库微生物多样性分析

　　桃山水库微生物DGGE结果如图2-19所示,桃山水库微生物多样性较为丰富,从各个点位条带的数量来看，所有点位大约有 14 种不同的优势条带，其中以 HT3 和 HT7 两个点位最高。条带 1 在 5 个点位均有出现，条带 1 在各个点位属于共有物种，它与各点位的其他优势条带相比，优势性相对较差，条带 2、3、4 和 5 在 HT3 上的优势性比较强，这几条带在 HT7 也有出现，从条带的灰度上来说，这 4 条带在 HT3 和 HT7 中物种的优势性明显不同。条带 6 仅在 HT1 点位出现，应属于 HT1 点位的独有优势物种，条带 8 是 HT3 的特有条带，HT3 离养殖场较近，可能与该点位的特有环境有关。条带 9、10、11 和 13 是所有点位的共有条带，条带 14 是 HT4 和 HT6 两个点位的共有条带。从 5 个点位上的条带来说，不同点位之间的条带数差异比较明显，特别是 HT3 和 HT7 两个点位，无论是从条带数量还是优势条带上来说，与其他点位相比占有绝对优势。

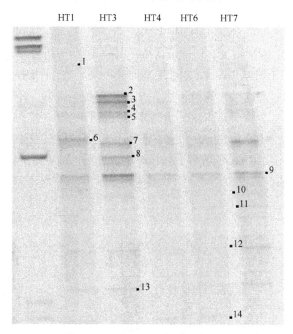

图 2-19　桃山水库水体微生物 DGGE 图谱

　　通过 UPGMA 算法对各个水样进行聚类分析，生成系统进化树，如图 2-20 所示，5 个水样共分成 2 个大族群，其中 HT4 和 HT6 两个点位相似度为 79%，HT1

与 HT4、HT6 的相似度为 64%，HT3 与其他 4 个点位的相似度为 59%，说明 HT3
点位的物种与其他点位相比差异性比较大。HT3 所处的环境中营养物质相对丰
富，为微生物多样性提供了条件。

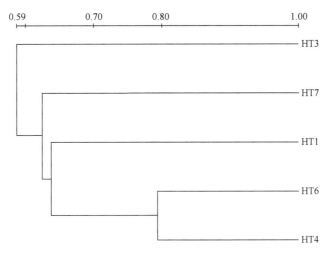

图 2-20　桃山水库水体微生物 DGGE 图谱的聚类分析图

对香农-维纳指数(Shannon-Wiener index)的分析发现，如图 2-21 所示，HT7
的多样性最高，多样性指数为 2.63，HT3 的多样性次之，多样性指数为 2.46，HT1
和 HT6 的多样性相差不大，HT4 的多样性最低，多样性指数为 2.18。以 HT1、
HT3 和 HT4 为例对 DGGE 条带进行相对定量分析，结果如图 2-19 所示，同一条
带在不同泳道上的灰度值也是不一样的，它们之间存在一定差异，因此各个点位
优势条带不一致，也可能是造成各个点位之间在同一空间有差异的原因，同时也说
明 DGGE 能够良好地辨别不同样品的细微差别。以香农-维纳指数代表微生物的多样
性，所得结果与 DGGE 图谱基本一致，能够反映不同点位间微生物多样性的差异。

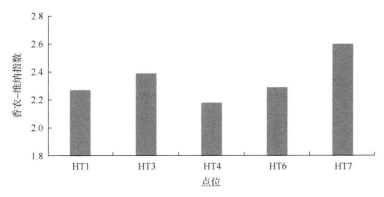

图 2-21　桃山水库水体中微生物群落的香农-维纳指数

2.2.8　西泉眼水库微生物多样性分析

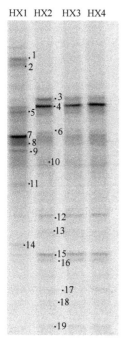

西泉眼水库微生物 DGGE 结果如图 2-22 所示，西泉眼水库 4 个点位共有 19 种以上的优势条带。条带 1、2、14 在 HX1 点位是优势条带，是该点位的特有优势条带，条带 3、4、6、12、15、19 在 HX1 点位上与 HX2、HX3、HX4 点位相比优势明显要低。条带 5、7、8、10、13 在所有点位均有出现，其中条带 7 在 HX1 上与另外 3 个点位相比，条带 7 在 HX1 上是最具有优势的条带，应该是 HX1 上最具有优势的物种。各点位的条带数不相同，以 HX1 点位的物种差异性最大，HX1 位于西泉眼水库的上游，周围遍布居民生活区，各种生活垃圾为微生物的生长提供了有利的生长条件。其他点位差异性较低，以 HX3 的优势条带最少。

通过 UPGMA 算法对各个水样进行聚类分析，生成系统进化树，如图 2-23 所示，HX2 和 HX4 为第一大类，相似度 70%，HX3 和 HX2、HX4 的相似度为 64%，HX1 与 HX2、HX3、HX4 的相似度为 54%，因此 HX1 与其他点位差异性比较大。西泉眼水库不同点位间的相似度并不高，说明西泉眼水库具有不同的物种，而且差异比较大。

图 2-22　西泉眼水库水体
微生物 DGGE 图谱

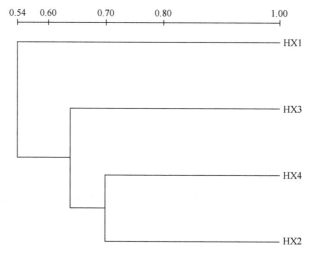

图 2-23　西泉眼水库水体微生物 DGGE 图谱的聚类分析图

对香农-维纳指数（Shannon-Wiener index）的分析发现，如图 2-24 所示，HX4 的多样性最高，多样性指数为 2.67，HX1 的多样性次之，多样性指数为 2.63，这一点与 DGGE 图谱存在差异，但是由于多样性指数与条带的灰度值有关，因此二者相比有一定的误差，但是并不能说明 HX4 条带数要低于 HX1。HX3 多样性最低，多样性指数为 2.43。以 HX1、HX2 和 HX4 为例对 DGGE 条带进行相对定量分析，结果如图 2-22 所示，同一条带在不同泳道上的灰度值也有所不同，它们之间存在一定的差异，因此各个点位的优势条带不一致，也可能是造成各个点位之间在同一空间有差异的原因，同时也说明 DGGE 能够良好地辨别不同样品的细微差别。以香农-维纳指数代表微生物的多样性，所得结果基本与 DGGE 图谱一致，能够反映不同点位间微生物多样性的差异。

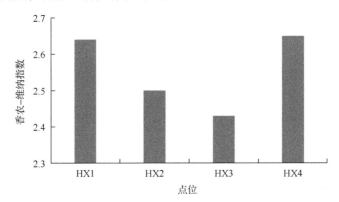

图 2-24　西泉眼水库水体中微生物群落的香农-维纳指数

2.2.9　磨盘山水库微生物多样性分析

磨盘山水库微生物 DGGE 结果如图 2-25 所示，磨盘山水库 4 个点位共有 15 种以上的优势条带，条带 1 仅在 HMBD 和 HMLL 两个点位出现，条带 2、4、5、8、11、14 在 4 个点位均有出现。条带 3、6、12 仅在 HMBD 出现，是 HMBD 的特有优势条带。条带 7 在除 HMXD 以外的 3 个点位都有条带出现，且该条带在 HMBD 和 HMLL 是优势条带。条带 13 仅在 HMSS 出现，是 HMSS 的特有条带。除 HMBD 中无条带 15 外，在另外 3 个点位都是最有优势的条带。磨盘山水库的这 4 个点位以 HMBD 的条带数最多，HMXD 最少，不同条带代表的物种差异性比较明显。

通过 UPGMA 算法对各个水样进行聚类分析，生成系统进化树，如图 2-26 所示，HMLL 和 HMXD 的相似度在 4 个点位中最高，为 65%，HMSS 与 HMLL、HMXD 的相似度为 51%，HMBD 与以上 3 个点位的相似度为 41%，从它们之间的相似度来看，磨盘山水库各点位间的相似度并不高，差异性较为明显，说明磨盘山水库的物种丰富。

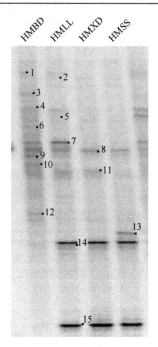

图 2-25　磨盘山水库水体微生物 DGGE 图谱

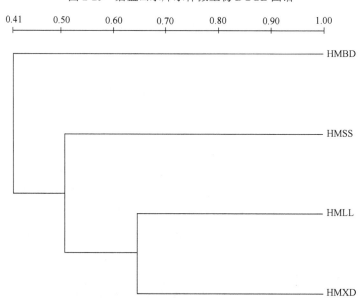

图 2-26　磨盘山水库水体微生物 DGGE 图谱的聚类分析图

对香农-维纳指数（Shannon-Wiener index）的分析发现，如图 2-27 所示，HMBD 的微生物多样性最高，多样性指数为 2.51，HMSS 的多样性次之，多样性指数为 2.48，HMXD 的多样性最低，多样性指数为 1.89。以 HMBD、HMSS 和 HMLL

为例对 DGGE 条带进行相对定量分析，结果如图 2-25 所示，同一条带在不同泳道上的灰度值也是不一样的，它们之间存在一定的差异。因此各个点位的优势条带不一致，以香农-维纳指数代表细菌的多样性，所得结果基本与 DGGE 图谱一致，能够反映不同点位间微生物多样性的差异。

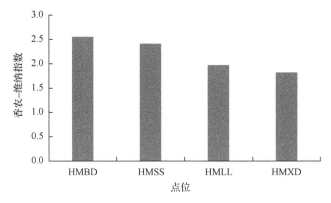

图 2-27　磨盘山水库水体中微生物群落的香农-维纳指数

2.3　东北平原与山地湖区典型湖库细菌多样性与环境因子的响应关系

2.3.1　大伙房水库水体中细菌多样性与环境因子的响应关系

大伙房水库水体细菌种群、水质数据典范相关分析(CCA)见表 2-1，细菌与环境因子之间具有较高的相关性。表 2-1 中每个轴所对应的特征值说明其能够解释细菌种群分布的能力，Axis1 和 Axis2 排序轴的特征值要大于 Axis3 和 Axis4，数字越大说明其越能解释菌群的分布，因此前两个更容易解释细菌种群的分布[58]。Axis1 排序轴解释了样本中 27.4%的变异，Axis2、Axis3 排序轴分别解释了 11.3%和 5.3%的变异，4 个排序轴合并解释了 46.3%的样本总变异，说明不同点位间的物种群落变化较大，差异较为明显。Axis1、Axis2 排序轴的物种与环境相关系数分别为 0.822 和 0.851，说明水样中细菌群落结构与环境因子间存在较强的关联。Axis1 和 Axis2 排序轴所代表的理化指标能够解释 76.8%的细菌与环境之间的关系，前 4 个排序轴代表的 7 个理化指标信息在 CCA 结果中能够解释 4 个排序轴的物种与环境累积变化率，为 91.9%，说明这些理化指标基本能够涵盖与细菌种群相关性较高的环境因素信息。

表 2-1　典范相关分析结果

排序轴	Axis1	Axis2	Axis3	Axis4
特征值	0.243	0.100	0.047	0.020
物种与环境相关系数	0.822	0.851	0.847	0.617
物种累积变化率(%)	27.4	38.7	44.0	46.3
物种与环境累积变化率(%)	54.4	76.8	87.4	91.9

　　CCA 排序结果如图 2-28 所示，其中各点位与叶绿素 a(Chla)、溶解氧(DO)、总氮(TN)呈显著相关，对细菌群落结构起主要作用。各点位与电导率(EC)、pH、总氮/总磷(TN/TP)、氨态氮(NH_4^+-N)呈相关性，对细菌群落结构起次要作用。其中 LD1X、LD3Z、LD5B 及 LD4B、LD1Z 主要与 Chla、NH_4^+-N 有关。在光照的作用下，Chla 的含量在表层和中层相对较高，LD1X 主要与 NH_4^+-N 有关，该点位位于水库的下游，上游各种动植物残体在秋季腐烂以后，在水流的作用下沉积于下游，下游水流缓慢，造成这些有机物的堆积，在微生物的作用下，有利于 NH_4^+-N 的释放。LD1B、LD2B、LD3B、LD2Z、LD2X、LD3X、LD5X 主要与 DO、TN/TP、TN 有关，LD2B、LD4X 与 TN/TP、TN 有关，其中与 TN 的显著相关说明这几个点位的细菌群落和氮元素有较强的关联，与 TN/TP 也存在相关性，氮磷是微生物生长所必需的基本元素。LD3 点位位于养殖场附近，也是造成该点位 TN 要比其他点位高的原因。LD2Z、LD2X、LD3X、LD5X 与 DO 呈正相关，随着深度的增加 DO 值越来越低，而表层在风浪的作用下更便于溶氧。LD4Z 与 pH、EC 有关。

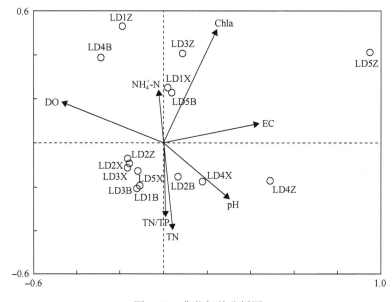

图 2-28　典范相关分析图

pH 与 EC、TN/TP 和 TN 呈正相关。综上，不同点位间理化指标间的差异性，是造成前文 DGGE 图谱上随着深度的增加物种条带具有显著差异性(既有水平方向的差异，又有垂向空间的差异)的原因。

2.3.2 松花湖水体中细菌多样性与环境因子的响应关系

松花湖水体细菌种群、水质数据典范相关分析(CCA)见表 2-2，细菌种群与环境因子之间具有较高的相关性。表 2-2 中每个轴所对应的特征值说明其能够解释细菌种群分布的能力，数字越大说明其越能解释菌群的分布，Axis1 排序轴解释了样本中 31.7% 的变异，Axis2、Axis3 排序轴分别解释了 18.5% 和 12% 的变异，前 4 个排序轴合并解释了 73.4% 的样本总变异，说明各点位物种的变异率相当高，不同点位间的物种群落变化较大。Axis1、Axis2 排序轴的物种与环境相关系数分别为 0.929 和 0.912，说明水样中微生物群落结构与环境因子间存在较强的关联。前 4 个排序轴物种与环境累积变化率也高达 73.2%。

DGGE 图谱的典范相关分析结果如图 2-29 所示，样本与环境因子可以在该图中直接体现出来，可直观地看出群落分布和环境变量之间存在的关系，图中箭头所处的象限表示环境因子与排序轴间的正负相关性，箭头连线间的夹角表示环境因子之间的相关性大小[59]。结果表明，Temp(r=0.3480)、pH(r=0.0680)、DO(r=0.0273)与第一轴呈正相关，五日生化需氧量(BOD$_5$)(r=−0.2497)、水体深度(SH)(r=−0.3087)与第一排序轴呈负相关，Temp(r=0.1385)、DO(r=0.1635)与第二排序轴呈正相关，其他指标与第二排序轴呈负相关。因此对本次所取的不同空间 21 个样品中的环境指标来说，在随水体深度(SH)变化的过程中菌落组成与环境因子有明显的相关，其中水体深度与微生物群落的关联度最大，关联作用其次的是 Temp、pH 和 DO。松花湖是处于温带地区的大型深水湖，由于变温层的形成，一年之内根据水温的变化，在冬季前后出现两次全层混合。湖泊的水温状况及其分层现象，是引起湖水各种理化过程和动力现象的主要因素，对生物的新陈代谢和物质分解起着重要作用，是水体生态系统的重要环境因子之一[60]。由于风力的作用，水体表面发生混合，而下层则相对稳定，保持着原有的温度分布状况，在上、下层之间产生温度的急剧变化，出现不连续面，产生跃温层，使表层水沉落下来的浮游生物残骸、有机碎屑等进入并大量滞留跃温层，本次采样下层水样位于跃温层，从而导致下层的微生物菌落数最高。王霞等[60]在研究松花湖跃温层对松花湖营养水平的影响时发现，跃温层随着季节的变化发生变化，从春夏到秋冬，跃温层随水体深度增加而变深，到秋季跃温层位置在 29~37m，该位置是本次采样的下层点位。王晓丹等[61]研究密云水库不同季节细菌群落多样性时发现温度对微生物群落结构的影响较大。BOD$_5$ 和叶绿素 a 与第一、第二排序轴关联度最小，这两个指标在排序轴上呈负相关，即与微生物群落的相关性小，这两个指标主要受水体深度的影响，BOD_5 和 Chla 均呈下降趋势，表层光照时间长，有利于浮游植物的生长，叶绿素含量高，使其对营养物质消耗，从而使表层的细菌菌落要少。随着深度的增加，光照不足等造成 BOD_5 和 Chla 含量下降，但深度增加营养物质更加丰富，微生物群落也明显增加，从而造成微生物群落的空间差异性。

表 2-2　典范相关分析结果

排序轴	Axis1	Axis2	Axis3	Axis4
特征值	0.317	0.185	0.120	0.112
物种与环境相关系数	0.929	0.912	0.907	0.802
物种累积变化率(%)	31.7	50.2	62.2	73.4
物种与环境累积变化率(%)	26.6	45.3	58.0	73.2

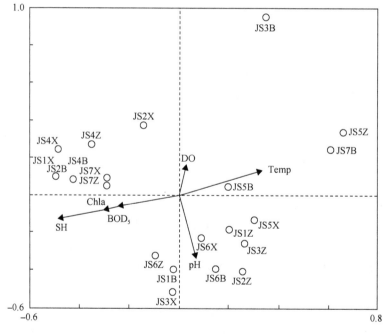

图 2-29　典范相关分析图

2.3.3　镜泊湖水体中细菌多样性与环境因子的响应关系

镜泊湖水体细菌种群、水质数据典范相关分析(CCA)见表 2-3，细菌与环境因子之间具有较高的相关性。表 2-3 中每个轴所对应的特征值说明其能够解释细菌种群分布的能力，Axis1、Axis2 排序轴的特征值要大于后 Axis3 和 Axis4，数字越大说明其越能解释菌群的分布,因此前两个更容易解释细菌种群的分布。Axis1排序轴解释了样本中21.9%的变异,Axis2、Axis3排序轴分别解释了9.1%和6.9%的变异,前4个排序轴合并解释了40.2%的样本总变异,说明不同点位间的物种群落变化较大,差异还是比较明显的。Axis1、Axis2排序轴的物种与环境相关系数分别为0.849和0.776,说明水样中细菌群落结构与环境因子间存在较强的关联。Axis1和Axis2排序轴所代表的理化指标能够解释70.3%的细菌与环境之间的关系,前4个排序轴代表的6个理化指标信息在CCA结果中能够解释4个排序轴的物种与环境累积变化率,为91.0%,说明这些理化指标基本能够涵盖与细菌种群相关性较高的环境因素信息。

表 2-3　典范相关分析结果

排序轴	Axis1	Axis2	Axis3	Axis4
特征值	0.301	0.126	0.094	0.032
物种与环境相关系数	0.849	0.776	0.811	0.507
物种累积变化率(%)	21.9	31.0	37.9	40.2
物种与环境累积变化率(%)	49.6	70.3	85.8	91.0

　　DGGE图谱的典范相关分析(CCA)结果如图2-30所示,Chla($r=0.4920$)与第一排序轴呈正相关,其他指标与第一排序轴呈负相关。SH($r=0.0492$)、NO_3^--N($r=0.035$)、TN($r=0.3454$)与第二排序轴呈正相关,其他指标与第二排序轴呈负相关。从图谱上来看,TN、NO_3^--N、Chla与各点位呈显著相关,与SH、EC、pH显著性次之。SH、TN、NO_3^--N三者呈正相关,EC和pH呈正相关,SH和Chla呈负相关。HJ5B、HJ5Z、HJ5X三个点位主要与Chla有关,随着深度的增加,光照减弱,叶绿素a(Chla)的含量也减少。HJ1B、HJ1X、HJ2B、HJ2X主要与TN、NO_3^--N和SH有关,10月是镜泊湖的旅游旺季,HJ1和HJ2两个点位位于湖库上游,平时旅游的人较多,离居民生活区较近,生活垃圾和农田中地表径流等外源氮素的输入,使这两个点位的细菌群落主要与TN、NO_3^--N相关。在不同深度TN、NO_3^--N的含量是有差别的,随着深度的增加这两个指标呈增加趋势,也就是说这几个点位的细菌群落主要受TN、NO_3^--N的影响,深度的变化会造成细菌群落的变化。HJ2B、HJ2Z、HJ2X、HJ3X、HJ4X与SH密切相关,也就是说深度的不同造成细菌群落的不同,使其有显著差异。整体来说,镜泊湖的细菌多样性主要与以上6个理化指标有关,结合DGGE图谱说明,细菌的多样性呈现垂向空间分布差异,不同点位多样性的差异与理化指标间具有密切的相关性。

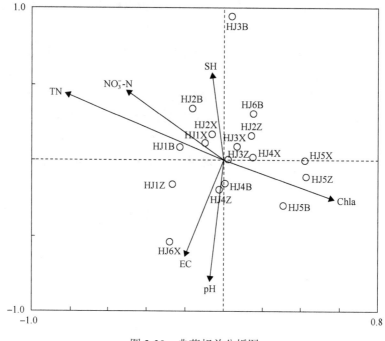

图 2-30　典范相关分析图

2.3.4 兴凯湖水体中细菌多样性与环境因子的响应关系

兴凯湖水体细菌种群、水质数据典范相关分析(CCA)见表 2-4，细菌与环境因子之间具有较高的相关性，表中每个轴所对应的特征值说明其能够解释细菌种群分布的能力，Axis1 和 Axis2 排序轴的特征值要大于后 Axis3 和 Axis4，数字越大说明其越能解释菌群的分布，因此前两个更容易解释细菌种群的分布。Axis1 排序轴解释了样本中 42.4%的变异，Axis2、Axis3 排序轴分别解释了 15.9%和 8.4%的变异，前 4 个排序轴合并解释了 70.5%的样本总变异，说明不同点位间的物种群落变化较大，差异还是比较明显的。Axis1、Axis2 排序轴的物种与环境相关系数分别为 0.912 和 0.895，说明水样中微生物群落结构与环境因子间存在较强的关联。Axis1 和 Axis2 排序轴所代表的理化指标能够解释 65.7%的细菌与环境之间的关系，前 4 个排序轴代表的 6 个理化指标信息在 CCA 结果中能够解释 4 个排序轴的物种与环境累积变化率，为 92.0%，说明这些理化指标基本能够涵盖与细菌种群相关性较高的环境因素信息。

表 2-4　典范相关分析结果

排序轴	Axis1	Axis2	Axis3	Axis4
特征值	0.310	0.189	0.142	0.090
物种与环境相关系数	0.912	0.895	0.785	0.407
物种累积变化率(%)	42.4	58.3	66.7	70.5
物种与环境累积变化率(%)	52.3	65.7	75.4	92.0

　　DGGE 图谱的典范相关分析(CCA)结果如图 2-31 所示，兴凯湖细菌群落与 TN、BOD_5、NH_4^+-N 呈显著相关，TP、DO、NO_3^--N 与细菌群落的相关性次之。TN($r=0.2800$)、NH_4^+-N($r=0.8582$)、NO_3^--N($r=0.3300$)、DO($r=0.0994$)与 Axis1 排序轴呈正相关，其他指标与 Axis1 排序轴呈负相关。BOD_5($r=0.9426$)、NH_4^+-N($r=0.3852$)与 Axis2 排序轴呈正相关，其他指标与 Axis2 排序轴呈负相关。HXXD、HXLW 两个点位主要与 NH_4^+-N 和 BOD_5 相关，HXXD 位于兴凯湖农场总厂附近，离生活区较近，周围有养殖区，特定的环境在一定程度上使 NH_4^+-N 含量高，这两个点位周围水草丰富，有利于浮游植物的生长，在秋季动植物残体腐烂后，经微生物作用，更有利于氮素的释放，因此 BOD_5 的含量也要高于其他点位，这些也是造成这两个点位细菌群落多的原因。HXXX 主要与 TN、DO、NO_3^--N 相关，该点位位于小湖，同 HXXD 类似，水草丰富，是 DO 含量高的原因之一，

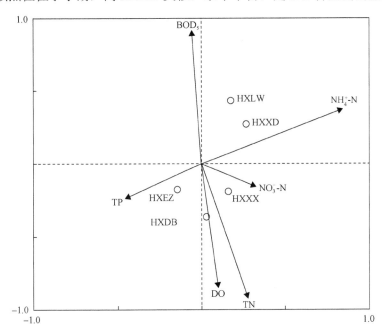

图 2-31　典范相关分析图

也是小湖两个点位有一定差异的原因。HXEZ 和 HXDB 两个点位主要与 TN、DO、TP 相关，兴凯湖大湖平时受季风气候的影响，风浪特别大，水位较浅造成兴凯湖底质中 TN 和 TP 的释放，因此这两个点位细菌群落结构主要与这几个指标有关。综上，以上 6 个指标能很好地解释细菌群落与点位之间的关系，不同点位间细菌的差异性与点位分布和理化指标有关。

2.3.5　红旗泡水库水体中细菌多样性与环境因子的响应关系

红旗泡水库(以下可简称红旗泡)水体细菌种群、水质数据典范相关分析(CCA)见表 2-5，细菌与环境因子之间具有较高的相关性，表中每个轴所对应的特征值说明其能够解释细菌种群分布的能力，Axis1 和 Axis2 排序轴的特征值要大于后 Axis3 和 Axis4，数字越大说明其越能解释菌群的分布，因此前两个更容易解释细菌种群的分布。Axis1 排序轴解释了样本中 25.7%的变异，Axis2、Axis3 排序轴分别解释了 17.8%和 5.9%的变异，前 4 个排序轴合并解释了 50.1%的样本总变异，说明不同点位间的物种群落变化较大，差异还是比较明显的。Axis1、Axis2 排序轴的物种与环境相关系数分别为 0.892 和 0.795，说明水体中微生物群落结构与环境因子间存在较强的关联。Axis1 和 Axis2 排序轴所代表的理化指标能够解释 79.1%的细菌与环境之间的关系，前 4 个排序轴代表的 6 个理化指标信息在 CCA 结果中能够解释 4 个排序轴的物种与环境累积变化率，为 98.0%，说明这些理化指标基本能够涵盖与细菌种群相关性较高的环境因素信息。

表 2-5　典范相关分析结果

排序轴	Axis1	Axis2	Axis3	Axis4
特征值	0.368	0.158	0.074	0.051
物种与环境相关系数	0.892	0.795	0.585	0.407
物种累积变化率(%)	25.7	43.5	49.4	50.1
物种与环境累积变化率(%)	55.4	79.1	90.2	98.0

DGGE 图谱的典范相关分析(CCA)结果如图 2-32 所示，红旗泡细菌多样性与 Chla、DO、TP 呈显著相关，与 Temp、TN、SD 呈相关性，对细菌群落结构起次要作用。其中 DO($r=0.0354$)、Chla($r=0.0226$)、TP($r=0.1126$)与 Axis1 排序轴呈正相关，其他指标与 Axis1 排序轴呈负相关。TN($r=-0.0160$)、TP($r=-0.9693$)等指标与 Axis2 排序轴呈负相关。HH1 主要与 Chla 有关，HH3、HH4、HH5、HH8 主要与 TP、TN、Temp、SD 有关，Temp 对这几个点位的影响较明显，秋季平均气温 12℃，在一定程度上影响了细菌的群落结构，其次是 TN 和 SD。TP 与 TN、Temp 呈正相关，TP 对 HH4、HH5、HH8 的影响要高于 TN、Temp，即 TP 对细菌群落结构的影响比较大。HH7 主要与 DO 值有关。整体来说，红旗泡属于浅

水湖，秋季在风浪的作用下，易造成水体上下层的混合，有利于 N、P 的释放，同时会影响水体中 DO 的含量和水体透明度(SD)，另外在阳光的照射下，有利于浮游植物的生长，从而使 Chla 含量升高，结合 DGGE 图谱，不同点位间的差异性主要是由以上 6 个理化指标造成的，它们在不同点位的差异影响了细菌群落结构的差异性。

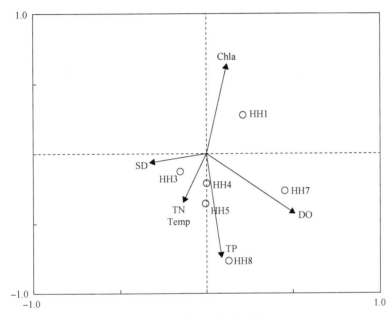

图 2-32 典范相关分析图

2.3.6 连环湖水体中细菌多样性与环境因子的响应关系

连环湖水体细菌种群、水质数据典范相关分析(CCA)见表 2-6，细菌与环境因子之间具有较高的相关性，表中每个轴所对应的特征值说明其能够解释细菌种群分布的能力，Axis1 和 Axis2 排序轴的特征值要大于后 Axis3 和 Axis4，数字越大说明其越能解释菌群的分布，因此前两个更容易解释细菌种群的分布。Axis1排序轴解释了样本中 35.7%的变异，Axis2、Axis3 排序轴分别解释了 20.6%和 12.4%的变异，前 4 个排序轴合并解释了 72.5%的样本总变异，说明不同点位间的物种群落变化较大，差异还是比较明显的。Axis1、Axis2 排序轴的物种与环境相关系数分别为 0.942 和 0.875，说明水样中细菌群落结构与环境因子间存在较强的关联。Axis1 和 Axis2 排序轴所代表的理化指标能够解释 76.1%的细菌与环境之间的关系，前 4 个排序轴代表的 4 个理化指标信息在 CCA 结果中能够解释 4 个排序轴的物种与环境累积变化率，为 96.8%，说明这些理化指标基本能够涵盖与细菌种群相关性较高的环境因素信息。

表 2-6　典范相关分析结果

排序轴	Axis1	Axis2	Axis3	Axis4
特征值	0.314	0.107	0.098	0.055
物种与环境相关系数	0.942	0.875	0.785	0.502
物种累积变化率(%)	35.7	56.3	68.7	72.5
物种与环境累积变化率(%)	49.0	76.1	91.4	96.8

DGGE 图谱的典范相关分析(CCA)结果如图 2-33 所示,连环湖细菌的多样性主要与 SD、DO 和 TP 相关,与 TN 和 Temp 关联性次之。其中 SD($r=0.6925$,与 Axis1 排序轴呈正相关,DO($r=-0.2643$)、TN($r=-0.3870$)、TP($r=-0.3519$)与 Axis1 排序轴呈负相关。Temp 与细菌群落的关联度最小,即在这几个指标中,温度对细菌群落的影响最小。HL1T 和 HL2X 与 SD 呈正相关,它们之间关联度最大,HL2X、HL3E 和 HL5H 呈正相关,它们之间关联度最大,HL4N 与 TN 和 Temp 关联度最大。N、P 是微生物生长所必需的元素,结合 DGGE 图谱发现,连环湖细菌群落的多样性主要与以上 5 个指标相关,连环湖属于浅水湖,在秋季温度是影响微生物群落的一个因素,在风浪的作用下,易造成水体上下层的混合,有利于 N、P 的释放,同时会影响水体中 DO 的含量和水体透明度(SD)。不同点位理化指标的差异造成了不同点位水体中细菌菌落的差异。

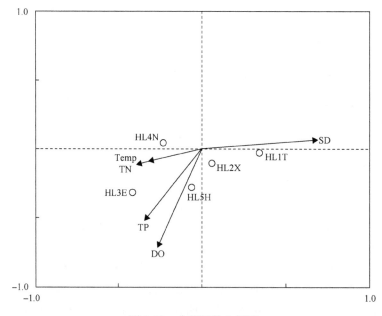

图 2-33　典范相关分析图

2.3.7　桃山水库水体中细菌多样性与环境因子的响应关系

桃山水库水体细菌种群、水质数据典范相关分析(CCA)见表 2-7，细菌与环境因子之间具有较高的相关性，表中每个轴所对应的特征值说明其能够解释细菌种群分布的能力，Axis1 和 Axis2 排序轴的特征值要大于后 Axis3 和 Axis4，数字越大说明其越能解释菌群的分布，因此前两个更容易解释细菌种群的分布。Axis1 排序轴解释了样本中 38.9%的变异，Axis2、Axis3 排序轴分别解释了 16.8%和 12.5%的变异，前 4 个排序轴合并解释了 72.5%的样本总变异，说明不同点位间的物种群落变化较大，差异还是比较明显的。Axis1、Axis2 排序轴的物种与环境相关系数分别为 0.938 和 0.865，说明水样中细菌群落结构与环境因子间存在较强的关联。Axis1 和 Axis2 排序轴所代表的理化指标能够解释 67.6%的细菌与环境之间的关系，前 4 个排序轴代表的 6 个理化指标信息在 CCA 结果中能够解释 4 个排序轴的物种与环境累积变化率，为 97.4%，说明这些理化指标基本能够涵盖与细菌种群相关性较高的环境因素信息。

表 2-7　典范相关分析结果

排序轴	Axis1	Axis2	Axis3	Axis4
特征值	0.269	0.231	0.145	0.094
物种与环境相关系数	0.938	0.865	0.742	0.542
物种累积变化率(%)	38.9	55.7	68.2	72.5
物种与环境累积变化率(%)	36.4	67.6	87.2	97.4

DGGE 图谱的典范相关分析(CCA)结果如图 2-34 所示，桃山水库水体细菌与 DO、TP 和 NH_4^+-N 呈显著相关，它们对细菌群落结构起主要作用，pH、BOD_5 和 Chla 对细菌群落结构起次要作用。DO(r=0.5916)、NH_4^+-N(r=0.2931)、pH(r=0.2594)、BOD_5(r=0.2657)与 Axis1 排序轴呈正相关，TP(r=−0.6585)与 Axis1 排序轴呈负相关。TP(r=0.5338)、pH(r=0.5336)与 Axis2 排序轴呈正相关，BOD_5(r=−0.4556)与 Axis2 排序轴呈负相关。Chla 与细菌的关联作用最小。样品 HT3、HT4 主要与 pH、BOD_5 和 Chla 关联，pH 与 BOD_5 和 Chla 呈正相关，HT7 主要与 TP 相关。HT6、HT7 主要与 NH_4^+-N 和 BOD_5 相关，NH_4^+-N 与 BOD_5 呈正相关。结合 DGGE 图谱，样品 HT3 位于养殖场附近，周围外源氮、磷等营养物质输入对水体结构产生重要影响，有利于水体中的动植物生长，从而影响了细菌群落的结构，水体中 DO、BOD_5 也对细菌群落结构产生重要影响。HT7 点位位于桃山水库的下游，在水流的作用下，水体中的各种营养物质要比其他点位丰富。综上，不同点位间的细菌差异性主要与以上 6 个指标相关，不同点位间理化指标的差异性造成了细菌群落的差异。

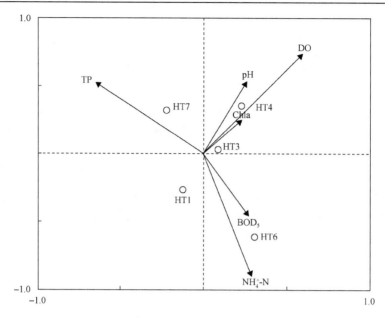

图 2-34　典范相关分析图

2.3.8　西泉眼水库水体中细菌多样性与环境因子的响应关系

　　西泉眼水库水体细菌种群、水质数据典范相关分析(CCA)见表 2-8，细菌与环境因子之间具有较高的相关性，表中每个轴所对应的特征值说明其能够解释细菌种群分布的能力，Axis1 和 Axis2 排序轴的特征值要大于后 Axis3 和 Axis4，数字越大说明其越能解释菌群的分布，因此前两个更容易解释细菌种群的分布。Axis1 排序轴解释了样本中 28.9%的变异，Axis2、Axis3 排序轴分别解释了 16.8%和 12.7%的变异，前 4 个排序轴合并解释了 62.5%的样本总变异，说明不同点位间的物种群落变化较大，差异还是比较明显的。Axis1、Axis2 排序轴的物种与环境相关系数分别为 0.898 和 0.815，说明水样中细菌群落结构与环境因子间存在较强的关联。Axis1 和 Axis2 排序轴所代表的理化指标能够解释 78.7%的细菌与环境之间的关系，前 4 个排序轴代表的 6 个理化指标信息在 CCA 结果中能够解释 4个排序轴的物种与环境累积变化率，为 96.4%，说明这些理化指标基本能够涵盖与细菌种群相关性较高的环境因素信息。

表 2-8　典范相关分析结果

排序轴	Axis1	Axis2	Axis3	Axis4
特征值	0.356	0.184	0.086	0.054
物种与环境相关系数	0.898	0.815	0.742	0.546
物种累积变化率(%)	28.9	45.7	58.4	62.5
物种与环境累积变化率(%)	71.7	78.7	87.2	96.4

DGGE 图谱的典范相关分析(CCA)结果如图 2-35 所示，TP、TN、BOD_5 和 Temp 对西泉眼水库水体细菌起主要作用，Chla 和 NH_4^+-N 对细菌群落结构起次要作用。TN($r=0.8953$)、NH_4^+-N($r=0.9636$)和 Chla($r=0.5554$)与 Axis1 排序轴呈正相关，TP($r=-0.9506$)、Temp($r=-0.8724$)与 Axis1 排序轴呈负相关。TP($r=0.1876$)、NH_4^+-N($r=0.1432$)、Chla($r=0.4537$)和 BOD_5($r=0.9486$)与 Axis2 排序轴呈正相关。从图 2-35 可以看出，HX1 样品主要与 TN 和 NH_4^+-N 相关，而且 TN 和 NH_4^+-N 呈正相关，说明该点位的细菌群落结构主要与氮素有关，且以 NH_4^+-N 为主，HX1 位于西泉眼水库上游，离生活区较近，外源氮素的输入对微生物群落结构的影响较大。HX2 样品主要与 BOD_5 和 Chla 相关，水体中各种浮游植物和藻类是细菌微生物群落的主要影响因素。HX3、HX4 两个点位主要与 TP 和 Temp 相关，HX3 样品采样点上游是一条河流，水位较浅，周围是农田，农田中外源磷的输入对细菌的群落结构有重要影响，HX4 位于水库下游的水电站附近，温度一直较其他点位高，因此，Temp 是影响该点位细菌群落的主要因素。TP 与 TN 之间呈负相关，二者在西泉眼水库中含量的变化对微生物的群落结构起重要影响。整体来说，不同点位之间细菌多样性因理化指标不同，差异性比较明显。

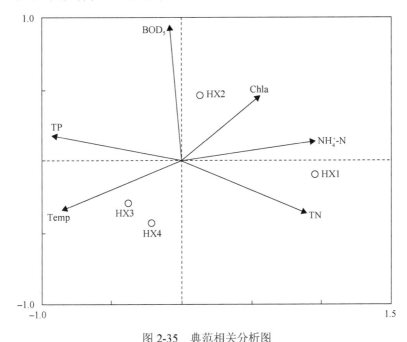

图 2-35　典范相关分析图

2.3.9　磨盘山水库水体中细菌多样性与环境因子的响应关系

磨盘山水库水体细菌种群、水质数据典范相关分析(CCA)见表 2-9，细菌与环境因子之间具有较高的相关性，表中每个轴所对应的特征值说明其能够解释细菌种群分布的能力，Axis1 和 Axis2 排序轴的特征值要大于后 Axis3 和 Axis4，数字越大说明其越能解释菌群的分布，因此前两个更容易解释细菌种群的分布。Axis1 排序轴解释了样本中 31.7%的变异，Axis2、Axis3 排序轴分别解释了 19.5%和 12.0%的变异，前 4 个排序轴合并解释了 73.4%的样本总变异，说明不同点位间的物种群落变化较大，差异还是比较明显的。Axis1、Axis2 排序轴的物种与环境相关系数分别为 0.897 和 0.835，说明水样中细菌群落结构与环境因子间存在较强的关联。Axis1 和 Axis2 排序轴所代表的理化指标能够解释 67.6%的细菌与环境之间的关系，前 4 个排序轴代表的 5 个理化指标信息在 CCA 结果中能够解释 4 个排序轴的物种与环境累积变化率，为 87.4%，说明这些理化指标基本能够涵盖与细菌种群相关性较高的环境因素信息。

表 2-9　典范相关分析结果

排序轴	Axis1	Axis2	Axis3	Axis4
特征值	0.362	0.197	0.094	0.047
物种与环境相关系数	0.897	0.835	0.642	0.457
物种累积变化率(%)	31.7	51.2	63.2	73.4
物种与环境累积变化率(%)	44.8	67.6	77.0	87.4

DGGE 图谱的典范相关分析(CCA)结果如图 2-36 所示，TP、Temp 和 TN 对磨盘山水库水体细菌其主要作用，NO_3^--N 和 pH 起次要作用。TP(r=0.5883)、Temp(r=0.3494)与 Axis1 排序轴呈正相关，TN(r=−0.7466)、NO_3^--N(r=−0.3958)、pH(−0.4696)与 Axis1 排序轴呈负相关。Temp(r=0.5102)、TN(r=0.0842)、NO_3^--N(r=0.3089)、TP(r=0.0060)与 Axis2 排序轴呈正相关，它们与排序轴的相关性大小，显示了与细菌多样性之间关联程度的大小。样品 HMBD 与 TP、Temp 关联密切，而且 TP 与 Temp 呈正相关，HMBD 位于水库下游，采样点附近是水电站，平时的温度相对于其他点位要高，这样有利于动植物残体腐烂后磷元素的释放，而且 TP 与 Temp 呈正相关，TP 与 TN 呈负相关，二者对该点位的影响相反，这也是造成该点位水样中细菌群落与其他点位差异性比较大的原因。HMXD、HMSS、HMLL 三个点位属于磨盘山水库的三个支流，它们与 NO_3^--N、pH 和 TN 的关联密切，在磨盘山水库水体中氮素主要以 NO_3^--N 的形式存在。结合 DGGE 图谱来说，磨盘山水库水体细菌的差异性主要体现在 TP 和 TN 间的差异性，不同点位间理化指标的差异性造成了细菌群落的差异。

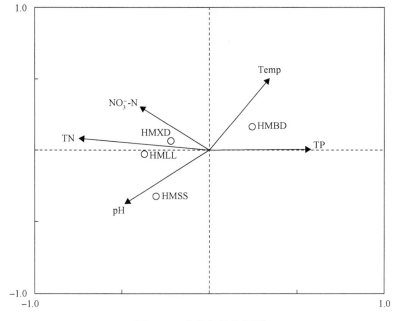

图 2-36　典范相关分析图

2.4　东北平原与山地湖区典型湖库微生物多样性差异性分析

前文分别对东北 9 个湖泊秋季的细菌多样性进行了分析，在此基础上分别在 9 个湖泊中选取一个代表性样品，来研究 9 个湖泊之间细菌多样性的异同，并结合各个湖泊的理化条件差异研究它们与理化指标之间的响应关系。

2.4.1　不同湖库水体中细菌 DGGE 图谱分析

DGGE 电泳结果如图 2-37 所示，不同湖泊秋季细菌群落多样性有一定差异。根据 DGGE 能够将长度相同但序列不同的 DNA 分开的原理，把每一个条带看作一个操作分类单元(OTU)，可以看出 DGGE 带图在条带数量、位置及灰度上存在较大差异，不同湖泊共能检测到 16 种优势菌群。条带 1 仅在松花湖和磨盘山水库属于优势菌群，在其他湖库均未出现，条带 2、3 和 4 在各个点位均有出现，但在松花湖、兴凯湖、连环湖和西泉眼水库的灰度要大于其他湖泊，即条带 2 和 3 在以上 4 个湖泊的优势性较强，此外，条带 2、4 在西泉眼水库为优势菌群。条带 5 在 9 个湖库中的优势性都属于最强，条带 6、9 在红旗泡和桃山水库的优势性相对于其他点位要弱一点，条带 8 在兴凯湖、红旗泡水库和桃山水库的优势性相对于其他点位要弱。条带 10 在连环湖的优势性比其他湖泊要强，它在红旗泡水库应该没有或者很弱。条带 11 仅出现在西泉眼水库，应该是西泉眼水库的优势菌群，但相对于西泉眼水库的其他条带，它的优势性比较低。条带 12、13 在大伙房水库、松花湖、镜泊湖三个深水湖泊的优势性较强，在含碱比较高的连环湖的优势性也比较强。条带 14、15、16 在各个点位均有，但在深水湖库的优势性要高一些。综上，不同湖库间细菌群落条带具有差异性，同一条带在不同湖库也具有一定的差异性。

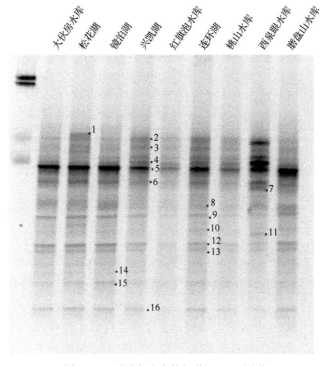

图 2-37　不同湖泊水体细菌 DGGE 图谱

通过 UPGMA 算法对 9 个湖泊的水样进行聚类分析，生成系统进化树，如图 2-38 所示，9 个水样共分成 3 个大族群。相似度最高的是镜泊湖和大伙房水库，它们之间的相似度为 87%，磨盘山水库和镜泊湖、大伙房水库的相似度为 84%，其次是兴凯湖和松花湖，相似度为 83%。连环湖和红旗泡水库的相似度为 82%，二者都位于大庆，碱性都比较高，理化指标的差异性小，可能是二者相似度较高的原因。桃山水库和磨盘山水库等的相似度为 74%，西泉眼水库与另外 8 个湖库的相似度最小，仅为 48%。

对香农-维纳指数(Shannon-Wiener index)的分析发现，如图 2-39 所示，9 个湖库的细菌多样性指数还是比较高的，以连环湖的多样性指数最高，为 2.51，其次是西泉眼水库，为 2.49，松花湖的多样性指数为 2.39，最小的为红旗泡水库，多样性指数为 1.85。DGGE 条带多样性与香农-维纳指数研究结果基本一致，另外香农-维纳指数的统计与条带的灰度有关。

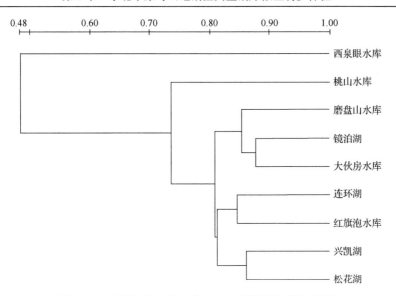

图 2-38 不同湖泊水体细菌 DGGE 图谱的聚类分析图

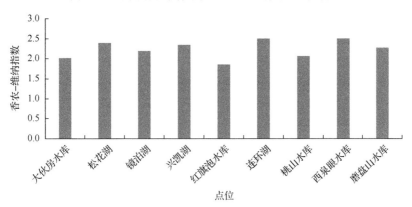

图 2-39 水样中细菌群落的香农-维纳指数

2.4.2 不同湖库水体中细菌多样性与环境因子的响应关系

不同湖库水体细菌种群、水质数据典范相关分析(CCA)见表 2-10,细菌与环境因子之间具有较高的相关性,表中每个轴所对应的特征值说明其能够解释细菌种群分布的能力,Axis1 和 Axis2 排序轴的特征值要大于后 Axis3 和 Axis4,数字越大说明其越能解释菌群的分布,因此前两个更容易解释细菌种群的分布。Axis1 排序轴解释了样本中 32.5%的变异,Axis2、Axis3 排序轴分别解释了 16.2%和 7.7%的变异,前 4 个排序轴合并解释了 62.5%的样本总变异。Axis1、Axis2 排序轴的物种与环境相关系数分别为 0.922 和 0.881,说明水样中细菌群落结构与环境因子间存在较强的关联。Axis1 和 Axis2 排序轴所代表的理化指标能够解释 55.8%的细菌与环境之间的关系，前 4 个排序轴代表的 6 个理化指标信息在 CCA 结果中能够解释 4 个排序轴的物种与环境累积变化率，为 84.9%，说明这些理化指标基本能够涵盖与细菌种群相关性较高的环境因素信息。

表 2-10　典范相关分析结果

排序轴	Axis1	Axis2	Axis3	Axis4
特征值	0.366	0.179	0.102	0.074
物种与环境相关系数	0.922	0.881	0.765	0.693
物种累积变化率(%)	32.5	48.7	56.4	62.5
物种与环境累积变化率(%)	32.1	55.8	74.5	84.9

DGGE 图谱的典范相关分析(CCA)结果如图 2-40 所示，9 个湖泊的细菌多样性主要与 TP、BOD_5、SD、pH 相关，与 Temp 和 TN/TP 次之。其中 Temp($r=0.3456$)、BOD_5($r=0.2039$)与 Axis1 排序轴呈正相关。SD($r=0.4680$)、TN/TP($r=0.3972$)与 Axis2 排序轴呈正相关，pH($r=-0.3168$)、TP($r=-0.5304$)和 BOD_5($r=-0.4188$)与 Axis2 排序轴呈负相关。连环湖主要与 SD 和 TN/TP 相关，SD 与 TN/TP 呈正相关，TN/TP 与 TP 呈负相关，SD 与 BOD_5 呈负相关，对于浅水湖泊连环湖、西泉眼水库、兴凯湖等来说，秋季 SD 都不是很高，主要是因为在风浪的作用下，水体底部的泥沙等物质易翻到表面上来，这样透明度会降低，但是有利于氮、磷营养元素的释放。西泉眼水库、大伙房水库、镜泊湖和桃山水库这 4 个湖库主要与 TN/TP、TP、pH 等相关，磨盘山水库、松花湖、兴凯湖和红旗泡水库主要与 Temp 和 BOD_5

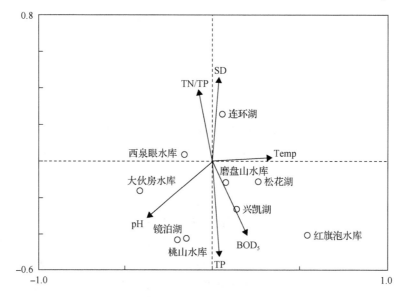

图 2-40　典范相关分析图

相关联。综上，在秋季 Temp 降低，同时在风力的作用下，水体表面含氧量会增加，动植物残体在微生物的作用下开始腐烂，这样氮、磷等营养元素同时释放，不同湖泊 TP、NT/TP 的相关性发生变化，是造成其细菌群落组成差异的主要因素。不同湖泊的 pH 因各种营养物质的释放及在温度的影响下水体中离子电离程度的强弱而不同，尤其是对于深水湖泊松花湖等来说，pH 的变化会影响细菌群落的结构。在国内王晓丹等[61]研究密云水库不同季节细菌群落多样性时发现温度对细菌群落结构的影响较大。

2.4.3　典型湖库水体中细菌群落结构区域差异性

大伙房水库、松花湖和镜泊湖属于深水湖泊，这三个湖库的细菌多样性呈现空间分布差异，随深度的增加菌落在垂直方向呈增加趋势。从 DGGE 图谱上能够看出，不同点位有不同的优势菌群，同一菌群在不同点位的优势性也有差异，有些菌群仅在个别点位出现，属于特有菌落，应该与点位所处的环境有关。大伙房水库的 LD1、松花湖的 JS1 和镜泊湖的 HJ1 三个点位的菌群数均最高，其原因主要是水体流动、人口密度较大等，各种营养盐含量较高。

兴凯湖分为大湖和小湖，属于浅水湖。兴凯湖小湖的细菌多样性要高于大湖，小湖周围水草丰富，底质中营养物质丰富，大湖以沙为主，秋季在风力的作用下，易造成底部底质中营养物质的释放，从而为微生物群落的生长提供了有利条件。兴凯湖 HXXD 点位位于农场总厂附近，外源营养物质的输入对细菌群落的影响较大，同样 HXDB 点位周围除居民生活区外，还是兴凯湖的旅游景点，这些特定环境也是造成大湖 HXLW、HXEZ 和 HXDB 之间有差别的原因。

红旗泡、连环湖两个湖库位于大庆市，这两个湖库的碱性较高，细菌多样性在不同点位间差异较为明显，红旗泡以 HH3 点位的多样性最低，其他点位间的多样性都比较高，多样性指数都相差无几。连环湖的 5 个点位分别位于 5 个相连的小湖，以 HL4N 的细菌多样性最高，而且该点位有三种在其他点位都不明显的特有菌群。其他点位的细菌多样性也比较高，连环湖水体透明度一直很低，这与风力作用造成底部沉积物的释放有直接关系。

桃山水库和西泉眼水库的细菌多样性在各个点位之间相差较为明显，其中 HT3 位于养殖场附近，该点的细菌多样性要明显高于其他点位，同样 HX1 点位的细菌多样性与其他点位相比也是最高的，该点位所处的理化环境是造成细菌多样性差别的最主要原因。

磨盘山水库的 4 个点位中有 3 个点是水库上游的支流，仅有 HMBD 位于大坝的下游。三个支流的细菌多样性相似度较高，以 HMBD 的细菌多样性最高，其位于下游，在水流的作用下，各种动植物残体腐烂后造成营养物质的释放，此外下游离电站较近，造成水体温度一直较高，即使在秋季环境温度较低时，但是所处环境改变，有利于微生物的生长，这也是造成细菌多样性差异的主要原因。

以上 9 个湖库之间在秋季细菌多样性存在差异，以镜泊湖和大伙房水库中细菌相似度最高，连环湖和红旗泡的相似度比较高，连环湖的多样性指数最高。

2.4.4 典型湖库水体细菌类群与环境因子响应关系的差异性

利用 CCA 分析理化指标与细菌类群的响应关系，不同湖泊的细菌多样性与理化指标的相关性差异比较明显。

大伙房水库的细菌多样性与 Chla、DO 和 TN 等 7 个理化指标相关，不同点位间与 7 个理化指标有一定的差异性，大伙房水库中氮元素对细菌多样性的影响起至关重要的作用，而磷元素与细菌多样性相关性不强，对于大伙房水库来说，Chla 和 DO 含量随着水体深度增加而变化，这两个指标是造成大伙房水库水体细菌多样性具有空间差异的主要原因。

松花湖水库的细菌多样性与 SH、Temp 和 pH 等 6 个理化指标相关，Temp 随深度增加而降低，温度的差异造成细菌多样性呈空间分布，Chla 和 DO 也是主要影响因素。

镜泊湖的细菌多样性与 Chla、NO_3^--N、TN、SH 等 6 个理化指标相关。大伙房水库、松花湖和镜泊湖三个深水湖泊有较多共性，SH、Chla、NO_3^--N、TN 等指标对深水湖泊细菌多样性起到重要作用，是造成水体中细菌多样性呈垂直分布的主要原因。

兴凯湖、红旗泡、连环湖、桃山水库、西泉眼水库和磨盘山水库等 6 个浅水湖泊的细菌多样性主要与 TP、TN、NO_3^--N、Temp、SD、Chla 和 DO 等理化指标相关，这几个理化指标在不同湖库中的作用不一致，在同一湖泊不同点位的相关性存在差异，这些差异从根本上造成了细菌多样性的差异，这些与国内外许多研究者一致[62,63]。

在比较同一季节不同湖泊细菌多样性差异时发现，季节对细菌多样性的影响很重要，季节的变化以温度(Temp)为代表，这一点与很多研究者的结论一致[60,64]。

2.5　本章小结

实验结果表明，利用变性梯度凝胶电泳(DGGE)技术能够较好地考察细菌群落在空间分布的差异性。实验操作的每一步均会对实验结果产生重要影响，样品的采集和菌体的富集是 PCR-DGGE 预处理的主要步骤，样品点位的设定决定了多样性研究的环境范围，样品的预处理会影响菌体收集的完整性，采用 0.22μm 滤膜进行真空过滤是较好的方法，能够最大程度地保证样品多样性的完整性。电泳时间、目的片段的长度、电压、胶的浓度和梯度范围都对结果产生重要影响，选择合适的染色方法也至关重要，本实验主要采用 GelRed 和 EB 两种染色方法，其中 GelRed 染色具有低毒、灵敏度高等特点。

通过 PCR-DGGE 图谱聚类分析和香农-维纳指数处理数据，能够找出不同点位细菌多样性的差异，不同湖泊的差异性是较为明显的。

通过典范相关分析(CCA)发现，微生物群落与水体深度(SH)、pH、温度(Temp)和溶解氧(DO)呈显著相关，对微生物群落构成起主要作用，水体深度和温度的变化是影响细菌群落结构的最主要因素，水体深度的变化造成其他指标的变化，从而对微生物群落结构产生重要影响，因此微生物多样性是环境、物理、化学和生物等多方面共同作用的结果。

仅利用 DGGE 技术研究微生物群落与环境因子的关系有一定局限性，随着分子生物学的发展，采用其他方法与其相结合可更加丰富湖泊微生物多样性信息，为湖泊生态系统研究提供支持。

参 考 文 献

[1] Phung N T, Lee J, Kang K H, et al. Analysis of microbial diversity in oligo trophic microbial fuel cells using 16S rDNA sequences[J]. FEMS Microbiology Letters, 2004, 233(1): 77-82.

[2] Ham J H, Yoon C G, Jeon J H, et al. Feasibility of a constructed wetland and wastewater stabilization pond system as a sewage reclamation system for agricultural reuse in a decentralised rural area[J]. Water Science & Technology, 2007, 55(1): 503-511.

[3] 陈晶. 微生物多样性的研究方法概况[J]. 生物技术, 2005, 15(4): 85-87.

[4] 钟文辉, 蔡祖聪. 土壤微生物多样性研究方法[J]. 应用生态学, 2004, 15(5): 899-904.

[5] 叶亚新, 黄勇, 王金虎. 分子生物学技术在环境微生物多相分类中的应用[J]. 苏州科技学院学报(自然科学版), 2004, 21(4): 49-52.

[6] 蔡燕飞, 廖宗文. 土壤微生物生态学研究方法进展[J]. 土壤与环境, 2002, 11(2): 167-171.

[7] DeEtta K Mills, James A Entry, Patrick M G. Assessing microbial community diversity using amplicon length heterogeneity polymerase chain reaction[J]. Soil Science Society of America, 2007, 71(5): 572-578.

[8] Brinkmeyer R, Knittel K, Jurgens J, et al. Diversity and structure of bacterial communities in arctic versus antarctic pack ice[J]. Appl Environ Microbiol, 2003, 69(11): 6610-6619.

[9] Martin-Laurent F, Philippot L, Hallet S, et al. DNA extraction from soils: old bias for new microbial diversity analysis methods[J]. Appl Environ Microbiol, 2001, 67: 2354-2359.

[10] 李惠民, 岑剑, 王保莉. 水稻土细菌群落结构的 RFLP 分析[J]. 西北农业学报, 2009, 18(5): 176-180.

[11] Yang Y H, Yao J, Hu S, et al. Effects of agricultural chemicals on DNA sequences diversity of soil microbial community: a study with RAPD marker[J]. Microbial Ecol, 2000, 39: 72-79.

[12] Lee D H, Zo Y G, Kim S J. Nonradioactive methods to study genetic profiles of natural bacterial communities by PCR-single strand conformation polymorphism[J]. Appl Environ Microbiol, 1996, 62: 3112-3120.

[13] Simon H M, Jahn C E, Bergerud L T, et al. Cultivation of mesophilic soil crenarchaeotes in enrichment cultures from plant roots[J]. Appl Environ Microbiol, 2005, 72(8): 4751-4760.

[14] Sabine K, Volker R, Ingo F, et al. Population dynamics within a microbial consortium during growth on diesel fuel in saline environments[J]. Appl Environ Microbiol, 2006, 72(5): 3531-3542.

[15] 刘健华, 李云. 肠道菌群多样性变性梯度凝胶电泳分析法的建立[J]. 中国兽医科技, 2005, 35(6): 145-149.

[16] 周琳, 张晓军. DGGE/TGGE 技术在土壤微生物分子生态学研究中的应用[J]. 生物技术通报, 2006, (5): 67-71.

[17] 宣淮翔, 安树青, 孙庆业. 太湖不同湖区水生真菌多样性[J]. 湖泊科学, 2011, 23(3): 469-478.

[18] 武婷婷, 生吉萍, 申琳. 微生物分子生态学技术在湖泊微生物多样性研究中的应用[J]. 生物技术通报, 2010, (3): 62-65.

[19] Ye W J, Tan J, Liu X L. Temporal variability of cyano-bacterial populations in the water and sediment samples of Lake Taihu as determined by DGGE and real-time PCR[J]. Harmful Algae, 2011, (10): 472-479.

[20] 梁英娟, 罗湘南, 付红霞. PCR-DGGE 技术在微生物生态学中的应用[J]. 生物学杂志, 2007, 24(6): 58-60.

[21] Zeng J, Yang L, Li J, et al. Vertical distribution of bacterial community structure in the sediments of two eutrophic lakes revealed by denaturing gradient gel electrophoresis (DGGE) and multivariate analysis techniques[J]. World Journal of Microbiology and Biotechnology, 2009, 25(2): 225-233.

[22] 邢鹏, 孔繁翔, 高光. 太湖浮游细菌种群基因多样性及其季节变化规律[J]. 湖泊科学, 2007, 19(4): 373-381.

[23] De Wever A, Muylaert K, Van Der Gucht K, et al. Bacterial community composition in Lake Tanganyika: vertical and horizontal heterogeneity[J]. Applied and Environmental Microbiology, 2005, 71(9): 5029-5037.

[24] Lindström E S, Bergström A K. Community composition of bacterioplankton and cell transport in lakes in two different drainage areas[J]. Aquatic Sciences, 2005, 67(2): 210-219.

[25] 赵兴青, 杨柳燕, 陈灿, 等. PCR-DGGE 技术用于湖泊沉积物中微生物群落结构多样性研究[J]. 生态学报, 2006, 26(11): 3610-3616.

[26] Van Der Gucht K, Sabbe K, De Meester L, et al. Contrasting bacterioplankton community composition and seasonal dynamics in two neighbouring hypertrophic freshwater lakes[J]. Environmental Microbiology, 2001, 3(11): 680-690.

[27] Casamayor E O, Sehafer H, Baeras L, et al. Identification of and spatio-temporal differences between microbial assemblages from two neighboring sulfurous lakes: comparison by microscopy and denaturing gradient gel electrophoresis[J]. Appl Environ Microbiol, 2000, 66(2): 499-508.

[28] 王晓丹, 翟振华, 赵爽. 密云水库不同季节细菌群落多样性[J]. 生态学报, 2009, 29(7): 3924-3926.

[29] 吴卿, 赵新华. 应用 PCR-DGGE 研究饮用水微生物的多样性[J]. 南开大学学报, 2007, 40(3): 92-96.

[30] Wassel R A, Mills A L. Changes in water and sediment bacterial community structure in a lake receiving acid mine drainage[J]. Microbial Ecology, 1983, 9(2): 155-169.

[31] Sanders R W, Caron D A, Berninger U G. Relationships between bacteria and heterotrophic nanoplankton in marine and fresh waters: an interecosystem comparison[J]. Marine Ecology Progress Series, 1992, 86: 1-14.

[32] Sommaruga R, Robarts R D. The significance of autotrophic and heterotrophic picoplankton in hypertrophic ecosystems[J]. FEMS Microbiology Ecology, 1997, 24(3): 187-200.

[33] Pirlot S, Vanderheyden J, Descy J P, et al. Abundance and biomass of heterotrophic microorganisms in Lake Tanganyika[J]. Freshwater Biology, 2005, 50(7): 1219-1232.

[34] Dominik K, Hoefle M G. Changes in bacterioplankton community structure and activity with depth in a eutrophic lake as revealed by 5S rRNA analysis[J]. Applied and Environmental Microbiology, 2002, 68: 3606-3613.

[35] Eiler A, Bertilsson S. Composition of freshwater bacteria communities associated with cyanobacterial blooms in four Swedish lakes[J]. Environmental Microbiology, 2004, 6(12): 1228-1243.

[36] Haukka K, Heikkinen E, Kairesalo T, et al. Effect of humic material on the bacterioplankton community composition in boreal lakes and mesocosms[J]. Environmental Microbiology, 2005, 7(5): 620-630.

[37] Schauer M, Kamenik C, Martin W. Ecological differentiation with in a cosmopolitan group of planktonic freshwater bacteria[J]. Applied and Environmental Microbiology, 2005, 71(10): 5900-5907.

[38] Pinhassi J, Azam F, Hemphälä J, et al. Coupling between bacterioplankton species composition, population dynamics and organic matter degradation[J]. Aquatic Microbiology Ecology, 1999, 17: 13-26.

[39] Lindstrom E S. Bacterioplankton community composition in five lakes differing in trophic status and humic content[J]. Microbiology Ecology, 2000, 40: 104-113.

[40] Hofle M G, Haas H, Dominik K. Seasonal dynamics of bacterioplankton community structure in a eutrophic lake as determined by 5S rRNA analysis[J]. Applied and Environmental Microbiology, 1999, 5: 3164-3174.

[41] Crump B C, Kling G W, Bahr M, et al. Bacterioplankton community shifts in an arctic lake correlate with seasonal changes in organic matter source[J]. Applied and Environmental Microbiology, 2003, 69: 2253-2268.

[42] 岳冬梅, 田梦, 宋炜, 等. 太湖沉积物中氮循环菌的微生态[J]. 微生物学通报, 2011, 38(4): 555-560.

[43] 宋洪宁, 杜秉海, 张明岩, 等. 环境因素对东平湖沉积物细菌群落结构的影响[J]. 微生物学报, 2010, 50(8): 1065-1071.

[44] 吴根福, 吴雪昌, 吴洁, 等. 杭州西湖水体中微生物生理群生态分布的初步研究[J]. 生态学报, 1999, 19(3): 435-440.

[45] 范玉贞. 衡水湖微生物菌群分布的研究[J]. 衡水学院学报, 2009, 11(4): 70-72.

[46] 黄丽静, 运珞珈, 王琳. 城市公园湖水体中异养菌与主要污染物的相关性研究[J]. 卫生研究, 2005, 34(1): 52-54.

[47] 吴楚, 董新姣, 吴晓红. 春季九山湖细菌生理类群的分布与主要环境因素的相关性分析[J]. 温州师范学院学报(自然科学版), 2000, 21(6): 53-56.

[48] Zhou J Z, Bruns M A, Tiedje J M. DNA recovery from soils of diverse composition[J]. Applied and Environmental Microbiology, 1996, (2): 316-322.

[49] Tateo Fujii, Shoko Watanabe, Masako Horikoshi, et al. PCR-DGGE analysis of bacterial communities in *funazushi*, fermented crucian carp with rice, during fermentation[J]. Food Science and Technology, 2011, (77): 151-157.

[50] Dong X L, Gudigopuram B Reddy. Soil bacterial communities in constructed wetlands treated with swine wastewater using PCR-DGGE technique[J]. Bioresource Technology, 2010, (101): 1175-1182.

[51] Ferris M J, Muyzer G, Ward D M. Denaturing gradient gel electrophoresis profiles of 16S rRNA-defined populations inhabiting a hot spring microbial mat community[J]. Applied and Environmental Microbiology, 1996, (62): 340-346.

[52] Yannarell A C, Triplett E W. Geographic and environmental sources of variation in lake bacterial community composition[J]. Applied and Environmental Microbiology, 2005, 71(1): 227-239.

[53] 党秋玲, 刘驰, 席北斗. 生活垃圾堆肥过程中细菌群落演替规律[J]. 环境科学研究, 2011, 24(2): 236-240.

[54] Shaheen B, Humayoun, Nasreen Bano, et al. Depth distribution of microbial diversity in Mono Lake, a meromictic soda lake in California[J]. Appl Environ Microbiol, 2003, 69(2): 1030-1042.

[55] 蔡林林, 周巧红, 王川. 南淝河细菌群落结构的研究[J]. 环境科学与技术, 2012, 35(3): 1-6.

[56] 龚世杰, 吴兰, 李思光. 湖泊微生物多样性研究进展[J]. 生物技术通报, 2008, (): 54-55.

[57] 孟凡志, 赵艳波, 崔玉玲. 兴凯湖生态水位分析[J]. 水资源保护, 2008, 24(6): 46-48.

[58] Yan Q Y, Yu Y H, Feng W S, et al. Plankton community composition in the Three Gorges Reservoir Region revealed by PCR-DGGE and its relationships with environmental factors[J]. Journal of Environmental Sciences, 2008, (20): 732-738.

[59] 张金屯. 数量生态学[M]. 北京: 科学出版社, 2004: 157-162.

[60] 王霞, 吕宪国, 白淑英, 等. 松花湖富营养化发生的阈值判定和概率分析[J]. 生态学报, 2006, 26(12): 3989-3997.

[61] 王晓丹, 翟振华, 赵爽. 密云水库不同季节细菌群落多样性[J]. 生态学报, 2009, 29(7): 3924-3926.

[62] Puttinaowarat S, Thompson K D, Adams A. Mycobacteriosis: detection and identification of aquatic *Mycobacterium* species[J]. Fish Veter J, 2000, 5: 6-21.

[63] 柴丽红, 王涛, 李沁元, 等. 应用DGGE法对青海相邻两盐湖中细菌多样性的快速检测[J]. 生物学杂志, 2003, 1(13): 14-19.

[64] Ginige M P, Hugenholtz P, Daims H, et al. Use of stable-isotope probing, full-cycle rRNA analysis, and fluorescence *in situ* hybridization-microautoradiography to study a methanol-fed denitrifying microbial community[J]. Applied and Environmental Microbiology, 2004, 70: 588-596.

第3章　东北平原与山地湖区氮、磷代谢相关微生物群落特性

3.1　概　　述

3.1.1　研究背景

细菌生理类群指相同或不同形态执行同一种功能的一类细菌，如氨化细菌、硝化细菌、反硝化细菌、有机磷分解菌、无机磷溶解菌等[1]。人类活动引起水体化学循环的改变，进而引起生物群落种类和数量上的变化，因此，细菌生理类群的种类和数量在一定程度上反映了所处环境的水质特征；微生物类群不但是水体物质循环的推动者，而且在污染的水体中具有指示作用，此外，微生物类群在水处理方面也具有重要的作用[2]。

国外对湖泊微生物类群的研究始于 20 世纪 70 年代。Niewolak[3]的研究表明 Ilawa 湖水体中磷细菌的数量与磷含量密切相关，并且 Niewalak 对其中 10 个菌株进行了鉴定，发现它们分别归属于埃希氏菌属、微球菌属、芽孢杆菌属、气单胞菌属和假单胞菌属 5 属。Cohen 等[4]对 Solar 湖中光合微生物的时空分异特性及其对初级生产力的影响进行了较为深入的研究。Trizilova[5]的调查结果显示，在糖萝卜收获的季节，随着大量有机物排入河道，Danube 河中氨化细菌和反硝化细菌的数量呈增加趋势。Wassel[6]研究了酸性矿山废水对受纳水体和沉积物中微生物群落的影响，表明受污染环境中微生物的多样性明显呈降低趋势。Terai 等[7]对 Fukami-Ike 湖中反硝化细菌数量的变化及其活性进行了深入的研究。Dan 等[8]对 Kinneret 湖水体中的粪便指示菌进行了为期一年的监测，并探讨了影响其分布的主要因素。Sanders 等[9]认为在贫营养海区异养浮游细菌的生物量和生产量主要受营养来源的限制，而在富营养海区则以浮游动物摄食限制为主。Sommaruga[10]发现在以微囊藻(microcystis)占优势的富营养湖泊中，异养细菌的数量并不随着营养程度的增加而快速增长。Fleituch 等[11]研究了淡水区域沉积物中 9 种细菌生理类群的分布特点，并指出细菌生理类群的数量和颗粒有机物质之间的相关性并不显著。Pirlot 等[12]于 2002 年的雨季和旱季对 Tanganyika 湖中异养细菌的多样性进行了调查研究，并指出旱季细菌生物量达到最大值。Dale 等[13]认为 Cape Fear 河口沉积物中厌氧氨氧化细菌的分布与盐度密切相关。

国内对湖泊微生物功能菌群的研究从 20 世纪 80 年代开始。普为民等[14]于

1983 年对滇池水域中细菌的数量和种群分布进行了调查，结果表明旱季和雨季细菌数量存在较为明显的差异性。谢其明等[15]的研究指出，洪湖水体中不同细菌生理类群的数量与湖中营养元素的含量密切相关。张卓等[16]对滇池水环境中细菌数量、大肠菌群指数与水质污染程度之间的相关性进行了探讨。李勤生等[17]的研究指出，武汉东湖磷细菌的分布随水质的污染程度和磷化合物含量的不同而表现出显著的差异性。史君贤等[18]在对秦山核电站邻近水域中异养细菌的分布特征进行调查时指出，异养细菌与环境因子之间有密切的关系。王国祥等[19]对太湖五里湖敞水区及水生高等植物覆盖区内的反硝化细菌、硝化细菌、亚硝化细菌和氨化细菌的分布及其作用进行了研究。吴福根等[20]的调查结果表明，杭州西湖沉积物中存在的微生物以好氧性的为主，并且其在沉积物的 C、N、P 循环过程中具有重要的作用。李蒙英等[21]对苏州地区金鸡湖和尚湖水体中异养细菌和大肠菌群的分布进行了对比分析。Sekiguchi 等[22]在研究长江流域细菌群落结构的演替时指出，相邻的两个湖泊——洞庭湖和鄱阳湖水体中细菌群落的差异性并不显著。白洁等[23]对胶州湾冬季异养细菌的分布及其与营养盐含量的关系进行了较为深入的研究。Liu 等[24]的调查显示，红枫湖沉积物中氮循环细菌的数量随空间变化呈现出明显的差异性。樊景凤等[25]对辽河口沉积物中反硝化细菌的数量、多样性及群落结构进行了研究。

　　微生物在水域生态系统的物质循环和能量流动过程中起着非常重要的作用，其种群的数量和分布与多种因素密切相关，如水体类型、营养盐含量、工业废水和生活污水的排放等。近年来由于工业生产的发展和人类生活水平的提高，江河湖泊等水体受到的污染愈来愈严重。污染物的大量排放不但引起湖泊水质发生变化，还会导致湖泊中微生物类群数量和结构的改变。研究表明[26-28]，湖泊水体中微生物类群的数量与相应营养盐含量密切相关。因此，微生物类群数量可以间接地显示水体受某类或某种污染物的污染程度。

　　综合以往的报道[29-32]，关于我国长江中下游地区湖泊微生物群落特性的研究较为深入，而对东北地区湖泊则研究较少。由于我国湖泊流域自然地理区域分异特征明显，不同区域湖泊生物学特性、营养物水平对其富营养化的影响也存在一定的差异性[33]，基于此，本研究选取 10 个东北湖库为代表，对其水体和沉积物中微生物功能菌群的分布特征进行了调查，并结合各湖库已有的营养盐含量数据，探讨了湖库水体中微生物功能菌群数量与相应营养盐含量的关系，以期为预防和控制东北地区湖泊富营养化的发生提供指导与依据。

3.1.2　主要研究内容和方法

　　本章选择东北平原与山地湖区 10 个典型湖库(五大连池、兴凯湖、镜泊湖、松花湖、大伙房水库、红旗泡、连环湖、桃山水库、西泉眼水库和磨盘山水库)

为研究对象，按季节采集水体和沉积物样品，通过 CFU 平板菌落计数法和最大概率法(最大或然数法，MPNM)对微生物功能菌群进行计数。用统计学的方法分析各功能微生物菌群的数量变化特征，阐明各湖库影响微生物类群数量和分布的主要水质因子，旨在为东北地区湖泊富营养化的综合防治与科学管理提供理论依据。

本研究于 2009 年 9 月至 2011 年 12 月对 10 个东北典型湖库(五大连池、兴凯湖、镜泊湖、松花湖、大伙房水库、红旗泡、连环湖、桃山水库、西泉眼水库和磨盘山水库)进行了水体和沉积物样品采集。其中，采集水样使用有机玻璃采水器，采样点应设在水面下 50cm 处，采集的水样用聚乙烯瓶保存、冷藏。采集沉积物样品使用彼得逊柱状采泥器，剔除贝类、植物等残体，冷藏后带回实验室进行微生物类群的培养、计数。各湖库采样数量及频率见表 3-1，采样点分布见 1.4 节，微生物培养基主要包括氨化细菌培养基、反硝化细菌培养基、有机磷细菌培养基等。

表 3-1　采样湖库的基本信息

湖库名称	湖库代码	采样点(个)	采样点名称	所在地区	采样频率(次)
五大连池	HW	6	W1, W2, W3S, W3X, W4, W5	五大连池	4
兴凯湖	HX	6	XXX, XXD, XDX, XEZ, XDB, XLW	密山市	4
镜泊湖	HJ	6	HJ1, HJ2, HJ3, HJ4, HJ5, HJ6	牡丹江市	4
松花湖	JS	7	JS1, JS2, JS3, JS4, JS5, JS6, JS7	吉林市	4
大伙房水库	LD	5	LD1, LD2, LD3, LD4, LD5	抚顺市	4
红旗泡水库	HH	8	HH1, HH2, HH3, HH4, HH5, HH6, HH7, HH8	大庆市	4
连环湖	HL	5	HL1T, HL2X, HL3E, HL4N, HL5H	大庆市	4
桃山水库	HT	8	HT1, HT2, HT3, HT4, HT5, HT6, HT7, HT8	七台河市	4
西泉眼水库	HX	4	HX1, HX2, HX3, HX4	阿城区	4
磨盘山水库	HM	4	HMXD, HMSS, HMLL, HMBD	五常市	4

3.2　氮、磷代谢相关微生物变化

3.2.1　五大连池氮、磷代谢相关微生物变化

五大连池共设置了 6 个采样点，W1、W2、W3S、W3X、W4、W5 采样分别位于五大连池一池、二池、三池上游、三池下游、四池、五池。

3.2.1.1　氨化细菌(AB)的数量与分布

由于水体中的植物和大多数微生物不能直接利用含氮有机物，因此需要通过

功能微生物的降解将其转变为能够被吸收的组分。AB 可以将水体中大量的有机氮转化为氨态氮(部分以气体的形式释放到空气中)[34]。如图 3-1 所示，五大连池水体中 AB 的数量 1～8 月总体呈上升趋势，其中 1 月平均值为 1.3×10^3 CFU/mL，5 月、8 月分别达到 1.5×10^5 CFU/mL 和 2.8×10^5 CFU/mL。这主要是由于随着夏季的到来，大量含氮有机物随雨水进入湖泊，为 AB 的生长和繁殖提供了丰富的底物；同时夏季温度升高，水生生物生长旺盛，其代谢产物及残体也为 AB 提供了丰富的碳源及营养物质，进而加速了微生物种群的繁衍，从而使微生物的数量增加。进入 10 月，随着气温逐渐降低，微生物活性受到抑制，水体中 AB 的数量出现明显的下降趋势，平均值仅为 1.5×10^3 CFU/mL。

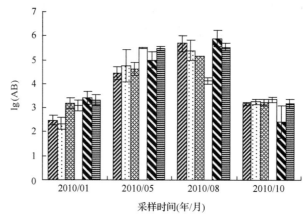

图 3-1　五大连池水体中 AB 的数量与分布

由图 3-1 可知，同一采样时期，湖库不同采样点之间 AB 数量与分布存在明显差异。其中 1 月 W1 和 W2 采样点 AB 的数量偏低，分别为 3.1×10^2 CFU/mL 和 2.2×10^2 CFU/mL，比 W4 采样点(2.6×10^3 CFU/mL)低 1 个数量级。此外，5 月 W3X 和 W5 采样点 AB 的数量要高于其他 4 个采样点，W3X 采样点最高，达 3.2×10^5 CFU/mL，这可能是由三池渔业养殖过程中排放的含有机氮污水所致。相比 W3X 采样点，W3S 采样点 AB 的数量较低，主要是因为三池下游(W3X 采样点)附近居民区较多，生活污水排放量大。而最低值出现在 W1 采样点，较 W3X 采样点相差约 10 倍。10 月除 W4 采样点 AB 数量偏低外，其他各采样点的 AB 数量相差不大。

3.2.1.2　反硝化细菌(DNB)的数量与分布

DNB 可以将硝酸盐还原成亚硝酸盐并进一步还原生成氮气[35]。由图 3-2 可见，1 月 DNB 数量的平均值为 1.2×10^2 MPN/mL，5 月和 8 月分别为 0.94×10^2 MPN/mL、

$1.1×10^2$MPN/mL，10 月最高，达到 $1.3×10^3$MPN/mL，即秋季水体中 DNB 的数量相对较高，是其他季节的 10 倍以上。DNB 数量季节性分布与 AB 明显不同，即在 5 月和 8 月温度较高时，水体中 DNB 并未呈现大量繁殖的态势。其原因主要在于：水体中藻类光合作用对 DNB 的生长具有明显的抑制作用[36,37]，春、夏季正值五大连池水体中浮游植物生长的旺盛期，藻类通过光合作用产生大量的溶解氧，使易于在厌氧条件下生长的 DNB 数量增长受到极大抑制。而秋季随着浮游植物的季节性消亡，光合作用逐渐减弱，水体溶解氧明显减少，同时浮游植物残体为水体中好氧微生物提供了丰富的碳源。好氧微生物的代谢活动进一步消耗了水体中的溶解氧，同时也产生丰富的无机氮源。上述原因为 DNB 的生长代谢提供了有利的微环境，致使水体 DNB 数量呈明显升高的趋势。1 月五大连池湖水处于冰冻期，由于温度的限制，DNB 的代谢、繁殖速度缓慢[38]，其数量较低。此外，通过比较表明，水体中 DNB 的数量明显低于其他细菌生理类群的数量。已有的调查结果表明[39]，环境中低溶解氧浓度更有利于 DNB 的生长和繁殖。而五大连池水体中溶解氧较高，各采样点的年均值为 7.46～10.79mg/L，高溶解氧抑制了 DNB 的生长，从而导致了水体中该类细菌的数量偏低。

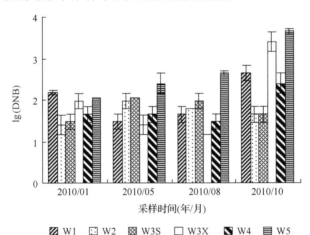

图 3-2　五大连池水体中 DNB 的数量与分布

如图 3-2 所示，同一采样时期，各采样点 DNB 的数量相差较大，其中 8 月和 10 月最为明显。8 月 W5 采样点的 DNB 数量最高，为 $4.5×10^2$MPN/mL，而最低值出现在 W3X 采样点，两者相差 1 个数量级。试验数据表明，同一时期，W5 采样点的 DNB 数量明显高于其他采样点，五池(W5)水体中溶解氧(8.46mg/L)较其他采样点低，是导致该池 DNB 数量偏高的原因之一。此外，四池(W4)水体年均 DO(7.46mg/L)最低，但是各季节该池水体中 DNB 的数量并不高，其原因尚待进一步探究。

3.2.1.3　磷细菌的数量与分布

有机磷分解菌(OPB)和无机磷溶解菌(IPB)可以将水体中的有机磷、不溶性磷酸盐等转化为能被生物体直接吸收利用的可溶性磷酸盐[40]。对五大连池水体中磷细菌分布的调查结果表明(图 3-3 和图 3-4)，OPB 和 IPB 的数量季节性变化具有一定的相似性，均在气温较低的 1 月和 10 月偏低，而在 8 月达到最高值。其中，1 月 OPB 和 IPB 数量的平均值分别仅为 2.3×10^3CFU/mL、1.0×10^3CFU/mL，而 8 月其平均值分别为 1 月的 5 倍和 16 倍，表明温度变化对 OPB、IPB 种群数量的影响显著。

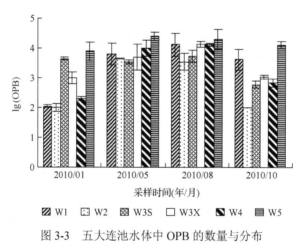

图 3-3　五大连池水体中 OPB 的数量与分布

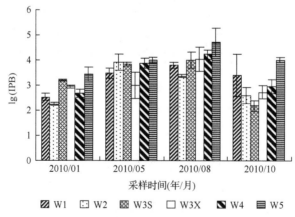

图 3-4　五大连池水体中 IPB 的数量与分布

由图 3-3 和图 3-4 可知，同一季节，不同点位 OPB 和 IPB 数量与分布的差异性较为明显。其中，1 月 W3S 和 W5 两点 OPB 的数量相对较高，分别为 4.5×10^3CFU/mL、7.8×10^3CFU/mL，较其他采样点高出 1 个或 2 个数量级。10 月 OPB 数量的最低值出现在 W2 采样点，仅为 1.0×10^2CFU/mL，而最高值出现在 W5 采样点，为 1.3×10^4CFU/mL，两者相差 2 个数量级。此外，8 月 W5 采样点 IPB 的数量为 5.1×10^4CFU/mL，较 W2 点（2.3×10^3CFU/mL）高 1 个数量级。10 月 W3S 采样点 IPB 的数量为 1.5×10^2CFU/mL，比最高值 W5 采样点（1.0×10^4CFU/mL）低 2 个数量级。调查结果表明，同一时期，五池（W5 采样点）磷细菌的数量明显高于其他各池，通过分析表明，4 个采样时期，W5 点位 1 月、5 月、8 月、10 月水体中全磷浓度分别为 0.067mg/L、0.040mg/L、0.092mg/L、0.109mg/L，除 5 月外，明显高于其他点位。由于各点位均未检测出溶解性磷酸盐，因此 W5 点位全磷浓度中高出的组分主要为有机态磷及难溶性颗粒态磷，而这两个组分分别是 OPB、IPB 的磷源物质，致使 W5 点位磷细菌的数量明显增多。

3.2.2　兴凯湖氮、磷代谢相关微生物变化

兴凯湖共设置了 6 个采样点，采样点 XXX、XXD 分别位于小兴凯湖西、小兴凯湖东；XDX、XEZ、XDB、XLW 分别位于大兴凯湖湖中心、二闸、当壁镇、龙王庙区域。

3.2.2.1　AB 的数量与分布

由图 3-5 可知，兴凯湖水体中 AB 的数量从 1～8 月总体呈上升趋势，其中 1 月菌体的平均值为 9.1×10^3CFU/mL，到 8 月上升了 2 个数量级，达到 4.7×10^5CFU/mL。主要是因为随着气候转暖，微生物的代谢、繁殖速率加快，菌体数量增加[41]。而到 10 月，由于气温的降低，菌体的平均值下降为 2.2×10^4CFU/mL。此外，各采样点

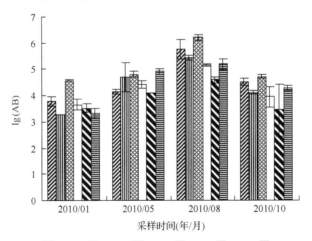

图 3-5　兴凯湖水体中 AB 的数量与分布

AB 的数量也呈现出明显的季节变化规律。其中 XXX 点 1 月菌体数为 1.9×10^3CFU/mL，5 月和 8 月分别上升为 5.0×10^4CFU/mL、2.1×10^5CFU/mL，而 10 月水体中 AB 的数量较 8 月下降了 1 个数量级，仅为 1.3×10^4CFU/mL。XEZ 点 5 月、8 月 AB 的数量要比 1 月和 10 月高出 1 个或 2 个数量级。

如图 3-5 所示，同一季节各采样点的菌体数相差较大。其中 1 月 XDX 点 AB 的数量最高，为 3.7×10^4CFU/mL，而最低值出现在 XXX 点，两者相差 1 个数量级。此外，8 月 XEZ、XDB 和 XLW 点菌体的数量偏低，分别为 1.4×10^5CFU/mL、4.0×10^4CFU/mL、1.5×10^5CFU/mL，较其他点低 1～2 个数量级。试验结果表明，同一季节 XDX 点 AB 的数量明显高于其他采样点。这可能是由于大兴凯湖湖面风浪较大，且平均水深相对较浅，水体不断冲刷湖底泥沙，沉积物中有机态氮逐渐向水体迁移，为 AB 的生长提供了丰富的底物。而 XDX 点位于大兴凯湖的中心，往往风大浪高，水体与沉积物之间 N 的迁移速率较快，从而导致该点 AB 的数量较其他点高。

3.2.2.2　DNB 的数量与分布

图 3-6 显示了兴凯湖水体中 DNB 的数量和分布。其中 1 月菌体的平均值为 1.8×10^4MPN/mL，而 5 月和 8 月分别为 3.3×10^3MPN/mL、3.2×10^4MPN/mL，10 月平均值最高，达到 1.1×10^5MPN/mL，即夏季、秋季水体中 DNB 的数量较春季和冬季高，对 DO 浓度的分析表明，1 月、5 月、8 月、10 月兴凯湖水体 DO 的均值分别为 14.84mg/L、12.53mg/L、7.58mg/L、11.20mg/L，其中 8 月 DO 浓度明显低于其他月份，证实 8 月水体较低的 DO 浓度是 DNB 数量增多的最主要原因。而 10 月水体中浮游植物基本停止生长，其残体的矿化为 DNB 的生长繁殖提供了丰

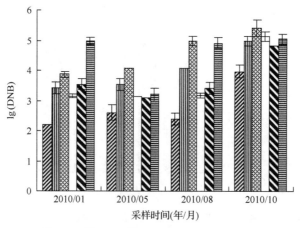

图 3-6　兴凯湖水体中 DNB 的数量与分布

富的氮营养，因此，10 月水体中 DNB 数量的增长是由较低的 DO 及较高的氮营养浓度综合作用引起的。

由图 3-6 可以看出，同一季节各采样点 DNB 的数量和分布存在较大的差异性。其中 1 月，XLW 点 DNB 的数量较高，达到 9.5×10^4MPN/mL，较 XXD、XXX、XDX、XEZ 和 XDB 点高出 1 个或 2 个数量级。5 月 XDX 点的菌体数量为 1.5×10^4MPN/mL，较 XXD 点（4.0×10^2MPN/mL）高出 2 个数量级。此外，8 月，XDX 和 XLW 点 DNB 的数量较高，分别为 9.5×10^4MPN/mL、8.1×10^4MPN/mL，而最低值出现在 XXD 点，其菌体数量仅为 2.5×10^2MPN/mL，这主要是由不同点位水生态因子具有明显的区域差异性引起的。

3.2.2.3　磷细菌的数量与分布

对兴凯湖水体中 OPB 数量变化的调查结果表明（图 3-7）：1 月和 10 月菌体的平均值较低，分别仅为 2.5×10^3CFU/mL 和 9.4×10^3CFU/mL，而 5 月和 8 月分别为 1.0×10^4MPN/mL、1.5×10^4CFU/mL。兴凯湖水体中 OPB 数量变化与京杭大运河杭州段水体中 OPB 在春、秋季节分布较多的报道并不一致[42]，这主要是由于南北方湖泊的气候环境、地质条件、人文影响等因素存在较大的差异性。此外，各采样点 OPB 的数量和分布也呈现出明显的季节变化趋势。其中，1 月 XXX 点的菌体数为 6.0×10^3CFU/mL，5、8 月该点 OPB 的数量分别是 1 月的 3 倍和 6 倍，而 10 月菌体的数量下降为 6.4×10^3CFU/mL。

由图 3-7 可知，同一时期，各采样点 OPB 的数量相差较大，其中 1 月和 5 月最为明显。1 月菌体数量的最低值出现在 XEZ 点，仅为 4.0×10^2CFU/mL，较 XXX 点（6.0×10^3CFU/mL）低 1 个数量级。而 5 月 XXD、XXX 和 XDX 点 OPB 的数量

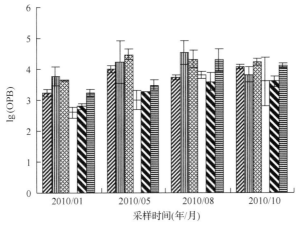

图 3-7　兴凯湖水体中 OPB 的数量与分布

较高，分别为 1.0×10^4CFU/mL、1.7×10^4CFU/mL 和 3.5×10^4CFU/mL，要比其他 3 个采样点高出 1 个数量级，上述结果表明，兴凯湖不同区域 OPB 的生态因子存在时间、空间差异性。

由图 3-8 可知，1 月水体中 IPB 数量的平均值为 3.3×10^3CFU/mL，而到 8 月平均值上升为 7.5×10^4CFU/mL，10 月随着气候转冷，菌体数量出现下降的趋势。兴凯湖 IPB 的季节性变化与湖光岩水域水体中 IPB 的数量在夏季有所不同。因为湖光岩是一个封闭式的深水湖，夏季水温高，水体稳定度大，阻碍了表层水与深层水及沉积物之间磷酸盐的交换，所以 IPB 的分布较少[43]。而兴凯湖的入水河流较多，外源磷酸盐的输入量大，因此相对于温度而言，营养盐对于水体中 IPB 分布的影响并不显著。此外，XXD 和 XDB 点的季节变化趋势较为明显。其中 1 月 XDB 点的菌体数量仅为 2.0×10^2CFU/mL，而 5 月、8 月分别上升了 1 个和 2 个数量级，到 10 月该点 IPB 的数量下降为 1.7×10^3CFU/mL。

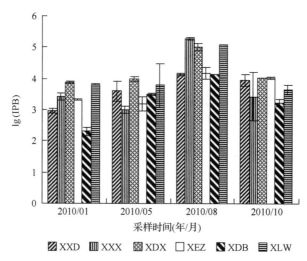

图 3-8　兴凯湖水体中 IPB 的数量与分布

如图 3-8 所示，同一季节，各采样点 IPB 数量和分布的差异性较为明显。以 8 月为例，该季节 XXX 点的菌体数量最高，为 1.9×10^5CFU/mL，而最低值出现在 XDB 点，两者相差 1 个数量级。此外，10 月 XXD、XDX 和 XEZ 点 IPB 的数量较其他采样点高出约 1 个数量级，这主要是由于水体不同区域水生态因子差异性较大。

3.2.3　镜泊湖氮、磷代谢相关微生物变化

镜泊湖共设置了 6 个采样点，HJ1、HJ2、HJ3、HJ4、HJ5、HJ6 采样点自镜泊湖下游至上游依次布置。

3.2.3.1　AB 的数量与分布

图 3-9 为镜泊湖水体中 AB 的数量与分布,其中夏季(2010 年 6 月)和秋季(2010年 10 月)水体中 AB 的数量分别为 1.6×10^5 CFU/mL 和 1.8×10^5 CFU/mL,相差不大。冬季(2011 年 1 月)由于镜泊湖水体处于结冰状态,因而水体中微生物的数量相对较低,仅为 1.2×10^4 CFU/mL。而到春季(2011 年 5 月)随着气候转暖,菌体数量呈现上升的趋势,达到 1.3×10^5 CFU/mL。总体来说,春季、夏季和秋季镜泊湖水体中 AB 的数量相差并不明显,这不同于五大连池和兴凯湖水体中 AB 的分布特征。

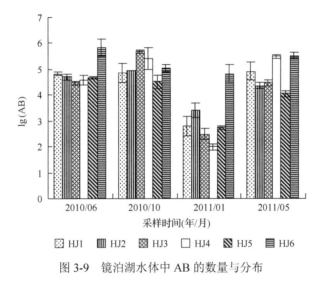

图 3-9　镜泊湖水体中 AB 的数量与分布

如图 3-9 所示,同一季节各采样点之间 AB 数量与分布存在明显的差异性。其中 6 月,除 HJ6 点 AB 数量偏高外(7.1×10^5 CFU/mL),其他 5 个采样点菌体数量相当。10 月,HJ5、HJ1 和 HJ2 三点水体中 AB 的数量偏低,分别为3.2×10^4 CFU/mL、7.1×10^4 CFU/mL 和 8.7×10^4 CFU/mL,较其他点低 1 个数量级。1 月,HJ6 点菌体的数量最高,达到 6.7×10^4 CFU/mL,要比其他采样点高出 2 个数量级。5 月,HJ6 和 HJ4 采样点水体 AB 的数量较高,分别为 3.3×10^5 CFU/mL和 3.1×10^5 CFU/mL。相对于 HJ6 点和 HJ4 点,HJ2、HJ3 和 HJ5 三个采样点水体中 AB 的数量较低,分别为 2.3×10^4 CFU/mL、3.0×10^4 CFU/mL 和 1.1×10^4 CFU/mL。综上,HJ6 点水体中 AB 的数量相对较高。镜泊湖位于牡丹江的上游,而 HJ6 采样点距离牡丹江的入水口处较近,污染相对严重。此外,HJ6 点附近为水产养殖区,渔业生产过程中产生的大量含氮有机物污水也会导致 AB 数量的增加。

3.2.3.2　DNB 的数量与分布

对镜泊湖水体中 DNB 数量的调查结果表明(图 3-10)：春季(2011 年 5 月)水体中 DNB 数量最高，其均值达到 $1.3×10^5$MPN/mL，而冬季(2011 年 1 月)最低，菌体数量仅为 $2.7×10^1$MPN/mL，较春季相差 4 个数量级。一方面，冬季气温较低，不利于微生物的生长繁殖。另一方面，可能是由于冬季镜泊湖水体 DO 浓度较高，达到 12.82mg/L，高浓度的 DO 抑制了 DNB 的生长。而夏季(2010 年 6 月)和秋季(2010 年 10 月)水体中 DNB 数量处于同一数量级水平，分别为 $1.1×10^4$MPN/mL、$8.4×10^4$MPN/mL。

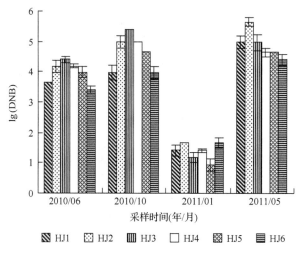

图 3-10　镜泊湖水体中 DNB 的数量与分布

由图 3-10 可知，同一季节，不同点位之间 DNB 数量和分布的差异性较为显著。其中，6 月，HJ6 点水体中 DNB 的数量最低($2.5×10^3$MPN/mL)，而 HJ3 点菌体数量较高，为 $2.5×10^4$MPN/mL，两者相差约 10 倍。与 6 月的分布特征相似，10 月 HJ1 和 HJ6 两个采样点水体中 DNB 的数量较低，仅为 $9.5×10^3$MPN/mL，较 HJ3 点($2.5×10^5$MPN/mL)低 2 个数量级。HJ3 点附近旅游业较为发达，夏、秋季节正值旅游业旺季，旅游业产生的大量含氮污水为 DNB 的生长和繁殖提供了丰富的底物，从而导致该采样点菌体数量较其他点高。5 月，HJ2 采样点 DNB 的数量最高，为 $4.5×10^5$MPN/mL，较 HJ6 点($2.5×10^4$MPN/mL)高出 1 个数量级。总的来看，除冬季(2011 年 1 月)外，HJ6 采样点水体中 DNB 的数量相对较低，不同于 AB 的分布特征。

3.2.3.3　磷细菌的数量与分布

图 3-11 显示了镜泊湖水体中 OPB 的数量与分布。其中，夏季(2010 年 6 月)和秋季(2010 年 10 月)水体中 OPB 的数量分别为 $1.9×10^4CFU/mL$、$6.8×10^4CFU/mL$，处于同一数量级水平。而到冬季(2011 年 1 月)，菌体的数量出现明显的下降趋势，其均值仅为 $1.6×10^3CFU/mL$。春季(2011 年 5 月)随着气候转暖，水体中微生物的生长和繁殖速率加快，OPB 的数量上升为 $4.8×10^4CFU/mL$。此外，同一季节，各采样点 OPB 的数量和分布存在较大的差异性。10 月，HJ3 采样点水体中 OPB 的数量最高，达到 $2.7×10^5CFU/mL$，HJ1、HJ5 和 HJ6 三点菌体的数量较低，分别为 $2.8×10^3CFU/mL$、$7.8×10^3CFU/mL$ 和 $8.5×10^3CFU/mL$，处于同一数量级水平。1 月，HJ3、HJ4 点水体中 OPB 的数量分别为 $2.0×10^2CFU/mL$ 和 $1.0×10^1CFU/mL$，较其他采样点低约 1 个数量级。5 月，HJ2 和 HJ5 两点位水体中 OPB 的数量分别为 $2.0×10^3CFU/mL$ 和 $1.5×10^3CFU/mL$，较 HJ6 点位 $(2.5×10^5CFU/mL)$低 2 个数量级。

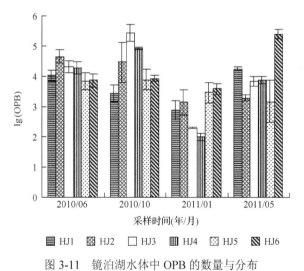

图 3-11　镜泊湖水体中 OPB 的数量与分布

与 OPB 的分布特征类似，镜泊湖水体中 IPB 的数量也是在冬季最低(图 3-12)，其均值为 $1.4×10^3CFU/mL$。而夏季、秋季和春季菌体的数量分别为 $1.5×10^4CFU/mL$、$2.8×10^4CFU/mL$ 和 $8.6×10^4CFU/mL$。同一季节，不同采样点水体中 IPB 数量和分布的差异性较为显著。其中，6 月 HJ2 和 HJ6 采样点 IPB 的数量分别为 $4.7×10^3CFU/mL$、$4.6×10^3CFU/mL$，略低于其他采样点。而 1 月，HJ6 点水体中 IPB 的数量相对较高，达到 $4.9×10^3CFU/mL$，较 HJ4 点 $(1.0×10^2CFU/mL)$高出 1 个数量级。5 月，HJ5 点 IPB 的数量仅为 $2.0×10^3CFU/mL$，较其他采样点低 1 个或 2 个数量级。

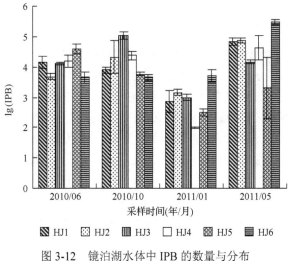

图 3-12　镜泊湖水体中 IPB 的数量与分布

3.2.4　大伙房水库氮、磷代谢相关微生物变化

大伙房水库共设置了 5 个采样点，分别为 LD1、LD2、LD3、LD4、LD5。

3.2.4.1　AB 的数量与分布

图 3-13 为大伙房水库水体中 AB 的数量与分布。其中夏季(2010 年 6 月)水体中 AB 数量的均值为 1.8×10^5 CFU/mL，秋季(2010 年 10 月)略低于夏季，为 1.4×10^5 CFU/mL，但仍处于同一数量级水平。冬季(2011 年 1 月)，菌体的数量出现明显的下降趋势，均值仅为 6.0×10^2 CFU/mL。春季(2011 年 5 月)，随着气候转暖，水体中 AB 的数量又上升为 6.8×10^4 CFU/mL。

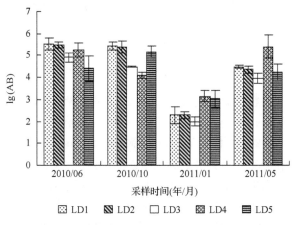

图 3-13　大伙房水库水体中 AB 的数量与分布

同一季节不同点位水体中 AB 数量和分布的差异性较为明显(图 3-13)，6 月 LD5 和 LD3 两点 AB 数量偏低，分别为 2.5×10^4CFU/mL、8.2×10^4CFU/mL，较 LD1、LD2 和 LD4 点低约 1 个数量级。10 月 LD1、LD2 和 LD5 三点水体中 AB 的数量分别为 2.8×10^5CFU/mL、2.5×10^5CFU/mL 和 1.5×10^5CFU/mL，处于同一数量级水平，而 LD3 和 LD4 点略低，其均值分别为 3.1×10^4CFU/mL、1.2×10^4CFU/mL。1 月 LD4 和 LD5 两点位微生物的数量较高，分别为 1.4×10^3CFU/mL、1.1×10^3CFU/mL，较其他三个采样点高出 1 个数量级。5 月 LD4 点菌体数量最高，达到 2.6×10^5CFU/mL，而最低值出现在 LD3 点，仅为 9.5×10^3CFU/mL，两者相差 2 个数量级。

3.2.4.2　DNB 的数量与分布

对大伙房水库水体中 DNB 数量的调查结果表明(图 3-14)：夏季(2010 年 6 月)水体中 DNB 的数量为 2.0×10^4MPN/mL，秋季(2010 年 10 月)略高于夏季，其均值为 3.7×10^4MPN/mL，但仍处于同一数量级水平。冬季(2011 年 1 月)水体中 DNB 的数量出现明显的下降趋势，下降为 1.7×10^3MPN/mL。而春季(2011 年 5 月)大伙房水库水体中 DNB 的数量并不高，仅为 3.5×10^2MPN/mL，其原因尚待进一步探究。此外，同一时期，不同采样点之间 DNB 的数量和分布存在较为明显的差异性。其中，6 月，LD1、LD4 和 LD5 三点水体中 DNB 的数量较高，分别为 1.5×10^4MPN/mL、2.5×10^4MPN/mL 和 4.5×10^4MPN/mL，处于同一数量级水平。10 月，LD5 点菌体数量最高，达到 9.5×10^4MPN/mL，而最低值出现在 LD3 点，仅为 9.5×10^3MPN/mL，两者相差 10 倍。1 月，LD3 和 LD4 两个采样点水体中 DNB 的数量分别为 4.5×10^3MPN/mL 和 2.5×10^3MPN/mL，较其他采样点高出 1 个或 2 个数量级。而 5 月，除 LD4 点均值偏高外(9.5×10^2MPN/mL)，其他各采样点水体中 DNB 的数量相差不大。

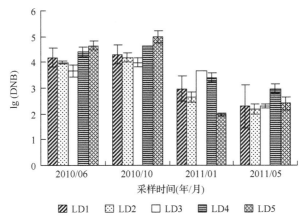

图 3-14　大伙房水库水体中 DNB 的数量与分布

3.2.4.3　磷细菌的数量与分布

图 3-15 显示了大伙房水库水体中 OPB 的数量与分布。由图 3-15 可知，6 月和 10 月水体中 OPB 的数量处于同一数量级水平，其均值分别为 2.1×10^4CFU/mL 和 5.2×10^4CFU/mL。1 月，湖水处于结冰状态，水体中 OPB 的数量仅为 3.9×10^2CFU/mL，较 10 月下降了 2 个数量级。5 月，菌体的数量又上升为 1.7×10^4CFU/mL。此外，同一季节，不同点位 OPB 数量和分布的差异性较为明显。其中，10 月，LD3 和 LD4 两点水体中 OPB 的数量明显低于其他采样点，分别为 2.2×10^4CFU/mL 和 1.0×10^4CFU/mL。1 月，LD2 和 LD3 点菌体数量较高，分别为 9.0×10^2CFU/mL、6.0×10^2CFU/mL，明显高于 LD1、LD4 和 LD5 三个采样点。5 月，LD5 点菌体数量最高，达到 3.2×10^4CFU/mL，而最低值出现在 LD2 点，OPB 的数量为 1.5×10^3CFU/mL，两者相差 1 个数量级。

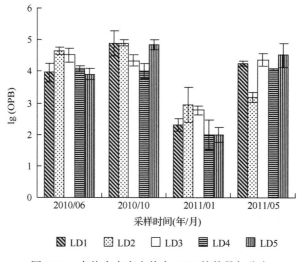

图 3-15　大伙房水库水体中 OPB 的数量与分布

与 OPB 的分布特征类似(图 3-16)，夏季(2010 年 6 月)和秋季(2010 年 10 月)大伙房水库水体中 IPB 的数量处于同一数量级水平，分别为 2.8×10^4CFU/mL 和 5.9×10^4CFU/mL。冬季(2011 年 1 月)、春季(2011 年 5 月)菌体的平均值分别为 2.9×10^2CFU/mL 和 3.7×10^4CFU/mL。其中，6 月，LD2 和 LD5 两点水体中 IPB 的数量相对偏高，分别为 7.6×10^4CFU/mL 和 5.3×10^4CFU/mL，较 LD1、LD3 和 LD4 点高出 1 个数量级。10 月，LD4 点菌体数量最低，为 1.2×10^4CFU/mL，而最高值出现在 LD2 点(1.2×10^5CFU/mL)，两者相差约 10 倍。5 月，LD1、LD3 和 LD5 三点水体中 IPB 的数量分别为 7.2×10^4CFU/mL、6.6×10^4CFU/mL 和 3.9×10^4CFU/mL，要比其他采样点高出 1 个数量级。

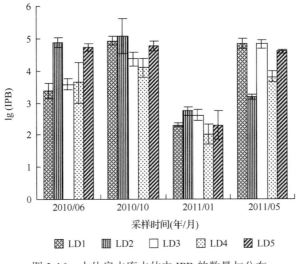

图 3-16　大伙房水库水体中 IPB 的数量与分布

3.2.5　松花湖氮、磷代谢相关微生物变化

松花湖共设置了 7 个采样点，分别为 JS1、JS2、JS3、JS4、JS5、JS6、JS7。

3.2.5.1　AB 的数量与分布

对松花湖水体中 AB 数量变化的调查结果表明(图 3-17)：秋季(2010 年 10 月)水体中 AB 数量的均值为 1.2×10^5 CFU/mL，冬季(2011 年 1 月)菌体数下降了 2 个

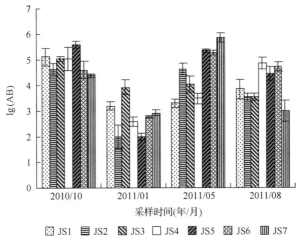

图 3-17　松花湖水体中 AB 的数量与分布

数量级，为 1.7×10^3CFU/mL。春季(2011 年 5 月)较冬季上升了 2 个数量级，达到 1.7×10^5CFU/mL。而夏季(2011 年 8 月)，水体中 AB 的数量为 2.4×10^4CFU/mL，略低于春季。

同一季节不同采样点之间 AB 数量和分布的差异性较为显著(图 3-17)。10 月 JS2、JS6 和 JS7 三点水体中 AB 的数量相对较低，分别为 4.4×10^4CFU/mL、4.1×10^4CFU/mL 和 2.5×10^4CFU/mL，较 JS5 点(3.9×10^5CFU/mL)低 1 个数量级。1 月，JS3 点菌体数量最高，为 8.5×10^3CFU/mL，而最低值出现在 JS2，AB 的数量仅为 1.0×10^2CFU/mL。5 月，JS5、JS6 和 JS7 三点水体中 AB 数量分别为 2.3×10^5CFU/mL、1.9×10^5CFU/mL 和 7.3×10^5CFU/mL，较其他采样点高出 1 个或 2 个数量级。8 月，JS4、JS5 和 JS6 点菌体数量较高，分别为 7.3×10^4CFU/mL、3.0×10^4CFU/mL 和 5.2×10^4CFU/mL，而 JS1、JS2、JS3 和 JS7 四个采样点水体中 AB 的数量处于同一数量级水平，分别为 7.0×10^3CFU/mL、3.5×10^3CFU/mL、3.5×10^3CFU/mL 和 1.0×10^3CFU/mL。以上结果表明，松花湖水体中 AB 的碳源及营养盐水平季节性、区域性差异明显。

3.2.5.2　DNB 的数量与分布

图 3-18 显示了松花湖水体中 DNB 的数量与分布。由图 3-18 可知，10 月 DNB 的平均值为 8.7×10^4MPN/mL，而 1 月和 5 月分别为 7.0×10^3MPN/mL、5.4×10^2MPN/mL，8 月水体中 DNB 的数量上升为 1.2×10^4MPN/mL，即秋季、夏季水体中 DNB 的数量较冬季和春季高。对水体 DO 浓度的分析表明，1 月和 5 月，松花湖水体中 DO 的均值分别为 12.32mg/L 和 10.60mg/L，明显高于 10 月(6.96mg/L)和 8 月(8.01mg/L)，而 1 月和 5 月水体中 DNB 的数量相对偏低。

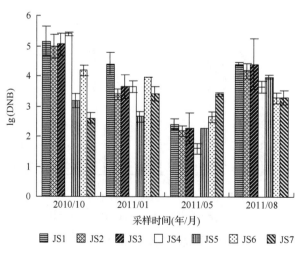

图 3-18　松花湖水体中 DNB 的数量与分布

同一时期不同点位 DNB 的数量和分布存在较为明显的差异性。其中 10 月,JS1、JS2、JS3 和 JS4 四点水体中 DNB 的数量分别为 $1.4×10^5$MPN/mL、$9.5×10^4$MPN/mL、$1.1×10^5$MPN/mL 和 $2.5×10^5$MPN/mL,较 JS7 点($4.0×10^2$MPN/mL)高出 2 或 3 个数量级。1 月,JS5 点菌体数量最低,仅为 $4.5×10^2$MPN/mL,而最高值出现在 JS1 点,其菌值为 $2.5×10^4$MPN/mL,两者相差 2 个数量级。8 月,JS1、JS2 和 JS3 三点菌体数量相对较高,分别为 $2.5×10^4$MPN/mL、$1.5×10^4$MPN/mL 和 $2.5×10^4$MPN/mL,均处于同一数量级水平,而 JS4、JS5、JS6 和 JS7 四个采样点水体中 DNB 的数量相对较低,分别为 $4.5×10^3$MPN/mL、$9.5×10^3$MPN/mL、$1.9×10^3$MPN/mL 和 $1.9×10^3$MPN/mL。

3.2.5.3　磷细菌的数量与分布

由图 3-19 可知,秋季(2010 年 10 月)松花湖水体中 OPB 的数量为 $5.9×10^4$CFU/mL,冬季(2011 年 1 月)菌体数量下降了 1 个数量级,为 $1.8×10^3$CFU/mL。春季(2011 年 5 月)较冬季上升了 2 个数量级,达到 $1.5×10^5$CFU/mL。而夏季水体中 OPB 的数量略低于春季,为 $1.1×10^4$CFU/mL。此外,同一时期,不同采样点 OPB 数量和分布的差异性较为明显。其中,10 月,JS1、JS3、JS4 和 JS7 四点菌体数量相对较高,分别为 $8.3×10^4$CFU/mL、$8.6×10^4$CFU/mL、$1.6×10^5$CFU/mL 和 $7.2×10^4$CFU/mL,较 JS2、JS5 和 JS6 点高出 1 个或 2 个数量级。1 月,JS5 采样点水体中 OPB 的数量最低,仅为 $1.0×10^2$CFU/mL,而最高值出现在 JS3 点,为 $1.0×10^4$CFU/mL,两者相差 2 个数量级。5 月,JS1、JS3、JS5 和 JS7 四点菌体数量分别为 $3.0×10^3$CFU/mL、$8.5×10^3$CFU/mL、$4.0×10^3$CFU/mL 和 $2.0×10^3$CFU/mL,较其他采样点低 1 个或 2 个数量级。

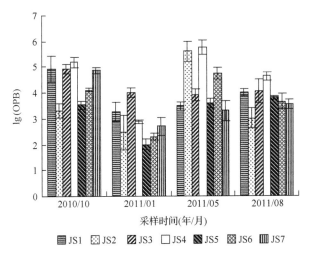

图 3-19　松花湖水体中 OPB 的数量与分布

与OPB的分布特征类似,松花湖水体中IPB的数量也是在1月达最低(图3-20),为 $9.9×10^2$CFU/mL。10 月、5 月和 8 月菌体的平均值分别为 $6.8×10^4$CFU/mL、$1.1×10^5$CFU/mL 和 $6.9×10^3$CFU/mL。其中,1 月,JS1 和 JS3 两点水体中 IPB 的数量相对较高,分别为 $1.5×10^3$CFU/mL 和 $3.3×10^3$CFU/mL,较其他采样点高出 1 个数量级。5 月,JS1、JS3 和 JS5 点菌体数量分别为 $1.0×10^3$CFU/mL、$4.0×10^3$CFU/mL 和 $3.0×10^3$CFU/mL,较 JS4 点($4.1×10^5$CFU/mL)低 2 个数量级。8 月,除 JS3 采样点($1.4×10^4$CFU/mL)外,JS1、JS2、JS4、JS5、JS6 和 JS7 点水体中 IPB 的数量均处于同一数量级水平,分别为 $7.0×10^3$CFU/mL、$1.5×10^3$CFU/mL、$6.5×10^3$CFU/mL、$8.5×10^3$CFU/mL、$3.0×10^3$CFU/mL 和 $8.0×10^3$CFU/mL。

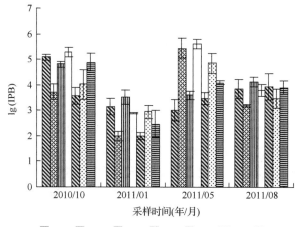

图 3-20　松花湖水体中 IPB 的数量与分布

3.2.6　红旗泡水库氮、磷代谢相关微生物变化

红旗泡水库(以下简称红旗泡)共设置采样点 8 个,分别为 HH1、HH2、HH3、HH4、HH5、HH6、HH7、HH8。

3.2.6.1　AB 的数量与分布

图 3-21 显示了红旗泡水体中 AB 的数量与分布。其中,秋季(2010 年 9 月)水体中 AB 的均值为 $5.5×10^4$CFU/mL。到了冬季(2011 年 1 月),菌体的数量出现明显的下降趋势,其均值仅为 $5.0×10^2$CFU/mL。随着气候转暖,5 月和 8 月水体中 AB 的数量分别上升为 $2.0×10^4$CFU/mL、$4.3×10^4$CFU/mL。此外,同一时期,各采样点 AB 的数量和分布存在较为明显的差异性。其中,9 月,HH3 点水体中 AB 数量最高,达到 $2.1×10^5$CFU/mL,而最低值出现在 HH6 点,仅为 $8.3×10^3$CFU/mL,两者相差 2 个数量级。1 月,HH2、HH5 两点菌体数量分别为 $1.5×10^3$CFU/mL

和 1.0×10^3CFU/mL，较其他采样点高出 1 个数量级。5 月，由于采样的客观条件限制，没有获得 HH2 和 HH5 点的水样。而在所采集的水样中，HH7 和 HH8 两点水体中 AB 数量较高，分别为 4.7×10^3CFU/mL 和 4.0×10^4CFU/mL。8 月，HH6 和 HH7 两个采样点水体中 AB 的数量偏低，分别为 4.0×10^3CFU/mL 和 7.0×10^3CFU/mL，较 HH5 点（1.6×10^5CFU/mL）低 2 个数量级。

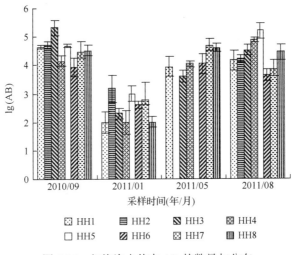

图 3-21　红旗泡水体中 AB 的数量与分布

3.2.6.2　DNB 的数量与分布

对红旗泡水体中 DNB 数量变化的调查结果表明（图 3-22）：9 月水体中 DNB 的数量为 1.4×10^4MPN/mL，而冬季（2011 年 1 月）菌体的数量下降为 1.9×10^3MPN/mL。一方面，冬季湖水处于结冰状态，低温不利于微生物的生长、繁殖。另一方面，冬季红旗泡水体 DO 的含量较高，明显高于其他季节，高浓度的 DO 抑制了 DNB 的生长。5 月和 8 月水体中 DNB 的均值分别为 7.7×10^4MPN/mL、2.7×10^4MPN/mL，处于同一数量级水平。

同一季节，不同采样点之间 DNB 数量与分布的差异性较为明显（图 3-22）。其中，9 月，HH8 点菌体数量最高，达到 4.5×10^4MPN/mL，而最低值出现在 HH4 点，仅为 2.5×10^1MPN/mL，两者相差 3 个数量级。1 月，HH3、HH4、HH5 和 HH8 四个采样点水体中 DNB 的数量分别为 4.5×10^2MPN/mL、9.5×10^2MPN/mL、9.0MPN/mL 和 4.5×10^1MPN/mL，较其他点低 1 个或 2 个数量级。8 月，HH8 和 HH6 两点菌体数较高，分别为 1.9×10^5MPN/mL 和 1.5×10^4MPN/mL，其余采样点水体中 DNB 的数量相当，均处于同一数量级水平。

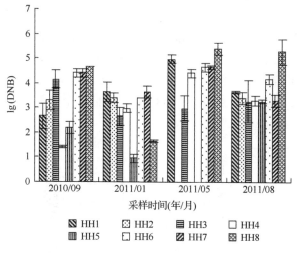

图 3-22　红旗泡水体中 DNB 的数量与分布

3.2.6.3　磷细菌的数量与分布

由图 3-23 可知, 秋季(2010 年 9 月)红旗泡水体中 OPB 数量为 $2.1 \times 10^3 CFU/mL$, 冬季(2011 年 1 月)菌体数量较低, 其均值为 $6.9 \times 10^2 CFU/mL$, 较秋季下降了 1 个数量级。而春季(2011 年 5 月)和夏季(2011 年 8 月)水体中 OPB 的数量分别为 $7.1 \times 10^4 CFU/mL$、$3.1 \times 10^4 CFU/mL$, 处于同一数量级水平。此外, 同一采样季节, 不同点位 OPB 的数量和分布存在较大的差异性。其中, 9 月, HH3 点水体中 OPB 的数量较高, 达到 $1.0 \times 10^4 CFU/mL$, 而最低值出现在 HH4 点, 其菌体数为 $2.0 \times 10^2 CFU/mL$, 两者相差 2 个数量级。1 月, HH2 和 HH7 两个采样点水体中

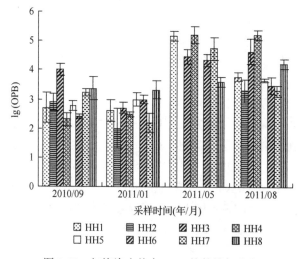

图 3-23　红旗泡水体中 OPB 的数量与分布

OPB 的数量分别为 1.0×10^2CFU/mL、1.5×10^2CFU/mL，较 HH8 点（2.1×10^3CFU/mL）低 1 个数量级。8 月，HH4 点菌体数量达到 1.7×10^5CFU/mL，HH3 和 HH8 两点水体中 OPB 的数量处于同一数量级水平，分别为 4.5×10^4CFU/mL 和 1.7×10^4CFU/mL，较 HH1、HH2、HH5、HH6 和 HH7 点高出 1 个数量级。

与 OPB 的分布特征类似，冬季红旗泡水体中 IPB 的数量最低（图 3-24），仅为 2.7×10^2CFU/mL。秋季（2010 年 9 月）、春季（2011 年 5 月）和夏季（2011 年 8 月）菌体的数量分别为 3.2×10^3CFU/mL、6.9×10^4CFU/mL 和 3.9×10^4CFU/mL。其中，9 月 HH3 和 HH8 采样点水体中 IPB 的数量偏高，分别为 1.1×10^4CFU/mL、8.4×10^3CFU/mL，较其他点高 1 个或 2 个数量级。5 月，HH1 和 HH4 点菌体数量分别为 1.1×10^5CFU/mL、1.4×10^5CFU/mL，较 HH3、HH6、HH7 和 HH8 采样点高出约 1 个数量级。8 月，HH5、HH6 和 HH7 点水体中 IPB 的数量偏低，分别为 3.0×10^3CFU/mL、3.5×10^3CFU/mL 和 4.0×10^3CFU/mL，而最高值出现在 HH4 点，其菌体数量为 2.1×10^5CFU/mL，与 HH5、HH6 和 HH7 点相差 2 个数量级。

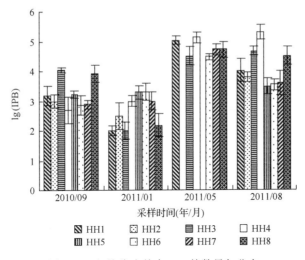

图 3-24　红旗泡水体中 IPB 的数量与分布

3.2.7　连环湖氮、磷代谢相关微生物变化

连环湖共设置 5 个采样点：HL1T、HL2X、HL3E、HL4N、HL5H，分别位于他拉红泡、西葫芦泡、二八股泡、那什代泡、火烧黑泡。

3.2.7.1　AB 的数量与分布

对连环湖水体中 AB 数量变化的调查结果表明（图 3-25）：秋季（2010 年 9 月），水体中 AB 数量的均值为 2.0×10^4CFU/mL，冬季（2011 年 1 月），菌体的数量出现明显的下降趋势，其均值为 3.0×10^3CFU/mL。春季和夏季连环湖水体中 AB 的数量较高，分别为 1.7×10^5CFU/mL 和 9.4×10^4CFU/mL。此外，同一季节，不同点位之间 AB 数量和分布的差异性较为明显。其中，9 月，由于采样的客观条件限制，没有获得 HL5H 点的水样。而在所采集的水样中，HL4N 点水体中 AB 的数量较低，为 5.6×10^3CFU/mL，较 HL1T、HL2X 和 HL3E 点低 1 个数量级。1月，HL1T 和 HL4N 两个采样点菌体的数量较高，分别为 5.0×10^3CFU/mL 和 8.9×10^3CFU/mL，而 HL2X 和 HL3E 点水体中微生物的数量相对偏低，分别为 2.0×10^2CFU/mL 和 1.0×10^2CFU/mL。5月，除 HL2X 点均值偏高外(7.3×10^5CFU/mL)，HL1T、HL3E、HL4N 和 HL5H 四个采样点水体中 AB 的数量处于同一数量级水平，分别为 1.9×10^4CFU/mL、4.9×10^4CFU/mL、5.4×10^4CFU/mL 和 1.1×10^4CFU/mL。8 月，HL5H 点 AB 数量最低，为 3.1×10^4CFU/mL，较 HL2X 点(1.5×10^5CFU/mL)和 HL3E 点(1.6×10^5CFU/mL)低 1 个数量级。

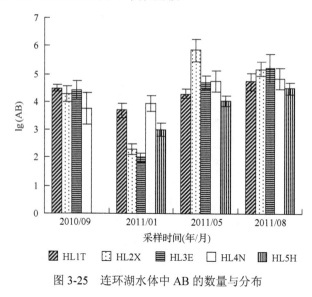

图 3-25 　连环湖水体中 AB 的数量与分布

3.2.7.2　DNB 的数量与分布

图 3-26 显示了连环湖水体中 DNB 的数量与分布。由图 3-26 可知，秋季(2010年 9 月)和冬季(2011 年 1 月)水体中 DNB 的数量较低，分别为 7.6×10^2MPN/mL 和 1.6×10^2MPN/mL，而春季(2011 年 5 月)和夏季(2011 年 8 月)菌体的数量较高，分别达到 3.9×10^4MPN/mL 和 1.1×10^5MPN/mL，主要是因为秋季和冬季连环湖水体 DO 浓度较高，尤其是冬季，达到 11.25mg/L，高浓度的 DO 抑制了 DNB 的生长和繁殖。此外，同一时期，不同采样点之间 DNB 的数量和分布存在较为明显的差异性。其中，9 月，HL1T 和 HL3E 两点水体中 DNB 的数量较高，分别为

1.5×10^3MPN/mL 和 9.5×10^2MPN/mL，明显高于 HL2X 和 HL4N 采样点。1 月，HL2X 点菌体数量最低，仅为 2.5×10^1MPN/mL，而最高值出现在 HL4N 点，为 4.5×10^2MPN/mL，两者相差 1 个数量级。5 月，除 HL1T 点 DNB 的数量偏低外（9.5×10^3MPN/mL），HL2X、HL3E、HL4N 和 HL5H 四个采样点水体中菌体的数量处于同一数量级水平，分别为 9.5×10^4MPN/mL、2.5×10^4MPN/mL、2.0×10^4MPN/mL 和 4.5×10^4MPN/mL。8 月，HL2X 点 DNB 的数量偏高，为 4.5×10^5MPN/mL，较 HL5H 点（9.5×10^3MPN/mL）高出 2 个数量级。

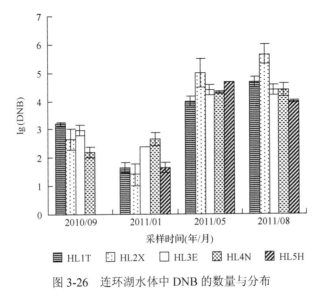

图 3-26　连环湖水体中 DNB 的数量与分布

3.2.7.3　磷细菌的数量与分布

由图 3-27 可知，9 月连环湖水体中 OPB 的数量为 1.1×10^4CFU/mL，冬季（2011 年 1 月）菌体数下降了 2 个数量级，仅为 2.9×10^2CFU/mL。春、夏季节水体中 OPB 的数量相当，分别为 8.6×10^4CFU/mL、7.4×10^4CFU/mL。此外，同一季节，不同点位水体中 OPB 数量和分布的差异性较为明显。其中，9 月，HL2X 和 HL3E 采样点菌体的数量较高，分别为 2.5×10^4CFU/mL、1.3×10^4CFU/mL，较 HL1T（1.0×10^3CFU/mL）和 HL4N 点（4.8×10^3CFU/mL）高出 1 个数量级。1 月，各采样点水体中 OPB 的数量处于同一数量级水平，分别为 5.0×10^2CFU/mL、5.5×10^2CFU/mL、1.0×10^2CFU/mL、2.0×10^2CFU/mL 和 1.0×10^2CFU/mL。5 月，HL2X 点 OPB 的数量最高，达到 3.1×10^5CFU/mL，而最低值出现在 HL1T 点，仅为 2.0×10^3CFU/mL，两者相差 2 个数量级。8 月，除 HL2X 点水体中 OPB 偏高外（1.9×10^5CFU/mL），其他点位菌体数量相当。

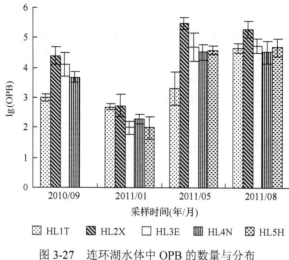

图 3-27　连环湖水体中 OPB 的数量与分布

　　与 OPB 的季节分布特征类似，连环湖水体中 IPB 的数量也是在冬季(2011 年 1 月)达最低(图 3-28)，其均值仅为 2.2×10^2CFU/mL。秋季(2010 年 9 月)、春季(2011 年 5 月)和夏季(2011 年 8 月)菌体的数量分别为 1.1×10^4CFU/mL、9.9×10^4CFU/mL 和 8.9×10^4CFU/mL。其中，9 月，HL2X 点水体中 IPB 的数量最高，为 3.6×10^5CFU/mL，较其他采样点高出 1 个数量级。5 月，HL4N 和 HL5H 水体中菌体的数量偏低，分别为 1.6×10^4CFU/mL 和 1.4×10^4CFU/mL，较 HL2X 点(3.8×10^5CFU/mL)低 1 个数量级。8 月，除 HL2X 点均值较高外(2.2×10^5CFU/mL)，HL1T、HL3E、HL4N 和 HL5H 四个采样点水体中 IPB 的数量分别为 8.4×10^4CFU/mL、4.6×10^4CFU/mL、5.1×10^4CFU/mL 和 5.0×10^4CFU/mL，均处于同一数量级水平。

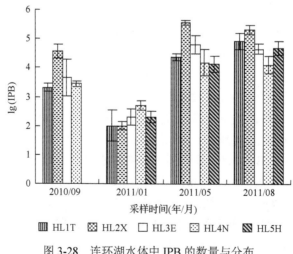

图 3-28　连环湖水体中 IPB 的数量与分布

3.2.8 桃山水库氮、磷代谢相关微生物变化

桃山水库共设置采样点 8 个，分别为 HT1、HT2、HT3、HT4、HT5、HT6、HT7、HT8。

3.2.8.1 AB 的数量与分布

图 3-29 显示了桃山水库水体中 AB 的数量与分布。秋季(2010 年 10 月)水体中 AB 的数量为 $3.7 \times 10^4 CFU/mL$。而冬季(2011 年 1 月)水体中微生物数量下降的趋势并不明显，为 $1.4 \times 10^4 CFU/mL$，略低于秋季。春季(2011 年 5 月)、夏季(2011 年 8 月)水体中 AB 的数量分别为 $2.3 \times 10^4 CFU/mL$ 和 $9.5 \times 10^4 CFU/mL$。总的来看，各季节水体中 AB 的数量均处于同一数量级水平，因此，温度对桃山水库水体中 AB 数量和分布的影响并不像东北其他湖库那样明显。

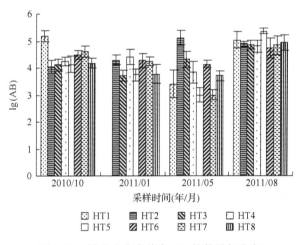

图 3-29 桃山水库水体中 AB 的数量与分布

同一时期，不同采样点 AB 的数量和分布存在较为明显的差异性(图 3-29)。其中，10 月，除 HT1 点 AB 数量偏高外($1.5 \times 10^5 CFU/mL$)，其他采样点菌体数量无明显差异。1 月，由于采样的客观条件限制，没有获得 HT1 点的水样。而在所采集的水样中，HT2、HT4、HT6 和 HT7 四点水体中 AB 的数量分别为 $2.0 \times 10^4 CFU/mL$、$2.6 \times 10^4 CFU/mL$、$1.9 \times 10^4 CFU/mL$ 和 $1.7 \times 10^4 CFU/mL$，较 HT3、HT5 和 HT8 点高出 1 个数量级。5 月，HT2 点水体中 AB 的数量最高，达到 $1.3 \times 10^5 CFU/mL$，而最低值出现在 HT5，仅为 $1.0 \times 10^3 CFU/mL$，较 HT2 点相差 2 个数量级。8 月，各采样点水体中 AB 的数量均较高，分别为 $1.1 \times 10^5 CFU/mL$、$7.5 \times 10^4 CFU/mL$、$7.2 \times 10^4 CFU/mL$、$6.3 \times 10^4 CFU/mL$、$2.3 \times 10^5 CFU/mL$、$5.4 \times 10^4 CFU/mL$、$7.0 \times 10^4 CFU/mL$、$8.8 \times 10^4 CFU/mL$。

3.2.8.2　DNB 的数量与分布

对桃山水库水体中 DNB 数量变化的调查结果表明(图 3-30)：秋季(2010 年 10 月)水体中 DNB 的数量为 7.5×10^2MPN/mL，冬季(2011 年 1 月)低于秋季，其均值为 2.3×10^2MPN/mL。夏季(2011 年 8 月)桃山水库水体中 DNB 的数量出现明显的上升趋势，达到 5.3×10^3MPN/mL，较春季(2011 年 5 月)(8.2×10^2MPN/mL)上升了 1 个数量级。此外，同一季节，不同采样点水体中 DNB 数量和分布的差异性较为明显。其中 10 月，HT8 点水体中 DNB 的数量最高，为 4.5×10^3MPN/mL，而最低值出现在 HT7 点，菌体数仅为 2.0×10^1MPN/mL，两者相差 2 个数量级。1 月，HT4、HT8 两个采样点 DNB 的数量分别为 4.5×10^2MPN/mL 和 9.5×10^2MPN/mL，较其他点高出 1 个或 2 个数量级。5 月，HT1、HT2 和 HT5 三点菌体数量相对偏低，分别为 4.0×10^1MPN/mL、9.0×10^1MPN/mL 和 9.0×10^1MPN/mL，较 HT8 点 (4.5×10^3MPN/mL) 低 2 个数量级。8 月，除 HT3 点菌体数量偏低外 (2.5×10^2MPN/mL)，其他采样点 DNB 的数量均处于同一数量级水平。总的来看，各季节，HT8 点水体中 DNB 的数量均明显高于其他采样点。

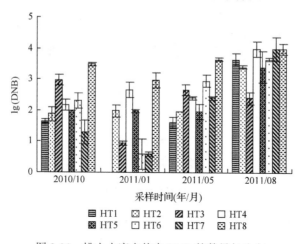

图 3-30　桃山水库水体中 DNB 的数量与分布

3.2.8.3　磷细菌的数量与分布

由图 3-31 可知，2010 年 10 月、2011 年 1 月和 5 月，桃山水库水体中 OPB 的数量均处于同一数量级水平，分别为 3.3×10^3CFU/mL、2.8×10^3CFU/mL 和 4.9×10^3CFU/mL，1 月略低于 10 月和 5 月。到了夏季(8 月)，水体中 OPB 的数量呈现明显的上升趋势，达到 1.1×10^5CFU/mL。此外，同一采样时期，不同点位水体中 OPB 数量和分布的差异性较为明显。其中，10 月，HT2 和 HT8 两点菌体数量相对偏低，分别为 2.0×10^2CFU/mL、4.4×10^2CFU/mL，较其他采样点低 1

个数量级。5 月，HT3 点水体中 OPB 数量最高，达到 2.3×10^4CFU/mL，而最低值出现在 HT8，其菌体数仅为 1.0×10^3CFU/mL，较 HT3 点相差 1 个数量级。8 月，各采样点水体中 OPB 的数量均较高，分别为 9.1×10^4CFU/mL、1.4×10^5CFU/mL、1.5×10^4CFU/mL、1.9×10^5CFU/mL、1.8×10^5CFU/mL、1.4×10^4CFU/mL、1.8×10^5CFU/mL、8.0×10^4CFU/mL。

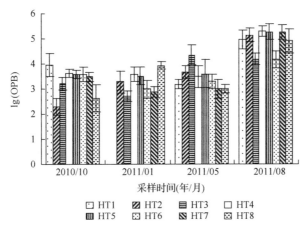

图 3-31　桃山水库水体中 OPB 的数量与分布

与 OPB 的分布特征类似，秋季(10 月)、冬季(1 月)和春季(5 月)桃山水库水体中 IPB 的数量也处于同一数量级水平(图 3-32)，分别为 2.8×10^3CFU/mL、5.0×10^3CFU/mL 和 9.7×10^3CFU/mL。夏季(8 月)水体中 IPB 的数量上升为 1.1×10^5CFU/mL。此外，1 月，HT6 和 HT7 两个采样点菌体数量相对偏低，分别为 9.0×10^2CFU/mL 和 3.5×10^2CFU/mL，较其他点低 1 个或 2 个数量级。5 月，HT3 点 IPB 的数量最高，达到 5.6×10^4CFU/mL，而最低值出现在 HT8 点，为

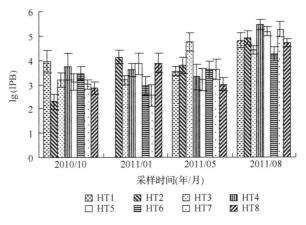

图 3-32　桃山水库水体中 IPB 的数量与分布

$1.0 \times 10^3 \text{CFU/mL}$，两者相差 1 个数量级。8 月 HT4、HT5 和 HT7 三点水体中 IPB 的数量分别为 $2.9 \times 10^5 \text{CFU/mL}$、$1.5 \times 10^5 \text{CFU/mL}$ 和 $1.8 \times 10^5 \text{CFU/mL}$，较 HT1、HT2、HT3、HT6 和 HT8 点高出 1 个数量级。

3.2.9　西泉眼水库氮、磷代谢相关微生物变化

西泉眼水库共设置了 4 个采样点，分别为 HX1、HX2、HX3、HX4。

3.2.9.1　AB 的数量与分布

图 3-33 显示了西泉眼水库水体中 AB 的数量与分布。由图 3-33 可知，从 2～7 月，西泉眼水库水体中 AB 的数量总体呈上升的趋势，其中 2 月平均值为 $1.5 \times 10^3 \text{CFU/mL}$，5 月、8 月分别达到 $3.0 \times 10^4 \text{CFU/mL}$ 和 $7.4 \times 10^4 \text{CFU/mL}$。而 10 月随着气候转冷，水体中 AB 的数量出现明显的下降趋势，平均值下降为 $8.3 \times 10^3 \text{CFU/mL}$。此外，同一季节，各采样点 AB 数量和分布的差异性较为明显。其中 2 月，HX4、HX3 和 HX2 三个采样点菌体的数量分别为 $2.8 \times 10^3 \text{CFU/mL}$、$1.3 \times 10^3 \text{CFU/mL}$ 和 $1.1 \times 10^3 \text{CFU/mL}$，处于同一数量级水平，而 HX1 点 AB 的数量略低。5 月，HX3 和 HX4 两个采样点菌体的数量较高，分别为 $3.4 \times 10^4 \text{CFU/mL}$ 和 $7.7 \times 10^4 \text{CFU/mL}$，较 HX1 和 HX2 点高出约 1 个数量级。7 月，HX3 点水体中 AB 的数量明显高于其他采样点，达到 $2.7 \times 10^5 \text{CFU/mL}$，而 HX4 采样点菌体的数量最低，仅为 $2.0 \times 10^3 \text{CFU/mL}$，两者相差 2 个数量级。10 月，HX1 和 HX3 两点水体中 AB 的数量分别为 $1.1 \times 10^4 \text{CFU/mL}$ 和 $1.7 \times 10^4 \text{CFU/mL}$，而 HX2 和 HX4 点略低，分别仅为 $2.8 \times 10^3 \text{CFU/mL}$ 和 $2.6 \times 10^3 \text{CFU/mL}$。

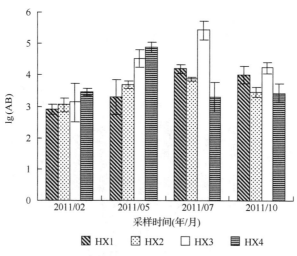

图 3-33　西泉眼水库水体中 AB 的数量与分布

3.2.9.2　DNB 的数量与分布

图 3-34 显示了西泉眼水库水体中 DNB 的数量分布。其中冬季（2011 年 2 月）水体中 DNB 的数量较低，其平均值仅为 7.9×10^1 MPN/mL。而到了春季（2011 年 5 月），DNB 的数量出现剧增的趋势，达到 1.7×10^5 MPN/mL，较冬季高出约 4 个数量级。夏季（2011 年 7 月）和秋季（2011 年 10 月）西泉眼水库水体中 DNB 的数量分为 1.1×10^3 MPN/mL 和 4.2×10^2 MPN/mL，均较春季低。此外，同一采样时期，不同点位之间 DNB 的数量和分布存在较为明显的差异性。其中 2 月，HX2 点菌体数量最高，为 2.5×10^2 MPN/mL，最低值出现在 HX4 点（4MPN/mL），两者相差约 2 个数量级。5 月，各采样点水体中 DNB 的数量均较高，分别为 4.5×10^4 MPN/mL、9.5×10^4 MPN/mL、9.5×10^4 MPN/mL 和 4.5×10^5 MPN/mL。7 月，HX3 点菌体的数量明显高于其他采样点，达到 4.0×10^3 MPN/mL，较其他点高出约 1 个数量级。10 月，HX4 点水体中 DNB 的数量为 9.5×10^1 MPN/mL，明显低于 HX1、HX2 和 HX3 采样点。

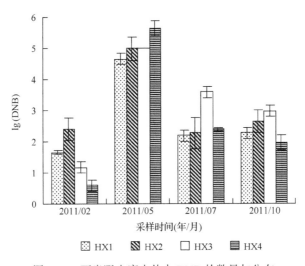

图 3-34　西泉眼水库水体中 DNB 的数量与分布

3.2.9.3　磷细菌的数量与分布

由图 3-35 可知，冬季（2011 年 2 月）西泉眼水库水体中 OPB 的数量为 1.1×10^3 CFU/mL，到了夏季（2011 年 7 月），水体中菌体的数量上升了 1 个数量级，达到 1.3×10^4 CFU/mL，而秋季（2011 年 10 月）随着气候转冷，OPB 的数量下降为 8.8×10^2 CFU/mL。此外，同一时期，各采样点 OPB 数量和分布的差异性较为明显。其中 2 月，HX3 和 HX4 两点水体中 OPB 的数量较高，分别为 1.5×10^3 CFU/mL 和 1.7×10^3 CFU/mL，较 HX1 和 HX2 点高出约 1 个数量级。7 月，HX1 点 OPB

的数量最低,为 $1.0×10^3$CFU/mL,而最高值出现在 HX3 点,达到 $4.0×10^4$CFU/mL,两者相差约 40 倍。10 月,HX2 和 HX3 点菌体数量处于同一数量级水平,分别为 $1.1×10^3$CFU/mL 和 $1.5×10^3$CFU/mL,而 HX1、HX4 点水体中 OPB 的数量分别为 $9.1×10^2$CFU/mL 和 $1.0×10^2$CFU/mL。

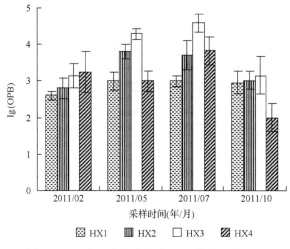

图 3-35　西泉眼水库水体中 OPB 的数量与分布

与 OPB 的季节分布特征类似,西泉眼水库水体中 IPB 的数量从 2～7 月总体呈上升趋势(图 3-36),其中 2 月,菌体的平均值为 $1.5×10^3$CFU/mL,5 月和 7 月分别为 $1.2×10^4$CFU/mL、$2.7×10^4$CFU/mL,而 10 月水体中 IPB 的数量为 $8.9×10^2$CFU/mL,较 5 月和 7 月下降了约 2 个数量级。5 月,HX3 点水体中 IPB 的数量最高,达到 $4.1×10^4$CFU/mL,而最低值出现在 HX1 点($1.0×10^3$CFU/mL),两者相差 1 个

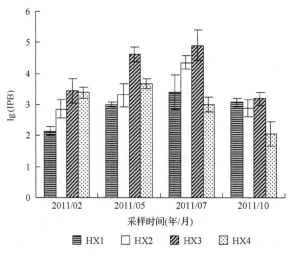

图 3-36　西泉眼水库水体中 IPB 的数量与分布

数量级。7 月，HX4 和 HX1 两点菌体数量较低，分别为 2.4×10³CFU/mL、1.0×10³CFU/mL，较 HX2 和 HX3 点低 1 个数量级。10 月，HX1 和 HX3 点 IPB 的数量处于同一数量级水平，分别为 1.2×10³CFU/mL 和 1.5×10³CFU/mL，而 HX2 和 HX4 两点菌体的数量分别为 7.6×10²CFU/mL 和 1.1×10²CFU/mL，处于同一数量级水平。

3.2.10　磨盘山水库氮、磷代谢相关微生物变化

磨盘山水库共设了 4 个采样点，分别为 HMXD、HMLL、HMSS、HMBD。

3.2.10.1　AB 的数量与分布

由图 3-37 可知，3 月磨盘山水库水体中 AB 数量的均值为 3.5×10³CFU/mL，6 月菌体数量上升了 2 个数量级，达到 2.3×10⁵CFU/mL。8 月和 10 月，水体中 AB 的数量分别为 8.2×10⁴CFU/mL、2.1×10³CFU/mL。此外，同一时期，不同采样点 AB 数量和分布的差异性较为显著。其中 3 月，HMLL 和 HMSS 两点水体中 AB 的数量较高，分别为 3.9×10³CFU/mL、8.7×10³CFU/mL，较 HMXD 点（4.0×10²CFU/mL）低 1 个数量级。6 月，HMBD 点菌体数较低，为 1.5×10³CFU/mL，而最高值出现在 HMSS 点，达到 8.3×10⁵CFU/mL，两者相差 2 个数量级。8 月，除 HMXD 点 AB 数量偏高外（1.4×10⁵CFU/mL），HMLL、HMSS 和 HMBD 三点菌体数量处于同一数量级水平，分别为 8.6×10⁴CFU/mL、8.0×10⁴CFU/mL 和 2.5×10⁴CFU/mL。10 月，HMLL 点 AB 的数量为 9.5×10²CFU/mL，较其他三个采样点低 1 个数量级。

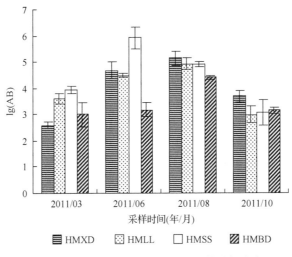

图 3-37　磨盘山水库水体中 AB 的数量与分布

3.1.10.2　DNB 的数量与分布

图 3-38 显示了磨盘山水库水体中 DNB 的数量与分布。由图 3-38 可知，3 月，水体中 DNB 数量的均值为 1.1×10^2 MPN/mL，6 月上升为 1.5×10^4 MPN/mL，较 3 月高出 2 个数量级。8 月磨盘山水库水体中 DNB 的数量为 1.4×10^4 MPN/mL，与 6 月相差不大。而 10 月，水体中 DNB 的数量相对偏低，为 1.0×10^2 MPN/mL。此外，同一时期，不同采样点之间 DNB 的数量和分布存在较为明显的差异性。其中，3 月，HMXD 和 HMLL 两点 DNB 的数量较高，分别为 2.5×10^2 MPN/mL 和 1.5×10^2 MPN/mL，较其他点高出 1 个或 2 个数量级。6 月，HMSS 采样点水体中 DNB 的数量较高，达到 4.5×10^4 MPN/mL，而最低值出现在 HMBD 点，为 4.5×10^2 MPN/mL，两者相差 2 个数量级。8 月，HMXD、HMSS 点菌值分别为 1.5×10^4 MPN/mL 和 2.5×10^4 MPN/mL，较 HMLL 和 HMBD 点高出 1 个数量级。10 月，除 HMLL 采样点 DNB 的数量偏高外（2.5×10^2 MPN/mL），HMXD、HMSS 和 HMBD 点菌体数量均处于同一数量级水平，分别为 2.5×10^1 MPN/mL、9.5×10^1 MPN/mL 和 4.5×10^1 MPN/mL。

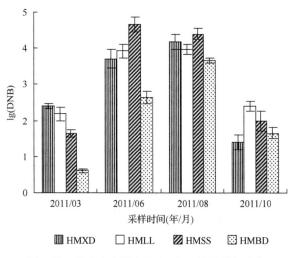

图 3-38　磨盘山水库水体中 DNB 的数量与分布

3.2.10.3　磷细菌的数量与分布

对磨盘山水库水体中 OPB 数量变化的调查结果表明（图 3-39）：3 月，水体中 OPB 的数量较低，其均值为 8.9×10^2 CFU/mL。6 月和 8 月菌体的数量处于同一数量级水平，分别为 8.6×10^4 CFU/mL、3.6×10^4 CFU/mL。10 月略低于 6 月和 8 月，其 OPB 的数量为 6.3×10^3 CFU/mL。此外，同一采样时期，不同点位 OPB 数量和分布的差异性较为显著。其中 3 月，HMBD 点 OPB 的数量相对较低，为 1.0×10^2 CFU/mL，较 HMSS 点（1.4×10^3CFU/mL）低 1 个数量级。6 月，HMSS 点菌体数量最高，达到 3.0×10^5CFU/mL，而最低值出现在 HMLL 点，为 1.1×10^4CFU/mL，两者相差 1 个数量级。8 月，4 个采样点 OPB 的数量均处于同一数量级水平，分别为 4.9×10^4CFU/mL、3.0×10^4CFU/mL、5.0×10^4CFU/mL 和 1.6×10^4CFU/mL。

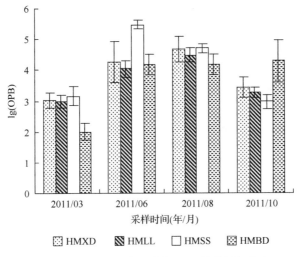

图 3-39　磨盘山水库水体中 OPB 的数量与分布

与 OPB 的分布特征类似，磨盘山水库水体中 IPB 的数量也是在 3 月达最低（图 3-40），为 1.5×10^3CFU/mL，6 月和 8 月相对较高，其均值分别为 1.9×10^5CFU/mL、6.9×10^4CFU/mL，较 10 月（2.3×10^3CFU/mL）高出 1 个或 2 个数量级。其中 6 月，HMSS 点 IPB 的数量相对较高，为 6.3×10^5CFU/mL，较 HMXD、HMLL 和 HMBD 点高

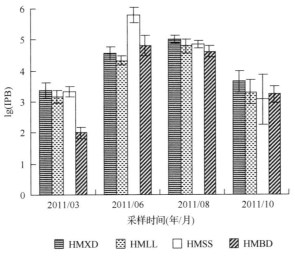

图 3-40　磨盘山水库水体中 IPB 的数量与分布

出 1 个数量级。8 月，HMXD 点水体中 IPB 的数量为 1.0×10^5CFU/mL，而最低值出现在 HMBD 点，为 4.2×10^4CFU/mL，两者相差 1 个数量级。10 月，4 个采样点菌体数量相当，分别为 4.4×10^3CFU/mL、2.0×10^3CFU/mL、1.2×10^3CFU/mL 和 1.7×10^3CFU/mL。

3.3　氮、磷代谢微生物类群与水质指标的响应关系

3.3.1　五大连池水体氮、磷代谢微生物类群与水质指标的响应关系

3.3.1.1　氮代谢微生物类群与氮组分的响应关系

有机氮化合物在氨化微生物的脱氨基作用下产生氨，称为氨化作用。氨化作用是氮循环过程的重要组成部分，也是微生物所特有的代谢途径[44,45]，AB 是氨化作用的直接参与者。五大连池水体中 AB 的数量与 TN 和氨态氮（NH₃-N）呈显著正相关（图 3-41），相关系数 r 分别为 0.813（$P < 0.05$）和 0.933（$P < 0.01$）。通过氮组分浓度分析，五大连池水体 TN 约 50% 为有机态氮，为 AB 的生长繁殖提供了丰富的有机碳源；而 AB 代谢旺盛，其代谢产物 NH₃-N 浓度随之增加，两者显著性相关也证实了这一点。由于 TN、NH₃-N 浓度是水体富营养化的重要指标，同时 AB 与两者的含量呈显著正相关，因此 AB 的数量可以作为五大连池水体氮营养指标的一个重要衡量因子。

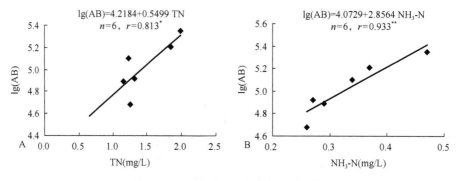

图 3-41　AB 的数量与氮指标的相关性

五大连池水体中 DNB 的数量与 NO₃⁻-N、NO₂⁻-N 之间的相关性分析见图 3-42。水体中 DNB 数量与 NO₃⁻-N 之间无明显相关性，但与 NO₂⁻-N 呈显著正相关（$r = 0.846$，$P < 0.05$）。水体中亚硝酸盐主要来源于硝化、反硝化过程中的中间产物，虽然五大连池水体中 NO₂⁻-N 浓度较小，但从化学特性和环境毒性方面来看，通常将微量 NO₂⁻-N 的存在视为氮污染的重要标志[46]。据报道[47,48]，水体中 NO₂⁻-N 达到一定程度会引起鱼类中毒，甚至死亡。五大连池 DNB 的数量在一定程度上可

以反映水体中 NO_2^--N 浓度的变化情况，五池和三池水域面积辽阔，有利于水产养殖业的发展，虽然目前其水体中的 NO_2^--N 对渔业生产的影响不大，但仍需引起高度重视。反硝化作用的主要产物是气态氮，因此 DNB 能够促进五大连池水体中 N 的释放，有利于改善五大连池的水质。

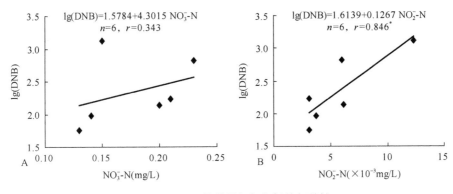

图 3-42　DNB 的数量与氮指标的相关性

3.3.1.2　磷代谢微生物类群与磷组分的响应关系

水体环境中磷含量对磷细菌数量和分布的影响较大[49,50]。由图 3-43 可见，五大连池水体中 OPB 和 IPB 的数量均与 TP 之间呈显著正相关，其相关系数 r 分别为 0.819($P<0.05$) 和 0.908($P<0.05$)，且 IPB 与 TP 的相关性更加显著。TP 是评价水质的重要指标之一，其组成主要包括有机态磷、无机磷（颗粒态磷及溶解态磷），有机态磷主要包括核酸、磷脂等，是 OPB 的主要磷源，而颗粒态磷则是 IPB 的主要磷源。OPB、IPB 的生命活动均是将固定态的磷以溶解态磷酸盐的形式释放到水体中，因此，五大连池磷细菌数量增多预示水体溶解态磷将有增加的趋势。

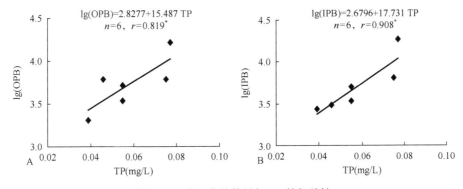

图 3-43　磷细菌的数量与 TP 的相关性

3.3.2 兴凯湖水体氮、磷代谢微生物类群与水质指标的响应关系

3.3.2.1 氮代谢微生物类群与氮组分的响应关系

由图 3-44 可知,兴凯湖水体中 AB 的数量与 TN 和 NH$_3$-N 之间呈显著正相关,相关系数 r 分别为 0.821($P<0.05$)和 0.852($P<0.05$)。数据分析表明,兴凯湖水体中 TN 以有机态氮为主,为 AB 的生长繁殖奠定了基础。水体中 DNB 的数量与 NO$_3^-$-N、NO$_2^-$-N 均呈负相关的关系(图 3-45),相关系数 r 为–0.812($P<0.05$)、–0.852($P<0.05$),表明 NO$_3^-$-N、NO$_2^-$-N 直接参与了 DNB 的反硝化过程,两者逐渐被消耗;水体硝化作用较弱,NO$_3^-$-N、NO$_2^-$-N 不能得到及时补充,致使 DNB 数量与 NO$_3^-$-N、NO$_2^-$-N 呈显著相关。对兴凯湖水体中 N 指标的调查分析表明,除夏季 5 月、6 月外,NO$_3^-$-N、NH$_3$-N 浓度相差均不明显。

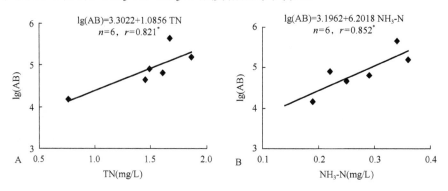

图 3-44　AB 的数量与氮指标的相关性

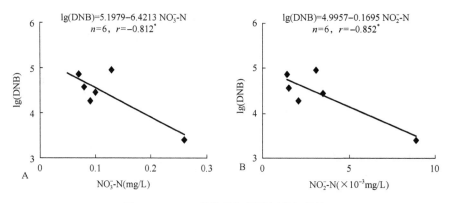

图 3-45　DNB 的数量与氮指标的相关性

3.3.2.2 磷代谢微生物类群与磷组分的响应关系

图 3-46 为兴凯湖水体中磷细菌(OPB 和 IPB)的数量与 TP 之间的相关性分析。

水体中 OPB 和 IPB 与 TP 之间的相关性并不显著，这是由于兴凯湖风浪较大，水体中悬浮颗粒较多，TP 组分以颗粒态磷为主，有机态磷相对较少，因此 OPB 与 TP 之间无显著性相关关系。而 IPB 与 TP 相关性不显著的原因在于：兴凯湖 TP 浓度较高，同时大部分为无机颗粒态磷，虽然这部分磷是 IPB 的磷营养源，但由于受水环境因子的影响，IPB 数量及解磷能力受到一定程度的限制，其溶解的颗粒态磷与水体中高浓度的 TP 比较，相差悬殊。

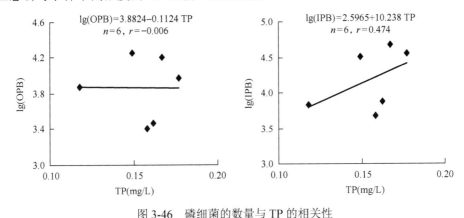

图 3-46　磷细菌的数量与 TP 的相关性

3.3.3　镜泊湖水体氮、磷代谢微生物类群与水质指标的响应关系

3.3.3.1　氮代谢微生物类群与氮组分的响应关系

镜泊湖水体中 AB 的数量与 TN、NH₃-N 之间的相关性分析表明(图 3-47)，AB 与 TN、NH₃-N 之间无明显的相关性。对氮组分的分析表明，不同季节水体 TN 均以无机氮组分为主，其中 2011 年 1 月水体 NH_3-N 与 NO_3^--N 浓度之和接近 TN 浓度，表明 AB 生命活动所需要的有机氮浓度甚少，致使 AB 与 TN 相关性不显著。

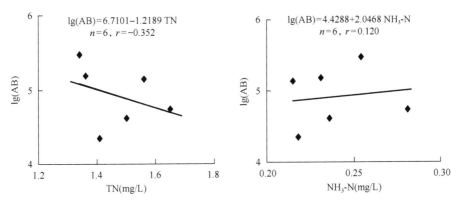

图 3-47　AB 的数量与氮指标的相关性

由图 3-48 可以看出，DNB 与 NO_3^--N、NO_2^--N 均呈极显著负相关（$r=-0.944$，$P<0.01$；$r=-0.928$，$P<0.01$）。由于有机氮源不足，DNB 代谢产物 NH_3-N 也会减少，对 NH_3-N 浓度的调查也证实了这一点，除 2010 年 6 月水体中 NO_3^--N 与 NH_3-N 的浓度（均值约 0.28mg/L）相近外，其他季节均以 NO_3^--N 为主，NH_3-N 浓度约 0.10mg/L。而较高的 NO_3^--N 浓度为 DNB 的生命活动提供了丰富的电子受体，也就是说 DNB 数量的增加以还原消耗 NO_3^--N、NO_2^--N 为基础；同时较低的 NH_3-N 浓度也限制了水体消化作用对 NO_3^--N、NO_2^--N 浓度的补充，DNB 与 NO_3^--N、NO_2^--N 呈显著负相关，也揭示了两者的响应关系。

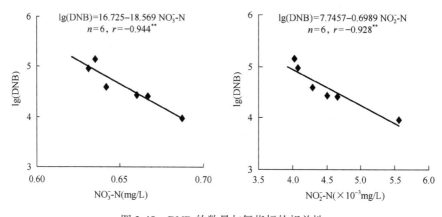

图 3-48　DNB 的数量与氮指标的相关性

3.3.3.2　磷代谢微生物类群与磷组分的响应关系

图 3-49 表明，镜泊湖水体中 OPB、IPB 数量与 TP 浓度之间均无显著关系，比较各点位 TP 浓度均值发现，HJ1 点位 TP 浓度明显高于其他点位，但其 OPB、IPB 数量在所有点位中处于较低的位置（图 3-49）。如果把异常值 HJ1 点位数据去除，则 OPB、IPB 数量与 TP 浓度之间拟合系数 r 值明显增加（图 3-49 虚线部分），其中 IPB 与 TP 呈显著关系，表明在镜泊湖大多数点位中总磷以无机颗粒态磷为主。

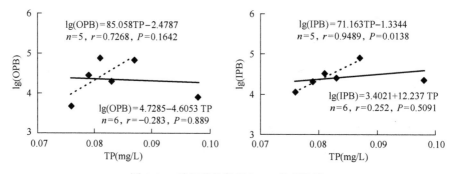

图 3-49　磷细菌的数量与 TP 的相关性

3.3.4　大伙房水库水体氮、磷代谢微生物类群与水质指标的响应关系

3.3.4.1　氮代谢微生物类群与氮组分的响应关系

由图 3-50 可知，大伙房水库水体中所有点位 AB 的数量与 TN、NH_3-N 之间的相关性并不显著，通过分析氮组分季节性变化，结果表明，除 2010 年 6 月外（溶解性无机氮约占 TN 的 32%），其他季节均以溶解性无机氮为主。单独对除 2010 年 6 月各点位 AB 与 TN 的相关性进行分析，结果显示，两者呈显著负相关（$r=0.9111$，$P<0.05$）。

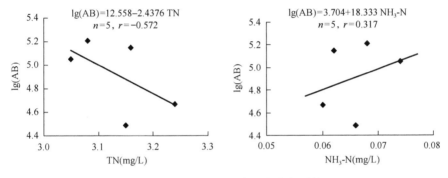

图 3-50　AB 的数量与氮指标的相关性

对大伙房水库溶解性无机氮组分进行分析，结果显示，除 2010 年 6 月 NO_3^--N 占总氮的比例为 32% 以外，其他季节均值超过 87%。与镜泊湖相似，大伙房水库较高的 NO_3^--N 浓度为 DNB 的生命代谢提供了丰富的物质基础，致使 DNB 与 NO_3^--N、NO_2^--N 均呈显著正相关（$r=0.882$，$P<0.05$；$r=0.880$，$P<0.05$）（图 3-51），表明大伙房水库水体中 NO_3^--N、NO_2^--N 不是以消耗型为主，而是在被 DNB 利用的同时，NO_3^--N、NO_2^--N 可能通过硝化作用等途径得到及时补充。

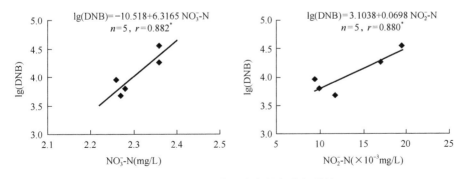

图 3-51　DNB 的数量与氮指标的相关性

3.3.4.2　磷代谢微生物类群与磷组分的响应关系

由图 3-52 可以看出，大伙房水库 OPB、IPB 数量与 TP 浓度之间均无显著关系，通过分析表明，大伙房水库的 TP 在所有湖库中处于相对较低的浓度，并且在磷细菌测试采样周期内(除 2010 年 10 月 TP 均值为 0.0096mg/L 外)均未检测出溶解性磷酸。同时各点位间 TP 浓度差异性较大，在时间与空间上均无明显规律，而 OPB 与 IPB 数量则在时间上呈明显的季节性变化，即在冬季(2011 年 1 月)显著降低。因此，基于上述各点位 TP 浓度变化的不确定性等原因，其与 OPB、IPB 无显著相关关系。

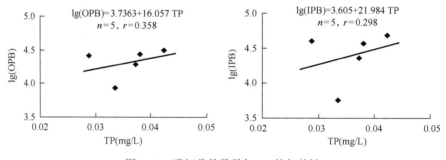

图 3-52　磷细菌的数量与 TP 的相关性

3.3.5　松花湖水体氮、磷代谢微生物类群与水质指标的响应关系

3.3.5.1　氮代谢微生物类群与氮组分的响应关系

图 3-53 显示了松花湖水体中 AB 的数量与 TN、NH_3-N 之间的相关性，其中 AB 与 TN 无明显的相关性，但是与 NH_3-N 之间呈极显著正相关($r=0.974, P<0.01$)。对氮组分进行分析，结果显示，松花湖水体 TN 以溶解性无机氮为主，有机态氮浓度均值为 0.22mg/L，占 TN 均值的比例约为 7.43%，因此，水体中有机态氮损耗对 TN 的影响甚微。若对有机态氮浓度与 AB 之间的相关关系进行分析，则呈

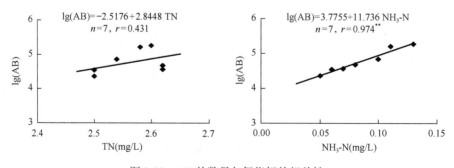

图 3-53　AB 的数量与氮指标的相关性

极显著水平($r=-0.6574$, $n=28$, $P<0.01$)，同时 NH_3-N 与 AB 之间的显著相关关系也表明水体中的 NH_3-N 主要来源于 AB 对有机氮组分的代谢过程。

由图 3-54 可知，水体中的 DNB 与 NO_3^--N 无显著相关关系，但与 NO_2^--N 呈显著负相关关系($r=-0.837$, $P<0.05$)。通过对水体氮组分的分析，结果表明，NO_3^--N 浓度与 TN 浓度呈显著相关($r=0.8916$, $n=28$, $P<0.05$)，同时占 TN 比例均值超过 91% 以上，各点位在不同季节均保持较高的浓度，因此，DNB 对 NO_3^--N 的消耗只是其很少一部分，对其浓度不足以产生显著影响。

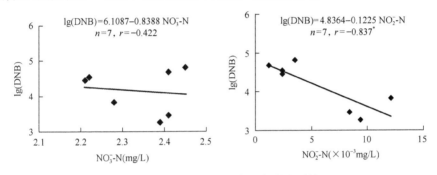

图 3-54　DNB 的数量与氮指标的相关性

3.3.5.2　磷代谢微生物类群与磷组分的响应关系

松花湖水体中 TP 对 OPB、IPB 数量和分布均产生显著的影响($r=0.806$, $P<0.05$；$r=0.755$, $P<0.05$)，由于 OPB 的磷源为有机态磷，而 IPB 的磷源则为难溶性无机磷，同时水体溶解性磷在不同季节浓度比例不足 TP 的 30%，因此，可以推断松花湖水体 TP 组分大部分以有机态磷及难溶性的颗粒态无机磷为主。

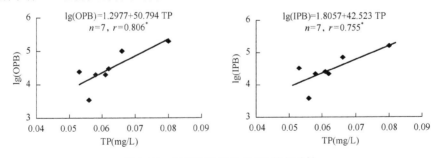

图 3-55　磷细菌的数量与 TP 的相关性

3.3.6　红旗泡水库水体氮、磷代谢微生物类群与水质指标的响应关系

3.3.6.1　氮代谢微生物类群与氮组分的响应关系

红旗泡水体中 AB 的数量与 TN、NH_3-N 之间的相关性分析见图 3-56。AB 与

TN 相关性不显著，但与 NH_3-N 之间呈显著正相关（$r=0.720$，$P<0.05$），表明红旗泡水体中 NH_3-N 主要来源于有机态氮的氨化作用。水体中 DNB 与 NO_2^--N 之间无明显的相关性，但与 NO_3^--N 呈显著相关（$r=0.730$，$P<0.05$）（图 3-57），表明红旗泡水体中 DNB 生命活动主要以 NO_3^--N 作为电子受体。

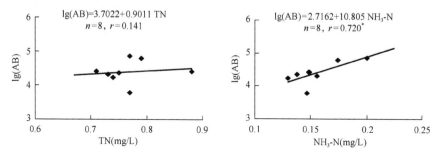

图 3-56　AB 的数量与氮指标的相关性

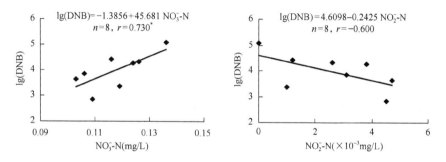

图 3-57　DNB 的数量与氮指标的相关性

3.3.6.2　磷代谢微生物类群与磷组分的响应关系

红旗泡水体中 TP 与 OPB、IPB 之间均呈正相关关系（$r=0.713$，$P<0.05$；$r=0.745$，$P<0.05$）（图 3-58），表明水体中 OPB、IPB 与 TP 季节性、区域差异性变化一致。与松花湖类似，红旗泡水体中 TP 组分以有机态磷及颗粒态磷为主。

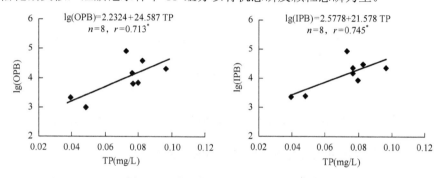

图 3-58　磷细菌的数量与 TP 的相关性

3.3.7　连环湖水体氮、磷代谢微生物类群与水质指标的响应关系

3.3.7.1　氮代谢微生物类群与氮组分的响应关系

由图 3-59 可知，连环湖水体中 AB 的数量与 TN 无显著相关性，但与 NH_3-N 呈显著负相关($r = -0.880$，$P < 0.05$)。这与大多数湖库 AB 与 NH_3-N 显著正相关趋势不一致，通过比较发现，连环湖水体 pH(9.05)、电导率(1235.5μS/cm)等指标显著高于其他湖库，这可能是造成 AB 与 NH_3-N 显著负相关的主要原因。DNB 与 NO_3^--N 之间无相关性，但是与 NO_2^--N 呈显著正相关($r = 0.913$，$P < 0.05$)(图 3-60)，表明 NO_2^--N 为 DNB 生命活动所消耗的主要氮源。

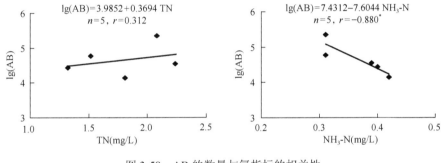

图 3-59　AB 的数量与氮指标的相关性

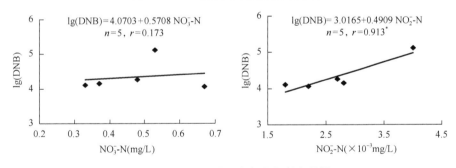

图 3-60　DNB 的数量与氮指标的相关性

3.3.7.2　磷代谢微生物类群与磷组分的响应关系

连环湖水体中磷细菌(OPB、IPB)的数量与 TP 之间均无显著相关性(图 3-61)。由于连环湖由若干泡子组成，各泡子之间相对封闭，水体 TP 浓度点位区域差异性十分明显，如 2011 年 5 月 HL4N 点位的 TP 浓度是 HL2X 的 6 倍，但不同点位磷细菌的数量差异没有如此悬殊，这是造成两者差异不显著的主要原因。

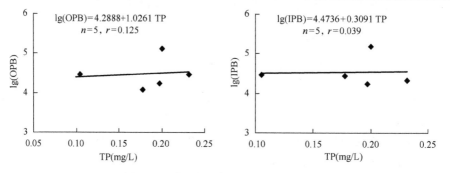

图 3-61　磷细菌的数量与 TP 的相关性

3.3.8　桃山水库水体氮、磷代谢微生物类群与水质指标的响应关系

　　桃山水库水体中 AB 的数量与 TN、NH_3-N 之间的相关性分析见图 3-62。AB 与 TN 之间无明显的相关性，但是与 NH_3-N 呈显著负相关（$r=-0.733$，$P<0.05$）。DNB 的数量与 NO_3^--N、NO_2^--N 均呈正相关的关系（$r=0.718$，$P<0.05$；$r=0.926$，$P<0.001$）（图 3-63），证实水体中 NO_3^--N、NO_2^--N 浓度直接影响 DNB 的活性。由图 3-64 可以看出，桃山水库水体中 TP 对磷细菌数量和分布的影响并不显著。桃山水库磷酸细菌数量在夏季（2011 年 8 月）有一峰值，其他季节变化相对较少；但 TP 以秋季、冬季为最低，因此，磷细菌与 TP 规律不一致是造成两者相关性不显著的直接原因。

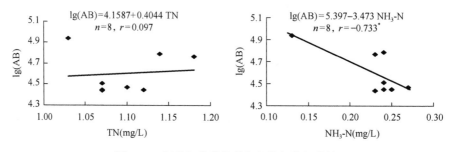

图 3-62　氨化细菌的数量与氮指标的相关性

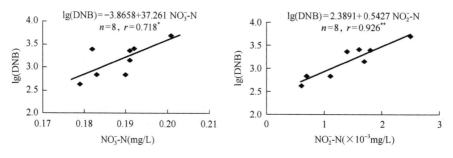

图 3-63　反硝化细菌的数量与 N 指标的相关性

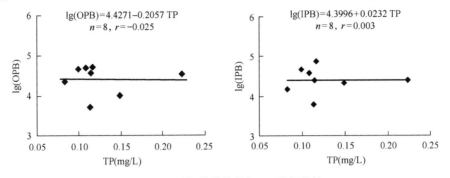

图 3-64 磷细菌的数量与 TP 的相关性

3.3.9 西泉眼水库水体氮、磷代谢微生物类群与水质指标的响应关系

由图 3-65 可知，西泉眼水库水体中 AB 与 TN、NH_3-N 之间无明显的相关性。DNB 与 NO_3^--N 呈显著负相关（$r = -0.956$，$P < 0.01$），而与 NO_2^--N 则未达显著水平（图 3-66），证实 NO_3^--N 主要参与了 DNB 的生命活动，其显著负相关也表明水体中 NO_3^--N 以消耗为主，缺乏稳定的输入。西泉眼水库水体中 TP 与 OPB、IPB 均呈显著正相关（$r = 0.955$，$P < 0.05$；$r = 0.951$，$P < 0.05$）（图 3-67），表明 OPB、IPB 分别参与了 TP 组分中有机态磷及颗粒态无机磷的循环转化。

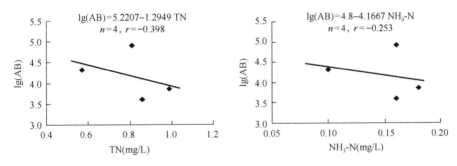

图 3-65 氨化细菌的数量与氮指标的相关性

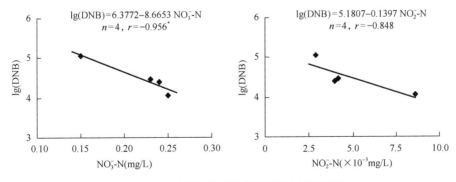

图 3-66 反硝化细菌的数量与氮指标的相关性

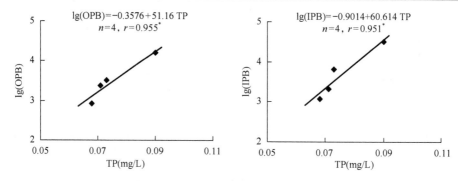

图 3-67　磷细菌的数量与 TP 的相关性

3.3.10　磨盘山水库水体氮、磷代谢微生物类群与水质指标的响应关系

　　磨盘山水库取样点及取样次数均较少，同时水质指标测试过程中大部分季节未检测出 NH_3-N 浓度，致使磨盘山水库水体中 AB 的数量与 TN、NH_3-N 之间均无显著相关性（图 3-68）。DNB 的数量与 NO_3^--N 呈正相关关系（$r=0.970$，$P<0.05$），但是与 NO_2^--N 的相关性未达显著水平（图 3-69）。由图 3-70 可知，磨盘山水库水体中 TP 对 OPB、IPB 数量和分布的影响较为显著（$r=0.954$，$P<0.05$；$r=0.959$，$P<0.05$）。

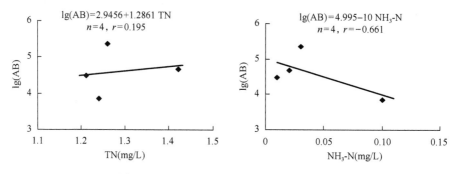

图 3-68　氨化细菌的数量与氮指标的相关性

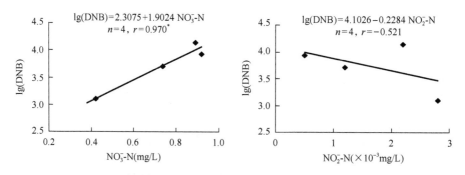

图 3-69　反硝化细菌的数量与氮指标的相关性

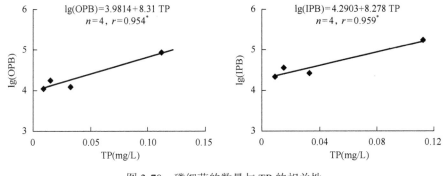

图 3-70　磷细菌的数量与 TP 的相关性

3.4　不同湖库间水体微生物类群分布特征

为了调查东北不同湖库水体中微生物功能菌群分布的差异性，选择 2010 年 10 月(秋季)调查的 8 个湖库(五大连池、兴凯湖、镜泊湖、松花湖、大伙房水库、红旗泡、连环湖和桃山水库)作为研究对象，进行分析说明。在该季节，由于客观条件的限制，没有采集西泉眼水库和磨盘山水库的水样，因此，西泉眼水库和磨盘山水库暂不做对比。

3.4.1　氨化细菌的数量与分布

如图 3-71 所示，东北各湖库水体中氨化细菌(AB)数量与分布的空间差异性较大。HJ、JS 和 LD 水体中 AB 的数量相对较高，分别为 1.8×10^5 CFU/mL、1.2×10^5 CFU/mL 和 1.4×10^5 CFU/mL，表明这 3 个湖库含氮有机物浓度较高。对于 HJ 而言，河流径流可能是含氮有机物的主要污染来源之一，干流牡丹江和大小支流的流入带来了大量的含氮有机污染物。此外，近年来镜泊湖旅游业发展迅速，临湖宾馆、饭店逐年增多，旅游业产生的大量含氮有机物也会导致水体中 AB 数量的增加。LD 和 JS 周边工业比较发达，因此工业生产过程中排放大量含有机物废水，是导致这两个湖泊水体中 AB 数量偏高的原因之一。HX、HH、HL 和 HT 四个湖库水体中 AB 数量相当，分别为 2.2×10^4 CFU/mL、5.5×10^4 CFU/mL、2.0×10^4 CFU/mL 和 3.2×10^4 CFU/mL。而 HW 水体中 AB 的数量最低，仅为 1.5×10^3 CFU/mL，较其他湖泊低 1 个或 2 个数量级。HW 的入湖河流较小，并且目前该地区尚无严重的工业污染，水体水质较好，AB 的数量较低。

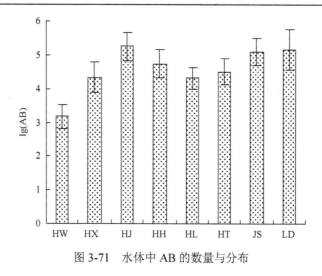

图 3-71　水体中 AB 的数量与分布

3.4.2　反硝化细菌的数量与分布

对东北 8 个典型湖库水体中反硝化细菌(DNB)分布的调查结果表明(图 3-72)，HW、HL 和 HT 水体中 DNB 的数量较低，分别仅为 1.3×10^3MPN/mL、7.6×10^2MPN/mL 和 7.5×10^2MPN/mL。徐亚同[51]在研究 pH 对反硝化作用的影响时指出，其适宜的 pH 是 7.0~8.0，而 HW、HL 和 HT 水体 pH 较高，分别为 8.69、9.08 和 8.04，因此，水体中 DNB 的数量相对偏低。此外，HH 水体 pH 为 8.49，虽然其水体中 DNB 的数量略高于 HW、HL 和 HT，但是明显低于其他湖库，这说明 pH 是影响 DNB 数量与分布的因素之一。HX 水体中 DNB 的数量最高，达到 1.1×10^5MPN/mL，这可能是由于 HX 湖面波涛汹涌(无风时浪高 0.3m，有风时浪高

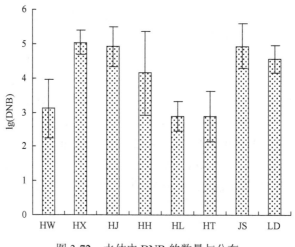

图 3-72　水体中 DNB 的数量与分布

可达 0.7m），且水浅，水体不断冲刷湖底泥沙，使沉积物中的氮盐逐渐向水体迁移，为 DNB 的生长和繁殖提供了丰富的底质。而 HJ、JS 和 LD 水体中 DNB 的数量处于同一数量级水平，分别为 8.4×10^{4}MPN/mL、8.7×10^{4}MPN/mL 和 3.7×10^{4}MPN/mL，略低于 HX。

3.4.3　磷细菌的数量与分布

由图 3-73 和图 3-74 可知，东北 8 个典型湖库水体中 OPB 和 IPB 的分布特征一致。HJ、JS 和 LD 水体中磷细菌的数量明显高于其他湖库，其中 OPB 的数量分别为 6.8×10^{4}CFU/mL、5.9×10^{4}CFU/mL 和 5.2×10^{4}CFU/mL，IPB 分别为

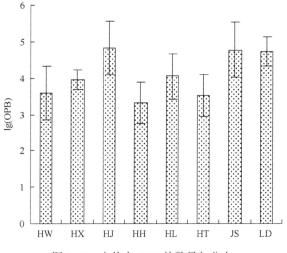

图 3-73　水体中 OPB 的数量与分布

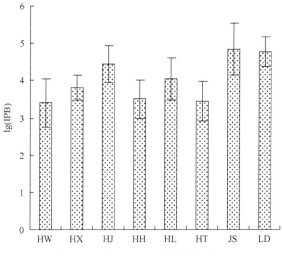

图 3-74　水体中 IPB 的数量与分布

$2.8 \times 10^4 CFU/mL$、$6.8 \times 10^4 CFU/mL$ 和 $5.9 \times 10^4 CFU/mL$。陈琳[1]对苏州河上海段水体中微生物类群的生态分布进行调查时指出，污染较严重的市中心河段附近采样点水体中微生物的数量最高。而由图 3-71 和图 3-72 可知，HJ、JS、LD 水体中 AB 和 DNB 的数量也相对较高，进一步说明了这三个湖库水体污染相对严重。HW、HH 和 HT 三个湖库水体中磷细菌的数量相对较低，OPB 的数量分别为 $3.8 \times 10^3 CFU/mL$、$2.1 \times 10^3 CFU/mL$ 和 $3.3 \times 10^3 CFU/mL$，IPB 分别为 $2.5 \times 10^3 CFU/mL$、$3.2 \times 10^3 CFU/mL$ 和 $2.8 \times 10^3 CFU/mL$，均处于同一数量级水平。

3.4.4　微生物功能菌群与水质指标的相关关系

由表 3-2 可知，微生物功能菌群之间呈极显著正相关，其中 OPB 和 IPB 之间的相关系数最高，达到 $0.925(P<0.01)$。AB 与 DNB、OPB 和 IPB 之间的相关性也较好，相关系数 r 分别为 $0.402(P<0.01)$、$0.573(P<0.01)$ 和 $0.619(P<0.01)$。NH_4^+-N 与 AB、IPB 呈显著负相关($r=-0.350$，$P<0.05$；$r=-0.279$，$P<0.05$)，而与 DNB 与 OPB 之间没有明显的相关性。TN、NO_3^--N 和 TN/TP 对微生物功能菌群数量与分布的影响较为显著。而 TP 与 AB、DNB、OPB 和 IPB 之间的相关性并不显著。此外，各水质指标之间的相关性也较好。NO_3^--N 与 NH_4^+-N 呈负相关关系，而与 TN 呈极显著正相关($r=0.848$，$P<0.01$)。TP 虽然与微生物功能菌群之间的相关性不显著，但是与 $NH_4^+-N(r=0.402$，$P<0.01)$ 和 $NO_3^--N(r=-0.302$，$P<0.05)$ 密切相关。TN/TP 与 TN、NH_4^+-N、NO_3^--N 和 TP 之间均具有显著的相关性。此外，由表 3-2 可知，NO_2^--N 与微生物功能菌群和各水质指标之间的相关性均不显著。

表 3-2　微生物功能菌群与水质指标之间的相关性分析

	lg(AB)	lg(DNB)	lg(OPB)	lg(IPB)	TN	NH_4^+-N	NO_3^--N	NO_2^--N	TP	TN/TP
lg(AB)	1									
lg(DNB)	0.402**	1								
lg(OPB)	0.573**	0.568**	1							
lg(IPB)	0.619**	0.585**	0.925**	1						
TN	0.279*	0.339*	0.634**	0.660**	1					
NH_4^+-N	−0.350*	−0.219	−0.150	−0.279*	−0.195	1				
NO_3^--N	0.477**	0.377**	0.586**	0.673**	0.848**	−0.470**	1			
NO_2^--N	0.090	−0.048	0.027	−0.031	−0.049	0.227	−0.106	1		
TP	−0.164	0.167	0.060	−0.045	−0.217	0.402**	−0.302*	0.039	1	
TN/TP	0.370**	0.307*	0.475**	0.537**	0.752**	−0.390**	0.781**	−0.050	−0.467**	1

**表示显著相关性在 0.01 水平(双尾检验)；*表示显著相关性在 0.05 水平(双尾检验)；$n=50$

3.4.5　因子分析

主成分分析(principal component analysis，PCA)主要是通过降维的过程，将多个相关的数值指标转化为少数几个互不相关的综合指标的统计方法[52]。而因子分析是主成分分析的推广和发展，因子分析是研究如何以最少的信息丢失，将众多原始变量浓缩成少数几个因子变量，以及如何使因子变量具有较强的可解释性的一种多元统计分析方法[53]。该方法已应用于水环境质量评价中，对客观、准确、全面地评价水环境质量有很好的实用性[54]。本研究通过因子分析以确定能够衡量东北典型湖库水体水质的主要变量。

通过因子分析对所监测的指标进行研究，包括氨化细菌(AB)、反硝化细菌(DNB)、有机磷分解菌(OPB)、无机磷溶解菌(IPB)、总氮(TN)、氨态氮(NH_3-N)、硝态氮(NO_3^--N)、亚硝态氮(NO_2^--N)、总磷(TP)、氮磷比(TN/TP)、总碱度(Alk)、电导率(EC)、pH、BOD_5、溶解氧(DO)、高锰酸盐指数(COD_{Mn})和透明度(SD)，以确定能够衡量东北典型湖库水体水质的主要变量。由表 3-3 和表 3-4 可知，因子分析共筛选出 5 个公因子，累计方差贡献率为 79.867%。其中，因子 1 和因子 2 分别占总变量的 27.626%、18.395%。IPB、OPB、TN、NO_3^--N、TN/TP、DNB 和 AB 在公因子 1 上具有较高的正载荷变量，显示因子 1 主要与微生物功能菌群和氮素有关，说明微生物功能菌群的数量和氮组分含量能够较好地反映东北湖库水体的水质。公因子 2 能够较好地代表 Alk、EC、pH 和 NH_3-N 四个变量，Alk、EC 和 pH 主要受 HCO_3^- 影响，显示公因子 2 主要与水中氢离子的变化有关。而 TP、SD 在公因子 3 上具有较高的载荷变量，其中 TP 为正载荷变量，SD 为负载荷变量，这主要受藻类光合作用的影响，磷是藻类叶绿素合成不可缺少的元素，随着磷浓度的增加，藻类数量增多，进而影响透明度。公因子 4 和公因子 5 在总变量中所占比例较小，分别为 11.428%和 7.892%。DO 和 BOD_5 在因子 4 上具有较高的正载荷变量。而公因子 5 主要与 NO_2^--N 和 COD_{Mn} 有关。图 3-75 为旋转后的因子载荷图。

表 3-3　各主成分的方差贡献率

成分	初始特征值			提取平方和载入			旋转平方和载入		
	合计	方差贡献率(%)	累积贡献率(%)	合计	方差贡献率(%)	累积贡献率(%)	合计	方差贡献率(%)	累积贡献率(%)
1	5.777	33.979	33.979	5.777	33.979	33.979	4.696	27.626	27.626
2	2.808	16.515	50.495	2.808	16.515	50.495	3.127	18.395	46.021
3	2.236	13.152	63.647	2.236	13.152	63.647	2.470	14.527	60.547
4	1.549	9.111	72.758	1.549	9.111	72.758	1.943	11.428	71.975
5	1.209	7.109	79.867	1.209	7.109	79.867	1.342	7.892	79.867
6	0.873	5.136	85.003						

成分	初始特征值			提取平方和载入			旋转平方和载入		
	合计	方差贡献率(%)	累积贡献率(%)	合计	方差贡献率(%)	累积贡献率(%)	合计	方差贡献率(%)	累积贡献率(%)
7	0.794	4.673	89.676						
8	0.520	3.059	92.735						
9	0.382	2.249	94.984						
10	0.243	1.431	96.415						
11	0.195	1.149	97.564						
12	0.149	0.874	98.438						
13	0.101	0.596	99.034						
14	0.083	0.491	99.525						
15	0.045	0.264	99.789						
16	0.033	0.193	99.982						
17	0.003	0.018	100.000						

表 3-4　旋转成分矩阵

	成分				
	1	2	3	4	5
IPB	0.898	−0.083	0.142	−0.149	−0.076
OPB	0.861	−0.067	0.217	−0.116	−0.006
TN	0.849	0.086	−0.207	−0.061	−0.009
NO_3^--N	0.838	−0.089	−0.269	−0.236	−0.128
TN/TP	0.743	−0.052	−0.528	−0.057	0.243
DNB	0.642	−0.407	0.318	0.296	0.063
AB	0.538	−0.222	0.059	−0.509	0.083
Alk	−0.018	0.939	0.051	0.083	−0.039
EC	0.003	0.929	0.215	0.148	0.044
pH	−0.475	0.645	−0.096	0.253	−0.419
NH_3-N	−0.293	0.524	0.463	0.060	0.274
TP	−0.088	−0.014	0.878	0.212	0.050
SD	−0.152	−0.332	−0.779	0.156	0.019
DO	−0.103	0.054	0.294	0.876	0.027
BOD_5	−0.331	0.383	−0.366	0.677	−0.132
NO_2^--N	−0.071	0.153	0.106	−0.168	0.726
COD_{Mn}	−0.047	0.402	0.149	−0.281	−0.668

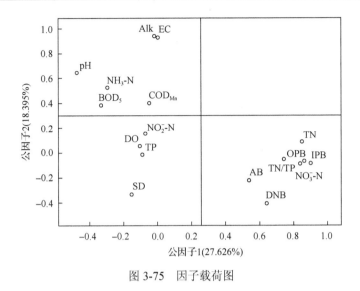

图 3-75 因子载荷图

3.5 东北湖库沉积物中微生物类群的分布特征

3.5.1 五大连池

3.5.1.1 AB 的数量与分布

图 3-76 显示了五大连池沉积物中 AB 的数量与分布。由图 3-76 可知,冬季(2010年 1 月)和秋季(2010 年 10 月)菌体的数量相对偏低,分别为 7.5×10^4CFU/g 干土和 3.5×10^5CFU/g 干土,明显低于春季(2010 年 5 月,2.2×10^6CFU/g 干土)和夏季(2010年 8 月,1.8×10^6CFU/g 干土)。综合图 3-1 可知,同一时期,五大连池沉积物中 AB 的数量明显比水体中高。此外,同一季节,不同采样点 AB 数量与分布的差异性较为明显。其中 1 月,W3S 与 W3X 两点沉积物中 AB 的数量分别为 1.4×10^5CFU/g 干土和 1.1×10^5CFU/g 干土,较其他采样点高出 1 个数量级。5 月,除 W1 点菌值偏低外(8.9×10^5CFU/g 干土),W2、W3S、W3X、W4 和 W5 点 AB 的数量分别为 2.1×10^6CFU/g 干土、4.0×10^6CFU/g 干土、1.3×10^6CFU/g 干土、2.4×10^6CFU/g 干土和 2.5×10^6CFU/g 干土,处于同一数量级水平。8 月,W1 和 W4 两点菌体数量分别为 7.1×10^5CFU/g 干土和 4.8×10^5CFU/g 干土,较 W2、W3S、W3X 和 W5 点低 1 个数量级。10 月,W2 采样点 AB 的数量最低,仅为 4.3×10^4CFU/g 干土,而最高值出现在 W1 点,为 6.8×10^5CFU/g 干土,两者相差 1 个数量级。

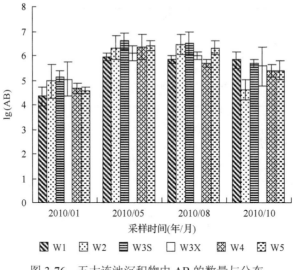

图 3-76　五大连池沉积物中 AB 的数量与分布

3.5.1.2　DNB 的数量与分布

对五大连池沉积物中 DNB 数量变化的调查结果表明(图 3-77)：5 月和 8 月沉积物中 DNB 的数量相对较高，分别为 4.7×10^4 MPN/g 干土和 3.9×10^4 MPN/g 干土。而 1 月、10 月菌体数量分别为 7.4×10^3 MPN/g 干土和 6.4×10^3 MPN/g 干土，较 5 月和 8 月低 1 个数量级。此外，同一采样时期，不同点位 DNB 的数量与分布存在较为明显的差异性。其中 1 月，W2 点菌体数量最高，为 1.8×10^4 MPN/g 干土，而

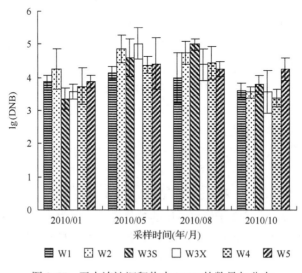

图 3-77　五大连池沉积物中 DNB 的数量与分布

最低值出现在 W3S 点，为 2.3×10³MPN/g 干土，两者相差 1 个数量级。5 月，除 W3X 点菌体数量偏高外(1.1×10⁵MPN/g 干土)，W1、W2、W3S、W4 和 W5 点 DNB 的数量分别为 1.4×10⁴MPN/g 干土、7.2×10⁴MPN/g 干土、3.9×10⁴MPN/g 干土、2.4×10⁴MPN/g 干土和 2.6×10⁴MPN/g 干土，处于同一数量级水平。8 月，W1 采样点沉积物中 DNB 的数量为 9.6×10³MPN/g 干土，较 W3S 点 (1.0×10⁵MPN/g 干土)低 2 个数量级。10 月，W5 点菌体数量为 1.9×10⁴MPN/g 干土，较其他采样点高出 1 个数量级。

3.5.1.3　磷细菌的数量与分布

由图 3-78 可知，从 1~8 月五大连池沉积物中 OPB 的数量总体呈上升的趋势。其中，1 月菌体数量的平均值为 6.9×10⁴CFU/g 干土，5 月和 8 月分别上升为 2.4×10⁶CFU/g 干土、2.5×10⁶CFU/g 干土。10 月，沉积物中 OPB 的数量为 2.9×10⁵CFU/g 干土，较 5 月和 8 月低 1 个数量级。此外，同一时期，不同采样点 OPB 数量与分布的差异性较为显著。其中 1 月，W2、W3X 和 W5 三点菌体数量相对较高，分别为 1.1×10⁵CFU/g 干土、1.0×10⁵CFU/g 干土和 1.5×10⁵CFU/g 干土，较其他采样点高出 1 个数量级。8 月，除 W1 和 W5 两点 OPB 的数量偏低外(分别为 1.3×10⁵CFU/g 干土、4.8×10⁵CFU/g 干土)，W2、W3S、W3X 和 W4 点菌体数量分别为 1.9×10⁶CFU/g 干土、2.6×10⁶CFU/g 干土、3.6×10⁶CFU/g 干土和 6.0×10⁶CFU/g 干土，处于同一数量级水平。10 月，W4 点 OPB 的数量最高，为 8.4×10⁵CFU/g 干土，而最低值出现在 W3S 点，仅为 1.8×10⁴CFU/g 干土，两者相差 1 个数量级。与 OPB 的分布特征类似，五大连池沉积物中 IPB 的数量也是在冬季(2010 年 1 月)最低(图 3-79)，为 7.9×10⁴CFU/g 干土，春季(2010 年 5 月)、夏

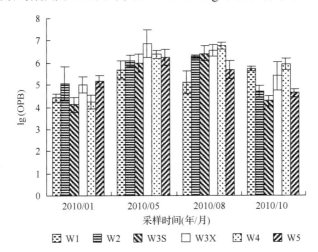

图 3-78　五大连池沉积物中 OPB 的数量与分布

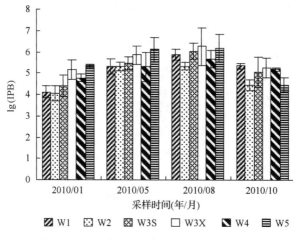

图 3-79　五大连池沉积物中 IPB 的数量与分布

季(2010 年 8 月)和秋季(2010 年 10 月)分别为 4.9×10^5 CFU/g 干土、9.7×10^5 CFU/g 干土和 1.2×10^5 CFU/g 干土，夏季略高于春季和秋季。其中 1 月，W3X、W5 两点 IPB 的数量分别为 1.5×10^5 CFU/g 干土和 2.2×10^5 CFU/g 干土，较 W2 点 $(1.1 \times 10^4$ CFU/g 干土) 高出 1 个数量级。5 月，W5 点 IPB 的数量最高，达到 1.3×10^6 CFU/g 干土，较其他采样点高出 1 个数量级。8 月，W1、W2 和 W4 三点菌体数量分别为 7.2×10^5 CFU/g 干土、2.1×10^5 CFU/g 干土和 4.8×10^5 CFU/g 干土，处于同一数量级水平，而 W3S、W3X 和 W5 采样点沉积物中 IPB 的数量相对较高，分别为 1.1×10^6 CFU/g 干土、1.8×10^6 CFU/g 干土和 1.5×10^6 CFU/g 干土。

3.5.2　兴凯湖

3.5.2.1　AB 的数量与分布

如图 3-80 所示，5 月和 8 月兴凯湖沉积物中 AB 的数量相对较高，其均值分别为 5.1×10^6 CFU/g 干土和 9.1×10^5 CFU/g 干土，而 1 月和 10 月菌体数量分别为 2.6×10^5 CFU/g 干土和 6.8×10^5 CFU/g 干土，略低于 5 月和 8 月。综合图 3-5 可知，同一时期水体中 AB 数量明显比沉积物中低，主要是因为沉积物中含有丰富的含氮有机物，且沉积物性质相对稳定，有利于菌体的生长。此外，同一季节，不同点位沉积物中 AB 数量与分布的差异性较为明显。由于采样的客观条件限制，没有获得 XEZ 和 XLW 两个采样点的沉积物样品。其中 1 月，XXD、XXX 和 XDX 三个采样点 AB 的数量均处于同一数量级水平，分别为 1.3×10^5 CFU/g 干土、5.5×10^5 CFU/g 干土和 2.7×10^5 CFU/g 干土，较 XDB 点 $(7.8 \times 10^4$ CFU/g 干土) 高出 1 个数量级。5 月，XXX 点 AB 的数量较高，达到 1.3×10^7 CFU/g 干土，而最低值出现在 XDB 点，为 $7.2×10^5$CFU/g 干土，两者相差 2 个数量级。8 月，除 XXD 采样点菌值偏低外 ($3.1×10^4$CFU/g 干土)，XXX、XDX 和 XDB 三点 AB 的数量分别为 $1.8×10^6$CFU/g 干土、$8.6×10^5$CFU/g 干土和 $9.8×10^5$CFU/g 干土，较 XXD 点高出 1 个或 2 个数量级。10 月，XDX 点菌体数量最低，仅为 $2.9×10^4$CFU/g 干土，较其他采样点低 1 个或 2 个数量级。

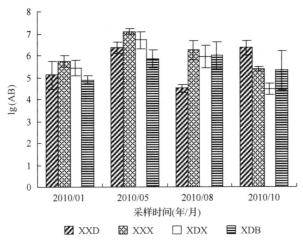

图 3-80　兴凯湖沉积物中 AB 的数量与分布

3.5.2.2　DNB 的数量与分布

图 3-81 显示了兴凯湖沉积物中 DNB 的数量与分布。由图 3-81 可知，冬季 (2010 年 1 月) 和春季 (2010 年 5 月) 沉积物中 DNB 的数量均处于同一数量级水平，分别为 $4.7×10^4$MPN/g 干土和 $8.3×10^4$MPN/g 干土，较夏季 (2010 年 8 月，$5.2×10^5$MPN/g 干土) 和秋季 (2010 年 10 月，$6.8×10^5$MPN/g 干土) 低 1 个数量级，这与兴凯湖水体中 DNB 的分布特征类似。此外，同一时期，不同采样点沉积物中 DNB 的数量与分布存在较为明显的差异性。其中 1 月，XXD、XXX、XDX 和 XDB 四点沉积物中菌体的数量分别为 $5.2×10^4$MPN/g 干土、$2.7×10^4$MPN/g 干土、$1.0×10^4$MPN/g 干土和 $9.8×10^4$MPN/g 干土，均处于同一数量级水平。5 月，XXD 采样点沉积物中 DNB 的数量最低，为 $8.3×10^3$MPN/g 干土，而最高值出现在 XDX 点，为 $1.7×10^5$MPN/g 干土，两者相差 2 个数量级。8 月，XDX 点 DNB 数量最高，达到 $2.1×10^6$MPN/g 干土，较 XXX 点 ($4.5×10^3$MPN/g 干土) 高出 3 个数量级。10 月，XDB 采样点沉积物中菌体数量较低，为 $4.2×10^4$MPN/g 干土，较其他点低 1 个或 2 个数量级。

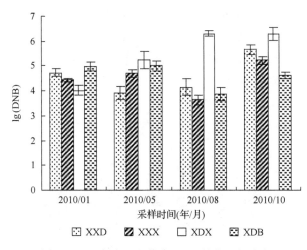

图 3-81　兴凯湖沉积物中 DNB 的数量与分布

3.5.2.3　磷细菌的数量与分布

对兴凯湖沉积物中 OPB 数量变化的调查结果表明(图 3-82)：冬季(2010 年 1 月)沉积物中 OPB 数量的均值为 4.2×10^4 CFU/g 干土。春季(2010 年 5 月)、夏季(2010年 8 月)和秋季(2010 年 10 月)菌体数量均处于同一数量级水平，分别为 3.1×10^5 CFU/g 干土、2.2×10^5 CFU/g 干土和 1.6×10^5 CFU/g 干土。此外，同一采样时期，不同点位 OPB 数量与分布的差异性较为显著。其中 1 月，XXD 点菌体数量最高，为 1.1×10^5 CFU 点，而最低值出现在 XDX 点，仅为 9.8×10^3 CFU/g 干土，两者相差 2 个数量级。8 月，除 XXD 点沉积物中 OPB 数量偏低外(3.0×10^4 CFU/g 干土)，XXX、XDX 和 XDB 三点 OPB 数量分别为 1.7×10^5 CFU/g 干土、5.5×10^5 CFU/g 干土和 1.2×10^5 CFU/g 干土，较 XXD 点高 1 个数量级。10 月，XXD 点 OPB 的数量为 6.1×10^5 CFU/g 干土，较 XXX 点(9.0×10^3 CFU/g 干土)高出 2 个数量级。与 OPB的分布特征类似，兴凯湖积物中 IPB 的数量也是在冬季最低(图 3-83)，为2.9×10^4 CFU/g 干土。5 月、8 月和 10 月分别为 8.4×10^5 CFU/g 干土、4.4×10^5 CFU/g干土和 1.2×10^5 CFU/g 干土。此外，5 月，XXX 采样点 IPB 的数量最高，达到2.4×10^6 CFU/g 干土，较 XXD、XDX 和 XDB 三点高 1 个数量级。8 月，XXD 点菌体数量最低，仅为 4.2×10^4 CFU/g 干土，而最高值出现在 XXX 点(1.1×10^6 CFU/g干土)，两者相差 2 个数量级。10 月，除 XXX 点 IPB 数量偏低外(1.4×10^4 CFU/g干土)，XXD、XDX 和 XDB 三点菌体数量分别为 1.3×10^5 CFU/g 干土、1.7×10^5 CFU/g干土和 1.9×10^5 CFU/g 干土，均处于同一数量级水平。

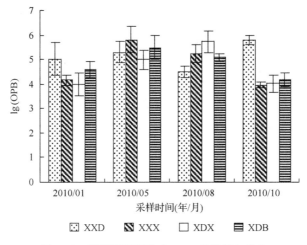

图 3-82　兴凯湖沉积物中 OPB 的数量与分布

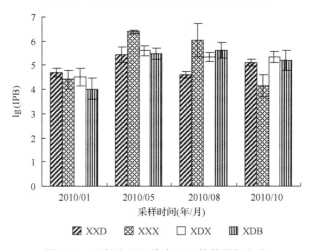

图 3-83　兴凯湖沉积物中 IPB 的数量与分布

3.5.3　镜泊湖

3.5.3.1　AB 的数量与分布

图 3-84 显示了镜泊湖沉积物中 AB 的数量与分布。由图 3-84 可知，夏季(2010年 6 月)沉积物中 AB 数量最高，达到 5.0×10^6CFU/g 干土。秋季(2010 年 10 月)、冬季(2011 年 1 月)菌体数量出现下降的趋势，分别为 3.7×10^5CFU/g 干土、4.0×10^5CFU/g 干土。春季(2011 年 5 月)，沉积物中 AB 的数量(6.3×10^5CFU/g 干土)略高于秋季和冬季，但仍处于同一数量级水平。此外，同一季节，不同点位AB 的数量与分布存在较为明显的差异性。由于采样的客观条件限制，没有获得 HJ1

和 HJ2 两点的沉积物样品。其中 6 月，HJ3、HJ4、HJ5 和 HJ6 四点 AB 的数量均较高，分别为 6.5×10^6CFU/g 干土、7.2×10^6CFU/g 干土、2.7×10^6CFU/g 干土和 3.6×10^6CFU/g 干土。1 月，HJ4 和 HJ6 点菌体的数量较低，分别为 1.4×10^5CFU/g 干土和 1.5×10^5CFU/g 干土，而 HJ3 和 HJ5 点相对较高，分别为 6.0×10^5CFU/g 干土和 7.1×10^5CFU/g 干土。5 月，除 HJ4 采样点沉积物中 AB 的数量偏高外（1.5×10^6CFU/g 干土），HJ3、HJ5 和 HJ6 三点菌体数均处于同一数量级水平，分别为 3.2×10^5CFU/g 干土、4.3×10^5CFU/g 干土和 2.5×10^5CFU/g 干土。

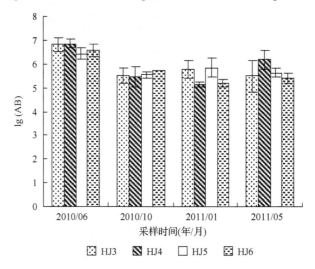

图 3-84　镜泊湖沉积物中 AB 的数量与分布

3.5.3.2　DNB 的数量与分布

对镜泊湖沉积物中 DNB 数量变化的调查结果表明（图 3-85）：夏季（2010 年 6 月）和春季（2011 年 5 月）沉积物中 DNB 的数量较高，分别为 6.5×10^5MPN/g 干土和 4.8×10^6MPN/g 干土，较秋季（2010 年 10 月，2.0×10^4MPN/g 干土）和冬季（2011 年 1 月，3.3×10^4MPN/g 干土）高出 1 个或 2 个数量级。此外，同一采样季节，不同点位沉积物中 DNB 数量与分布的差异性较为明显。其中 6 月，HJ5 点菌体数量最高，为 1.5×10^6MPN/g 干土，较 HJ6 点（1.5×10^5MPN/g 干土）高出 1 个数量级。10 月，除 HJ5 点均值偏低外（9.7×10^3MPN/g 干土），HJ3、HJ4 和 HJ6 三个采样点 DNB 的数量均处于同一数量级水平，分别为 1.7×10^4MPN/g 干土、3.6×10^4MPN/g 干土和 1.6×10^4MPN/g 干土。1 月，HJ4 点 DNB 的数量最低，仅为 1.7×10^1MPN/g 干土，而最高值出现在 HJ5 点，为 9.0×10^3MPN/g 干土，两者相差 2 个数量级。5 月，HJ3、HJ4、HJ5 和 HJ6 四个采样点 DNB 的数量均较高，分别为 8.9×10^6MPN/g 干土、3.2×10^6MPN/g 干土、4.3×10^6MPN/g 干土和 2.7×10^6MPN/g 干土。

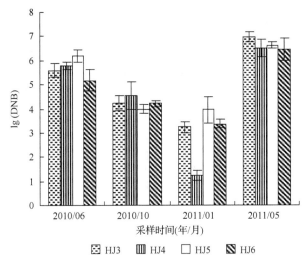

图 3-85　镜泊湖沉积物中 DNB 的数量与分布

3.5.3.3　磷细菌的数量与分布

由图 3-86 可知,从夏季(2010 年 6 月)到冬季(2011 年 1 月)镜泊湖沉积物中 OPB 的数量总体呈下降的趋势,其中夏季菌体数量为 1.2×10^6CFU/g 干土,秋季和冬季分别为 2.8×10^5CFU/g 干土、1.7×10^5CFU/g 干土。春季(2011 年 5 月)OPB 的数量 $(8.4 \times 10^5$CFU/g 干土)略高于秋季和冬季,但仍处于同一数量级水平。此外,同一季节,不同采样点沉积物中 OPB 的数量与分布存在较为明显的差异性。其中 6 月,HJ3 和 HJ5 两点菌体数量较高,分别为 2.7×10^6CFU/g 干土、1.5×10^6CFU/g 干土,较 HJ4 和 HJ6 点高出 1 个数量级。10 月,除 HJ3 采样点 OPB 的数量偏低外 $(9.6 \times 10^4$CFU/g 干土),HJ4、HJ5 和 HJ6 三点菌体数量分别为 2.5×10^5CFU/g 干土、1.6×10^5CFU/g 干土和 6.0×10^5CFU/g 干土,处于同一数量级水平。5 月,HJ4 点 OPB 数量最高,达到 2.3×10^6CFU/g 干土,而最低值出现在 HJ5 点,为 1.5×10^5CFU/g 干土,两者相差 1 个数量级。与 OPB 的分布特征类似,10 月和 1 月镜泊湖沉积物中 IPB 的数量相对较低(图 3-87),分别为 2.6×10^5CFU/g 干土和 1.8×10^5CFU/g 干土,而 6 月和 5 月菌体数量分别为 6.5×10^5CFU/g 干土和 5.8×10^5CFU/g 干土。其中 10 月,HJ3、HJ4、HJ5 和 HJ6 四点沉积物中 IPB 的数量分别为 1.3×10^5CFU/g 干土、3.3×10^5CFU/g 干土、4.6×10^5CFU/g 干土和 1.1×10^5CFU/g 干土,处于同一数量级水平。1 月,HJ3 采样点菌体数量较高,为 5.0×10^5CFU/g 干土,较 HJ4$(4.8 \times 10^4$CFU/g 干土)和 HJ6 点 $(4.9 \times 10^4$CFU/g 干土)高出 1 个数量级。5 月,HJ4 和 HJ5 两点 IPB 的数量分别为 1.3×10^6CFU/g 干土和 6.5×10^5CFU/g 干土,明显高于 HJ3 和 HJ6 两个采样点。

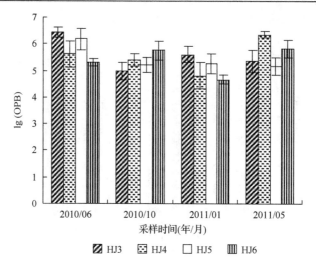

图 3-86 镜泊湖沉积物中 OPB 的数量与分布

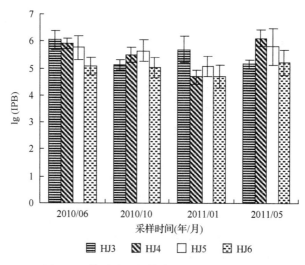

图 3-87 镜泊湖沉积物中 IPB 的数量与分布

3.5.4 松花湖

3.5.4.1 AB 的数量与分布

图 3-88 显示了松花湖沉积物中 AB 的数量与分布。由图 3-88 可知,冬季(2011 年 1 月)AB 数量最低,其均值为 1.9×10^5 CFU/g 干土,春季(2011 年 5 月)沉积物中菌体数量相对较高,为 1.1×10^6 CFU/g 干土。秋季(2010 年 10 月)和夏季(2011 年 8 月)沉积物中 AB 的数量分别为 8.9×10^5 CFU/g 干土和 6.1×10^5 CFU/g 干土,处于同一数量级水平。此外,同一时期,不同采样点 AB 数量与分布的差异性较为

明显。由于采样的客观条件限制，没有采集到 JS1 和 JS2 两点的沉积物样品。其中 10 月，JS6 点 AB 的数量最低，为 1.3×10^5 CFU/g 干土，较 JS3 点（2.3×10^6 CFU/g 干土）低 1 个数量级。1 月，JS3、JS4、JS5 和 JS7 四点菌体数量分别为 2.8×10^5 CFU/g 干土、1.7×10^5 CFU/g 干土、2.6×10^5 CFU/g 干土和 1.8×10^5 CFU/g 干土，较 JS6 点（7.2×10^4 CFU/g 干土）高出 1 个数量级。5 月，JS5 和 JS6 两点 AB 的数量相对较高，分别为 1.5×10^6 CFU/g 干土和 1.6×10^6 CFU/g 干土，而 JS3、JS4 和 JS7 三点菌体数量相当，分别为 8.0×10^5 CFU/g 干土、8.8×10^5 CFU/g 干土和 8.4×10^5 CFU/g 干土。8 月，JS5 点 AB 的数量最高，为 1.2×10^6 CFU/g 干土，较其他点高出约 1 个数量级。

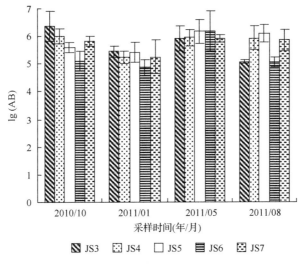

图 3-88　松花湖沉积物中 AB 的数量与分布

3.5.4.2　DNB 的数量与分布

对松花湖沉积物中 DNB 数量变化的调查结果表明（图 3-89）：冬季（2011 年 1 月）沉积物中 DNB 的数量最低，其均值为 1.2×10^4 MPN/g 干土。而秋季（2010 年 10 月）、春季（2011 年 5 月）和夏季（2011 年 8 月）菌体的数量分别为 8.0×10^4 MPN/g 干土、2.5×10^4 MPN/g 干土、4.2×10^4 MPN/g 干土，均处于同一数量级水平，但是秋季略高。此外，同一季节，不同点位沉积物中 DNB 的数量与分布存在较为明显的差异性。其中 10 月，JS3 点菌体数量最高，达到 3.0×10^5 MPN/g 干土，而最低值出现在 JS6 点，仅为 1.2×10^4 MPN/g 干土，两者相差 1 个数量级。1 月，JS4 和 JS5 两点 DNB 的数量分别为 9.5×10^3 MPN/g 干土、6.3×10^3 MPN/g 干土，较 JS3、JS6 和 JS7 点低 1 个数量级。5 月各采样点沉积物中 DNB 的数量均处于同一数量级水平，分别为 4.7×10^4 MPN/g 干土、1.6×10^4 MPN/g 干土、2.7×10^4 MPN/g 干土、

1.2×10⁴MPN/g 干土和 2.2×10⁴MPN/g 干土。8 月，JS5 和 JS6 两点菌体数量相对较高，分别为 6.6×10⁴MPN/g 干土和 6.3×10⁴MPN/g 干土，明显高于其他采样点。

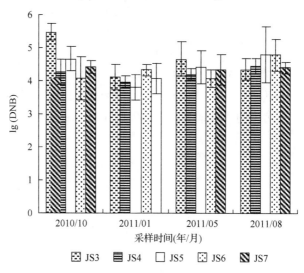

图 3-89　松花湖沉积物中 DNB 的数量与分布

3.5.4.3　磷细菌的数量与分布

图 3-90 显示了松花湖沉积物中 OPB 的数量与分布。由图 3-90 可知，秋季 OPB 的数量为 4.9×10⁵CFU/g 干土，冬季(2011 年 1 月)菌体数量出现明显的下降趋势，下降为 8.0×10⁴CFU/g 干土。到了春季(2011 年 5 月)和夏季(2011 年 8 月)，沉积物中 OPB 的数量分别上升为 8.6×10⁵CFU/g 干土、6.4×10⁵CFU/g 干土。此外，同一采样时期，不同点位沉积物中 OPB 数量与分布的差异性较为明显。其中 10 月，JS5 点菌体数量最高，达到 1.2×10⁶CFU/g 干土，而最低值出现在 JS6 点，为 1.4×10⁵CFU/g 干土，两者相差 1 个数量级。1 月，JS3 和 JS6 两点 OPB 的数量分别为 1.0×10⁵CFU/g 干土、1.8×10⁵CFU/g 干土，而 JS4、JS5 和 JS7 三点菌体数量处于同一数量级水平，分别为 2.3×10⁴CFU/g 干土、4.2×10⁴CFU/g 干土和 5.5×10⁴CFU/g 干土。8 月，JS3 和 JS6 点 OPB 的数量相对偏低，分别为 3.4×10⁵CFU/g 干土、1.4×10⁵CFU/g 干土，而其他 3 个采样点菌体数量相当。与 OPB 的分布特征类似，松花湖沉积物中 IPB 的数量也是在冬季最低(图 3-91)，为 9.1×10⁴CFU/g 干土，秋季、春季和夏季菌体数量相当，分别为 7.1×10⁵CFU/g 干土、7.8×10⁵CFU/g 干土和 7.3×10⁵CFU/g 干土。其中 1 月，JS4 和 JS5 两点 IPB 的数量相对较低，为 1.0×10⁴CFU/g 干土和 2.5×10⁴CFU/g 干土，较 JS6 点(2.0×10⁵CFU/g 干土)低 1 个数量级。5 月，除 JS5 点菌值较高外(1.5×10⁶CFU/g 干土)，JS3、JS4、JS6 和 JS7 四点 IPB 的数量分别为 4.1×10⁵CFU/g 干土、

5.3×10^5 CFU/g 干土、7.0×10^5 CFU/g 干土和 7.1×10^5 CFU/g 干土，处于同一数量级水平。8 月，JS4 采样点 IPB 的数量最高，达到 1.5×10^6 CFU/g 干土，而最低值出现在 JS5 点，为 2.7×10^5 CFU/g 干土，两者相差 1 个数量级。

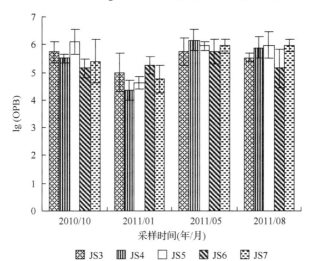

图 3-90　松花湖沉积物中 OPB 的数量与分布

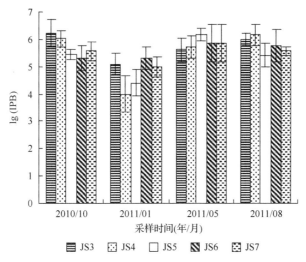

图 3-91　松花湖沉积物中 IPB 的数量与分布

3.5.5　大伙房水库

3.5.5.1　AB 的数量与分布

对大伙房水库沉积物中 AB 数量变化的调查结果表明(图 3-92)：夏季(2010 年

6 月)沉积物中 AB 的数量较高,其均值为 $4.1×10^6$ CFU/g 干土。秋季(2010 年 10 月)、冬季(2011 年 1 月)和春季(2011 年 5 月)菌体数量分别为 $6.4×10^5$ CFU/g 干土、$9.6×10^5$ CFU/g 干土和 $4.4×10^5$ CFU/g 干土,冬季略高。此外,同一季节,不同采样点沉积物中 AB 数量与分布的差异性较为明显。其中 6 月,LD1、LD2、LD3、LD4 和 LD5 五点 AB 的数量均较高,分别为 $7.1×10^6$ CFU/g 干土、$1.3×10^6$ CFU/g 干土、$2.0×10^6$ CFU/g 干土、$3.4×10^6$ CFU/g 干土和 $6.8×10^6$ CFU/g 干土。10 月,LD1、LD3 和 LD4 三点沉积物中菌体数量分别为 $2.1×10^5$ CFU/g 干土、$4.7×10^5$ CFU/g 干土和 $1.4×10^5$ CFU/g 干土,较 LD2 和 LD5 点低 1 个数量级。1 月,LD1 点 AB 数量最高,为 $1.9×10^6$ CFU/g 干土,而最低值出现在 LD2 点,为 $1.2×10^5$ CFU/g 干土,两者相差 1 个数量级。5 月,各采样点菌体数量均处于同一数量级水平,分别为 $4.6×10^5$ CFU/g 干土、$6.3×10^5$ CFU/g 干土、$5.2×10^5$ CFU/g 干土、$4.2×10^5$ CFU/g 干土和 $1.4×10^5$ CFU/g 干土。

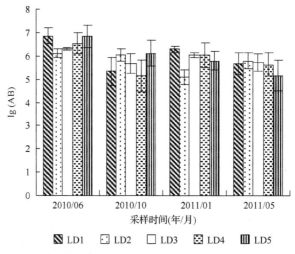

图 3-92　大伙房水库沉积物中 AB 的数量与分布

3.5.5.2　DNB 的数量与分布

图 3-93 显示了大伙房水库沉积物中 DNB 的数量与分布。由图 3-93 可知,秋季(2010 年 10 月)沉积物中 DNB 的数量较高,为 $2.1×10^5$ MPN/g 干土。夏季(2010 年 6 月)、冬季(2011 年 1 月)和春季(2011 年 5 月)菌体的数量分别为 $2.3×10^4$ MPN/g 干土、$4.6×10^4$ MPN/g 干土和 $4.4×10^4$ MPN/g 干土,处于同一数量级水平。此外,同一时期,不同点位沉积物中 DNB 的数量与分布存在较为明显的差异性。其中 6 月,LD5 点菌体数量最低,为 $1.5×10^3$ MPN/g 干土,而最高值出现在 LD2 点,为 $7.9×10^4$ MPN/g 干土,两者相差 1 个数量级。10 月,除 LD1 点 DNB 数量偏低外($5.8×10^4$ MPN/g 干土),LD2、LD3、LD4 和 LD5 四点菌体数量分别为 $1.2×10^5$ MPN/g

干土、2.1×10^5MPN/g 干土、1.7×10^5MPN/g 干土和 5.1×10^5MPN/g 干土。1 月，各采样点 DNB 数量均处于同一数量级水平，分别为 8.3×10^4MPN/g 干土、1.8×10^4MPN/g 干土、4.5×10^4MPN/g 干土、6.3×10^4MPN/g 干土和 2.2×10^4MPN/g 干土。5 月，LD4 点菌体数为 9.7×10^4MPN/g 干土，较 LD5 点(9.2×10^3MPN/g 干土)高出 1 个数量级。

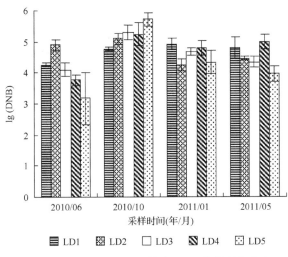

图 3-93　大伙房水库沉积物中 DNB 的数量与分布

3.5.5.3　磷细菌的数量与分布

由图 3-94 可知，夏季(2010 年 6 月)和冬季(2011 年 1 月)大伙房水库沉积物中 OPB 的数量相对较高，其均值分别为 1.7×10^6CFU/g 干土和 1.1×10^6CFU/g 干土。秋季(2010 年 10 月)和春季(2011 年 5 月)略低，菌体数量分别为 3.6×10^5CFU/g 干土和 1.7×10^5CFU/g 干土。此外，同一季节，不同采样点 OPB 数量与分布的差异性较为明显。其中 6 月，LD2 和 LD3 两点 OPB 的数量较高，分别为 5.5×10^6CFU/g 干土和 2.1×10^6CFU/g 干土，较 LD4 点(1.0×10^5CFU/g 干土)高 1 个数量级。10 月，各采样点 OPB 数量均处于同一数量级水平，分别为 1.9×10^5CFU/g 干土、9.4×10^5CFU/g 干土、2.4×10^5CFU/g 干土、1.8×10^5CFU/g 干土和 2.3×10^5CFU/g 干土。1 月，LD2 点 OPB 数量最低，仅为 7.7×10^4CFU/g 干土，较其他采样点低 1 个或 2 个数量级。与 OPB 的分布特征类似，大伙房水库沉积物中 IPB 的数量也是在 6 月和 1 月较高(图 3-95)，分别为 1.7×10^6CFU/g 干土和 8.6×10^5CFU/g 干土。10 月和 5 月菌体数量分别为 4.4×10^5CFU/g 干土和 2.4×10^5CFU/g 干土，处于同一数量级水平。其中 6 月，LD2 和 LD5 两点 IPB 的数量分别为 3.2×10^6CFU/g 干土、3.9×10^6CFU/g 干土，较 LD4 点(1.4×10^5CFU/g 干土)高出 1 个数量级。1 月，除 LD2 点菌值偏低外(1.2×10^5CFU/g 干土)，其他采样点菌体数量相当。5 月，

LD1、LD2、LD3、LD4 和 LD5 五点 IPB 数量均处于同一数量级水平，分别为 2.3×10^5CFU/g 干土、3.7×10^5CFU/g 干土、1.6×10^5CFU/g 干土、3.0×10^5CFU/g 干土和 1.2×10^5CFU/g 干土。

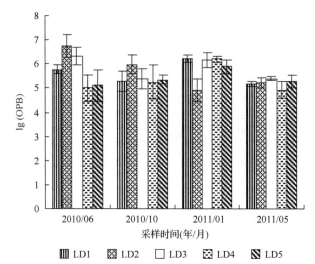

图 3-94　大伙房水库沉积物中 OPB 的数量与分布

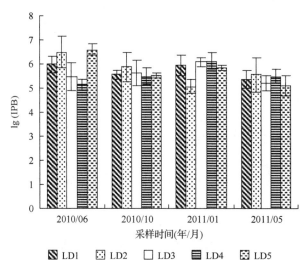

图 3-95　大伙房水库沉积物中 IPB 的数量与分布

3.5.6　红旗泡水库

3.5.6.1　AB 的数量与分布

图 3-96 显示了红旗泡沉积物中 AB 的数量与分布。由图 3-96 可知，冬季(2011 年

1 月)沉积物中 AB 的数量相对偏低，其均值为 2.0×10^5CFU/g 干土。秋季(2010 年 9 月)、春季(2011 年 5 月)和夏季(2011 年 8 月)菌体数量分别为 4.5×10^5CFU/g 干土、5.8×10^5CFU/g 干土和 3.0×10^5CFU/g 干土。4 个季节沉积物中 AB 的数量处于同一数量级水平，但是冬季相对偏低。此外，同一采样季节，不同点位 AB 的数量与分布存在较为显著的差异性。由于客观条件限制，各季节均有未采集到的沉积物样品。9 月，HH2 点菌体数量最高，达到 1.2×10^6CFU/g 干土，而最低值出现在 HH8 点，为 1.1×10^5CFU/g 干土，两者相差 1 个数量级。1 月，HH2、HH5 和 HH7 三点 AB 数量分别为 5.4×10^4CFU/g 干土、7.1×10^4CFU/g 干土和 2.4×10^4CFU/g 干土，较其他点低 1 个数量级。5 月，HH1 和 HH3 两点沉积物中 AB 的数量相对较高，分别为 1.0×10^6CFU/g 干土和 1.1×10^6CFU/g 干土，而 HH4、HH6、HH7 和 HH8 点菌体数量分别为 1.3×10^5CFU/g 干土、4.2×10^5CFU/g 干土、1.3×10^5CFU/g 干土和 6.6×10^5CFU/g 干土，处于同一数量级水平。8 月，HH4 和 HH5 两点 AB 的数量分别为 4.4×10^4CFU/g 干土和 4.1×10^4CFU/g 干土，较 HH8 点(1.4×10^6CFU/g 干土)低 2 个数量级。

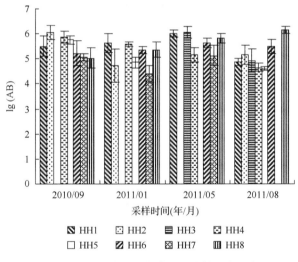

图 3-96　红旗泡沉积物中 AB 的数量与分布

3.5.6.2　DNB 的数量与分布

对红旗泡沉积物中 DNB 数量变化的调查结果表明(图 3-97)：秋季(2010 年 9 月)沉积物中 DNB 的数量较高，为 1.9×10^5MPN/g 干土。冬季(2011 年 1 月)和夏季(2011 年 8 月)DNB 的数量相当，分别为 7.2×10^3MPN/g干土和 7.0×10^3MPN/g 干土。而春季(2011 年 5 月)菌体数量为 1.9×10^4MPN/g 干土，较冬季和夏季高 1 个数量级。此外，同一时期，不同采样点沉积物中 DNB 数量与分布的差异性较为明显。其中 9 月，HH4 和 HH6 两点 DNB 的数量分别为 5.0×10^3MPN/g 干土、4.4×10^3MPN/g 干土，较 HH5 点（6.9×10^5MPN/g 干土）低 2 个数量级。1 月，除 HH7 点菌值偏高外（1.3×10^4MPN/g 干土），其他采样点 DNB 的数量均处于同一数量级水平。5 月，HH1、HH3、HH7 和 HH8 四点菌体数量相对较高，分别为 1.9×10^4MPN/g 干土、1.5×10^4MPN/g 干土、3.6×10^4MPN/g 干土和 3.5×10^4MPN/g 干土，较 HH4 点（3.6×10^3MPN/g 干土）和 HH6 点（4.9×10^3MPN/g 干土）高 1 个数量级。8 月，HH6 点菌体数量最高，为 1.9×10^4MPN/g 干土，而最低值出现在 HH3 点，为 3.6×10^3MPN/g 干土，两者相差 1 个数量级。

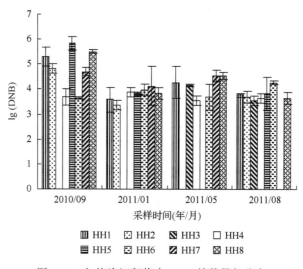

图 3-97　红旗泡沉积物中 DNB 的数量与分布

3.5.6.3　磷细菌的数量与分布

由图 3-98 可知，冬季（2011 年 1 月）和春季（2011 年 5 月）红旗泡沉积物中 OPB 的数量相对较低，分别为 7.9×10^4CFU/g 干土和 8.5×10^4CFU/g 干土，较秋季（2011 年 9 月，2.7×10^5CFU/g 干土）和夏季（2011 年 8 月，1.1×10^5CFU/g 干土）低 1 个数量级。此外，同一季节，不同采样点 OPB 的数量与分布存在较为明显的差异性。其中 9 月，HH5 点菌体数量最高，达到 1.0×10^6CFU/g 干土，而最低值出现在 HH6 点，为 4.0×10^4CFU/g 干土，两者相差 2 个数量级。5 月，HH4 和 HH7 两点沉积物中 OPB 的数量相对较高，分别为 1.1×10^5CFU/g 干土和 1.5×10^5CFU/g 干土，较其他采样点高 1 个数量级。8 月，HH1、HH3、HH4、HH5 和 HH6 点菌体数量分别为 3.5×10^4CFU/g 干土、4.8×10^4CFU/g 干土、3.3×10^4CFU/g 干土、2.7×10^4CFU/g 干土和 5.9×10^4CFU/g 干土，较 HH8 点（3.8×10^5CFU/g 干土）低 1 个数量级。与 OPB 的分布特征类似，9 月和 8 月红旗泡沉积物中 IPB 的数量相对较高（图 3-99），

分别为 1.7×10^5CFU/g 干土和 1.2×10^5CFU/g 干土，而 1 月和 5 月分别为 9.0×10^4CFU/g 干土和 8.7×10^4CFU/g 干土。其中 9 月，HH2 和 HH6 两点 IPB 的数量分别为 3.9×10^4CFU/g 干土和 6.4×10^4CFU/g 干土，较其他点低 1 个数量级。1 月，HH1 点菌体数量最高，为 2.4×10^5CFU/g 干土，而最低值出现在 HH2 点，仅为 1.7×10^3CFU/g 干土，两者相差 2 个数量级。5 月，HH1、HH6 和 HH7 三点 IPB 的数量处于同一数量级水平，分别为 7.6×10^4CFU/g 干土、2.5×10^4CFU/g 干土和 2.2×10^4CFU/g 干土，较 HH3、HH4 和 HH8 点低 1 个数量级。8 月，除 HH4 和 HH5 两点菌值偏高外（2.9×10^5CFU/g 干土和 2.7×10^5CFU/g 干土），HH1、HH2、HH3、

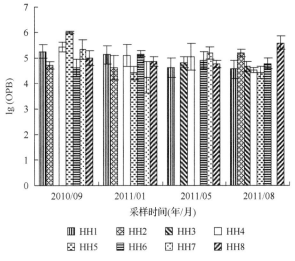

图 3-98　红旗泡沉积物中 OPB 的数量与分布

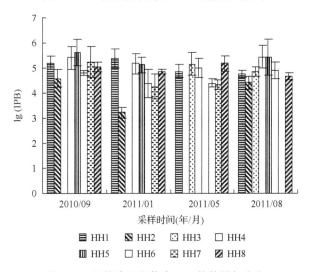

图 3-99　红旗泡沉积物中 IPB 的数量与分布

HH6 和 HH8 点 IPB 的数量分别为 5.9×10^4CFU/g 干土、2.6×10^4CFU/g 干土、7.3×10^4CFU/g 干土、7.9×10^4CFU/g 干土和 4.6×10^4CFU/g 干土，均处于同一数量级水平。

3.5.7　连环湖

3.5.7.1　AB 的数量与分布

对连环湖沉积物中 AB 数量与分布的调查结果表明(图 3-100)：秋季(2010 年 9 月) AB 数量的均值为 1.4×10^5CFU/g 干土，到了冬季(2011 年 1 月)菌体数量下降为 3.7×10^4CFU/g 干土。春季(2011 年 5 月)和夏季(2011 年 8 月) AB 的数量分别为 2.7×10^5CFU/g 干土和 1.1×10^6CFU/g 干土，分别较冬季上升了 1 个和 2 个数量级。此外，同一采样时期，不同点位 AB 数量与分布的差异性较为明显。其中，9 月和 5 月，由于采样的客观条件限制，没有获得 HL5H 点的沉积物样品。9 月，HL2X 点 AB 数量最高，达到 3.2×10^5CFU/g 干土，而最低值出现在 HL3E 点，为 4.7×10^4CFU/g 干土，两者相差 1 个数量级。1 月，HL1T、HL3E 和 HL4N 三个采样点沉积物中菌体数量分别为 7.6×10^4CFU/g 干土、3.4×10^4CFU/g 干土和 6.8×10^4CFU/g 干土，较 HL2X 和 HL5H 点高出 1 个数量级。5 月，除 HL3E 点 AB 数量偏低外(9.5×10^4CFU/g 干土)，HL1T、HL2X 和 HL4N 点菌体数量相对较高，分别为 6.0×10^5CFU/g 干土、2.6×10^5CFU/g 干土和 1.2×10^5CFU/g 干土，处于同一数量级水平。8 月，HL1T 采样点 AB 的数量为 2.6×10^6CFU/g 干土，较 HL4N 点(2.1×10^5CFU/g 干土)高出 1 个数量级。

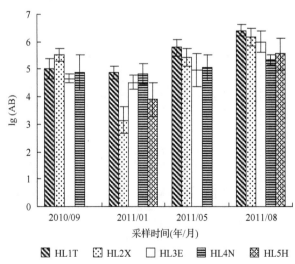

图 3-100　连环湖沉积物中 AB 的数量与分布

3.5.7.2 DNB 的数量与分布

图 3-101 显示了连环湖沉积物中 DNB 的数量与分布。由图 3-101 可知，1 月，沉积物中 DNB 的数量最低，仅为 7.0×10^2MPN/g 干土。9 月、5 月和 8 月菌体数量均较高，分别为 1.9×10^6MPN/g 干土、8.4×10^5MPN/g 干土和 1.0×10^6MPN/g 干土，5 月略低于 9 月和 8 月。此外，同一季节，不同采样点之间 DNB 的数量与分布存在较为明显的差异性。其中 9 月，HL3E 点菌体数量最高，为 4.2×10^6MPN/g 干土，较 HL1T 点（3.2×10^5MPN/g 干土）高 1 个数量级。1 月，各采样点 DNB 的数量均较低，分别为 6.2×10^2MPN/g 干土、3.6×10^2MPN/g 干土、1.8×10^3MPN/g 干土、6.2×10^2MPN/g 干土和 6.0×10^1MPN/g 干土。5 月，HL3E 点菌体数为 4.2×10^4MPN/g 干土，而最高值出现在 HL4N 点，为 3.1×10^6MPN/g 干土，两者相差 2 个数量级。8 月，HL1T 和 HL2X 两点 DNB 的数量分别为 1.1×10^6MPN/g 干土、3.1×10^6MPN/g 干土，较其他采样点高出 1 个或 2 个数量级。

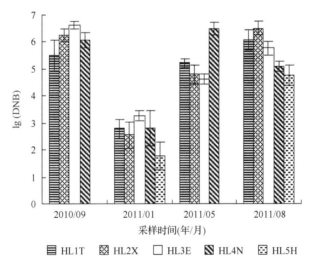

图 3-101   连环湖沉积物中 DNB 的数量与分布

3.5.7.3 磷细菌的数量与分布

由图 3-102 可知，冬季（2011 年 1 月）连环湖沉积物中 OPB 的数量相对较低，其均值为 7.6×10^4CFU/g 干土，秋季（2010 年 9 月）、春季（2011 年 5 月）和夏季（2011 年 8 月）菌体数量分别为 2.0×10^5CFU/g 干土、2.5×10^5CFU/g 干土和 1.8×10^5CFU/g 干土，处于同一数量级水平。此外，同一采样季节，不同点位沉积物中 OPB 数量与分布的差异性较为明显。其中 1 月，HL4N 点菌体数量最高，为 2.2×10^5CFU/g 干土，而最低值出现在 HL2X 点，为 4.3×10^3CFU/g 干土，两者相差 2 个数量级。5 月，HL1T、HL2X、HL3E 和 HL4N 四点 OPB 的数量均较高，分别为 2.1×10⁵CFU/g 干土、4.4×10⁵CFU/g 干土、1.1×10⁵CFU/g 干土和 2.5×10⁵CFU/g 干土。8 月，除 HL5H 点菌体数量偏低外(4.6×10⁴CFU/g 干土)，其他 4 个采样点菌体数量相当。与 OPB 的分布特征类似，连环湖沉积物中 IPB 的数量也是在 1 月最低(图 3-103)，为 2.5×10⁴CFU/g 干土，9 月、5 月和 8 月菌体数量分别为 1.6×10⁵CFU/g 干土、1.2×10⁵CFU/g 干土和 2.0×10⁵CFU/g 干土，较 1 月高 1 个数量级。其中 9 月，LH1T、LH2X、LH3E 和 LH4N 四个采样点 IPB 的

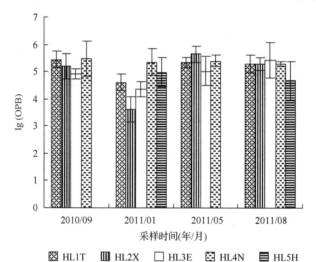

图 3-102　连环湖沉积物中 OPB 的数量与分布

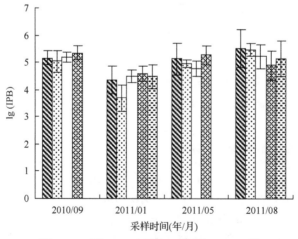

图 3-103　连环湖沉积物中 IPB 的数量与分布

数量均处于同一数量级水平，分别为 1.4×10^5 CFU/g 干土、1.1×10^5 CFU/g 干土、1.6×10^5 CFU/g 干土和 2.2×10^5 CFU/g 干土。1 月，HL2X 点菌体数量为 5.0×10^3 CFU/g 干土，较其他点低 1 个数量级。5 月，HL2X 和 HL3E 两点 IPB 的数量相对较低，分别为 8.9×10^4 CFU/g 干土和 5.8×10^4 CFU/g 干土，而 HL1T 和 HL4N 点分别为 1.4×10^5 CFU/g 干土、1.9×10^5 CFU/g 干土，较 HL2X 和 HL3E 点高出 1 个数量级。8 月，除 HL4N 点 IPB 的数量偏低外（8.2×10^4 CFU/g 干土），HL1T、HL2X、HL3E 和 HL5H 采样点菌体数量分别为 3.3×10^5 CFU/g 干土、3.0×10^5 CFU/g 干土、1.7×10^5 CFU/g 干土和 1.4×10^5 CFU/g 干土，处于同一数量级水平。

3.5.8 桃山水库

3.5.8.1 AB 的数量与分布

图 3-104 显示了桃山水库沉积物中 AB 的数量与分布。由图 3-104 可知，10 月，沉积物中 AB 的数量为 7.9×10^5 CFU/g 干土。1 月，菌体数量出现下降的趋势，但仍与 10 月处于同一数量级水平，为 2.8×10^5 CFU/g 干土。5 月和 8 月，AB 的数量相对较高，分别为 1.1×10^6 CFU/g 干土、1.6×10^6 CFU/g 干土，较 10 月和 1 月高出 1 个数量级。此外，同一时期，不同采样点沉积物中 AB 的数量与分布存在较为明显的差异性。由于采样的客观条件限制，除 10 月外，其他月份均有未采集到的沉积物样品。其中 10 月，HH5、HH7 和 HH8 三点 AB 的数量较高，分别为 1.1×10^6 CFU/g 干土、2.1×10^6 CFU/g 干土和 1.9×10^6 CFU/g 干土，较其他采样点高出 1 个数量级。1 月，各点菌体数量相当，分别为 3.4×10^5 CFU/g 干土、2.9×10^5 CFU/g 干土、4.5×10^5 CFU/g 干土、2.5×10^5 CFU/g 干土、1.2×10^5 CFU/g

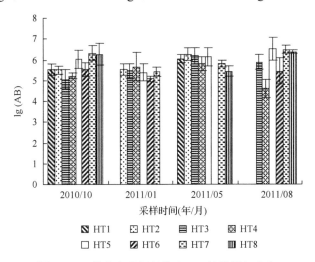

图 3-104　桃山水库沉积物中 AB 的数量与分布

干土和 2.7×10^5CFU/g 干土，均处于同一数量级水平。5 月，HH4、HH7 和 HH8 三个采样点 AB 的数量相对偏低，分别为 6.3×10^5CFU/g 干土、6.5×10^5CFU/g 干土和 2.7×10^5CFU/g 干土，较其他点低 1 个数量级。8 月，HT4 点菌体数量为 4.0×10^4CFU/g 干土，而最高值出现在 HT5 点，为 3.4×10^6CFU/g 干土，两者相差 2 个数量级。

3.5.8.2　DNB 的数量与分布

由图 3-105 可知，各季节桃山水库沉积物中 DNB 的数量均处于同一数量级水平。其中秋季(2010 年 10 月)和冬季(2011 年 1 月)DNB 的数量相对偏低，分别为 1.8×10^4MPN/g 干土和 1.1×10^4MPN/g 干土。而春季(2011 年 5 月)和夏季(2011 年 8 月)菌体数量分别为 7.8×10^4MPN/g 干土和 5.7×10^4MPN/g 干土。此外，同一季节，不同采样点之间 DNB 数量与分布的差异性较为明显。10 月，HT2、HT3、HT5 和 HT7 四点菌体数量分别为 2.0×10^4MPN/g 干土、3.9×10^4MPN/g 干土、5.9×10^4MPN/g 干土和 1.3×10^4MPN/g 干土，较其他采样点高出 1 个数量级。1 月，HT2 点菌体数量最低，为 8.9×10^2MPN/g 干土，而最高值出现在 HT6 点，为 4.2×10^4MPN/g 干土，两者相差 2 个数量级。5 月，HT4 和 HT7 两个采样点 DNB 的数量分别为 7.2×10^3MPN/g 干土、7.3×10^3MPN/g 干土，较 HT1(1.8×10^5MPN/g 干土)、HT5(1.3×10^5MPN/g 干土)、HT8(1.4×10^5MPN/g 干土)低 2 个数量级。8 月，HT5 点菌体数量为 2.3×10^5MPN/g 干土，而 HT4 和 HT6 两点 DNB 的数量相对偏低，分别为 3.3×10^3MPN/g 干土、6.7×10^3MPN/g 干土，较 HT5 点低 2 个数量级。

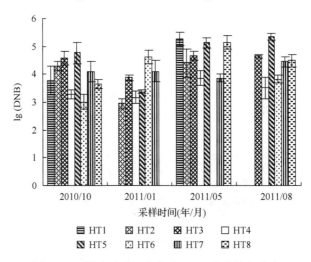

图 3-105　桃山水库沉积物中 DNB 的数量与分布

3.5.8.3 磷细菌的数量与分布

图 3-106 显示了桃山水库沉积物中 OPB 的数量与分布。由图 3-106 可知,冬季(2011 年 1 月)沉积物中 OPB 的数量相对偏低,为 $1.5×10^5$CFU/g 干土。秋季(2010 年 10 月)、春季(2011 年 5 月)和夏季(2011 年 8 月)菌体数量分别为 $2.4×10^5$CFU/g 干土、$5.5×10^5$CFU/g 干土和 $1.1×10^6$CFU/g 干土,其中夏季最高。此外,同一时期,不同采样点沉积物中 OPB 的数量与分布存在较为明显的差异性。1 月,除 HT2 点 OPB 的数量相对偏低外($8.5×10^4$CFU/g 干土),HT3、HT4、HT5、HT6 和 HT7 点菌体数量分别为 $1.7×10^5$CFU/g 干土、$1.5×10^5$CFU/g 干土、$1.1×10^5$CFU/g 干土、$2.7×10^5$CFU/g 干土和 $1.4×10^5$CFU/g 干土,处于同一数量级水平。5 月,HT4 采样点 OPB 的数量为 $1.4×10^6$CFU/g 干土,较 HT1 点($9.5×10^4$CFU/g 干土)高出 2 个数量级。8 月,HT4 点菌体数量最低,为 $2.0×10^4$CFU/g 干土,而最高值出现在 HT5 点,达到 $4.7×10^6$CFU/g 干土,两者相差 2 个数量级。与 OPB 的分布特征类似,桃山水库沉积物中 IPB 的数量也是在 1 月最低(图 3-107),为 $1.6×10^5$CFU/g 干土,8 月最高,其菌体数量是 1 月的 5 倍。其中,10 月,HT5 点 IPB 的数量相对较高,为 $4.9×10^5$CFU/g 干土,约是 HT1 点菌体数量($1.0×10^5$CFU/g 干土)的 5 倍。1 月,HT2、HT3、HT4、HT5、HT6 和 HT7 点 IPB 的数量均处于同一数量级水平,分别为 $1.2×10^5$CFU/g 干土、$2.1×10^5$CFU/g 干土、$2.2×10^5$CFU/g 干土、$1.7×10^5$CFU/g 干土、$1.4×10^5$CFU/g 干土和 $1.0×10^5$CFU/g 干土。5 月,HT5 点菌体数量最高,为 $4.6×10^5$CFU/g 干土,而最低值出现在 HT1 点,为 $9.5×10^4$CFU/g 干土,两者相差 1 个数量级。8 月,HT4 点菌体数量相对较低,为 $2.7×10^4$CFU/g 干土,较 HT5 点($2.0×10^6$CFU/g 干土)低 2 个数量级。

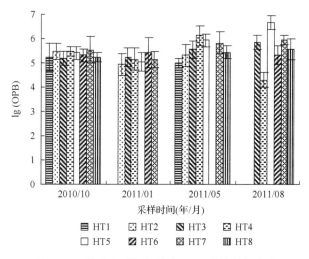

图 3-106 桃山水库沉积物中 OPB 的数量与分布

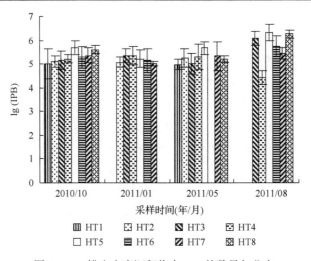

图 3-107　桃山水库沉积物中 IPB 的数量与分布

3.5.9　西泉眼水库

3.5.9.1　AB 的数量与分布

对西泉眼水库沉积物中 AB 数量变化的调查结果表明(图 3-108)：冬季(2011 年 2 月)和秋季(2011 年 10 月)AB 的数量相对偏低，分别为 1.0×10^5CFU/g 干土、4.3×10^5CFU/g 干土，而春季(2011 年 5 月)和夏季(2011 年 7 月)菌体的数量分别为 2.5×10^6CFU/g 干土和 2.3×10^6CFU/g 干土，较冬季和秋季高 1 个数量级。此外，同一季节，不同采样点沉积物中 AB 数量与分布的差异性较为明显。其中 2 月，HX3

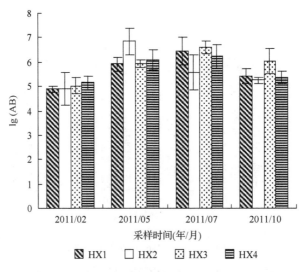

图 3-108　西泉眼水库沉积物中 AB 的数量与分布

和 HX4 两点菌体数量分别为 1.1×10^5CFU/g 干土和 1.4×10^5CFU/g 干土，较 HX1 和 HX2 点高出 1 个数量级。5 月，HX2 点 AB 的数量为 7.2×10^6CFU/g 干土，明显高于 HX1、HX3 和 HX4 采样点。7 月，HX1、HX3 和 HX4 三点菌体的数量处于同一数量级水平，分别为 2.9×10^6CFU/g 干土、4.1×10^6CFU/g 干土和 1.7×10^6CFU/g 干土，较 HX2 点（3.7×10^5CFU/g 干土）高 1 个数量级。10 月，除 HX3 采样点 AB 的数量偏高外（1.1×10^6CFU/g 干土），HX1、HX2 和 HX4 三点菌体数量相当，分别为 2.6×10^5CFU/g 干土、1.7×10^5CFU/g 干土和 2.4×10^5CFU/g 干土。

3.5.9.2　DNB 的数量与分布

图 3-109 显示了西泉眼水库沉积物中 DNB 的数量与分布。由图 3-109 可知，2 月沉积物中 DNB 的数量较低，为 3.2×10^4MPN/g 干土。而从 5～10 月 DNB 的数量总体呈下降的趋势，其中 5 月菌体数量的平均值为 2.4×10^6MPN/g 干土，7 月和 10 月分别为 1.9×10^5MPN/g 干土、1.5×10^5MPN/g 干土，较 5 月下降了 1 个数量级。此外，同一时期，不同采样点之间 DNB 的数量与分布存在较为明显的差异性。其中 2 月，HX1 点 DNB 的数量为 9.6×10^4MPN/g 干土，较 HX4 点（9.5×10^3MPN/g 干土）高出 1 个数量级。5 月，4 个采样点菌体数量均较高，分别为 4.3×10^6MPN/g 干土、1.6×10^6MPN/g 干土、1.4×10^6MPN/g 干土和 2.3×10^6MPN/g 干土，处于同一数量级水平。7 月，HX2 和 HX4 两点 DNB 的数量分别为 2.9×10^4MPN/g 干土、3.2×10^4MPN/g 干土，较 HX1 和 HX3 点低 1 个数量级。10 月，除 HX4 采样点 DNB 的数量偏低外（9.6×10^4MPN/g 干土），HX1、HX2 和 HX3 点菌体数量相当，分别为 1.8×10^5MPN/g 干土、2.0×10^5MPN/g 干土和 1.1×10^5MPN/g 干土。

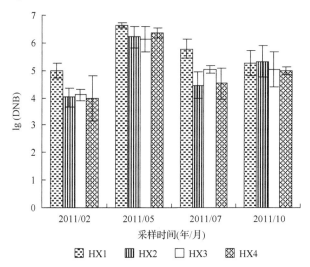

图 3-109　西泉眼水库沉积物中 DNB 的数量与分布

3.5.9.3 磷细菌的数量与分布

图 3-110 显示了西泉眼水库沉积物中 OPB 的数量与分布。由图 3-110 可知，从 2～7 月，OPB 的数量总体呈上升的趋势。其中 2 月均值为 $3.5×10^4$CFU/g 干土，5 月和 7 月分别为 $3.8×10^5$CFU/g 干土、$6.6×10^5$CFU/g 干土。10 月沉积物中 OPB 的数量低于 7 月，但仍处于同一数量级水平，为 $1.5×10^5$CFU/g 干土。此外，同一采样时期，不同点位之间 OPB 数量与分布的差异性较为明显。其中 1 月，HX3 点菌体数量最低，为 $6.6×10^3$CFU/g 干土，较 HX1、HX2 和 HX4 点低 1 个数量级。7 月，4 个采样点沉积物中 OPB 的数量均较高，分别为 $9.5×10^5$CFU/g 干土、$3.8×10^5$CFU/g 干土、$6.5×10^5$CFU/g 干土和 $6.6×10^5$CFU/g 干土。10 月，除 HX4 点 OPB 的数量偏低外（$9.6×10^4$CFU/g 干土），HX1、HX2 和 HX3 菌体数量相当，分别为 $2.2×10^5$CFU/g 干土、$1.4×10^5$CFU/g 干土和 $1.6×10^5$CFU/g 干土。与 OPB 的分布特征类似，西泉眼水库沉积物中 IPB 的数量也是在冬季（2011 年 2 月）最低（图 3-111），为 $1.2×10^5$CFU/g 干土。春季（2011 年 5 月）、夏季（2011 年 7 月）和秋季（2011 年 10 月）菌体的数量分别为 $1.1×10^6$CFU/g 干土、$1.7×10^6$CFU/g 干土和 $4.5×10^5$CFU/g 干土，秋季略低于春季和夏季。其中 5 月，HX1 和 HX3 两点 IPB 的数量相对较高，分别为 $1.4×10^6$CFU/g 干土和 $2.0×10^6$CFU/g 干土，明显高于 HX2 和 HX4 点。7 月，HX1、HX3 和 HX4 三点菌体数量分别为 $1.1×10^6$CFU/g 干土、$3.7×10^6$CFU/g 干土和 $1.7×10^6$CFU/g 干土，较 HX2 点（$3.6×10^5$CFU/g 干土）高出 1 个数量级。10 月，HX3 点 IPB 数量最高，达到 $1.1×10^6$CFU/g 干土，而最低值出现在 HX2 点，为 $1.1×10^5$CFU/g 干土，两者相差 1 个数量级。

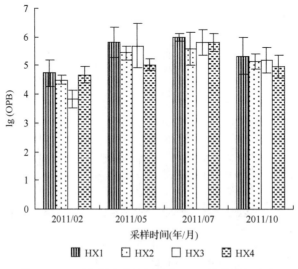

图 3-110　西泉眼水库沉积物中 OPB 的数量与分布

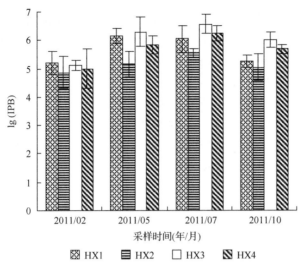

图 3-111　西泉眼水库沉积物中 IPB 的数量与分布

3.5.10　磨盘山水库

3.5.10.1　AB 的数量与分布

图 3-112 显示了磨盘山水库沉积物中 AB 的数量与分布。由图 3-112 可知，3 月和 10 月沉积物中 AB 的数量相对偏低，分别为 5.8×10^4 CFU/g 干土和 6.5×10^4 CFU/g 干土，而 6 月和 8 月菌体数量的均值分别为 3.0×10^5 CFU/g 干土和 9.0×10^5 CFU/g 干土，较 3 月和 10 月高出 1 个数量级。此外，同一时期，不同采样点沉积物中 AB 数量

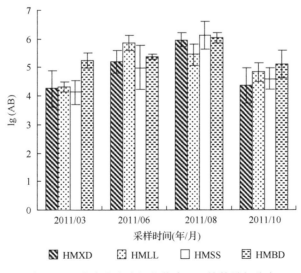

图 3-112　磨盘山水库沉积物中 AB 的数量与分布

和分布的差异性较为明显。其中 3 月，HMBD 点菌体数量最高，为 $1.8 \times 10^5 CFU/g$ 干土，而 HMXD、HMLL 和 HMSS 三点 AB 的数量相对偏低，分别为 $1.8 \times 10^4 CFU/g$ 干土、$2.1 \times 10^4 CFU/g$ 干土和 $1.3 \times 10^4 CFU/g$ 干土，处于同一数量级水平。6 月，HMSS 采样点 AB 的数量最低，为 $9.5 \times 10^4 CFU/g$ 干土，而最高值出现在 HMLL 点，为 $7.1 \times 10^5 CFU/g$ 干土，两者相差 1 个数量级。8 月，4 个采样点 AB 的数量均较高，分别为 $8.9 \times 10^5 CFU/g$ 干土、$2.8 \times 10^5 CFU/g$ 干土、$1.3 \times 10^6 CFU/g$ 干土和 $1.1 \times 10^6 CFU/g$ 干土。10 月，HMXD 点菌体数量为 $2.3 \times 10^4 CFU/g$ 干土，较 HMBD 点（$1.3 \times 10^5 CFU/g$ 干土）低 1 个数量级。

3.5.10.2　DNB 的数量与分布

由图 3-113 可知，3 月磨盘山水库沉积物中 DNB 的数量为 $1.2 \times 10^3 MPN/g$ 干土，6 月和 8 月分别为 $1.1 \times 10^4 MPN/g$ 干土和 $1.6 \times 10^4 MPN/g$ 干土，较 3 月高出 1 个数量级。而到了 10 月，菌体数量出现下降的趋势，下降为 $1.6 \times 10^3 MPN/g$ 干土。此外，同一采样时期，不同点位沉积物中 DNB 的数量与分布存在较为明显的差异性。其中 3 月，HMBD 点菌体数量最低，仅为 $5.5 \times 10^2 MPN/g$ 干土，而 HMXD、HMLL 和 HMSS 三点 DNB 的数量分别为 $1.0 \times 10^3 MPN/g$ 干土、$2.1 \times 10^3 MPN/g$ 干土和 $1.2 \times 10^3 MPN/g$ 干土，较 HMBD 点高出 1 个数量级。6 月，HMXD 和 HMLL 两点沉积物中 DNB 的数量分别为 $1.4 \times 10^4 MPN/g$ 干土和 $1.8 \times 10^4 MPN/g$ 干土，明显高于 HMSS 和 HMBD 两点。8 月，4 个采样点菌体数量均处于同一数量级水平，分别为 $1.1 \times 10^4 MPN/g$ 干土、$2.2 \times 10^4 MPN/g$ 干土、$1.9 \times 10^4 MPN/g$ 干土和

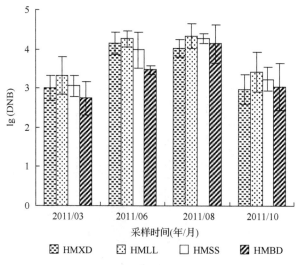

图 3-113　磨盘山水库沉积物中 DNB 的数量与分布

1.4×10^4MPN/g 干土。10 月，HMLL、HMSS 和 HMBD 三点菌体数量分别为 2.6×10^3MPN/g 干土、1.7×10^3MPN/g 干土和 1.1×10^3MPN/g 干土，较 HMXD 点（9.5×10^2MPN/g 干土）高出 1 个数量级。

3.5.10.3　磷细菌的数量与分布

图 3-114 显示了磨盘山水库沉积物中 OPB 的数量与分布。由图 3-114 可知，从 3～8 月，沉积物中 OPB 的数量总体呈上升的趋势。其中，3 月菌体数量的平均值为 3.4×10^4CFU/g 干土，到 8 月上升为 4.5×10^5CFU/g 干土。到了 10 月，OPB 的数量下降为 4.4×10^4CFU/g 干土，较 8 月低 1 个数量级。此外，同一时期，不同采样点 OPB 数量与分布的差异性较为明显。其中 3 月，HMLL 和 HMBD 两点菌体数量分别为 4.6×10^4CFU/g 干土、8.1×10^4CFU/g 干土，较 HMSS 点（2.4×10^3CFU/g 干土）高 1 个数量级。8 月，HMLL 点 OPB 的数量最高，达到 1.1×10^6CFU/g 干土，而最低值出现在 HMSS 点，为 1.7×10^5CFU/g 干土，两者相差约 5.5 倍。10 月，HMXD、HMLL、HMSS 和 HMBD 四个采样点菌体数量均处于同一数量级水平，分别为 2.3×10^4CFU/g 干土、9.6×10^4CFU/g 干土、4.3×10^4CFU/g 干土和 1.6×10^4CFU/g 干土。与 OPB 的分布特征类似，磨盘山水库沉积物中 IPB 的数量也是在 3 月和 10 月相对偏低（图 3-115），分别为 4.4×10^4CFU/g 干土和 3.4×10^4CFU/g 干土，较 6 月（1.2×10^5CFU/g 干土）和 8 月（4.5×10^5CFU/g 干土）低 1 个数量级。其中 3 月，HMBD 点 IPB 的数量最高，为 1.5×10^5CFU/g 干土，而最低值出现在 HMSS 点，仅为 2.4×10^3CFU/g 干土，两者相差 2 个数量级。6 月，除 HMLL 点菌体数量相对偏低外（4.3×10^4CFU/g 干土），HMXD、HMSS 和 HMBD 三个采样

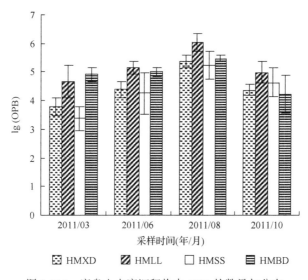

图 3-114　磨盘山水库沉积物中 OPB 的数量与分布

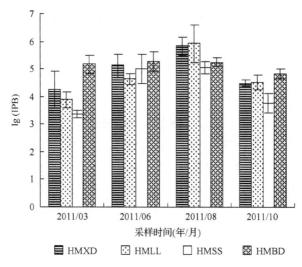

图 3-115　磨盘山水库沉积物中 IPB 的数量与分布

点 IPB 的数量分别为 1.3×10^5CFU/g 干土、1.1×10^5CFU/g 干土和 1.9×10^5CFU/g 干土，较 HMLL 点高出 1 个数量级。8 月，HMXD、HMLL、HMSS 和 HMBD 四点沉积物中 IPB 的数量均较高，分别为 6.9×10^5CFU/g 干土、8.3×10^5CFU/g 干土、1.2×10^5CFU/g 干土和 1.7×10^5CFU/g 干土，均处于同一数量级水平。

3.6　不同湖库间沉积物中微生物类群的分布特征

为了调查东北不同湖库沉积物中微生物类群分布的差异性，选择 2010 年 10 月(秋季)调查的 8 个湖库(五大连池 HW、兴凯湖 HX、镜泊湖 HJ、松花湖 JS、大伙房水库 LD、红旗泡 HH、连环湖 HL 和桃山水库 HT)作为研究对象，进行分析说明。在该季节，由于客观条件的限制，没有采集西泉眼水库和磨盘山水库的沉积物样品，因此，对西泉眼水库和磨盘山水库暂不做对比。

3.6.1　氨化细菌的数量与分布

对东北 8 个典型湖库沉积物中氨化细菌(AB)分布的调查结果表明(图 3-116)：HW、HX、HJ、HL、HT、JS 和 LD 沉积物中 AB 的数量相差不大，且均处于同一数量级水平。其中，JS 和 LD 菌体数量分别为 6.0×10^5CFU/g 干土和 4.6×10^5CFU/g 干土，而 HL 相对偏低，为 1.1×10^5CFU/g 干土，JS、LD 分别为 HL 的 5 倍和 4 倍。且综合图 3-71 可知，沉积物中 AB 的数量明显高于水体中。其中，HW 水体中 AB 的数量仅为 1.1×10^3CFU/mL，而 HW 沉积物中菌体的数量达到 2.7×10^5CFU/g 干土，两者相差 2 个数量级。HT 水体中 AB 的数量为 3.2×10^4CFU/mL，较沉积物中(4.9×10^5CFU/g 干土)低 1 个数量级。这可能是由于沉积物中含有丰富的含氮有机物，且沉积物性质相对稳定，有利于 AB 的生长。

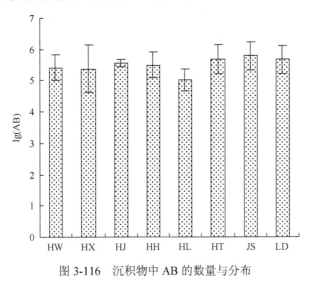

图 3-116　沉积物中 AB 的数量与分布

3.6.2　反硝化细菌的数量与分布

由图 3-117 可知，东北各湖库沉积物中反硝化细菌(DNB)数量与分布的空间差异性较大。其中，HL、HX 和 LD 沉积物中 DNB 的数量相对较高，分别为 1.3×10^6 MPN/g 干土、2.9×10^5 MPN/g 干土和 1.7×10^5 MPN/g 干土，较 HW(5.0×10^3 MPN/g 干土)、HT(8.7×10^3 MPN/g 干土)高出 2 或 3 个数量级。总体来说，综合图 3-72 可知，东北湖库水体中 DNB 的数量相对低于沉积物中 DNB 的数量。其中，HL 水体中 DNB

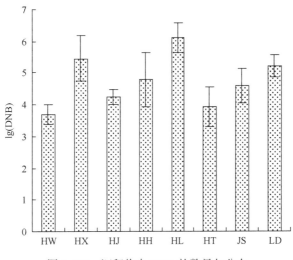

图 3-117　沉积物中 DNB 的数量与分布

的数量为 7.6×10^2MPN/mL，较沉积物中(1.3×10^6MPN/g 干土)低 4 个数量级。LD 沉积物中 DNB 的数量为 1.7×10^5MPN/g 干土，水体中为 3.7×10^4MPN/mL，两者相差 1 个数量级。而 JS 则是水体中 DNB 的数量相对高于沉积物中的菌体数量，但是相差不大，其水体中菌体数量为 8.7×10^4MPN/mL，沉积物中的菌体数量为 3.8×10^4MPN/g 干土。

3.6.3　磷细菌的数量与分布

图 3-118 显示了 8 个东北典型湖库沉积物中 OPB 的数量分布。由图 3-118 可知，除 HX 沉积物中 OPB 的数量相对偏低外(3.0×10^4CFU/g 干土)，HW、HJ、HH、HL、HT、JS 和 LD 沉积物中菌体的数量分别为 1.3×10^5CFU/g 干土、2.2×10^5CFU/g 干土、1.6×10^5CFU/g 干土、1.8×10^5CFU/g 干土、2.3×10^5CFU/g 干土、3.7×10^5CFU/g 干土和 2.8×10^5CFU/g 干土，均处于同一数量级水平。综合图 3-73 和图 3-118 可知，沉积物中 OPB 的数量相对高于水体中。其中，HH 水体中 OPB 的数量仅为 2.1×10^3CFU/mL，相对于沉积物中(1.6×10^5CFU/g 干土)低 2 个数量级。JS 和 LD 沉积物中 OPB 数量较高，分别为 3.7×10^5CFU/g 干土和 2.8×10^5CFU/g 干土，较水体中的 5.9×10^4CFU/mL、5.2×10^4CFU/mL 高出 1 个数量级。与 OPB 的分布特征类似，JS 和 LD 沉积物中 IPB 的数量也相对较高(图 3-119)，分别为 5.1×10^5CFU/g 干土、4.2×10^5CFU/g 干土，较 HW(9.3×10^4CFU/g 干土)、HX(8.9×10^4CFU/g 干土)高 1 个数量级。综上，水体中 IPB 的数量明显低于沉积物中。其中，HJ 水体中菌体数量为 2.8×10^4CFU/mL，较沉积物中的 2.1×10^5CFU/g 干土低 1 个数量级。HX 沉积物中 IPB 的数量为 8.9×10^4CFU/g 干土，而水体中仅为 6.5×10^3CFU/mL，两者相差约 13 倍。

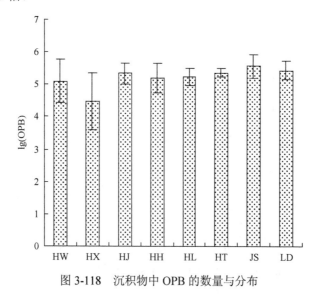

图 3-118　沉积物中 OPB 的数量与分布

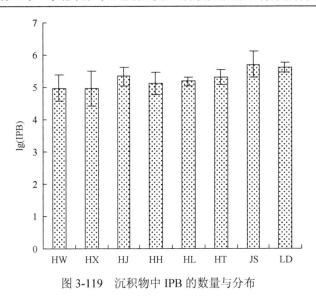

图 3-119　沉积物中 IPB 的数量与分布

3.7　讨　　论

3.7.1　东北湖库水体中微生物类群分布差异

东北典型湖库水体中微生物功能菌群数量和分布的季节变化规律较为显著。其中，五大连池水体中 AB 和磷细菌(OPB、IPB)的数量均在春、夏季节较高，而在冬季和秋季相对偏低。DNB 的数量则是在秋季相对较高。刘东山和罗启芳[55]在测定东湖不同时期水体中氮循环细菌的分布时指出，AB 在温度较为适宜的平水期(4 月)和丰水期(7 月)生长较好，而在温度较低的枯水期(11 月)数量最低，这说明温度是影响 AB 数量和分布的主要因素之一。高坤乾[56]曾指出，珠海市大镜山水库水体中磷细菌的分布在冬季较多，而夏季相对较少，与本研究结论相反，这是由于大镜山水库在冬季枯水期从外部污染严重的河流抽水，水体中外源磷的输入增加，导致冬季磷细菌的数量升高；同时大镜山水库水体的年平均温度为24.5℃，因此温度不是影响微生物菌群分布的关键因子。而五大连池水体温度受季节性制约明显，各采样点的年均值在 15℃左右，同时湖水在冬季处于结冰状态，外源污染物质的输入较少，因此磷细菌的数量较夏季低。另外，夏季是五大连池旅游业的旺季，旅游业产生大量的含磷污水也会导致该季节水体中磷细菌数量的升高。兴凯湖水体中微生物类群的分布特点与五大连池类似。

春、夏、秋季镜泊湖水体中 AB、OPB 和 IPB 的数量相当，而在冬季最低。DNB 的数量则在春季最高、冬季最低，主要是因为冬季镜泊湖 DO 的浓度较高，达到 12.82mg/L，高浓度的 DO 抑制了 DNB 的生长和繁殖。松花湖和大伙房水库水体中微生物功能菌群的数量也是在冬季最低，冬季湖水处于结冰状态，低温不利于微生物的生长和繁殖。红旗泡、连环湖、桃山水库、西泉眼水库和磨盘山水库水体中 AB、DNB、OPB 和 IPB 的分布特征较为相似，即在春、夏季节较高，秋季和冬季相对偏低。

3.7.2　水体微生物类群与水质指标的关系

东北湖库水体中微生物类群的数量与营养盐含量密切相关。其中，五大连池水体 AB 的数量与 TN 和 NH_3-N 呈显著正相关。这与柴晓娟[57]对镇江内江水体中微生物菌群进行生态调查时所得的结论一致。TN 和 NH_3-N 是水体 N 污染的指示，故 AB 的数量是五大连池水体 N 污染程度的一个间接指示。而 DNB 的数量与 NO_2^--N 之间呈正相关关系（$r=0.846$，$P<0.05$）。磷是导致水体富营养化的重要元素，因而磷的循环在水生生态系统中具有举足轻重的作用，磷细菌对磷化合物的分解能力是水体中磷循环顺利进行的主要限制因子之一[58]。五大连池水体中 TP 含量对 OPB、IPB 数量和分布的影响较为显著。TP 是进行水质评价的重要指标之一，磷细菌数量与 TP 之间的相关性分析表明其可以间接显示五大连池水体磷污染的程度。

兴凯湖水体中 AB 与 TN 和 NH_3-N 呈正相关（$r=0.821$，$P<0.05$；$r=0.852$，$P<0.05$）。DNB 的数量与 NO_3^--N 和 NO_2^--N 的相关性也较好，相关系数 r 分别为 -0.812（$P<0.05$）、-0.852（$P<0.05$）。万欢[59]在对京杭大运河杭州段水体中微生物类群进行调查时指出 DNB 数量与 NO_3^--N 之间的相关性不明显。而陈琳[1]的研究表明，苏州河水体中 DNB 的数量与 NO_3^--N 和 NO_2^--N 均呈负相关。但是 TP 与 OPB 和 IPB 之间无明显的相关性，不同于五大连池的分析结果，研究结果的不同可能是由于水体环境等因素存在较大的差异性。

镜泊湖和大伙房水库水体中 NO_3^--N、NO_2^--N 对 DNB 数量与分布的影响也较大。松花湖水体中 AB 与 TN 之间无明显的相关性，但是与 NH_3-N 呈正相关关系（$r=0.974$，$P<0.01$）。而 DNB 与 NO_3^--N 和 NO_2^--N 呈显著负相关（$r=-0.870$，$P<0.05$；$r=-0.837$，$P<0.05$）。OPB、IPB 与 TP 之间的相关性也较好（$r=0.806$，$P<0.05$；$r=0.755$，$P<0.05$）。此外，红旗泡、连环湖、桃山水库、西泉眼水库和磨盘山水库水体中微生物类群的数量与相应营养盐的含量也呈一定的相关性。

3.7.3　不同湖库间水体微生物类群分布差异

2010 年 10 月，镜泊湖、松花湖和大伙房水库水体中细菌生理类群的数量明显高于其他湖库。Hong 等[60]的研究指出，人口密集地区水体中微生物的数量明显高于人类活动较少的地区。镜泊湖、松花湖和大伙房水库由于受人类活动的影响大，水体污染较严重，因此，水体中微生物类群的数量相对较高。此外，大量污染物在湖库内沉淀积累，导致湖库内源污染越来越严重，而镜泊湖、松花湖和大伙房水库均为深水湖库，最大水深分别为 62m、75m 和 37m，不利于其内源污染物的释放，因此，控制内源污染对于镜泊湖、松花湖和大伙房水库来说是亟待解决的问题之一。兴凯湖水体中 DNB 的数量也较高，可能是由于兴凯湖水浅，且湖面波涛汹涌，水体不断冲刷湖底泥沙，沉积物中的氮盐向水体中迁移，为 DNB 的生长提供了丰富的底质，但是兴凯湖水体中 AB、OPB 和 IPB 的数量相对偏低，其原因尚待进一步探究。五大连池、连环湖、桃山水库和红旗泡 4 个湖库水体中微生物的数量较低。其中，桃山水库是黑龙江省七台河市唯一的饮用水源地，由于水库上游生活污水、工业废水以直接或间接的形式排入水库，对其水体造成了一定程度的污染[61]，但相对于镜泊湖、松花湖和大伙房水库来说，其水体中 AB、DNB、OPB 和 IPB 的数量不高。而连环湖水体 pH 呈偏强碱性，不利于微生物的生长和繁殖。此外，五大连池和红旗泡周边尚无严重的工业污染，水质总体较好，水体中微生物功能菌群的数量较低。

东北典型湖库水体中 AB、DNB、OPB 和 IPB 之间呈极显著正相关，这与杜萍等[62]对淑江口水体中微生物类群进行调查时所得的结论一致。对微生物功能菌群之间的相关性分析表明，其在氮、磷循环过程中是相互促进来完成氮和磷的转化的，不但体现了其在物质循环过程中的作用，而且提高了外源污染物的降解速度。湖库水体中 DNB 与 NO_3^--N 密切相关（$r=0.377$，$P<0.01$），Ogan[63]的研究也表明，水体中 DNB 的数量与 NO_3^--N 含量呈正相关关系。反硝化作用的主要产物是气态氮，因此 DNB 能够促进水体中 N 的释放，有利于改善水体的水质。此外，TN/TP 对湖库水体中 AB、DNB、OPB 和 IPB 数量与分布的影响也较为显著（$r=0.370$，$P<0.01$；$r=0.307$，$P<0.05$；$r=0.475$，$P<0.01$；$r=0.537$，$P<0.01$）。Yang 等[64]在调查黄浦江水质特征时指出，TN、NH_4^+-N、NO_3^--N 和 TP 等指标之间密切相关。东北湖库各水质指标之间的相关性也较为显著，其中，NO_3^--N 与 TN 呈极显著正相关（$r=0.848$，$P<0.01$），而与 NH_4^+-N 呈负相关关系（$r=-0.470$，$P<0.01$），TP 与 NH_4^+-N 和 NO_3^--N 均具有显著的相关性。

微生物类群数量和氮组分含量能够较好地反映东北典型湖库水体的水质。波兰学者 Niewolak[65]的研究指出，污染较严重的马里湖中细菌生理类群的数量比贫营养湖的数量多得多，相差几个数量级。Hong 等[60]的调查结果显示，人口密集地区水体中微生物的数量相对较高。此外，研究也表明[66]，微生物功能菌群可以间接地指示水体受某种或某类污染物污染的程度，进一步说明了微生物类群在湖泊污染中具有一定的指示作用。Simeonov 等[67]的研究表明，氮组分含量对希腊北部地表水水质的影响较大。Kannel 等[68]对尼泊尔某城市河流系统进行水质评估时指出，氮含量是评价水体污染的主要指标。因子分析结果表明，公因子 1 除与微生物功能菌群有关外，还与氮素有关，这说明氮含量对东北湖库水质的影响也较为显著。总的来说，由于东北平原与山地湖区冬季长而寒冷多雪，湖泊冰冻期长，生物量较低，因此，发生水华的湖库相对较少，湖库水体水质尚好。但是随着社会经济的发展和人类生活水平的提高，预防和控制其富营养化仍需引起高度重视。

3.7.4　东北湖库沉积物中微生物类群分布差异

沉积物是水环境的重要组成部分，在水体污染研究中具有特殊的重要性。湖泊沉积物是一个各种微生物丰富、物质交换频繁、生物活性高的特殊环境[69]。

五大连池、镜泊湖、桃山水库、西泉眼水库和磨盘山水库沉积物中微生物类群的数量在春、夏季节较高，而在秋季和冬季相对偏低。兴凯湖沉积物中 AB、OPB、IPB 也是在春季和夏季较高，而 DNB 则是秋季最高，与兴凯湖水体中 DNB 的分布特征类似。松花湖、红旗泡和连环湖沉积物中微生物功能菌群的数量在冬季最低。而大伙房水库沉积物中 AB、OPB 和 IPB 的数量在夏季最高，DNB 则是秋季较高，其他三个季节差异不显著。

耿金菊等[70]的研究表明，微生物的数量和分布与沉积物污染程度、营养盐状况有关。宋洪宁等[31]指出，水体环境的变化和外来生物对东平湖沉积物细菌群落结构的影响较大。高慧琴等[71]的调查结果也显示，夏季湖泊沉积物中总有机碳（TOC）和 TP 含量对微生物群落结构的影响较大。但是由于客观条件的限制，本研究未对影响东北湖库沉积物中微生物功能菌群数量和分布的因素进行探讨。

总的来说，同一季节，各湖库沉积物中微生物类群的数量要高于水体中。沉积物中含有大量的有机质和腐殖质，这是东北平原与山地湖区湖库的主要特点之一，由于沉积物中含有较为丰富的底质，且沉积物性质相对稳定，有利于菌体的生长，因此，东北湖库沉积物中微生物功能菌群的数量明显高于水体中。

3.7.5　不同湖库间沉积物中微生物类群分布差异

2010 年 10 月，松花湖和大伙房水库沉积物中 AB、OPB 和 IPB 的数量较其他湖库高。镜泊湖沉积物中 AB 和磷细菌（OPB、IPB）的数量虽然也略高于其他采样点，但是相差不大。这与水体中的分布特征类似，镜泊湖、松花湖和大伙房水库三个湖库水体中微生物功能菌群的数量也明显较高。而沉积物中 DNB 的数量则是连环湖、兴凯湖和大伙房水库相对较高，不同于水体中的分布特征。

氨化作用和反硝化作用在氮循环过程中起着重要的作用。总的来说，东北典型湖库沉积物中 AB 的数量较高，进而可以将沉积物中大量的有机态氮转化为氨态氮，逐渐向水体中释放，缓解沉积物中的有机氮污染。DNB 可以将硝酸盐还原成亚硝酸盐并进一步还原生成氮气，但是个别湖库沉积物中 DNB 的数量相对偏低，容易造成硝酸盐和亚硝酸盐的积累。对东北湖库磷细菌分布特征的研究表明，水体和沉积物中存在大量的磷细菌，其在磷的溶解、迁移、聚集和沉淀过程中起着重要的作用。IPB 能使沉积物中难溶性磷酸盐向水体中迁移，OPB 则能使水体中的磷向沉积物中迁移、聚集[72]，从而体现了微生物在磷循环过程中的作用。

3.8　本章小结

本研究对 10 个东北典型湖库水体和沉积物中微生物类群的分布特征进行了研究，初步得到以下结论。

1) 水体中微生物类群数量和分布的季节变化规律较为显著。其中，春、夏季节五大连池和兴凯湖水体中 AB、OPB 和 IPB 的数量明显高于秋季和冬季，而 DNB 的数量则是在秋季相对较高，DO 是影响 DNB 数量和分布的主要因素之一。镜泊湖、松花湖和大伙房水库水体中细菌生理类群的数量均在冬季最低。此外，红旗泡、连环湖、桃山水库、西泉眼水库和磨盘山水库水体中微生物功能菌群的分布特征较为相似，即在春、夏季节较高，秋季和冬季相对偏低。此外，同一季节，各湖库不同采样点水体中微生物类群的数量和分布也存在明显的差异性。

2) 东北湖库水体中微生物功能菌群与水质指标之间密切相关。其中，五大连池和兴凯湖水体中 AB 的数量与 TN、NH_3-N 正相关。松花湖和红旗泡水体中 AB 与 NH_3-N 呈显著正相关，而连环湖和桃山水库 AB 的数量与 NH_3-N 呈负相关关系。兴凯湖、镜泊湖和松花湖水体中 DNB 的数量与 NO_3^--N 和 NO_2^--N 负相关。大伙房水库和桃山水库 DNB 与 NO_3^--N、NO_2^--N 均呈正相关关系。而五大连池和连环湖水体中 DNB 只与 NO_2^--N 呈显著正相关。此外，五大连池、松花湖、红旗泡、西泉眼水库和磨盘山水库水体中磷细菌（OPB、IPB）的数量与 TP 之间的相关性也较为显著。

3) 五大连池、镜泊湖、桃山水库、西泉眼水库和磨盘山水库沉积物中微生物功能菌群的数量在春、夏季节较高，而在秋季和冬季相对偏低。兴凯湖沉积物中 AB、OPB 和 IPB 也是在春、夏季较高，而 DNB 则是秋季最高，与兴凯湖水体中 DNB 的分布特征类似。而松花湖、红旗泡和连环湖沉积物中 AB、OPB 和 IPB、DNB 均在冬季最低。总的来说，同一采样季节，各湖库沉积物中微生物类群的数量明显高于水体中。

4) 2010 年秋季，镜泊湖、松花湖和大伙房水库水体中细菌生理类群的数量明显高于其他湖库，而五大连池、连环湖、桃山水库和红旗泡相对偏低。此外，该季节松花湖和大伙房水库沉积物中 AB、OPB 和 IPB 的数量相对于其他湖库也较高，但 DNB 的数量则是连环湖、兴凯湖和大伙房水库相对较高，不同于水体中的分布特征。

参 考 文 献

[1] 陈琳. 苏州河微生物生态学初步研究[D]. 上海师范大学硕士学位论文, 2003: 14-20.

[2] 王国惠, 于鲁冀. 细菌生理群的研究及其生态学意义[J]. 生态学报, 1999, 19(1): 128-133.

[3] Niewolak S. The microbiological decomposition of tribasic calcium phosphate in the Ilawa lake[J]. Acta Hydrobiology, 1971, 13(2): 131-145.

[4] Cohen Y, Krumbein W E, Shilo M. Solar Lake (Sinai). 2. Distribution of photosyn-thetic microorganisms and primary production[J]. Limnology and Oceanography, 1977, 22(4): 609-620.

[5] Trizilova B. Results of finding some physiological groups of microorganisms from water by using some new methods[J]. Biology, 1976, 31(3): 179-185.

[6] Wassel R A, Mills A L. Changes in water and sediment bacterial community structure in a lake receiving acid mine drainage[J]. Microbial Ecology, 1983, 9(2): 155-169.

[7] Terai H, Yoh M, Saijo Y. Denitrifying activity and population growth of denitrifying bacteria in Lake Fukami-Ike[J]. Japanese Journal of Limnology RIZZA, 1987, 48(3): 211-218.

[8] Dan T B B, Stone L. The distribution of fecal pollution indicator bacteria in Lake Kinneret [J]. Water Research, 1991, 25(3): 263-270.

[9] Sanders R W, Caron D A, Berninger U G. Relationships between bacteria and heterotrophic nanoplankton in marine and fresh waters: an inter-ecosystem comparison[J]. Marine Ecology Progress Series, 1992, 86: 1-14.

[10] Sommaruga R, Robart R D. The significance of autotrophic and heterotrophic picoplankton in hypertrophic ecosystems[J]. FEMS Microbiology Ecology, 1997, 24(3): 187-200.

[11] Fleituch T, Starzecka S, Bednarz T, et al. Spatial trends in sediment structure, bacteria, and periphyton communities across a freshwater ecotone[J]. Hydrobiologia, 2001, 464(1/2/3): 165-174.

[12] Pirlot S, Vanderheyden J, Descy J P, et al. Abundance and biomass of heterotrophic microorganisms in Lake Tanganyika[J]. Freshwater Biology, 2005, 50(7): 1219-1232.

[13] Dale O R, Tobias C R, Song B. Biogeographical distribution of diverse anaerobic ammonium oxidizing (anammox) bacteria in Cape Fear River Estuary[J]. Environmental Microbiology, 2009, 11(5): 1194-1207.

[14] 普为民, 郭光远, 盛玲玲. 云南高原淡水湖泊的微生物区系调查 I. 滇池水域中的细菌数量及其种群分布[J]. 云南大学学报, 1985, 7(S): 94-102.

[15] 谢其明, 江文湘, 万家惠. 洪湖的异养菌和寡养菌的类群及数量季节变化的初步调查[J]. 生态学杂志, 1985, (4): 9-12.

[16] 张卓, 赵家聪, 朱云霞. 滇池水系不同水环境中细菌类群和数量的研究[J]. 云南大学学报, 1987, 9(2): 151-156.

[17] 李勤生, 华俐. 武汉东湖磷细菌种群结构的研究[J]. 水生生物学报, 1989, 13(4): 340-347.

[18] 史君贤, 胡锡钢, 陈忠元, 等. 秦山核电站邻近水域异养细菌的丰度及分布特征[J]. 东海海洋, 1991, 9(2): 34-40.

[19] 王国祥, 濮培民, 黄宜凯, 等. 太湖反硝化、硝化、亚硝化及氨化细菌分布及其作用[J]. 应用与环境生物学报, 1998, 5(2): 190-194.

[20] 吴根福, 吴雪昌, 吴洁, 等. 杭州西湖水域微生物的生态调查[J]. 水生生物学报, 2000, 24(6): 589-596.

[21] 李蒙英, 宋学宏, 凌去非, 等. 金鸡湖与尚湖中微生物数量及群落特征的研究[J]. 中国生态农业学报, 2001, 9(4): 28-30.

[22] Sekiguchi H, Watanabe M, Nakahara T, et al. Succession of bacterial community structure along the Changjiang River determined by denaturing gradient gel electrophoresis and clone library analysis[J]. Applied and Environmental Microbiology, 2002, 68(10): 5142-5150.

[23] 白洁, 张昊飞, 李岿然, 等. 胶州湾冬季异养细菌与营养盐分布特征及关系研究[J]. 海洋科学, 2004, 28(12): 31-34.

[24] Liu T, Shen W, Hu J W, et al. Study on the microorganisms related with nitrogen cycle in sediments of Hongfeng Lake[J]. Agricultural Science and Technology, 2010, 11(11-12): 186-190.

[25] 樊景凤, 陈佳莹, 陈立广, 等. 辽河口沉积物反硝化细菌数量及多样性的研究[J]. 海洋学报, 2011, 33(3): 95-102.

[26] 侯炳江, 曲春晖, 刘艳利. 桃山水库水质状况及保护对策[J]. 黑龙江水利科技, 2009, 37(2): 134-136.

[27] 刘阳, 张颖, 刘洋. 西泉眼水库污染源分析与评价[J]. 黑龙江生态工程职业学院学报, 2011, 24(2): 6-7.

[28] 邢颜峰, 白羽军. 西泉眼水库富营养化状况的研究[J]. 黑龙江环境通报, 2007, 31(1): 46-48.

[29] 吴根福, 吴雪昌, 吴洁, 等. 杭州西湖水体中微生物生理群生态分布的初步研究[J]. 生态学报, 1999, 19(3): 435-440.

[30] 范玉贞. 衡水湖微生物菌群分布的研究[J]. 衡水学院学报, 2009, 11(4): 70-72.

[31] 宋洪宁, 杜秉海, 张明岩, 等. 环境因素对东平湖沉积物细菌群落结构的影响[J]. 微生物学报, 2010, 50(8): 1065-1071.

[32] 岳冬梅, 田梦, 宋炜, 等. 太湖沉积物中氮循环菌的微生态[J]. 微生物学通报, 2011, 38(4): 555-560.

[33] 白雪, 许其功, 赵越, 等. 五大连池水体氮和磷代谢相关的微生物类群分异特性[J]. 环境科学研究, 2012, 25(1): 51-57.

[34] 乐毅全, 王士芬. 环境微生物学[M]. 北京: 化学工业出版社, 2005: 239-240.

[35] Chénier M R, Beaumier D, Roy R, et al. Impact of seasonal variations and nutrient inputs on nitrogen cycling and degradation of hexadecane by replicated River Biofilms[J]. American Society for Microbiology, 2003, 69(9): 5170-5177.

[36] Søren R, Peter B C, Lars P N. Seasonal variation in nitrification and denitrification in estuarine sediment colonized by benthic microalgae and bioturbating infauna[J]. Marine Ecology Progress Series, 1995, 126(5): 111-121.

[37] Sundbäck K, Miles A. Balance between denitrification and microalgal incorporation of nitrogen in microtidal sediments, NE Kattegat[J]. Aquatic Microbial Ecology, 2000, 22(10): 291-300.

[38] Patrick P, Emilien P, Richard S L. Seasonal variability of denitrification efficiency in northern salt marshes: an example from the St. Lawrence estuary[J]. Marine Environmental Research, 2007, 63(5): 490-505.

[39] 李佳霖, 白洁, 高会旺, 等. 长江口海域夏季沉积物反硝化细菌数量及反硝化作用[J]. 中国环境科学, 2009, 29(7): 756-761.

[40] Liu H, Wu X Q, Ren J H. Isolation and identification of phosphobacteria in poplar rhizosphere from different regions of China[J]. Pedosphere, 2011, 21(1): 90-97.

[41] 汤琳, 朱刚, 张锦平. 环境条件对苏州河氨化功能菌群生长的影响[J]. 上海环境科学, 2003, 22(S2): 150-152.

[42] 郭潇. 湖光岩水域细菌的群落结构与功能的研究[D]. 广东海洋大学硕士学位论文, 2010.

[44] 王国惠. 环境工程微生物学[M]. 北京: 化学工业出版社, 2005: 170-171.

[45] Daniel G, William R H, Rainer G J, et al. Pathways of nitrogen utilization by soil microorganisms—A review[J]. Soil Biology and Biochemistry, 2010, 42(12): 2058-2067.

[46] Yang H W, Cheng H F. Controlling nitrite level in drinking water by chlorination and chloramination[J]. Separation and Purification Technology, 2007, 56(3): 392-396.

[47] Rivas B L, Aguirre M C. Nitrite removal from water using water-soluble polymers in conjunction with liquid-phase polymer-based retention technique[J]. Reactive and Functional Polymers, 2007, 67(12): 1487-1494.

[48] Xian J A, Wang A L, Chen X D, et al. Cytotoxicity of nitrite on haemocytes of the tiger shrimp, *Penaeus monodon*, using flow cytometric analysis[J]. Aquaculture, 2011, 317(1/2/3/4): 240-244.

[49] 晓娟, 骆大伟, 吴春笃, 等. 水体中微生物分布及与环境因素的相关性研究[J]. 人民长江, 2008, 39(3): 45-47.

[50] 锐萍, 陈玉翠. 海口东湖降解磷细菌研究初报[J]. 海南师范学院学报(自然科学版), 2001, 14(1): 84-88.

[51] 徐亚同. pH 值、温度对反硝化的影响[J]. 中国环境科学, 1994, 14(4): 308-313.

[52] 国毅, 陈超. SPSS 17 中文版统计分析典型实力精粹[M]. 北京: 电子工业出版社, 2010: 161-166.

[53] 宫爽. 基于 SPSS 的主成分分析与因子分析的辨析[J]. 统计教育, 2007, 4: 12-14.

[54] 海龙, 李岩, 高维春. 基于因子分析法原理的水环境模糊评价模型[J]. 吉林化工学院学报, 2009, 26(2): 40-42.

[55] 刘东山, 罗启芳. 东湖氮循环细菌分布及其作用[J]. 环境科学, 2002, 23(3): 29-35.

[56] 高坤乾. 珠海市大镜山水库细菌生理群生态学的初步研究[D]. 暨南大学硕士学位论文, 2006: 35-37.

[57] 柴晓娟. 镇江内江水体功能微生物菌群生态调查及应用研究[D]. 江苏大学硕士学位论文, 2007: 20-25.

[58] Wu G F, Zhou X P. Characterization of phosphorus-releasing bacteria in a small eutrophic shallow lake, Eastern China[J]. Water Research, 2005, 39(19): 4623-4632.

[59] 万欢. 京杭大运河杭州段水体中微生物结构与功能的研究[D]. 浙江大学硕士学位论文, 2006: 20-22.

[60] Hong H C, Qiu J W, Liang Y. Environmental factors influencing the distribution of total and fecal coliform bacteria in six water storage reservoirs in the Pearl River Delta Region, China[J]. Journal of Environmental Sciences, 2010, 22(5): 663-668.

[61] 胡丽娜, 李刚, 曹越. 七台河市城市供水水源地污染源成因及其控制措施[J]. 环境科学与管理, 2009, 34(4): 54-56.

[62] 杜萍, 刘晶晶, 陈全震, 等. 椒江口春季水体异养细菌及氮、磷细菌的生态分布特征[J]. 海洋环境科学, 2011, 30(4): 467-472.

[63] Ogan M T. Studies on the ecology of aquatic bacteria of the lower Niger Delta: Populations of viable cells and physiological groups[J]. Arch Hydrobiol, 1991, 121(2): 235-252.

[64] Yang H J, Shen Z M, Zhang J P, et al. Water quality characteristics along the course of the Huangpu River (China)[J]. Journal of Environmental Sciences, 2007, 19(10): 1193-1198.

[65] Niewolak S. Seasonal changes in number of some physiological groups of microorganisms in Ilawa lakes[J]. Pol Arch Hydrobiology, 1973, 20(3): 349-369.

[66] Edberg S C, Rice E W, Karlin R J, et al. *Escherichia coli*: the best biological drinking water indicator for public health protection[J]. Journal of Applied Microbiology, 2000, 88(29): 106S-116S.

[67] Simeonov V, Stratis J A, Samara C, et al. Assessment of the surface water quality in Northern Greece[J]. Water Research, 2003, 37(17): 4119-4124.

[68] Kannel P R, Lee S, Kanel S R, et al. Spatial-temporal variation and comparative assessment of water qualities of urban river system: a case study of the river Bagmati(Nepal)[J]. Environmental Monitoring and Assessment, 2007, 129(1/2/3): 433-459.

[69] 赵兴青, 杨柳燕, 尹大强, 等. 太湖沉积物中微生物多样性垂向分布特征[J]. 地学前缘, 2008, 15(6): 177-184.

[70] 耿金菊, 王强, 金相灿, 等. 太湖部分区域沉积物中磷化氢和微生物的分布[J]. 环境科学, 2006, 27(1): 105-109.

[71] 高慧琴, 刘凌, 方泽建. 夏季湖泊表层沉积物的理化性质与微生物多样性[J]. 河海大学学报, 2011, 39(4): 361-366.

[72] 李翠, 袁红莉, 黄怀曾. 官厅水库沉积物中解磷细菌垂直分布特征[J]. 中国科学(D 辑: 地球科学), 2005, 35(S1): 241-248.

第4章 东北平原与山地湖区氨氧化细菌群落结构多样性

4.1 概 述

4.1.1 背景

氨氧化细菌又名亚硝化细菌，是完成硝化过程的重要菌群，它的功能是将氨态氮氧化为亚硝态氮，它是一类化能自养型的微生物，在自然生境中普遍存在，如土壤、海水、湖泊、水库中，其不同属的氨氧化细菌存在于不同的生态环境中。经过细菌序列的鉴定，将氨氧化细菌共分为 5 属[1]：亚硝化单胞菌属(Nitrosomonas)、亚硝化螺菌属(Nitrosospira)、亚硝化叶菌属(Nitrosolobus)、亚硝化弧菌属(Nitrosovibrio)和亚硝化球菌属(Nitrosococcus)。而其中属于 β 亚纲的亚硝化细菌又可以分为两个类群：亚硝化单胞菌群和亚硝化螺菌群[2]。

现阶段，水体的污染和富营养化现象越来越严重，这些污染主要是由含氮化合物所引起的，对湖泊造成了严重的后果，如生态环境受损、资源短缺等不可逆的破坏。氮循环中非常重要的一个环节就是硝化作用，硝化作用主要包括两个阶段，第一个转化阶段是通过亚硝化细菌的作用，将铵根离子(NH_4^+)氧化成亚硝酸根(NO_2^-)的过程。第二个转化阶段是在硝化细菌的作用下由亚硝酸根(NO_2^-)氧化为硝酸根(NO_3^-)的过程，在氮循环的过程中，氨氧化细菌起到了限制反应速度的作用，是非常重要的限速反应[3]。我国对于氨氧化细菌的研究多集中于污水处理系统，污泥反应器中，对河流、海洋、土壤等自然生境中氨氧化细菌的提取和研究相对较少。而目前，我国大部分湖泊流域中，氨态氮已经成为主要污染物之一，因此，要更全面地了解氨氧化细菌在湖库中的种群信息，才能进一步了解自然生境中氮循环的机制及其影响因素，更好地改善湖库富营养化。无论是对氨氧化细菌种群的测序还是提取，或是分子技术的应用，都对环境中氨氧化细菌的研究有重要的推动作用。

由于氨氧化细菌生长非常缓慢，极难培养或不可培养，传统的分离纯化对其深入研究相当困难。随着分子生物学技术的不断发展和成熟，在环境微生物的研究中也逐渐引入了分子生物学的研究技术。例如，变性梯度凝胶电泳(denaturing gradient gel electrophoresis，DGGE)、温度梯度凝胶电泳(temperature gradient gel electrophoresis，TGGE)、荧光原位杂交(FISH)技术、限制性酶切片段长度多态性

(RFLP)技术、单链构象多态性(single strand conformation polymorphism，SSCP)分析、构建 16S rRNA 基因或 16S rDNA 克隆文库等，使得环境微生物的领域进入一个新时代[4,5]。

在环境微生物的研究领域还尚未引入分子生物学之前，研究者往往是通过纯培养的方法从环境中分离得到氨氧化细菌群落的相关信息并进行研究[6,7]，如最大或然数(most probable number，MPN)法的培养方式[8,9]，但受到大多数微生物无法培养的限制，对培养出的氨氧化细菌数量的估计值偏低。因此，随着分子生物学的发展，对氨氧化细菌的研究已不依赖于纯培养的分子手段。而免疫荧光技术，一种基于纯培养技术的培养方法，采用直接荧光抗体技术，与 MPN 法相比，免疫荧光技术的优势是分辨度和灵敏度比较高，但免疫荧光技术的程序较复杂且结果不够准确。

FISH 技术，又称为荧光原位杂交技术，主要是根据已知微生物的 DNA 序列，应用荧光标记技术制作探针，并与环境中微生物的基因组 DNA 进行杂交，从而检测到目的微生物种群是否存在及其丰富度。许多研究应用 FISH 技术对 β-Proteobacteria 进行监测，探针 $Nso190$ 和 $N_{SO}1225$ 有非常广泛的特异性。采用这种方法的优点是对样品进行了原位杂交及特异微生物的跟踪检测，可以进行目的微生物种群的鉴定及种群数量的分析[10]，但这种方法存在一定的缺点，如杂交率达不到 100%，且成本较高，并要求所检测样品必须是活细胞。由于很多氨氧化细菌在实验室的条件下都不能培养成单菌落，因此会给研究工作带来一定的难度。目前，很多研究已对湖库等水体进行了氨氧化细菌的检测。对其检测的氨氧化细菌、亚硝化细菌及硝化活性等进行测定，可以为硝化过程的研究提供借鉴。

在研究细菌丰度的定量问题及氮素转化原理的问题上，定量 PCR 技术起到了非常重要的作用。它可以定量分析微生物群落中目的基因的拷贝数或相对含量，目前主要有稀释 PCR、动力学 PCR、竞争 PCR 和实时荧光定量 PCR。

在 PCR 反应中，竞争 PCR 需要一个特殊的内标，这个内标通常是由突变产生的具有内切点位的竞争序列。然后，通过一定的技术手段将内标和目的序列分离，由于内标的荧光强度对于目的序列与竞争序列有着不同的亲和性，这样就会产生较大的误差。而实时荧光定量 PCR 可以很好地解决这个问题，主要是因为在反应体系中加入了荧光基团，在整个 PCR 反应过程中都会受到荧光信号的实时监测，而且可以通过标准曲线对未知模板进行定量分析和研究[11]，这样结果会更加准确。对硝化细菌进行定量研究时常常会引入实时荧光定量 PCR 技术，但样品的处理和参数的选择对结果的准确性会产生很大的影响[12]。而对氨氧化细菌的定量研究往往与其他研究方法结合使用，有助于从定性和定量的角度对氨氧化细菌展开研究。

末端限制性酶切片段长度多态性(T-RFLP)与 RFLP 技术相似，主要是从比较基因组学中选择一段可以进行系统进化标记的 DNA 序列作为分析的目的序列。目前，通常是选取 16S rDNA(rRNA)或 amoA 作为氨氧化细菌研究的标记基因，amoA 是用来编码氨单加氧酶的一种细胞内基因，并且只存在于氨氧化细菌中，它含有三个亚基，分别为 amoA、amoB、amoC。其中 amoA 的基因用于合成酶的活性位点，主要用于催化铵并氧化成羟胺[13]，提供了氨氧化细菌生长所需的能量。由于 amoA 基因与蛋白酶的合成有直接关系，因此通过对它进行定性分析，可以比较准确地反映出氨氧化细菌的种类、数量和活性，而且 amoA 基因序列差异程度超过 16S rRNA 基因序列，所以对氨氧化细菌群体遗传差异的分辨率更高。

得到已知目的序列，根据其保守区设计引物，对其中的一条引物进行荧光标记[14]。分析氨氧化细菌的基因时一般采用巢式 PCR：先用引物对 pA/pH 扩增，然后将第一轮 PCR 产物适当稀释后作为模版，用荧光标记的正向引物 pH 和反向引物 pA 进行扩增得到末端标记的 491bp 大小的片段[15]；分析氨氧化细菌的 16S rDNA 基因时一般用特异性引物 CTO189F/CTO654R 进行扩增得到 465bp 大小的基因片段[16]。PCR 反应后，利用限制性内切酶将产物消化，再用琼脂糖凝胶电泳对其进行分析，经过数据比对，分析结果可以确定菌群结构的组成、结构，以及系统进化树的亲缘关系及地位。随着基因组学的快速发展，Genebank 中的数据逐渐被丰富，微生物群落组成与结构也逐步被发现，因此，分子手段在各个领域的应用越来越广泛，成为必不可少的分析手段。

DGGE/TGGE 可用于分析 PCR 扩增的 16S rDNA 序列即 A、T、C、G 的组成和排列不同，因此，序列不同的 DNA 分子，它的解链温度也各不相同[17]。DGGE 技术分析流程包括 6 个主要步骤，分别是样品收集、DNA 提取、PCR 扩增、DGGE 分离、染色和显色、基于 DGGE 图谱的数据分析。通过 DGGE 图谱可以获得群落结构信息，如物种数(由 DGGE 条带数目表示)和群落相对丰度信息(由条带的信号强度表示)。通过进一步对 DGGE 条带进行切胶测序或杂交，还可以获得更多关于群落组成的信息。

对氨氧化细菌的 16S rDNA 基因进行分析，应采用巢式 PCR，先用引物对 pA/pH 进行扩增，然后将 PCR 的产物 10 倍稀释后用作为第二轮 PCR 的模板，再用氨氧化细菌的特异性引物 CTO189FGC/CTO654R 进行第二轮 PCR 扩增[18,19]。采用 DGGE 分析氨氧化细菌群落结构的优点是可以同时分析多个样品，但也存在一些缺点，如在 Vallaeys 等[20]的研究中，发现单独使用 DGGE 的方法并不能对样品中所有的条带进行分离；Muyzer 等[21]指出，DGGE 的方法对优势菌群，即数量上大于 1%的序列才能进行分析；此外，由于实验中使用的条件不同，实验结果也会不同，这对 DGGE 的条带分析及后序的系统发育都会造成一定的影响及误差。每种方法都各自有其优缺点，而在我们的实验过程中，应将 DGGE 与现有的分子生物学方法结合起来，提高其准确性，进一步得到真实可靠的数据。

　　在 DGGE 图谱的分析中应用最多的生态学思想有 2 种，即分类和排序。在 DGGE 图谱分析中，常用到的物种聚类(clustering)分析就是一种典型的分类思想的体现。聚类分析是以相似性为基础，从而研究样品中微生物种类相似度的一种统计方法。在 DGGE 图谱分析中，通常基于非加权组平均法(UPGMA)对不同样品进行聚类分析。

　　在研究过程中，经常采用"排序方法"来重点研究微生物群落的变化和演替规律。排序方法可以研究物种、样本及其与环境之间的相互关系。通过排序方法，可以将多维的数据简化成低维数据，重新排列其相互关系。可以用统计学方法去验证排序是否正确解释了环境变量的梯度。从 20 世纪 50 年代起，在生物学研究进展中，已经创造出多种排序的技术，如非度量多维尺度分析(non-metric multidimensional scaling，NMDS)、主成分分析(principal component analysis，PCA)、对应分析(correspondence analysis，CA)、除趋势对应分析(detrended correspondence analysis，DCA)、典型变量分析(canonical variate analysis，CVA)、典范相关分析(canonical correspondence analysis，CCA)、冗余分析[21](redundancy analysis，RDA)等。上述排序方法均可以被用来解释 DGGE 图谱及其与环境因子的相关性。事实上，对 DGGE 图谱进行统计分析最有价值之处即在于能够将物种数据与环境数据结合起来进行分析，从而了解我们所观察到的 DGGE 带型的变化及其与环境因子变化之间的相关性。

　　DGGE 图谱可以直观地反映出样品中微生物的多样性，但它还未能直接地反映微生物群落的结构和组成。因此往往还需要对 DGGE 图谱中的优势条带进行切胶测序，再将序列测定结果输入 GenBank 中比对，按其相似度配比得知此类微生物的种类及系统发育信息。

　　由于近年来我国粗放经济的发展方式，现代工业化、农业化、城市化的快速推进，工业污染、农业污染及城市居民对废水的任意排放，大量有机物、营养元素(N、P 等)未经处理或仅经过简单处理后直接排入湖中，藻类等植物大量生长，水体富营养化程度加剧，水体中溶解氧含量减少，pH 升高，不利于水体中生物的生长繁殖。硝化作用是水体去除过量含氮污染物的主要生物途径，由多种相关微生物共同发挥作用。而氨氧化细菌可以将氨态氮氧化成亚硝酸盐氮，完成亚硝化作用，是整个反应过程中的重要步骤，也是硝化过程中的限速反应阶段。因此，只有全面地了解氨氧化细菌在湖库中的分布特点及其与湖库中环境因子的相互关系，才可逐步对氮循环的机制及影响因子有更进一步的了解，因此，本实验主要研究东北典型湖库中氨氧化细菌的多样性及其在不同监测点位的分布情况，以及其与环境变量间的相互关系，为东北湖库的富营养化研究提供基础数据。

4.1.2　主要研究内容和方法

本章选择东北平原与山地湖区 7 个典型湖库(兴凯湖、西泉眼水库、红旗泡、五大连池等 4 个浅水湖库及镜泊湖、松花湖、大伙房水库 3 个深水湖库)为研究对象,通过分析湖库水体不同点位氨氧化细菌的多样性,阐明不同湖库氨氧化细菌空间分布的差异性,揭示水体环境因子与氨氧化细菌的响应关系,以期为东北平原与山地湖区水体氮循环特性的识别提供理论和技术依据。

本研究对 7 个东北典型湖库(大伙房水库、松花湖、镜泊湖、兴凯湖、红旗泡、西泉眼水库和五大连池)进行了水体样品采集。通过对各湖库水质基本情况的了解,综合各湖库的地理地形特征及周围环境特征,选择合适的采样点位,利用 GPS 对采样点位进行定位,用 2.5L 有机玻璃采水器采集水样,所采水样均为表层水,即水下 0.5m 处的水体。对于深水湖泊如松花湖则每个采样点分表、中、下 3 个垂直层次,上层水样采集深度为 0.5m、中层 6m、下层 16m 左右(下层深度不同点位略有变化),装入预先经稀盐酸清洗液清洗过的聚乙烯瓶中,冷藏保存送回实验室,用 0.22μm 滤膜过滤后放置于-80℃。

DNA 的提取方法依据传统方法[22]稍有改进,水样抽滤后的滤膜剪碎置于 5mL 的灭菌管中,向其中加入 0.8mL DNA 提取液及 20μL 的蛋白酶 K。将含 DNA 的混合溶液放至摇床,220r/min 震荡 20min,而后在 37℃水浴锅内放置 30min。取出后向含 DNA 的混合溶液加入 20%的 SDS 溶液 480μL,并在 65℃水浴 2h。6500r/min 离心 5min 后将其上清液转移到离心管,再向其加入体积相同的碱性饱和酚/氯仿/异戊醇(25:24:1),离心机 12 000r/min 离心 5min。将上清液再次转移至新离心管,加等体积氯仿/异戊醇(24:1)后将上清液移至 1.5mL 的离心管,加预冷的无水乙醇并于-20℃放置 1h 以上。4℃、14 000r/min 离心 10min 后,将其上清液去除,用 70%预冷的乙醇漂洗两次。弃上清液后加 80μL 的 TE 溶解。取 5μL 的 DNA 粗提溶液进行 0.7%琼脂糖凝胶电泳检测,样品放置于-20℃冻存。

巢式 PCR 扩增如表 4-1、表 4-2 所示。

表 4-1　氨氧化细菌巢式 PCR 引物

引物	序列	物种
pA/pH[23]	pA-5'AAGGAGGTGATCCAGCCGCA pH-5'AGAGTTTGATCCTGGCTCAG	细菌
CTO189F/CTO654R[24]	CTO189F-5'GGAGRAAAGYAGGGGATCG CTO654R-5'CTAGCYTTGTAGTTTCAAACGC	氨氧化细菌
357F/518R[25]	357F-5'CCTACGGGAGGCAGCAG 518R-5'ATTACCGCGGCTGCTGG	细菌

表 4-2　氨氧化细菌巢式 PCR 的反应条件

引物	PCR 反应条件	长度
pA/pH	94℃预变性 5min, 94℃变性 1min, 55℃退火 1min, 72℃延伸 1min 30s, 30 个循环，最后 72℃延伸 5min	1500bp
CTO189F/CTO654R	94℃预变性 3min, 92℃变性 30s, 57℃退火 30s, 72℃延伸 45s, 38 个循环，最后 72℃延伸 5min	465bp
357F/518R	94℃预变性 5min, 94℃变性 1min, 65℃退火 1min, 72℃延伸 1min, 25 个循环，最后 72℃延伸 5min	196bp

氨氧化细菌的 DGGE 分析：对前人[26]研究中的 DGGE 条件稍作改进，其具体内容为：对不同湖库细菌基因组产物进行电泳分离，利用水平凝胶电泳确定 DGGE 聚丙烯酰胺凝胶浓度，为 8%，变性梯度 35%～60%。DGGE 胶的配置如表 4-3 和表 4-4 所示。电泳缓冲液在 1×TAE、电压 150V、60℃条件下电泳 4h，电泳结束后用 EB 染色 50min，用 UVP 凝胶成像系统观察结果并拍照。

表 4-3　40%聚丙烯酰胺胶的配置

成分	用量
丙烯酰胺	38.93g
双丙烯酰胺	1.07g
去离子水	100.0mL

表 4-4　DGGE 胶的配置

溶液	30%	40%	50%	60%	70%
50×TAE(mL)	0.4	0.4	0.4	0.4	0.4
40%丙烯酰胺/双丙烯酰胺(mL)	3	3	3	3	3
去离子甲酰胺(mL)	2.4	3.2	4	4.8	5.2
尿素(g)	2.52	3.36	4.2	5.04	5.46
10%(m/V)过硫酸铵(μL)	100	100	100	100	100
TEMED[①](μL)	25	25	25	25	25
去离子水(mL)	20	20	20	20	20

注：①为四甲基乙二胺

数据处理：对 DGGE 图谱的分析使用 Quantity One version4.5 软件，采用量化的处理方式将 DGGE 图谱中蕴含的信息以二进制的格式输出。采用 UPGMA 聚类的分析方法对不同样品间氨氧化细菌群落结构的相似性进行分析[27]。采用香农-维纳指数计算氨氧化细菌的物种多样性[28]。分析水体中氨氧化细菌微生物多样性与环境因子的响应关系，是利用生物统计学软件 Canoco for Windows(version 4.5) 研究各水样中氨氧化细菌微生物多样性与其环境因子的相关性，在进行分析之前要将数据进行标准化处理，对出现一次的物种进行剔除，并对物种数据先进行 DCA[27]，确定单峰、双峰后再进行下一步的具体分析。

4.2　东北平原与山地湖区氨氧化细菌群落结构特征

4.2.1　浅水湖库氨氧化细菌群落结构特征

4.2.1.1　兴凯湖

提取兴凯湖不同季节样品的总 DNA，利用 DGGE 技术对 16S rRNA 基因 V3 区扩增产物进行分离，所得图谱如图 4-1 所示，监测点位从 S1～S5 依次是小湖东、小湖西、当壁镇、二闸、龙王庙，不同监测点位样品的变性梯度凝胶电泳中均出现多种条带，体现了氨氧化细菌的丰富多样性，主要表现在条带数目及条带灰度的差异。从图谱中可知，共检测出条带种类为 17 种，因此，兴凯湖中的氨氧化细菌种类数至少有 17 种。其中，条带 2、6、7 和 10 为不同点位不同季节中的共有条带，说明此类菌群为兴凯湖的本土菌群。不同季节，同一点位的条带数目、种类及灰度也存在差异。由表 4-5 可知，夏季的条带数量较春季有增多趋势，而冬季条带数量明显减少。其中条带 3、4 在春季、夏季的不同点位均可检测到，而在冬季数量明显减少；条带 8、9 和 12 为夏季的新增条带，在春季并未检测到，夏季为兴凯湖的旅游高峰季节，导致污染有机物含量增高，其氨氧化细菌种类及数量也相对增高；条带 8、13 和 14 在冬季则全部消失，这是由于春季和夏季的温度、溶解氧、pH 等环境因子适于氨氧化细菌的生长繁殖，而冬季温度骤降，且溶解氧也随之降低，此类氨氧化细菌对此环境因子的耐受性低，其生长受抑制甚至死亡，数量降低。

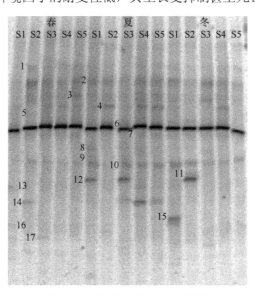

图 4-1　兴凯湖水样 DGGE 图谱

表 4-5　DGGE 条带数统计

季节	条带数				
	S1	S2	S3	S4	S5
春季	8	7	9	8	8
夏季	10	6	10	12	11
冬季	7	7	8	7	5

不同季度不同点位氨氧化细菌群落的香农-维纳指数分布如图 4-2 所示，由表 4-6 可知，方差结果表明，同一季度不同点位的差异性并不显著（$P > 0.05$）（注：其他湖库差异性表格省略），因此，不同点位的氨氧化细菌群落组成变化不明显。春季不同点位氨氧化细菌多样性相差不大，而夏季除 S2 点位外其余点位的微生物多样性均呈上升趋势，冬季除 S2 点位外都有明显下降，因此，S2 点位氨氧化细菌群落结构的稳定性及耐受性更强。不同季度氨氧化细菌多样性平均值依次为夏季＞春季＞冬季。由表 4-7 可知，不同季度氨氧化细菌多样性差异结果显著（$P < 0.05$），说明季度差异对氨氧化细菌群落结构多样性的影响较大，夏季更适于氨氧化细菌的繁殖生长，而冬季的环境因子对其生长有抑制作用。

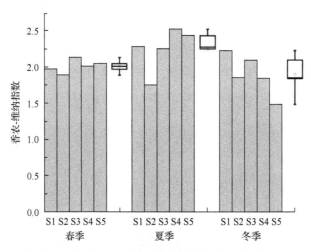

图 4-2　基于 DGGE 图谱计算的样品香农-维纳指数
箱图代表香农-维纳指数的分散性

表 4-6　不同点位氨氧化细菌丰富度差异性分析

点位	S1	S2	S3	S4	S5
P	0.472	0.505	0.469	0.563	0.563

表 4-7　不同季度氨氧化细菌丰富度差异性分析

季节	春季	夏季	冬季
P	0.488	0.045	0.045

对不同样品氨氧化细菌群落多样性进行聚类分析，结果如图 4-3 所示。结果表明，三个季节不同点位的样品共被分为 3 个族群，且有明显的季节效应。春季及夏季的氨氧化细菌群落为一个分支，相似度大于 60%；夏季中的点位 S1、S3 和 S5 为一个分支，相似度为 52%；S4 夏季单独为一分支，与其余分支的相似度为 41%。可以看出，春季样品与冬季样品中的氨氧化细菌群落组成更为相近，这是由于春季和冬季的水温较低，氨氧化细菌繁殖生长能力较差，菌群种类及数目更为相似。而夏季氨氧化细菌菌群相似度相对较低，是由于水温迅速增高，微生物数目增多，由 DGGE 图谱可知，不同点位的氨氧化细菌种类差异相对较大。夏季 S4 点位条带数目及丰富度最高，与其他点位的群落组成相差较大，因此为独立分支。

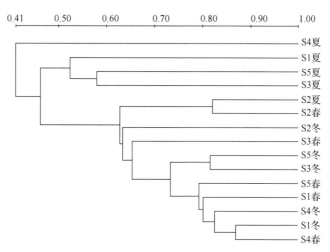

图 4-3　兴凯湖水样 DGGE 聚类分析图

4.2.1.2　西泉眼水库

不同季节样品的氨氧化细菌 DGGE 图谱如图 4-4 所示，图中采样点位 S1、S2 分别为入水口及居民生活区的附近位置。同一季节两个点位的变性梯度凝胶电泳中均出现多条带，其条带数目及条带灰度的差异体现了氨氧化细菌的丰富多样性。从 DGGE 图谱可知，共检测出 20 种条带种类，因此，西泉眼水库中的氨氧化细菌种类数至少为 20 种。如表 4-8 所示，不同季度、同一点位的条带数

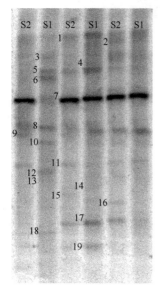

图 4-4　西泉眼水库 DGGE 图谱

从左到右依次为冬季(S2、S1)、

夏季(S2、S1)、春季(S2、S1)

目及灰度也存在较大差异。点位 S1 夏季的条带数量明显多于春季，而在冬季明显减少。由于点位 S1 为西泉眼水库的入水口，水位较浅，夏季水草生长茂盛，周围遍布农田，其为氨氧化细菌的生长提供了优良的环境条件。而冬季温度骤降，抑制其生长，导致其条带数量减少。S2 位于居民生活区，生活垃圾等有机污染物的排放导致 S2 点位的条带数量明显多于 S1。由图 4-4 可知，条带 1、3、5、7 和 9 为不同季节各点位的共有条带，说明此类菌群为西泉眼水库的本土菌群。条带 2、10、15 和 16 在不同季度各点位的数量较少，为特异性菌群。条带 4 在冬季完全消失，条带 7 在冬季 S1 点位灰度明显降低，而条带 6、19 仅存在于冬季水样中，这是此类氨氧化细菌对环境因子的耐受性不同所引起的。

表 4-8　DGGE 条带数统计

点位	条带数		
	春	夏	冬
S1	9	14	11
S2	12	11	9

　　不同季度各点位氨氧化细菌群落的香农-维纳指数分布如图 4-5 所示。由图 4-5 可知，氨氧化细菌多样性在不同季度及点位均存在一定差异。不同点位香农-维纳指数代表氨氧化细菌菌群的差异性变化结果与 DGGE 图谱基本一致。不同季度氨氧化细菌多样性平均值依次为夏季(2.48)＞春季(2.27)＞冬季(2.25)，夏季更适于氨氧化细菌的繁殖生长，冬季的低温对其生长繁殖有抑制作用，然而不同季度对氨氧化细菌多样性的影响并不显著($P＞0.05$)。

　　DGGE 聚类分析结果如图 4-6 所示，氨氧化细菌结构的聚类分析揭示 S1 夏、S2 春两个点位聚为一类，且相似度较高，为 80%；S1 春、S2 夏点位聚为一类，相似度为 70%，这是由外界环境因子变化引起的；S1 冬、S2 冬被分别单独聚为两类，与其他分支的相似度分别为 48% 和 58%。聚类分析结果表明，春季和夏季氨氧化细菌的群落组成较类似，相似度为 66%；而冬季氨氧化细菌群落组成变化较大，表明氨氧化细菌对不同的生态环境有选择作用。

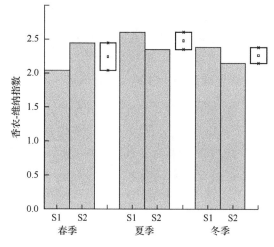

图 4-5　基于 DGGE 图谱计算的样品香农-维纳指数

箱图代表香农-维纳指数的分散性

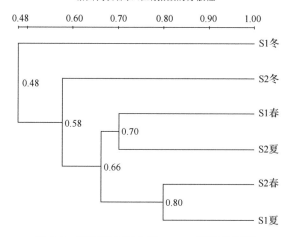

图 4-6　西泉眼水库水样 DGGE 聚类分析图

4.2.1.3　红旗泡水库

红旗泡水库春季和冬季不同采样点氨氧化细菌种群结构的 DGGE 图谱分析结果如图 4-7 所示，氨氧化细菌的 16S rDNA 序列较好地分离，不同点位样品的变性梯度凝胶电泳均出现多种条带，条带亮度明显，位置清晰。12 个泳道上共识别出 8 种不同类型的条带，说明红旗泡水库中至少存在 8 种氨氧化细菌。结合表 4-9可知，春季条带数量明显多于冬季，同一季节中，春季不同样品的差异较小，说明从上游到下游氨氧化细菌的群落结构并未发生较明显的变化；冬季样品中 S6点位条带种类明显减少。部分条带如条带 1、2 和 3 在不同季节的采样点均有出现，其中条带 1 和 2 为优势种群，说明这些氨氧化细菌对环境条件变化的适应能力较强，是耐受性强的菌种，可能在红旗泡水库的氮循环过程中发挥了重要作用。条带 6、7 和 9 在冬季数量明显减少其至消失；条带 8 仅在春季 S1 点位出现，为特异性条带，由图谱可知，春季条带 7、8 与 9 不同时存在于同一点位，这可能是由于条带 8 与其余两种氨氧化细菌存在种间负相互作用。

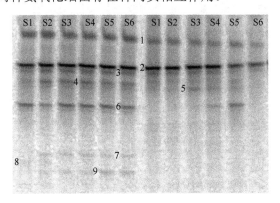

图 4-7　红旗泡水库 DGGE 图谱

从左到右依次为春季(S1~S6)和冬季(S1~S6)

表 4-9　DGGE 条带数统计

季节	条带数					
	S1	S2	S3	S4	S5	S6
春季	7	8	8	8	8	8
冬季	5	5	5	6	6	3

　　红旗泡水库春季、冬季氨氧化细菌群落的香农-维纳指数分布如图 4-8 所示，氨氧化细菌在两个不同季节的多样性差异显著($P<0.05$)，对于任意一点春季(平均值为 1.99)氨氧化细菌多样性均高于冬季(平均值为 1.59)，说明冬季的环境因子对红旗泡水库中氨氧化细菌多样性有明显的抑制作用。从春季不同点位氨氧化细菌多样性的箱图中可以看出，各点位丰富度差异并不显著，最大值与最小值相差甚微，其中 S1 较其他点位偏低，其丰富度为 1.89，这是由于 S1 红旗泡水库生态环境为敞水带生境，而 S2、S3、S4 点位属于沿岸带生境，靠近湖岸的浅水区，日光可以直射到底，一般来说，湖泊的沿岸带环境因子如光照、氧气及营养物最为适宜，其氨氧化细菌种类数量相对较丰富。而冬季不同点位氨氧化细菌丰富度变化较显著($P<0.05$)，最大值为 S5 点位，其丰富度为 1.78，S4、S5 更邻近于红旗泡水库入口处，有机物更为丰富。而下游 S6 点位氨氧化细菌的丰富度急剧下降，为 1.08，这受 S6 点位环境因子所影响，在环境因子相关性研究中会进一步分析其原因。

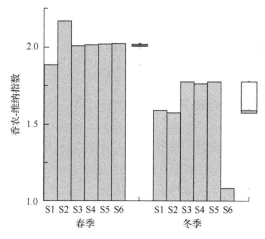

图 4-8　基于 DGGE 图谱计算的样品香农-维纳指数

箱图代表香农-维纳指数的分散性

　　DGGE 聚类分析结果如图 4-9 所示，红旗泡水库中氨氧化细菌群落分布具有明显的季节效应。12 份水样被分成两大分支，春季、冬季各为一个分支，两者相似度为 64%，表明不同季节的生态环境不同，并对微生物有选择作用。聚类分析结果与其香农-维纳指数一致，S6 冬点位微生物多样性较低，因此与其分支其余点位相似度相比较低，为 72%。冬季 S5 邻近入口处，其丰富度高于冬季其余点位，与春季 S1 点位最为相似，相似度为 88%。氨氧化细菌菌群的分布特征很可能反映了春季、冬季不同点位之间生态环境上的差异。

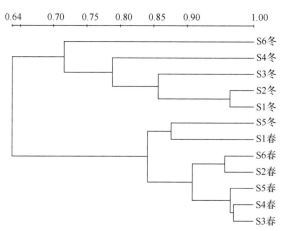

图 4-9　红旗泡水库 DGGE 聚类分析图

4.2.1.4　五大连池

提取五大连池春季、夏季和冬季不同点位的总 DNA，利用 DGGE 技术分离其扩增产物，所得图谱如图 4-10 所示，15 个泳道分离出共 12 种不同类型的条带，说明五大连池至少存在 12 种氨氧化细菌，结合表 4-10 可知，夏季条带数量普遍多于春季和冬季，其中条带 7 和 11 在夏季的数量明显增多。春季条带数量与冬季相当，其多样性较低。部分条带如条带 1、2 在不同季节的点位均有出现，其中条带 2 为优势菌群，说明此物种适应环境条件的变化，是耐受性较强的菌种，可能在五大连池的硝化过程中起了重要作用。条带 8 在春季、夏季数量较少，冬季明显增多，说明此氨氧化细菌仅对冬季环境条件适应能力强，可能为嗜冷菌群。从图谱中条带的不同灰度可知，条带 6 仅在 S5 处最为明亮，说明此点位可为此种氨氧化细菌提供更为良好的环境条件及营养物质。条带 9、10 和 12 数量较少，为特异性条带。

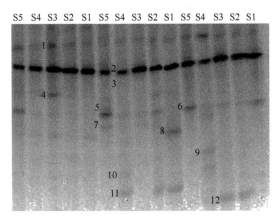

图 4-10　五大连池 DGGE 图谱

从左到右依次为春季(S5～S1)、夏季(S5～S1)、冬季(S5～S1)

表 4-10　DGGE 条带数统计

季节	条带数				
	S1	S2	S3	S4	S5
春季	5	5	5	5	4
夏季	6	7	4	7	6
冬季	4	3	6	6	7

五大连池不同季节氨氧化细菌群落的香农-维纳指数分布如图 4-11 所示，从三个季节氨氧化细菌多样性分布的箱图中可以看出，各季节不同点位的氨氧化细菌多样性相差不大。而氨氧化细菌多样性在不同季节差异性显著，其夏季(平均值为 1.90)任一点的氨氧化细菌多样性均高于春季(1.55)和冬季(1.48)，冬季与春季相差不大，这是由于东北冬季寒冷而漫长，冰冻期接近半年，而五大连池春季采样在 3 月，此时仍处于冰冻期，因此，春季氨氧化细菌群落数量仍然较低，而夏

季温度升高，水体温度可达 25℃，水体流动加快，其氨氧化细菌群落多样性随之升高，达最高值。

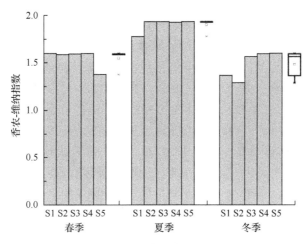

图 4-11　基于 DGGE 图谱计算的样品香农-维纳指数

箱图代表香农-维纳指数的分散性

对三个季度不同点位的样品 DGGE 图谱进行群落多样性的聚类分析，结果如图 4-12 所示，五大连池中氨氧化细菌的群落分布具有明显的季节效应，15 份水样共分为两大分支，冬季为一个分支，相似度为 83%，春季和夏季聚为一个分支，两者相似度为 49%，聚类结果表明，不同季度点位聚类的相似度有很大差异，因此，随季节变化，其不同点位氨氧化细菌群落的组成及结构也随之改变，这也反映了不同取样点位之间生态环境上的差异。

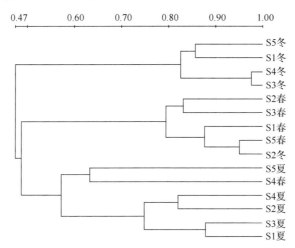

图 4-12　五大连池 DGGE 聚类分析图

4.2.2　深水湖库氨氧化细菌群落结构特征

4.2.2.1　大伙房水库

图 4-13 为大伙房水库秋季(10 月)水样的 DGGE 图谱,不同位置的条带代表氨氧化细菌的不同种类,条带多少代表氨氧化细菌种群的丰富度,条带亮度代表氨氧化细菌的数量。条带位置较清晰,亮度明显,不同点位及深度的样品检测到的条带数不同(表 4-11)。根据 DGGE 条带不同的位置,在 15 条泳道中共检测出条带类别为 11 种,可知大伙房水库水样中占优势的氨氧化细菌的物种数至少为 11 种,其多样性较低。条带 4、5、7、9 和 11 在大伙房水库的不同点位均有出现,其中条带 5 和 11 为优势条带,说明此类菌群适应环境能力较强,也是该湖库的本土菌群。条带 2 存在于湖库的上层和中层,下层并未出现,说明条带 2 对下层湖库环境变化的适应能力较弱。S1 氨氧化细菌数量明显高于其他点位,是由于 S1 位于湖库的上游,营养物质丰富,氨氧化细菌物种增多。条带 1、3、8 和 10 仅存在于少数监测点位中,为特异性条带,这与温度、pH、氨态氮、硝态氮、溶解氧含量等密切相关。

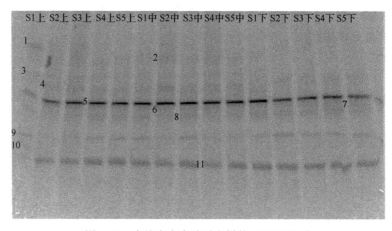

图 4-13　大伙房水库秋季水样的 DGGE 图谱

表 4-11　DGGE 条带数统计

点位	条带数				
	S1	S2	S3	S4	S5
上	9	7	8	6	6
中	8	6	7	7	6
下	7	8	5	5	6

　　不同点位及深度氨氧化细菌群落的香农-维纳指数分布如图 4-14 所示。从图 4-14 可知，不同点位氨氧化细菌的多样性平均值相差不大（$P<0.05$），顺序依次是 S2＞S1＞S3＞S5＞S4。氨氧化细菌群落多样性在不同监测点位存在一定的差异性，上层中 S1 点位的多样性最高，为 2.19。这是由于 S1 位于大伙房水库上游，此处人口密集，湖库营养物质增多，而氨态氮作为氨氧化细菌的起始作用底物，其含量增多导致 S1 点位氨氧化细菌数量增加。上层水样中氨氧化细菌的数量从上游到下游呈降低趋势，由于水的自净作用，随着湖水流动及时间的流逝，从上游到下游营养物质逐渐被稀释，氨氧化细菌数量随之降低。从整体上看，氨氧化细菌的多样性随着湖库深度增加呈降低趋势，这是由于上、中层水样高于下层，氨氧化细菌为严格的好氧自养型细菌，深层水样含氧量过低，不适于氨氧化细菌的生长繁殖，其生物多样性较低。

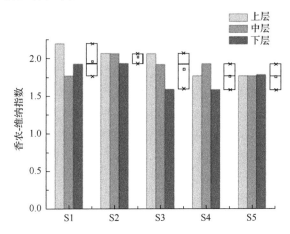

图 4-14　基于 DGGE 图谱计算的样品香农-维纳指数
箱图代表香农-维纳指数的分散性

　　通过对各样品的 DGGE 图谱进行聚类分析，生成系统进化树（图 4-15），由图 4-15 可知，大伙房水库的氨氧化细菌群落被分成 3 个族群，S1 上的菌落相似度与其余两族群不同，相似度为 61%，这与其香农-维纳指数的结果一致，S1 处于湖库上游，营养盐丰富，导致其氨氧化细菌菌群与其他点位差异较大，物种更为丰富。其余两族群群落相似度为 67%，最大相似度达到 90%，物种多样性不高。群落分布垂直效应并不明显，不同点位的上、中层相似度较高，达到 80%，而下层水样与部分上、中层点位的菌群相似度也较高，同为 80%左右。在下层水样分支中，S4 上与 S5 上、下层点位的群落相似度高，这是由于 S4、S5 为大伙房水库的下游点位，水体中营养物质较少，所含氨氧化细菌的种类及丰富度相对较低。从整体上看，大伙房水库氨氧化细菌水平分布效应要强于垂直分布。

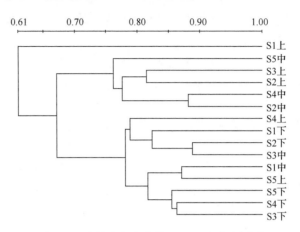

图 4-15　大伙房水库水样 DGGE 聚类分析图

4.2.2.2　镜泊湖

对于镜泊湖春季不同空间分布的氨氧化细菌，用 16S rDNA 特异性引物对 CTO189FGC/CTO654R 扩增得到 DGGE 图谱，如图 4-16 所示。16 条泳道共检测到的条带类别 14 种，说明湖库中至少存在 14 种氨氧化细菌。图谱中，其不同点位条带相似度很高，说明镜泊湖氨氧化细菌种群整体较稳定。不同空间分布的样品间有一些共同条带，如条带 3、4、5、6、7、9 和 11，但这些条带亮度各不相同，其中条带 6、7 和 9 为湖库的优势条带。条带 2、12 和 14 仅在少量采样点中出现，为特异性条带。由表 4-12 可知，镜泊湖氨氧化细菌种群分布的垂直效应并不明显，种群数量相差不大。

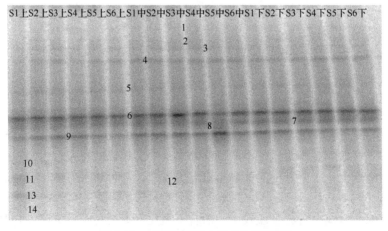

图 4-16　镜泊湖春季水样 DGGE 图谱

表 4-12　DGGE 条带数统计

点位	条带数				
	S1	S2	S3	S4	S5
上	10	8	8	8	10
中	8	8	10	10	10
下	8	7	9	11	11

不同空间分布的氨氧化细菌的香农-维纳指数分布如图 4-17 所示，从图 4-17 可以看出，同一点位不同深度的氨氧化细菌多样性平均值相差不大（$P<0.05$），最高为 S3，香农-维纳指数为 2.28，最低为 S1，值为 1.93。氨氧化细菌种群多样性在不同的空间分布中垂直效应明显，从整体看，下层微生物多样性较上层及中层低，这是由于某些属的氨氧化细菌对环境因子的敏感程度较强，耐受性差，其生长受到抑制，种群的多样性降低。水平方向上 S3 上层达最高值，为 2.43，在此监测点位，有机物含量相对比较丰富，有机物分解，氨氧化细菌种类增多且生长良好，微生物数量呈上升趋势。

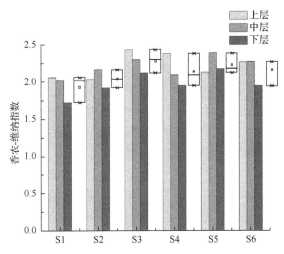

图 4-17　基于 DGGE 图谱计算的样品香农-维纳指数
箱图代表香农-维纳指数的分散性

DGGE 图谱聚类分析结果如图 4-18 所示，将氨氧化细菌的群落分为三大类，其相似度较高，其中下层水样 S4、S5、S6 聚为一类，相似度为 89%；中层水样 S3、S4、S5、S6 及下层水样 S1、S3 聚为一类，相似度为 81%；上层水样 S1～S6 及中层 S1、S2 点位聚为一类，相似度为 80%。聚类分析结果表明，镜泊湖上层的群落组成与中、下层有差异，这是由于其生态环境不同而对微生物的选择作用。从图 4-18 可知，镜泊湖中层与下层的下游监测点位中氨氧化细菌群落未能很好地区分，这是由于下层采样深度过浅，实验中检测的下层水样的水环境与中层相差不大，因此，氨氧化细菌群落组成未存在明显差异，其菌落的垂直分布效应也并不显著。

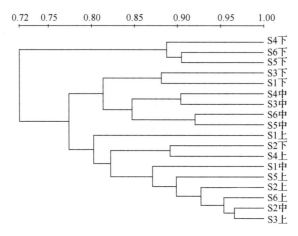

图 4-18　镜泊湖水样 DGGE 聚类分析图

4.2.2.3　松花湖

松花湖春季不同点位及深度的氨氧化细菌种群结构 DGGE 图谱分析结果如图 4-19 所示。18 条泳道共检测到的条带类别为 18 种，说明湖库至少存在 18 种氨氧化细菌。条带 1、2、3、4、5 和 7 为湖库的共有条带，也是湖库的本土菌群。条带 7 和 10 为湖库的优势条带，条带 9 仅在湖库上层存在，说明此物种对上层水样溶解氧、pH 和温度等环境因素的适应性更强，而对中层、下层水环境的耐受性较弱。物种 6 仅在湖库下层出现，物种 10 为湖库中下层的新增条带，这是由于春季湖库底质降解、动植物遗体腐烂，营养物质增多，物种数量增加。条带 12、13、14、

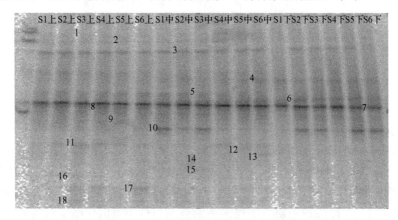

图 4-19　松花湖春季水样 DGGE 图谱

15 和 16 为特异性条带，在 DGGE 图谱中的数量极少，这是由温度、pH、氨态氮和硝态氮浓度等外界环境因素变化引起的。从表 4-13 不同点位的条带数量分布情况可知，深层水样的物种数量明显少于上层和中层，这是由于氨氧化细菌不适于在深层低温、低氧的环境中生长繁殖。物种在 S3、S4 上层明显增多，这是由于此点位为松花湖的人口密集区，污水排放及生活垃圾导致湖库的营养物质增多，氨氧化细菌的多样性也随之增多。

表 4-13　DGGE 条带数统计

点位	条带数					
	S1	S2	S3	S4	S5	S6
上	9	9	14	13	10	11
中	11	9	11	8	12	10
下	8	9	10	8	9	8

不同空间分布的氨氧化细菌的香农-维纳指数分布如图 4-20 所示，从图 4-20 可以看出，氨氧化细菌种群多样性在不同采样点存在一定差异性。同一点位的多样性指数平均值相差不大，为 2.16~2.29，说明松花湖春季水样微生物多样性较高。其多样性指数最高值出现在 S1 上层，为 2.37，最低值在 S2 下层，为 1.93。S1 位于松花湖区的入口处，松花湖的春季为旅游高峰期，入口处微生物含氮量较其他点位偏高，导致氨氧化细菌生长旺盛，其多样性指数最高。随时间流逝及湖水流动，有机物逐渐被稀释，上层点位从上游到下游多样性指数逐渐降低。松花湖 S3、S4、S5、S6 下层氨氧化细菌群落结构的多样性指数较高，这与其余两个深水湖库镜泊湖和大伙房水库的结果不一致，这是由于松花湖下层的有机质分解，氮营养盐含量增多，其氨氧化细菌数量也随之增多。

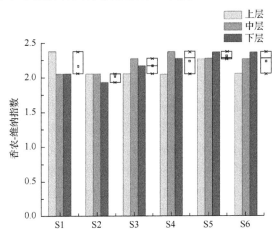

图 4-20　基于 DGGE 图谱计算的样品香农-维纳指数

箱图代表香农-维纳指数的分散性

对松花湖不同空间分布的样品进行菌落多样性聚类分析,结果如图4-21所示。由图4-21可知,18组水样被分为两大族群,相似度分别为59%和66%。垂直效应显著,Z5、Z6与下层所有氨氧化细菌种群聚为一大族群,所有上层及中层(Z1～Z4)的氨氧化细菌种群聚为一大族群。两大族群的相似度仅为58%,相似度较低的原因是上、中层氨氧化细菌种群对下层水环境的耐受力差,种群及数量发生了变化。在第一大族群中,下层氨氧化细菌的相似度高达83%,在第二大族群中,上层水样的相似度高达71%。因此,松花湖中的氨氧化细菌种群结构及数量受不同深度水环境变化的影响较为显著。

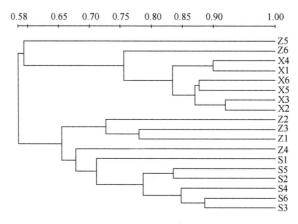

图4-21　松花湖水样 DGGE 聚类分析图

S 代表上层,Z 代表中层,X 代表下层

4.2.3　松花湖四季的氨氧化细菌群落结构分析

分别提取松花湖春季、夏季、秋季和冬季不同点位的总 DNA,利用 DGGE 技术分离其扩增产物,所得图谱如图4-22所示,氨氧化细菌 16S rDNA 序列被较好地分离,条带位置清晰,亮度明显。不同季度的条带类型相似,说明氨氧化细菌群落组成随季节变化并不明显,而不同季节同一点位灰度存在差异。在 28 条泳道上共识别出 14 种不同类型的条带,其中条带 1、4、9、13 和 14 在不同时期均有出现,说明此类菌种对环境条件变化的适应能力较强,在松花湖水体氮循环中起重要作用,其中条带 9 为优势菌群。从图4-22可以看出,春季湖库上游的 S1 和 S2 点位中条带 5、6 和 7 为新增条带,到下游完全消失,因此,此类菌群为 S1、S2 点位的特异性条带,说明 S1、S2 较其他点位有更适于此类氨氧化细菌生长的环境条件及营养物质。

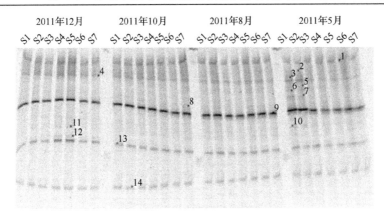

图 4-22　松花湖 DGGE 图谱

不同季度不同点位氨氧化细菌群落的香农-维纳指数分布如图 4-23 所示,从图 4-23 可以看出,氨氧化细菌种群多样性在不同季节存在一定的差异性($P<0.05$),其中春季细菌多样性最高, 冬季最低,秋季较夏季略高但并不明显, 这与其他湖库香农-维纳指数显示结果不同, 松花湖春季采样时间为 5 月,此时期水温逐渐升高, 水中微生物分解有机物的速度加快,因此其氨氧化细菌数量增多, 而夏季水温继续升高, 最高可达 25℃, 水中浮游植物大量繁殖, 会消耗大量无机氮,因此含氮量较春季减少, 其氨氧化细菌多样性也相对降低, 根据一般湖泊春、秋含氮量高于夏、冬两季的特征,春季氨氧化细菌多样性最高。春季 S1、S2 点位氨氧化细菌多样性明显高于其他点位, 这是由于春季入口处氨态氮含量相对较高, 其氨氧化细菌生长较旺盛。

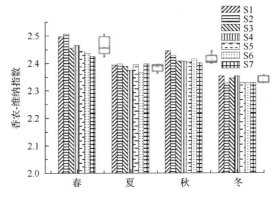

图 4-23　基于 DGGE 图谱计算的样品香农-维纳指数

箱图代表香农-维纳指数的分散性

松花湖四季不同点位的样品 DGGE 图谱聚类分析结果如图 4-24 所示,氨氧化细菌群落结构的聚类分析揭示松花湖有明显的季节效应, 28 份水样共分为两大分支, 两大分支相似度较高, 为 73%, 说明松花湖中氨氧化细菌群落结构较稳定。

除 S1 冬外，其余冬季样品为一个单独分支，而春季、夏季和秋季聚为另一分支，且相似度很高，说明这三个季节对氨氧化细菌群落组成的影响并不明显。其不同点位氨氧化细菌群落的组成及结构的相似度高达 80%左右，这也反映了不同取样生态环境的相似特征。

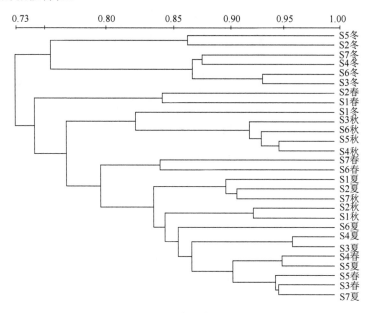

图 4-24　基于 DGGE 图谱计算的样品香农-维纳指数

　　将不同季节水样 DGGE 图谱的条带（图中标注为 B）标记后切下，利用 152bp的 16S rRNA 基因序列扩增后切胶测序，所得序列与 GenBank 比对后，将序列结果登录到 GenBank（登录号 KF373769 至 KF373779），并进行系统发育树分析（图 4-25）。由图 4-25 可知，B1、B9、B10、B12、B13 和 B14 并不属于氨氧化细菌种群，而属于其他的 β 变形菌门，而且这些条带存在于松花湖的各个点位。这是由于 CTO 的引物自身存在缺陷，对某些不属于氨氧化细菌的序列也存在特异性。由系统发育树可知，B2～B8、B11 为氨氧化细菌菌群，其中 B3、B4、B8、B11 经 NCBI比对可知其序列与 *Nitrosomonas* sp.相似度最高，B2、B5、B6、B7 与 *Nitrosospira* sp.相似度最高。B3 和 B8 属于 *Nitrosomonas marina*，B4、B11 为 *Nitrosomonas europaea*和 *Nitrosomonas eutropha*，B2 和 B5、B6、B7 分别属于 *Nitrosospira tenuis* 与 *Nitrosospira briensis*。其中 B2、B3、B4、B8 存在于 4 个季节及所有点位中，说明此物种适于松花湖不同季度及其点位的变化，B5、B6 和 B7（*Nitrosospira* sp.）是春季 S1、S2 点位的特异性氨氧化细菌。松花湖检测出的氨氧化细菌主要隶属于群落 3（Cluster 3）、群落6（Cluster 6）和群落 7（Cluster 7）。而由 DGGE 图谱可知，其中松花湖中的 *Nitrosomonas* sp.（B3、B8、B4 和 B11）要比 *Nitrosospira* sp.（B2、B5、B6 和 B7）更为常见。这是由

于 *Nitrosospira* sp.种群是森林、土壤中较为典型常见的菌群类型。而在本研究中，B5、B6 和 B7 为春季中 S1、S2 的特异菌群，由此可以说明此类菌群不是湖库的本土菌群，可能是春季上游点位底质降解、动植物腐烂产生的有机氮而导致此类物种的增加。

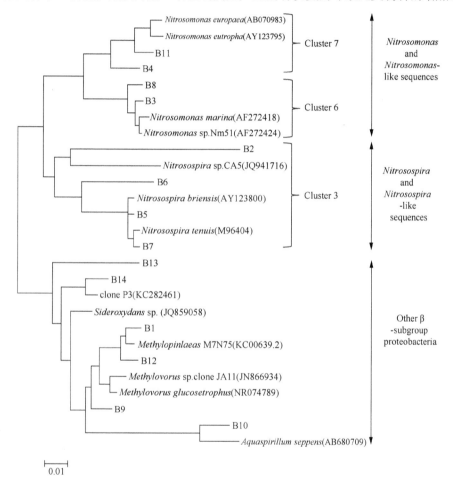

图 4-25　松花湖水体氨氧化细菌 16S rRNA 基因的系统发育树

4.3　东北平原与山地湖区氨氧化细菌与环境因子的响应关系

　　冗余分析(RDA)是一种约束性线性直接梯度排序方法，通过原始变量与典型变量之间的相关性，建立线性回归模型，其相应系数即因变量与自变量之间相关系数的平方值。它可以独立保持不同的环境因子对微生物群落变化的贡献率，其样方的排序数值既反映了物种结构与群落的相关性，又反映了对环境变量的影响[29]。冗余分析提供了分析氨氧化细菌群落组成与环境变量对应关系的工具，在排序图中，箭头所代表的意义为环境因子在排序图中的相对位置，向量长短代表它与主轴环境变量间的相互关系，不同象限也代表了排序轴与环境变量之间的相互关系。分析数据时，将物种与环境因子做垂直的连线，距离箭头近的交点则说明此类物种与环境因子的正相关性大，而反之其正相关性小，负相关性则大[30]。本研究对上述东北典型湖库中浅水湖库(兴凯湖、西泉眼水库、红旗泡、五大连池)、深水湖库(大伙房水库、镜泊湖、松花湖)的 DGGE 图谱与环境因子的关系进行冗余分析。

运用 Canoco for Windows 将 DGGE 图谱与湖库中的理化指标结合分析，研究各个湖库中氨氧化细菌的多样性与环境因子之间的相关性。通过典范相关分析，结果表明，本研究测定了 14 个水质环境因子变量，其中有 7 个环境因子与氨氧化细菌群落结构显著相关，可以用于湖库中氨氧化细菌群落的分析，即 pH、水温、硝态氮、亚硝态氮、氨态氮、总氮和溶解氧，故采用这 7 个环境因子研究其与氨氧化细菌多样性之间的相关性。首先对不同湖库采用除趋势对应分析(DCA)，不同湖库的分析结果显示其最大梯度均小于 2，因此选择单峰模型对氨氧化细菌的物种多样性及其与环境因子的关系进行分析。

4.3.1　浅水湖库氨氧化细菌与环境因子的相关性分析

4.3.1.1　兴凯湖

兴凯湖 DGGE 图谱中春、夏、冬三季的氨氧化细菌群落与环境因子的 RDA 排序结果见表 4-14、表 4-15 和图 4-26。表 4-14 为对氨氧化细菌群落进行 RDA 的统计信息。图 4-26 中第一排序轴和第二排序轴的特征值分别为 0.167 和 0.103，种类与环境因子排序轴的相关系数为 0.904 和 0.833，由此可以说明此排序可以较好地反映氨氧化细菌群落与环境因子之间的关系。

表 4-14　兴凯湖不同季度 RDA 排序轴特征值、种类与环境因子相关系数

	Axis1	Axis2	Axis3	Axis4
特征值	0.167	0.103	0.087	0.049
种类与环境因子相关系数	0.904	0.833	0.891	0.682

表 4-15　兴凯湖不同季度环境因子与 RDA 排序轴之间的相关关系

环境因子	Axis1	Axis2	Axis3	Axis4
T	0.4528	0.001	0.4938	0.2299
pH	−0.324	−0.1169	−0.2945	−0.5588
DO	0.1174	−0.109	0.6564	0.2393
TN	−0.3438	0.2062	−0.5334	−0.3688
NO_3^--N	−0.3557	−0.1381	0.3363	−0.3412
NO_2^--N	−0.1097	0.3777	0.467	−0.2177
NH_4^+-N	−0.4681	0.0856	−0.6847	−0.1684

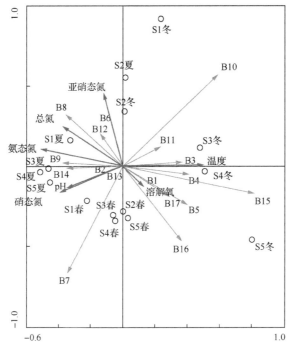

图 4-26　兴凯湖典范相关分析图

表 4-15 为兴凯湖不同季度环境因子与 RDA 排序轴之间的相关系数。由表 4-15 和图 4-26 可以看出，在兴凯湖不同季度的 7 个环境因子中，温度、溶解氧与第一排序轴呈正相关，相关系数分别为 0.4528 和 0.1174。pH、总氮、硝态氮和氨态氮与第一排序轴呈负相关，相关系数分别为 -0.324、-0.3438、-0.3557 和 -0.4681。亚硝态氮与第二排序轴呈正相关，相关系数为 0.3777。

由图 4-26 可以看出，氨氧化细菌物种在 RDA 排序图上得到了较好的分离，其中 B8、B9、B12 和 B14 主要集中在排序图的左侧，此部分与总氮、氨态氮、硝态氮等营养盐浓度呈正相关，说明物种 B8、B9、B12 和 B14 能够适应较高的含氮态营养物，或此类物种是由湖库中氮含量增多而产生的。物种 B5、B16 和 B17 与总氮、氨态氮、硝态氮等营养盐浓度呈负相关，说明此类物种由于营养物质浓度的增高，其物种数量降低。物种 B3、B4、B15 与温度呈正相关，说明此类物种受温度的影响较大，冬季温度降低会导致此物种数量减少或消失。

在各监测点不同季度条件下，根据其与环境因子轴的分布可看出，夏季点位（S1 夏、S3 夏、S4 夏、S5 夏）位于排序图的左侧，位于总氮、氨态氮、硝态氮等营养盐指标附近，与其呈正相关，表明夏季含氮营养盐含量较高，导致其氨氧化细菌种类及数量增多。春季点位（S1 春、S2 春、S3 春、S4 春、S5 春）位于排序图的下方，与溶解氧呈正相关，与营养盐等指标相关性较弱，说明春季各点位受含氮污染物的影响不明显。冬季（S3 冬、S4 冬、S5 冬）与温度呈正相关，说明其群落受温度的影响较大，而与总氮、氨态氮、硝酸盐等营养盐指标呈负相关，也说明冬季受含氮污染物的影响较轻。

4.3.1.2　西泉眼水库

西泉眼水库春、夏和冬三季的氨氧化细菌群落与环境因子的 RDA 排序结果如表 4-16、表 4-17 和图 4-27 所示。表 4-16 为对氨氧化细菌群落进行 RDA 的统计信息。如表 4-16 所示，图 4-27 中前两个排序轴的特征值分别为 0.405 和 0.335，种类与环境因子排序轴的相关系数均为 1，说明此排序可以较好地反映氨氧化细菌群落与环境因子之间的关系。

表 4-16　西泉眼水库不同季度 RDA 排序轴特征值、种类与环境因子相关系数

	Axis1	Axis2	Axis3	Axis4
特征值	0.405	0.335	0.139	0.076
种类与环境因子相关系数	1	1	1	1

表 4-17　西泉眼水库不同季度环境因子与 RDA 排序轴之间的相关关系

环境因子	Axis1	Axis2	Axis3	Axis4
T	0.0901	−0.8562	−0.1897	−0.1964
pH	0.1154	−0.6796	−0.3752	0.0184
DO	0.3185	−0.8919	−0.0959	−0.0141
TN	0.3086	−0.5672	−0.4344	−0.3695
NO_3^--N	0.0252	0.8829	−0.2945	−0.363
NO_2^--N	0.5086	0.3933	−0.2105	0.6454
NH_4^+-N	0.5538	−0.6807	−0.4004	−0.1006

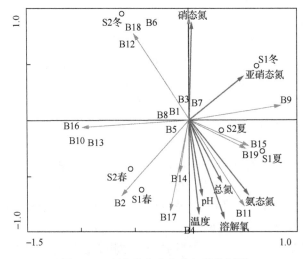

图 4-27　西泉眼水库典范相关分析图

由表 4-17 和图 4-27 可知，亚硝态氮、氨态氮与第一排序轴呈正相关，相关系数分别为 0.5086 和 0.5538，这说明，第一排序轴从左到右，氨态氮、亚硝态氮含量逐渐升高。硝态氮与第二排序轴呈最大正相关，其相关系数为 0.8829。溶解氧、温度与第二排序轴呈较大负相关，相关系数分别为 –0.8919 和 –0.8562。其次为总氮、pH、氨态氮，其相关系数分别为 –0.5672、–0.6796 和 –0.6807。这说明，沿排序轴方向温度与溶解氧、氨态氮含量逐渐升高，其硝态氮含量逐渐降低。

如图 4-27 所示，物种 B12 和 B18 位于第二象限，与总氮、氨态氮、溶解氧、温度等指标呈负相关，说明氨态氮浓度、溶解氧含量过高会抑制其物种生长，且此物种适宜在低温环境下生长，其耐受性较强。而物种 B15、B19 位于第四象限，在温度、溶解氧、氮营养盐指标轴附近，与其呈正相关，因此，此类氨氧化细菌在适宜的温度、溶解氧、氮营养盐丰富的环境中有利于其生长繁殖。

根据各监测点位与环境因子轴的分布可知，春、夏两季两个监测点位分别位于第三象限和第四象限，而冬季两个点位环境因子不同导致其差异较大。夏季两个监测点位于第四象限，说明夏季水体环境理化指标较为适宜，氮营养盐浓度较高，B15、B19 为这两个点位的特异菌群；春季两个监测点位与其排序轴相关性并不明显，说明春季受温度、溶解氧、pH 及氮指标污染的影响较小；冬季 S2 点位与温度、pH、溶解氧、氮营养盐等指标呈负相关，说明低温、低氧条件下氮营养盐浓度较低，其受污染程度较低，B12、B18 为此点位的特异菌群。

4.3.1.3　红旗泡水库

红旗泡水库春、冬两季的氨氧化细菌群落与环境因子的 RDA 排序结果见表 4-18、表 4-19 和图 4-28。表 4-18 为对氨氧化细菌群落进行了 RDA 的统计信息，由表 4-18 可知，图 4-28 中前两个排序轴的特征值分别为 0.518 和 0.097，种类与环境因子排序轴的相关系数为 0.920 和 0.847，说明此排序能够较好地反映出氨氧化细菌群落与环境因子之间的关系。

表 4-18　红旗泡水库不同季度 RDA 排序轴特征值、种类与环境因子相关系数

	Axis1	Axis2	Axis3	Axis4
特征值	0.518	0.097	0.066	0.008
种类与环境因子相关系数	0.920	0.847	0.601	0.352

表 4-19　红旗泡水库不同季度环境因子与 RDA 排序轴之间的相关关系

环境因子	Axis1	Axis2	Axis3	Axis4
T	–0.8708	0.1304	–0.1027	–0.079
pH	–0.8777	–0.1465	–0.0021	0.0053
DO	–0.7184	0.2995	–1.9	–0.1142

环境因子	Axis1	Axis2	Axis3	Axis4
TN	0.3018	0.309	0.1011	0.2234
NO_3^--N	0.6574	−0.033	0.0245	0.2335
NO_2^--N	−0.5333	0.1406	−0.0604	−0.0951
NH_4^+-N	0.8391	−0.2287	−0.0208	−0.0906

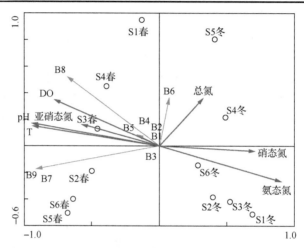

图 4-28　红旗泡水库典范相关分析图

由表 4-18 和图 4-28 可知，氨态氮与第一排序轴呈正最大相关，相关系数为 0.8391。其次为硝态氮，与第一排序轴的相关性为 0.6574。温度、pH 与第一排序轴呈较大负相关，其相关系数分别为−0.8708 和−0.8777。再次为溶解氧、亚硝态氮，与第一排序轴的相关性为−0.7184 和−0.5333。TN 与两个排序轴间的相关性不明显。这说明第一排序轴反映了氮营养盐、温度、溶解氧、pH 的变化，即排序轴从左到右，氨态氮及硝态氮含量逐渐升高，而温度、溶解氧与亚硝态氮含量逐渐降低，说明湖库中随着温度、溶解氧的升高，其氨态氮含量逐渐降低。

由图 4-28 可知，物种 B7、B8、B9 主要集中在排序图的左侧，与右侧氮营养盐相关指标呈负相关，而与温度、溶解氧、pH 呈正相关，因此，此类物种在氮营养盐丰富的环境中会抑制其生长，而在适宜温度、溶解氧、pH 等环境条件下较适于其生长繁殖。物种 B6 与总氮、氨态氮等呈一定的正相关，但其相关性较弱。物种 B1～B5 位于排序图的中心位置，因此，此类物种受环境因子及季节变化的影响较弱，应属于红旗泡水库的本地优势菌群。

根据春、冬两季各监测点位与环境因子轴的分布可以看出，冬季各监测点位位于第一排序轴的右侧，其中监测点位 S1、S2、S3、S6 位于氨态氮轴附近，说明冬季 4 个监测点位的氨态氮浓度较高，而其与温度、溶解氧含量、pH 呈负相关，导致氨氧化细菌在此水体中不能较好地生长繁殖，其中 S6 最为显著，这是造成这几个点位氨氧化细菌数量降低的重要原因，由此导致其水体自净能力较弱，受到一定程度的氮营养盐污染。而春季各监测点位位于第一排序轴左侧，各点位靠近温度、溶解氧、pH 轴，与其呈正相关，与氨态氮呈负相关，由此可知，红旗泡水库春季水体中氨态氮浓度较低，且水体中适宜的温度、溶解氧含量及 pH 为氮氧化细菌 B7、B8、B9 提供了较好的生存条件，使春季物种数量高于冬季，且水体自净能力较强。

4.3.1.4　五大连池

五大连池春、夏、冬三季的氨氧化细菌群落与环境因子的 RDA 排序结果如表 4-20、表 4-21 和图 4-29 所示。表 4-20 是对氨氧化细菌群落进行 RDA 的统计信息。由表 4-20 可知，图 4-29 中第一排序轴和第二排序轴的特征值分别为 0.205 和 0.173，种类与环境因子排序轴的相关系数分别为 0.862 和 0.832，说明此排序可以较好地反映出氨氧化细菌群落与环境因子之间的关系。

表 4-20　五大连池不同季度 RDA 排序轴特征值、种类与环境因子相关系数

	Axis1	Axis2	Axis3	Axis4
特征值	0.205	0.173	0.061	0.034
种类与环境因子相关系数	0.862	0.832	0.929	0.548

表 4-21　五大连池不同季度环境因子与 RDA 排序轴之间的相关关系

环境因子	Axis1	Axis2	Axis3	Axis4
T	0.6249	−0.1433	−0.2276	−0.2852
pH	0.3772	0.2366	0.2755	−0.0851
DO	0.4147	−0.073	0.4245	−0.0773
TN	−0.385	−0.4242	−0.2602	0.2418
NO_3^--N	−0.5131	−0.411	−0.2434	0.2408
NO_2^--N	−0.4105	0.0346	−0.2093	0.3466
NH_4^+-N	−0.4744	−0.2052	−0.2187	0.3812

由表 4-21 和图 4-29 可知，在五大连池春、夏、冬三季的 7 个环境因子中，温度与第一排序轴呈最大正相关，其相关系数为 0.6249。其次为溶解氧和 pH，与第一排序轴的相关系数分别为 0.4147 和 0.3772。硝态氮与第一排序轴呈最大负相关，其相关系数为−0.5131。其次为氨态氮和亚硝态氮，其相关系数分别为−0.4744、−0.4105。因此沿第一排序轴从左到右，温度、溶解氧含量逐渐升高，而氮营养盐相关指标逐渐降低。总氮与第二排序轴呈最大负相关，其相关系数为−0.4242。

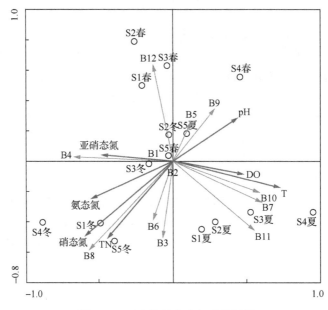

图 4-29　五大连池典范相关分析图

由图 4-29 可以看出，物种 B4、B8 主要集中在排序图的左侧，与氨态氮、亚硝态氮、硝态氮、总氮等氮营养盐呈正相关，而与温度、溶解氧含量呈负相关，说明此类物种较适宜在低温、高氮的环境中生长繁殖。物种 B7、B10、B11 集中在第四象限，与温度、溶解氧呈正相关，由此可知，适宜的温度、溶解氧更有利于此类物种的生长繁殖。物种 B5、B9 与氮营养盐相关指标呈负相关，与 pH 呈正相关。B1、B2 位于排序轴的中心位置，应为湖库的本土菌群。

由五大连池春、夏、冬各监测点位与环境因子轴的分布可以看出，冬季的 S1、S4、S5 距离氮营养盐相关指标较近，而与温度、溶解氧含量呈负相关，说明这几个监测点位的氮营养盐含量较高，而溶解氧含量较低。夏季各个监测点位主要集中在第四象限，因此其溶解氧含量与温度较高，适于氨氧化细菌生长，在此季节物种数量增多。而点位 S5 春、S5 夏位于排序轴的中心位置，由此可以说明，在春、夏两季，S5 点位受外界环境因子的影响较小。而春季的其余点位均位于排序轴的上侧，其与总氮含量呈一定的负相关。

4.3.2　深水湖库氨氧化细菌与环境因子的相关性分析

4.3.2.1　大伙房水库

大伙房水库秋季不同深度的上层、中层、下层中氨氧化细菌群落与环境因子的 RDA 排序结果如表 4-22、表 4-23 和图 4-30 所示。由于大伙房水库上层、中层、下层温度相差不大($P<0.05$)，因此温度不作为其相关理化参数分析。表 4-22 为对氨氧化细菌群落进行 RDA 的统计信息。由表 4-22 可知，图 4-30 中第一排序轴和第二排序轴的特征值分别为 0.241 和 0.171。种类与环境因子排序轴的相关系数分别为 0.897 和 0.788，说明此排序可以较好地反映出氨氧化细菌群落与环境因子之间的关系。

表 4-22　大伙房水库不同深度 RDA 排序轴特征值、种类与环境因子相关系数

	Axis1	Axis2	Axis3	Axis4
特征值	0.241	0.171	0.123	0.034
种类与环境因子相关系数	0.897	0.788	0.786	0.495

表 4-23　大伙房水库不同深度环境因子与 RDA 排序轴之间的相关关系

环境因子	Axis1	Axis2	Axis3	Axis4
SH	−0.2677	0.532	0.1027	−0.2209
pH	−0.0313	0.031	−0.1741	0.3327
DO	0.6614	0.0288	−0.0428	−0.1496
TN	0.7239	0.3329	0.0812	0.155
NO_3^--N	0.4511	0.1054	−0.2522	0.1006
NO_2^--N	−0.5649	−0.2035	0.0197	0.1515
NH_4^+-N	0.3713	−0.344	0.4052	0.0292

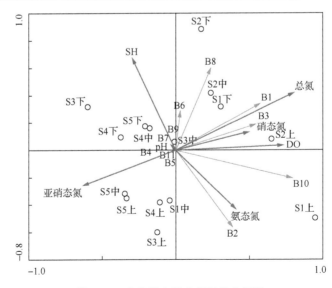

图 4-30　大伙房水库典范相关分析图

由表 4-23 和图 4-30 所示,总氮与第一排序轴呈最大正相关,其相关系数为 0.7239。其次为溶解氧、硝态氮、氨态氮,与第一排序轴的相关系数分为 0.6614、0.4511 和 0.3713。这说明第一排序轴反映出氮营养盐相关指标与溶解氧含量的变化,即排序轴从左到右,溶解氧、硝态氮、亚硝态氮、氨态氮含量逐渐升高,而亚硝态氮含量逐渐降低。水体深度与第二排序轴呈正相关,其相关系数为 0.532。pH 与第一排序轴、第二排序轴相关性不大,由此可以说明,大伙房水库的酸碱度较稳定,不受外界环境因子变化影响。

如图 4-30 所示,物种 B2 和 B10 位于第四象限,其与氮营养盐相关指标及溶解氧含量呈正相关,而其中 B2 距离氨态氮轴更近,且与水体深度呈负相关,由此可知,此类物种受氨态氮浓度及水深的影响较大,在水体下层,氨态氮浓度降低,导致其数量减少或消失;B1、B3 距离总氮、硝态氮、溶解氧轴较近,因此,此类物种受湖库中溶解氧含量、硝态氮及总氮浓度的影响较大。而 B4、B5、B7、B9 和 B11 位于排序轴的中心位置,此类氨氧化细菌为大伙房水库的本土菌群。

从大伙房水库不同深度的各监测点位与环境因子轴的分布可以看出,下层水样中点位 S3、S4、S5 与 S4 中位于水位深度轴附近,而与氨态氮呈负相关,说明这几个点位处于湖库底层,氨态氮浓度较低且物种数量较少。而点位 S1 中、S3 上、S4 上和 S5 中集中在第三象限,这是由于 S1、S5 点位分别位于湖库的上游与下游,为湖库的沿岸带,因此其水体环境与上层较为类似,故被划分为一大类,这几个点位与总氮、硝态氮呈负相关,与亚硝态氮呈正相关。S1 上单独位于第四象限靠近氨态氮轴的位置,说明其受氨态氮的影响最大,且物种 B2、B10 为此点位的特异性物种。而上游点位中的 S1 下、S2 上、S2 中集中于第一象限,与总氮、硝态氮及溶解氧含量呈正相关,适宜的水体环境导致这几个点位的物种数量增多。

4.3.2.2　镜泊湖

镜泊湖夏季不同深度的氨氧化细菌群落与环境因子的 RDA 排序结果如表 4-24、表 4-25 和图 4-31 所示。表 4-24 是对氨氧化细菌群落进行 RDA 的统计信息。如表 4-24 所示,图 4-31 中第一排序轴与第二排序轴的特征值分别为 0.216 和 0.156,其种类与环境因子排序轴的相关系数分别为 0.882 和 0.776,可以说明此排序能够较好地反映出氨氧化细菌群落与环境因子的相关关系。

表 4-24　镜泊湖不同深度 RDA 排序轴特征值、种类与环境因子相关系数

	Axis1	Axis2	Axis3	Axis4
特征值	0.216	0.156	0.081	0.033
种类与环境因子相关系数	0.882	0.776	0.751	0.663

表 4-25　镜泊湖不同深度环境因子与 RDA 排序轴之间的相关关系

环境因子	Axis1	Axis2	Axis3	Axis4
T	−0.3284	0.1425	−0.241	0.1094
SH	0.3030	−0.3105	0.1936	−0.2888
pH	0.5888	−0.0185	0.3196	−0.1185
DO	0.5509	−0.0515	−0.4585	−0.0781
TN	0.6357	0.0652	−0.0137	−0.2
NO_3^--N	−0.1059	−0.0139	0.0137	0.4273
NO_2^--N	−0.0295	0.024	0.3341	−0.2062
NH_4^+-N	−0.3321	0.2886	0.28	0.2797

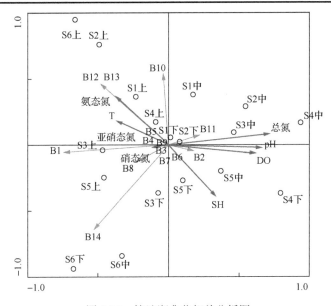

图 4-31　镜泊湖典范相关分析图

如表 4-25 和图 4-31 所示，总氮与第一排序轴相关系数最大，呈最大正相关，其相关系数为 0.6357。其次为 pH、溶解氧和水体深度，与第一排序轴的相关系数分别为 0.5888、0.5509 和 0.3030。温度、氨态氮与第一排序轴呈负相关，其相关系数分为 −0.3284 和 −0.3321。由此可以说明，随着水体深度的增加，氨态氮浓度及温度降低。硝态氮、亚硝态氮与第一排序轴及第二排序轴相关系数不呈明显的相关性，这说明，这两种氮营养盐相关指标对监测点位没有造成明显影响。

由图 4-31 可以看出，物种 B1、B12 和 B13 主要集中在排序图的左侧，且靠近氨态氮与温度轴，说明此类物种与氨态氮、温度呈正相关，而与水体深度呈负相关，由此可以说明，此物种适于在湖库上层生存。物种 B2 位于第四象限，与水体深度、溶解氧含量、pH 呈正相关，因此这一物种适于在深层水体生存，且耐受性较强。B10、B14 受第一排序轴的影响较小，且从 DGGE 图谱中可知，这两个物种数量极少，为镜泊湖的特异性条带，其物种与环境因子的相关性有待进一步研究。湖库中的大部分物种主要集中在排序轴的中心位置，如 B1、B3、B4、B5、B6 和 B7，这类氨氧化细菌受环境因子变化的影响较弱，可能为镜泊湖中的本土菌群。

从镜泊湖不同深度的各监测点位与环境因子轴的分布图中可知，湖库上层点位受深度影响较明显，主要集中在第二象限，且靠近氨态氮和温度轴，由此可知，其受氨态氮影响较大，这是由于夏季为镜泊湖旅游高峰期，其湖库上层受有机营养盐污染，其氨态氮浓度升高。镜泊湖中、下两层并没有明显的分布差异，而是分布在其余各个象限，这与 DGGE 图谱研究结果一致，镜泊湖湖库底层过深，对深层采样造成一定困难，因此，其下层水样与中层水样的水体环境相差不大，从而导致其点位的垂直分布并不明显。

4.3.2.3　松花湖

松花湖夏季不同深度的氨氧化细菌群落与环境因子的 RDA 分析结果见表 4-26、表 4-27 和图 4-32。表 4-26 为对氨氧化细菌群落进行 RDA 排序分析的统计信息。由表 4-27 可知，图 4-32 中第一排序轴与第二排序轴的特征值分别为 0.257 和 0.096，其种类与环境因子排序轴的相关系数分别为 0.787 和 0.841，由此说明，此排序能够较好地反映出氨氧化细菌群落与环境因子的相关系数。

表 4-26　松花湖不同深度 RDA 排序轴特征值、种类与环境因子相关系数

	Axis1	Axis2	Axis3	Axis4
特征值	0.257	0.096	0.123	0.034
种类与环境因子相关系数	0.787	0.841	0.786	0.495

表 4-27　松花湖不同深度环境因子与 RDA 排序轴之间的相关关系

环境因子	Axis1	Axis2	Axis3	Axis4
SH	−0.0776	0.3686	−0.2096	−0.255
T	−0.2545	−0.0102	−0.2593	0.246
pH	−0.3494	−0.2412	0.0483	0.1386
DO	−0.4272	−0.3753	0.1067	0.2256
TN	0.2447	−0.1017	0.1087	0.3151
NO_3^--N	0.2055	0.1313	0.285	0.2936
NO_2^--N	0.5564	0.0563	0.0433	−0.2654
NH_4^+-N	−0.0399	0.0715	0.3591	0.3351

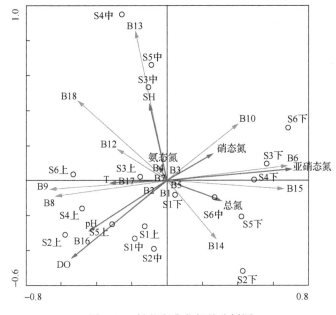

图 4-32　松花湖典范相关分析图

　　如表 4-27 和图 4-32 所示，松花湖夏季不同深度点位的 8 个环境因子中，总氮、亚硝态氮和硝态氮与第一排序轴呈正相关，其相关系数分别为 0.2447、0.5564 和 0.2055。温度、pH、溶解氧与其呈负相关，且与第一排序轴的相关系数分别为–0.2545、–0.3494 和–0.4272。这说明随着排序轴从左到右，其氮营养盐相关指标含量逐渐增多，而温度、pH、溶解氧含量逐渐降低。水深与第二排序轴呈最大正相关，其相关系数为 0.3686。由表 4-27 可知，氨态氮在第一排序轴与第二排序轴上的相关性均不明显，这是由于松花湖中不同深度的各监测点位中氨态氮含量较低（数据未显示），因此氨态氮与其他环境因子之间的相关关系较弱，其相关系数较低。

　　如图 4-32 所示，物种 B12、B13 和 B18 主要集中在第二象限，与水体深度呈一定的正相关，而与总氮呈负相关，与 DGGE 图谱分析结果一致，其主要集中在中层，且为湖库的特异性物种。物种 B8、B9、B16、B17 主要集中在第三象限，靠近溶解氧及 pH 轴附近，因此与其呈正相关。物种 B6、B10、B15 与硝态氮、亚硝态氮、水体深度呈正相关，与溶解氧含量、pH 呈负相关，说明此类氨氧化细菌适宜在湖库下层生长繁殖，且对氨态氮氧化分解能力较强，氨态氮分解，使水体中氨态氮含量降低，亚硝酸盐含量增多，完成亚硝化作用。

　　根据松花湖库不同深度监测点位与环境因子轴的分布图可知，松花湖上层点位靠近溶解氧与 pH 轴附近，由此可以说明，上层水体溶解氧含量丰富，且 pH 较为适宜。中层监测点位主要集中在排序图的上方，与总氮、亚硝态氮、硝态氮相关性不大。而下层监测点位主要集中在排序图的右侧，受亚硝态氮的影响较大，因此可以推测松花湖夏季底质有机质分解，导致氮营养盐含量增多，而在一定数量的氨氧化细菌发挥作用后，其亚硝态氮含量增多。

4.4　探讨东北典型湖库氨氧化细菌群落分布差异性

4.4.1　氨氧化细菌群落的空间分布差异

DGGE 图谱中条带数量及灰度可以直接反映出样品中氨氧化细菌种群的微生物遗传多样性。由 DGGE 图谱可知，在水平维度研究上，三个深水湖库中的菌群类型较为类似，氨氧化细菌多样性的差异并不显著（$P > 0.05$），其中大伙房水库、松花湖的微生物多样性均在上游入口点位 S1 处出现最高值，镜泊湖则在监测点位 S3、S4 出现最高值，这些监测点位均邻近入水口及居民生活区，是有机污染相对严重的点位，其氨态氮含量相对较高，而其作为氨氧化细菌的起始作用底物，与氨氧化细菌的数量及其多样性有着直接的关系[31]。从垂直维度来看，深水湖库的聚类分析结果显示，不同深度氨氧化细菌空间分布差异并不显著，松花湖除外，这是因为上层和下层水体中的生态环境不同而对微生物存在选择作用。氨氧化细菌受水体环境因子的影响，下层水体温度、溶解氧含量相对较低，其水体环境不利于氨氧化细菌的生长繁殖。这与 Yan 等[32]的研究结果一致，水体温度、硝态氮、氨态氮、溶解氧含量等对氨氧化细菌的群落结构有直接影响。而位于松花湖中层、下层的下游监测点位香农-维纳指数相差不大，这是由于春季湖库底质分解，其氨氧化细菌数量明显增多。

在对浅水湖库春、夏、冬三季不同水平监测点位进行的研究中，季节变化对氨氧化细菌数量的影响较大，其动态的分布趋势基本相同：夏季＞春季＞冬季。冬季氨氧化细菌数量最低，由于冬季湖库水面冻结，温度较低，限制其养分的有效性，对其有明显的抑制作用，其数量降低甚至致死。靠近湖岸的浅水区，日光可以直射到水底[33,34]。因而，尽管冬季的恶劣环境对氨氧化细菌表现出明显的影响，但不同氨氧化细菌群落对其适应性明显不同，如西泉眼水库中 B6、B19 及五大连池中 B8，仅在冬季存在或数量增多，这也暗示了此类氨氧化细菌对低温等恶劣环境有较强的耐受性。春季温度逐渐升高，冰水融化，氨氧化细菌等微生物数量均显著增加，一方面，由于温度略有升高，其溶解氧含量增加，促进了氨氧化细菌的生长繁殖；而另一方面，春季可释放出大量底质及营养物质，这些底质及营养物质注入湖中，为氨氧化细菌生长提供底质[35]。到了夏季，其人口密度及降水量增多，氨氧化细菌数量达到最高值，这与某些基础研究不一致[36]，研究表明，夏季湖泊中浮游植物大量生长，光合作用使湖泊中溶解氧含量降低，从而使好氧菌生长繁殖受到抑制，其数量随之降低。这是由于本研究中的浅水湖泊均位于黑龙江省，冬季寒冷而漫长，冰冻期接近半年，春季采样时间为 3 月、4 月，水体温度与夏季相比仍处于较低水平，因此，氨氧化细菌数量在夏季达到最高值。对浅水湖库水平维度的研究显示，从整体上看，水平方向氨氧化细菌群落分布的差异性并不显著($P>0.05$)。不同点位产生的较小差异，均与其不同监测点位及其所处的独特水体环境相关。例如，西泉眼水库夏季的 S1 点位为入水口，水位较浅，而其水草生长茂盛，使其氨氧化细菌数量最高。对于红旗泡的不同点位，位于沿岸带(S2、S3、S4)点位的氨氧化细菌数量要高于处于敞水带(S1)的点位，而且其入水口点位(S5)氨氧化细菌数量最高。

深水湖库以松花湖为例，对其同一深度不同季度的氨氧化细菌序列进行分析(图 4-22)，其结果表明，氨氧化细菌的物种主要隶属于种群 3、种群 6 和种群 7，而且种群 Nitrosomonas sp. (B3、B4、B8、B11)在松花湖中较种群 Nitrosospira-like (B2、B5、B6 和 B7)更为常见，这与某些先前的研究一致[37]。种群 Nitrosospira-like 在森林土壤、水体沉积物中是特有的典型氨氧化细菌[38]，而 Nitrosospira sp.序列(B5、B6、B7)在春季的上游点位最为丰富，由此可以说明，此类物种对高氮含量的水体环境的适应性更强[39]。春季上游监测点位的营养物质丰富，含氮量较高，是此类物种增多的原因。在图谱中可以发现种群 6 和种群 7 存在于所有点位中，而这类菌群普遍存在于高氮浓度的环境中，如活性污泥[40-42]。松花湖的测序结果表明，某些序列与 Methylovorus sp. clone JA11 相似度较高，而此类物种并非氨氧化细菌，但其亲缘关系与氨氧化细菌很近，这是 CTO 特异性引物自身的缺陷——会对亲缘关系近的物种产生非特异性扩增[43]。

4.4.2 环境因子对氨氧化细菌群落分布的影响

氨氧化细菌群落分布与环境因子的关系受时空影响很大，本研究利用 RDA 对湖库中相关的监测数据进行梯度排序，进一步在三个维度上揭示了东北典型湖库氨氧化细菌与环境因子之间的响应关系，为氨氧化细菌群落的生态学研究提供了基础方法。

分析不同季度各浅水湖库中氨氧化细菌群落与环境变量的 RDA 排序结果可知，在兴凯湖、西泉眼水库、红旗泡和五大连池 4 个浅水湖库中，其环境因子在排序轴上随季节的变化而变化。不同湖库的主要环境影响因子不同，从整体上看，其氨氧化细菌群落的空间分布均在不同程度上受温度、pH、氮营养盐等环境因子的影响。不同季节的温度是影响氨氧化细菌分布的主要因子，不同种类的氨氧化细菌，其生长繁殖所需的最适温度范围也各不相同，而且季节的更替会引起湖库中优势菌群的更替，这在本研究中也有体现。氮素是一切微生物生长繁殖所必需的营养物质，而对于氨氧化细菌来说，氨态氮是其作用的起始底物，湖库中氨态氮的浓度对其数量造成直接影响[44]。例如，兴凯湖中 B8、B9、B12 和 B14 能够适应较高浓度的氮营养盐，与其呈相关，而物种 B5 和 B11 则相反，高浓度的营养盐抑制其生长，这与先前研究结果一致，较低的氨态氮浓度使氨氧化细菌生长所需营养物质受到限制，而过高的底物对氨氧化作用有副作用，敏感的菌种会被淘汰，耐污染菌群则存活下来[45]。不同种类的氨氧化细菌对其氨态氮浓度具有选择作用[46]。氨氧化细菌对 pH 的变化也具有敏感性，其最适 pH 为 7.5～8.5，过高或过低的 pH 对其生长有抑制作用。

RDA 也反映了各浅水湖库中不同监测点位与环境因子的相互关系。不同季度监测点位在排序轴上的分布随环境因子的变化而变化。在兴凯湖、西泉眼水库中，夏季氮营养盐含量较高，有机污染较为严重，而春季溶解氧含量高，其水体自净能力较强，冬季低温，氮营养物质含量少，因此冬季受污染程度小。而红旗泡水库和五大连池的 RDA 结果与前两个湖库相反，其结果显示，冬季监测点位氨态氮浓度较高，溶解氧含量低，受有机污染程度较为严重。而夏季环境因子较为适宜，氨态氮浓度低，其溶解氧含量较高，水体自净能力强。

对不同深度的三个深水湖库中氨氧化细菌群落与环境变量的 RDA 排序结果进行分析，可知温度不是其主要的影响因子，水体深度、溶解氧含量及不同的氮营养盐对深水湖库氨氧化细菌的分布起了主要作用。大伙房水库与松花湖中氨氧化细菌群落受 pH 的影响不显著，这与吕艳华等[47]对黄河三角洲湿地中氨氧化细菌的生态作用的研究结果一致，研究表明，氨氧化细菌群落与 pH、含水量相关性并不显著。由此可以说明，这两个湖库中的氨氧化细菌群落分布与 pH 并不显著，但可能受 pH 与水体其他环境因子的共同影响。而不同水体深度显著影响氨氧化细菌群落分布，这是由于上层水体与深层水体水环境中的溶解氧含量、氮营养盐等有显著差异，是氨氧化细菌对水体环境的选择作用。

RDA 结果同时也反映了三个深水湖库中不同深度的监测点位与环境因子的相互关系。由排序图可知，大伙房水库与镜泊湖中的监测点位随深度的增加，其氨态氮浓度呈降低趋势，氮营养盐主要集中在上层水体中，因此，其下层水体环境受有机污染的影响较小，而由松花湖水体的 RDA 排序图可知，湖库中氨态氮浓度较低，而亚硝态氮对其影响较大，这有可能是因为氨氧化细菌的氧化分解作用发生完全。因此本研究认为，季节引起的温度变化，以及水体深度、氮营养盐及溶解氧是影响深、浅湖库中氨氧化细菌分布的主要环境因子。

4.5　本章小结

利用变性梯度凝胶电泳(DGGE)技术能够较好地考察氨氧化细菌群落在空间分布上的差异性。基于 DGGE 图谱中条带的多样性分析及聚类分析，结果表明，不同湖库氨氧化细菌菌种分布均匀性强，其系统生态功能稳定，浅水湖库中氨氧化细菌的分布具有明显的季节差异性，其多样性的排列顺序为夏季＞春季＞冬季。对深水湖库氨氧化细菌群落的多样性进行分析,结果表明,其垂直分布有较明显的差异,多样性在上层水体最高,下层较低。聚类分析结果表明,上层水体中不同监测点位聚在一起,而中、下层点位的相似度较高,聚类差异性并不明显,因此,随着水体深度的增加,其下游微生物群落组成明显不同于上层。水平方向的差异因湖库自身特点不同而发生变化,氨氧化细菌多样性在沿海地区要大于敞水带地区。

深水湖库中以松花湖为例,对其同一深度 4 个季度的采样点位进行分析,氨氧化细菌物种与 *Nitrosomonas* sp.和 *Nitrosospira* sp.相似度最高,而 *Nitrosospira* sp.在湖库中氮营养盐丰富的监测点位为水样中的优势菌群。

运用多元统计分析中的冗余分析(RDA)对东北地区 7 个湖库的氨氧化细菌群落组成及动态变化,以及其与相应湖库环境因子的关系进行分析,温度、氮营养盐和溶解氧含量是影响浅水湖库中氨氧化细菌群落分布的主要环境因子,对不同季节下环境因子的相关性分析表明,兴凯湖与西泉眼水库水体在夏季的污染程度要比冬季严重,而红旗泡与五大连池则与之相反。在深水湖库中,除溶解氧与氮营养盐外,同一季节温度差异并不显著,而水体深度也是其主要的影响因子。

参 考 文 献

[1] Kowalchuk G A, Stephen J R. Ammonia-oxidizing bacteria: a model for molecular microbial ecology[J]. Annual Reviews in Microbiology, 2001, 55(1): 485-529.

[2] Koops H P, Pommerening Röser A. Distribution and ecophysiology of the nitrifying bacteria emphasizing cultured species[J]. FEMS Microbiology Ecology, 2001, 37(1): 1-9.

[3] 魏琳琳, 杨殿林, 侯萌瑶, 等. 氮高效转基因水稻 OsNRT2.3b 对土壤氨氧化细菌群落多样性的影响[J]. 农业环境科学学报, 2017, 36(6): 1149-1159.

[4] Hinrichs K, Boetius A. The Anaerobic Oxidation of Methane: New Insights in Microbial Ecology and Biogeochemistry [M]. Ocean Margin Systems. Springer, Berlin: Heidelberg, 2002: 457-477.

[5] Zhong M, Zhou Q. Molecular-ecological technology of microorganisms and its application to research on environmental pollution[J]. Ying Yong Sheng Tai Xue Bao, 2002, 13(2): 247-251.

[6] Hastings R C, Ceccherini M T, Miclaus N, et al. Direct molecular biological analysis of ammonia oxidising bacteria populations in cultivated soil plots treated with swine manure[J]. FEMS Microbiology Ecology, 1997, 23(1): 45-54.

[7] Holben W E, de Bruijn F J. GC Fractionation Allows Comparative Total Microbial Community Analysis, Enhances Diversity Assessment, and Facilitates Detection of Minority Populations of Bacteria[M]. New York: John Wiley & Sons, Inc, 2011: 183-196.

[8] Bruns M A, Stephen J R, Kowalchuk G A, et al. Comparative diversity of ammonia oxidizer 16S rRNA gene sequences in native, tilled, and successional soils[J]. Applied and Environmental Microbiology, 1999, 65(7): 2994-3000.

[9] Kowalchuk G A, Stienstra A W, Heilig G H, et al. Molecular analysis of ammonia-oxidising bacteria in soil of successional grasslands of the Drentsche A (The Netherlands)[J]. FEMS Microbiology Ecology, 2000, 31(3): 207-215.

[10] Gulledge J, Ahmad A, Steudler P A, et al. Family-and genus-level 16S rRNA-targeted oligonucleotide probes for ecological studies of methanotrophic bacteria[J]. Applied and Environmental Microbiology, 2001, 67(10): 4726-4733.

[11] Hermansson A, Lindgren P. Quantification of ammonia-oxidizing bacteria in arable soil by real-time PCR[J]. Applied and Environmental Microbiology, 2001, 67(2): 972-976.

[12] Okano Y, Hristova K R, Leutenegger C M, et al. Application of real-time PCR to study effects of ammonium on population size of ammonia-oxidizing bacteria in soil[J]. Applied and Environmental Microbiology, 2004, 70(2): 1008-1016.

[13] Stephen J R, Chang Y J, Macnaughton S J, et al. Effect of toxic metals on indigenous soil β-subgroup proteobacterium ammonia oxidizer community structure and protection against toxicity by inoculated metal-resistant bacteria[J]. Applied and Environmental Microbiology, 1999, 65(1): 95-101.

[14] Carney K M, Matson P A, Bohannan B J. Diversity and composition of tropical soil nitrifiers across a plant diversity gradient and among land-use types[J]. Ecology Letters, 2004, 7(8): 684-694.

[15] Rotthauwe J, Witzel K, Liesack W. The ammonia monooxygenase structural gene *amoA* as a functional marker: molecular fine-scale analysis of natural ammonia-oxidizing populations[J]. Applied and Environmental Microbiology, 1997, 63(12): 4704-4712.

[16] Webster G, Embley T M, Prosser J I. Grassland management regimens reduce small-scale heterogeneity and species diversity of β-proteobacterial ammonia oxidizer populations[J]. Applied and Environmental Microbiology, 2002, 68(1): 20-30.

[17] Bowatte S, Ishihara R, Asakawa S, et al. Characterization of ammonia oxidizing bacteria associated with weeds in a Japanese paddy field using *amoA* gene fragments[J]. Soil Science and Plant Nutrition, 2006, 52(5): 593-600.

[18] Bollmann A, Laanbroek H J. Continuous culture enrichments of ammonia-oxidizing bacteria at low ammonium concentrations[J]. FEMS Microbiology Ecology, 2001, 37(3): 211-221.

[19] 任灵玲, 李秀玲, 刘灵芝. 不同施肥方式下土壤氨氧化细菌的群落特征[J]. 中国生态农业学报(中英文), 2019, 27(1): 11-19.

[20] Vallaeys T, Topp E, Muyzer G, et al. Evaluation of denaturing gradient gel electrophoresis in the detection of 16S rDNA sequence variation in rhizobia and methanotrophs[J]. FEMS Microbiology Ecology, 1997, 24(3): 279-285.

[21] Muyzer G, Smalla K. Application of denaturing gradient gel electrophoresis (DGGE) and temperature gradient gel electrophoresis (TGGE) in microbial ecology[J]. Antonie van Leeuwenhoek, 1998, 73(1): 127-141.

[22] Zhou J, Bruns M A, Tiedje J M. DNA recovery from soils of diverse composition[J]. Applied and Environmental Microbiology, 1996, 62(2): 316-322.

[23] Edwards U, Rogall T, Blöcker H, et al. Isolation and direct complete nucleotide determination of entire genes. Characterization of a gene coding for 16S ribosomal RNA[J]. Nucleic Acids Research, 1989, 17(19): 7843-7853.

[24] Kowalchuk G A, Stephen J R, De Boer W, et al. Analysis of ammonia-oxidizing bacteria of the beta subdivision of the class Proteobacteria in coastal sand dunes by denaturing gradient gel electrophoresis and sequencing of PCR-amplified 16S ribosomal DNA fragments[J]. Applied and Environmental Microbiology, 1997, 63(4): 1489-1497.

[25] Muyzer G, De Waal E C, Uitterlinden A G. Profiling of complex microbial populations by denaturing gradient gel electrophoresis analysis of polymerase chain reaction-amplified genes coding for 16S rRNA[J]. Applied and Environmental Microbiology, 1993, 59(3): 695-700.

[26] Lindström E S. Bacterioplankton community composition in five lakes differing in trophic status and humic content[J]. Microbial Ecology, 2000, 40(2): 104-113.

[27] Yannarell A C, Triplett E W. Geographic and environmental sources of variation in lake bacterial community composition[J]. Applied and Environmental Microbiology, 2005, 71(1): 227-239.

[28] 党秋玲, 刘驰, 席北斗, 等. 生活垃圾堆肥过程中细菌群落演替规律[J]. 环境科学研究, 2011, 24(2): 236-242.

[29] Habib O A, Tippett R, Murphy K J. Seasonal changes in phytoplankton community structure in relation to physico-chemical factors in Loch Lomond, Scotland[J]. Hydrobiologia, 1997, 350(1): 63-79.

[30] 张元明, 陈亚宁, 张小雷, 等. 塔里木河下游植物群落分布格局及其环境解释[J]. 地理学报, 2004, 59(6): 903-910.

[31] Sliekers A O, Haaijer S C, Stafsnes M H, et al. Competition and coexistence of aerobic ammonium-and nitrite-oxidizing bacteria at low oxygen concentrations[J]. Applied Microbiology and Biotechnology, 2005, 68(6): 808-817.

[32] Yan Q, Yu Y, Feng W, et al. Plankton community composition in the Three Gorges Reservoir Region revealed by PCR-DGGE and its relationships with environmental factors[J]. Journal of Environmental Sciences, 2008, 20(6): 732-738.

[33] Auguet J C, Nomokonova N, Camarero L, et al. Seasonal changes of freshwater ammonia-oxidizing archaeal assemblages and nitrogen species in oligotrophic alpine lakes[J]. Applied and Environmental Microbiology, 2011, 77(6): 1937-1945.

[34] Edwards K A, McCulloch J, Kershaw G P, et al. Soil microbial and nutrient dynamics in a wet Arctic sedge meadow in late winter and early spring[J]. Soil Biology and Biochemistry, 2006, 38(9): 2843-2851.

[35] 陈立广, 樊景凤, 关道明, 等. 辽河口沉积物中硝化细菌数量的时空变化分析[J]. 海洋环境科学, 2010, 29(2): 174-178.

[36] Bernhard A E, Tucker J, Giblin A E, et al. Functionally distinct communities of ammonia-oxidizing bacteria along an estuarine salinity gradient[J]. Environmental Microbiology, 2007, 9(6): 1439-1447.

[37] Stephen J R, McCaig A E, Smith Z, et al. Molecular diversity of soil and marine 16S rRNA gene sequences related to beta-subgroup ammonia-oxidizing bacteria[J]. Applied and Environmental Microbiology, 1996, 62(11): 4147-4154.

[38] Hastings R C, Butler C, Singleton I, et al. Analysis of ammonia-oxidizing bacteria populations in acid forest soil during conditions of moisture limitation[J]. Letters in Applied Microbiology, 2000, 30(1): 14-18.

[39] Cébron A, Coci M, Garnier J, et al. Denaturing gradient gel electrophoretic analysis of ammonia-oxidizing bacterial community structure in the lower Seine River: impact of Paris wastewater effluents[J]. Applied and Environmental Microbiology, 2004, 70(11): 6726-6737.

[40] Sims A, Gajaraj S, Hu Z. Seasonal population changes of ammonia-oxidizing organisms and their relationship to water quality in a constructed wetland[J]. Ecological Engineering, 2012, 40: 100-107.

[41] Wang L M, Luo X Z, Zhang Y M, et al. Community analysis of ammonia-oxidizing Betaproteobacteria at different seasons in microbial-earthworm ecofilters[J]. Ecological Engineering, 2013, 51: 1-9.

[42] Li Z X, Jin W B, Liang Z Y, et al. Abundance and diversity of ammonia-oxidizing archaea in response to various habitats in Pearl River Delta of China, a subtropical maritime zone[J]. Journal of Environmental Sciences, 2013, 25(6): 1195-1205.

[43] Cébron A, Coci M, Garnier J, et al. Denaturing gradient gel electrophoretic analysis of ammonia-oxidizing bacterial community structure in the lower Seine River: impact of Paris wastewater effluents[J]. Applied and Environmental Microbiology, 2004, 70(11): 6726-6737.

[44] Liu Z, Huang S, Sun G, et al. Diversity and abundance of ammonia-oxidizing archaea in the Dongjiang River, China[J]. Microbiological Research, 2011, 166(5): 337-345.

[45] 邹莉, 黄艺, 谢曙光, 等. 武进港浮游微生物群落研究[J]. 北京大学学报(自然科学版), 2011, 47(3): 513-518.

[46] Wang S, Wang Y, Feng X, et al. Quantitative analyses of ammonia-oxidizing archaea and bacteria in the sediments of four nitrogen-rich wetlands in China[J]. Applied Microbiology and Biotechnology, 2011, 90(2): 779-787.

[47] 吕艳华, 白洁, 姜艳, 等. 黄河三角湿地硝化作用强度及影响因素研究[J]. 海洋湖沼通报, 2008, 2: 61-66.

第5章 东北平原与山地湖区藻类与环境因子的响应关系

5.1 概　　述

5.1.1 淡水浮游植物生态概述

5.1.1.1 浮游植物的概念

70.8%的地球表面是由海洋、江河、湖泊、水库、池塘、湿地、溪沟等不同水体组成的[1]。各种水体中都生存着种类繁多的水生生物。通常，我们把完全没有游动能力，或者游动能力非常微弱不足以抵抗水的流动力，而只能"随波逐流"似的悬浮生活在水中的一类水生生物统称为"浮游生物"(plankton)。浮游生物主要包括浮游植物(phytoplankton)和浮游动物(zooplankton)两大类。浮游植物包括所有生活在水中营浮游生活的微小植物，通常就是指浮游藻类。值得注意的是，浮游植物不是一个分类学单位，而是一个生态学单位[2]。胡鸿钧等[3]根据藻类系统的演化理论将浮游植物分为蓝藻门、原绿藻门、灰色藻门、红藻门、金藻门、定鞭藻门、黄藻门、硅藻门、褐藻门、隐藻门、甲藻门、绿藻门等共12门。不同门类的浮游植物形态多样，大小悬殊，分布广泛，但大多数都具有光合色素，能够进行类似于高等植物的光合作用，因此构成了各种水体的初级生产力，在水体生态系统中的物质转化和能量流动等方面发挥着极其重要的作用。

5.1.1.2 浮游植物的多样性

生物多样性(biodiversity)是近年来国内外生态学研究中最为流行的词汇之一。它是指一定范围内多种多样活的有机体(动物、植物、微生物)有规律地结合所构成的稳定的生态综合体。由于自然资源的合理利用和生态环境的保护是人类实现可持续发展的基础，因此对生物多样性的研究和保护已经成为世界各国普遍重视的一个问题。由于中国幅员辽阔，不同地区间自然环境复杂多样，因此中国浮游植物资源也十分丰富多样。20世纪初以来的调查研究表明，浮游植物中的各个门类在中国都有发现，而且种类丰富。已知全世界浮游植物约有40 000种，其中淡水浮游植物有25 000种左右，而中国已发现的(包括目前已报道的和尽管已鉴定但尚未报道的)淡水浮游植物约9000种。但是，由于国内不少地区尚未对浮游植物进行调查，或即使已进行浮游植物调查，也很不全面，而且很多类别的淡水浮游植物在中国的调查研究还缺乏一定的深度和广度，因此中国淡水浮游植物的物种数应远远超过9000种，估计有12 000～15 000种（按占世界淡水浮游植物种数的50%～60%计）。

5.1.1.3　浮游植物的多样性分布及其影响因素

在生态学里有一个很著名的理论——"竞争排斥"，它是指在一个相对同质的环境中，如湖泊的表面，应该包括极少几种具有类似生态需求的物种。然而，浮游植物的多样性分布显然是违背这一理论的。尽管绝大多数浮游植物都在竞争相同的无机营养盐，但即使在一个很小的水体中，通常也至少会有30种浮游植物相安无事地共存着，这一现象被称为"浮游植物悖论"[4]。环境因子时空分布的异质性被认为是导致"浮游植物悖论"的主要原因[5]。影响湖泊和水库浮游植物时空分布的环境因子可以分为无机环境因子和有机环境因子两大类。无机环境因子包括光照、水温、pH、溶解氧等理化指标，氮、磷等无机营养盐含量，以及风力、湖库面积、深度等水文条件。光是浮游植物生存的必要条件，没有光照就不能进行光合作用，因此光强度直接影响浮游植物的代谢及生长繁殖的速度。不同类型的浮游植物对光照的适应程度不同，一般蓝藻尤其是颤藻适应低光强能力强[6]。温度也是影响浮游植物代谢速率的主要因素，一般在低于浮游植物生长的最适温度时，每增加1℃，浮游植物代谢速率就增加10%左右。不同类型的浮游植物对温度的适应能力也不同。一般金藻、硅藻适宜在温度较低的水环境中生长，而绿藻适宜在中等水温下生长，蓝藻比较能适应较高的水温。对瑞典63个湖泊的调查结果发现，pH对各湖泊浮游植物的种类和丰度都有显著影响，各湖泊浮游植物种类数最大值出现在pH 7.0～7.6[7]。此外，也有研究发现，蓝藻生物量与pH之间呈显著正相关[8]。氧是几乎所有的生物生存的必要条件。一方面，浮游植物通过光合作用能够产生氧气，从而提高水体中溶解氧的浓度，另一方面，浮游植物的消亡、尸体的腐败和分解又消耗了相当数量的氧，水体中溶解氧的浓度降低。湖水中含有各种无机盐类，其盐类组成和含量高低对浮游植物的生长、生活和分布有着重要意义。一般湖泊中优势离子包括Ca^{2+}和HCO_3^-，K、Na、N、P、Cl、S、Mg等的离子也往往普遍存在。其中，高浓度的钠离子是浮游植物生物多样性的重要抑制因子，而氮、磷、硅是浮游植物生长最重要的限制营养盐。氮在水体中的存在形式主要包括分子氮（N_2）、氨（NH_3）、亚硝酸盐（NO_2^-）、硝酸盐（NO_3^-）和有机氮化物，其中溶解的无机氮（氨态氮和硝酸盐氮）是可被植物直接吸收的最重要的形式。水体中磷的存在形式包括无机磷酸盐（DIP）和有机磷酸盐（DOP），通常浮游植物只能利用可溶性的无机磷酸盐，尤其是正磷酸盐的形式。磷被认为是淡水水体中浮游植物生长的主要限制因素，且与浮游植物生物量之间具有显著的正相关关系。与氮、磷等主要的营养元素不同，硅并非对所有的浮游植物都是必需的，而主要是作为硅藻的必需营养，但在很多淡水水体的浮游植物组成中，硅藻往往是一个主要的类别。

风是影响浮游植物水平分布的一个重要因子，它能导致藻类向风力方向堆积。例如，安徽巢湖，夏季盛行偏南风，导致形成水华的微胞藻和项圈藻在北部湖湾堆积，而在滋生它们的敞水区却较少分布[9]。浮游植物多样性水平随湖库面积的增大而提高。湖泊深度与浮游植物物种丰富度之间呈显著负相关，因此浅水湖泊可能比深水湖泊拥有更多的浮游植物物种[10]。

影响浮游植物分布的有机环境因子主要包括浮游植物之间，以及其与水生高等植物、浮游动物之间的抑制因子。有些浮游植物种类能产生抑制其他种类生长的物质，如小球藻分泌的小球藻素能抑制菱形藻、衣藻生长。由微囊藻等蓝藻所分泌的微囊藻毒素可以影响水生植物种类的多样性，从而帮助蓝藻获得竞争优势，直至形成水华。浮游动物通过捕食作用影响浮游植物群落的结构组成。水生高等植物与浮游植物之间在光照、营养和生存空间方面存在激烈的竞争，并通过植物他感作用，对浮游植物的生长发育起到干预作用。

5.1.2　浮游植物多样性研究的方法学

浮游植物多样性的大小直接反映了水生生态系统的稳定性和水质状况。以分子生物学技术为代表的各种现代分析技术不断革新和应用，使人们更深刻、更系统地认识淡水浮游植物的群落结构和多样性分布成为可能。

5.1.2.1　基于浮游植物形态学的鉴定方法

鉴定浮游植物的传统方法是显微镜检分析，该方法基于浮游植物的形态特征和超微结构，分类依据包括藻细胞大小、鞭毛、色素体、异型胞等有无，表面平整情况，群体或个体胶被形态，以及群体中细胞个数等特征。该方法操作简便，在浮游植物的鉴别和定量方面，目前仍被很多科研工作者广泛使用，但是在长期的实践过程中也发现该方法具有很多不足。一方面，该方法对浮游植物鉴定人员的经验依赖性较高，非长期从事藻种分类工作的专业人员难以胜任。淡水藻类种类繁多，大部分形体微小，很多属在普通光学显微镜下难以鉴定，有时需要借助于电子显微镜，且许多属的藻类形态差异细微，达到属以下的区分较困难。例如，甲藻门的部分种类，仅在细胞壁个别甲片的结构上有细微区别；很多藻类野生型和培养型在形态方面有较大区别；即使是同一种藻类在显微镜下因观察角度不同，形态也有较大差异。另一方面，当研究水体中浮游植物的时空变化时，随采样频率的增加，需要鉴定的样品数目也成倍增长，整个过程费时费力，难以满足快速鉴定的要求。因此，基于浮游植物形态学的鉴定方法工作量大，人为因素强，不同研究者的鉴定结果可能会有差异，鉴定过程难以标准化。

近年来，随着流式细胞摄像系统(flow cytometer and microscope，FlowCAM)的出现，在传统形态学分类的基础上，采用流式细胞技术可使藻细胞逐个通过显微镜头摄像抓捕，然后结合人工神经网络技术构建的专家系统进行自动识别，从而实现分类和计数[11,12]。FlowCAM 技术可以看成人工智能技术在藻类识别方面的应用，它使图像获取和识别过程实现了自动化，减轻了人工识别和计数的工作强度，并可以现场、实时快速自动鉴定。但是与传统的显微镜检技术一样，形态相似的种类同样无法区分。另外，由于受光学分辨率的限制，直径小于 5μm 的浮游植物图像无法准确识别。同时，采用 FlowCAM 鉴定浮游植物还受到水体中藻密度的限制(定量检测藻类样品的密度一般不应小于 3×10^5 个/L)；此外，仪器成本较高、对工作环境要求严格、需要良好训练的专业技术人员等因素也限制了其应用。目前，这种技术还仅限于在实验室内小尺度环境下对培养的种类进行识别。

5.1.2.2 基于浮游植物生物化学的鉴定方法

基于浮游植物生物化学的鉴定方法主要是根据浮游植物细胞生物大分子的成分或含量差异来进行鉴定，目前已有的工作包括根据浮游植物同工酶组分、脂肪酸组成和含量差异及 DNA 碱基组成差异等对浮游植物多样性进行鉴定。同工酶是能催化相同的化学反应，但酶蛋白分子结构、理化性质、免疫性能等方面均存在明显差异的一组酶。自同工酶的概念提出以来，其就被作为遗传标记，广泛应用于动植物遗传学分析中。自 20 世纪 70 年代起，该技术逐渐被应用于浮游植物的鉴定研究中。例如，Murphy 等[13]利用同工酶电泳对海链藻属内关系进行分类研究，通过酶谱分析将海链藻划分成几个属内种。1948 年 Millner[14]提出了以脂肪酸含量差异作为标准的生物化学分类方法，之后又有人通过实验证明脂肪酸不仅可以作为分类的标准，还可以作为分析藻类进化关系的工具。Khotimchenko[15]根据藻类脂肪酸含量对其进行了分类，Khotimchenko[16]对褐色藻类脂肪酸含量进行分类研究时也发现脂肪酸含量除在鹿角菜科中有差异外，在其他属间差异并不明显。研究发现，同种藻株中的 G+C 含量差异不大于 5%，而同属间种的差异也不超过 15%。因此物种 DNA 碱基含量差异也被应用于藻类分类与鉴定中。Fahrenkrug 等[17]测定了蓝藻中大量藻类的 DNA 碱基组成，并证明微囊藻株中 G+C 含量非常相似，足以将微囊藻从其他蓝藻中区分出来。

很多生物大分子含量差异在属或种的水平上并不显著，而且有些生物分子的组成受到环境因素的影响，再加上部分生物大分子的鉴定技术烦琐，从而使基于生物化学的浮游植物鉴定方法的应用受到很多限制。

5.1.2.3 基于浮游植物光谱学的鉴定方法

基于浮游植物光谱学的鉴定方法主要是通过测定浮游植物所含有的叶绿素、

各种辅助色素或者其他"特征性化学成分"[18]的吸收光谱、内源或外源荧光等特征光谱数据，结合不同的多元统计方法或化学计量学方法，从而获得浮游植物群落组成和丰度的定量关系。研究表明，在激发光为蓝光波长(BP450 到 BP490，FT510，LP520)时，浮游真核植物由于叶绿素 a 的荧光而呈红色，而蓝藻则根据藻红蛋白和藻蓝蛋白的存在与否，呈现黄色(藻红蛋白细胞)或暗红色(藻蓝蛋白)荧光。Mackey 等[19]开发出程序 CHEMTAX，利用高效液相色谱分析浮游植物的色素组成，进而估算不同级别的浮游植物的数量。Boddy 等[20]使用流式细胞仪，利用浮游植物荧光性质和散射性质的差异,用神经网络技术实现了对 72 种浮游植物的识别分析。张前前等[21]对浮游植物活体三维荧光光谱进行特征提取，获取了各种浮游植物的特征光谱。

5.1.2.4　基于浮游植物分子生物学的鉴定方法

近年来，随着分子生物学技术的发展，以 DNA 指纹图谱为基础的分子标记技术被广泛应用于微生物多样性的研究中。分子生物学技术是目前除显微镜检分析外，唯一能在种的水平上对浮游植物多样性进行鉴定的技术，而且这种鉴定方法既不依赖于形态观察，又不依赖对浮游植物的纯化和培养，因而在浮游植物多样性检测方面日益受到重视。从检测原理上来看，目前所使用的分子生物学方法主要包括基于 DNA 分子多态性的传统分子标记技术和基于核糖体小亚基 rDNA 序列的 DNA 指纹技术。

(1)基于 DNA 分子多态性的传统分子标记技术

自 20 世纪 80 年代以来，通过将 PCR 技术、分子杂交技术、DNA 测序技术等分子生物学技术相结合，已经开发出多种 DNA 分子标记技术，并将这些技术广泛应用于遗传学、医学、动植物育种等领域，目前，这些技术也被应用于浮游植物多样性的研究中，以获得丰富的 DNA 多态性信息。陈月琴等[22]采用 RFLP 分析方法，对我国南海海域链状亚历山大藻和塔玛亚历山大藻不同地理株的内源转录间隔区(ITS)进行分析，为不同种亚历山大藻的种间界定提供了依据。吴利等[23]利用随机扩增多态性 DNA(RAPD)技术研究了牛山湖浮游生物群落的 DNA 多态性。姜玮等[24]通过 PCR 扩增 7 株盐藻的 5.8S rDNA 和 ITS 序列，并直接测定，对测序结果进行聚类分析，获得了 7 株盐藻之间的亲缘关系，这一结果与利用 11 个随机引物对 7 株盐藻进行 RAPD 分析的结果基本一致。叶吉龙等[25]应用 12 个微卫星 DNA(STR)标记对 9 株来自欧洲和中国等不同海域的塔玛亚历山大藻进行了遗传多样性分析，探讨了不同地理藻株之间的遗传分化程度和基因流水平，分析了我国沿海塔玛亚历山大藻的遗传多样性。Muller 等[26]采用 AFLP 技术对小球藻藻株之间的分类差异进行了比较。

　　(2)基于核糖体小亚基 rDNA 序列的 DNA 指纹技术

　　rDNA 是编码核糖体 RNA 的基因,其中编码核糖体小亚基的 16S(原核生物)或 18S(真核生物)基因(SSU rDNA)具有良好的进化保守性,其适宜的分析长度,以及与进化距离相匹配的良好变异性,使其成为微生物多样性鉴定的理想序列。SSU rDNA 包括保守区和变异区。保守区内核苷酸序列恒定,在分类上相距远的微生物分类群之间才有差异;变异区能够显示微生物分类种的差异。SSU rDNA 的这种特性可被用来对微生物进行系谱分类[27]。目前,基于 rDNA 序列已经开发了多种 DNA 指纹技术,以应用于各种微生物的生态学研究中。这些技术包括:变性梯度凝胶电泳(denatured gradient gel electrophoresis,DGGE)、核糖体 DNA 扩增片段限制性内切酶分析(amplified ribosomal DNA restriction analysis,ARDRA)、核糖体间隔区分析(ribosomal intergenic spacer analysis,RISA)、单链构象多态性(single strand conformation polymorphism,SSCP)、末端限制性酶切片段长度多态性(terminal restriction fragment length polymorphism,T-RFLP)等。上述 DNA 指纹技术均能够同时分析大量的样本,因而在浮游植物多样性研究中已被广泛应用。Beatriz 等[28]首次用真核生物特异性引物扩增 18S rDNA 片段,并通过 DGGE 研究地中海海洋中微型真核生物群落的多样性,又将其结果与相同样品的克隆文库和 T-RFLP 结果进行了比较,发现 3 种方法揭示了非常相似的群落组成。谭啸等[29]采用 DGGE 分析了太湖不同湖区微囊藻群落的季节变化规律。Estelle 等[30]用 ARDRA 方法研究了以色列加利利湖区上游 Hula 峡谷的再生湿地中是否含有对湖泊生态系统造成危害的有毒蓝藻,结果在调查期间发现了大量的微囊藻株系,这一结果也被显微镜检法所证实。陈美军等[31]用 ARDRA 方法研究了太湖不同湖区的微型真核浮游生物多样性组成,结果也发现,各湖区样品中的 18S rDNA 全长序列存在丰富的 RFLP 型。赵璧影等[32]用 T-RFLP 方法对南京市区 8 个不同营养水平湖泊沿岸带和敞水带超微真核浮游生物的遗传多样性进行了研究,结果发现,不同湖泊超微真核浮游生物的 T-RFLP 指纹图谱存在明显差异,其中营养水平中等的南湖沿岸带末端限制性片段(T-RF)最多,而营养水平较低的百家湖敞水带 T-RF 最少。

　　自 20 世纪 80 年代以来,随着我国城市化和工业化进程加快,经济发展迅速,资源利用强度加大,水体富营养化逐渐成为中国湖库面临的重大问题之一。由水体浮游植物大量繁殖而导致的“水华”是富营养化的典型特征之一,因其蔓延速度快,治理难度大,中国目前因富营养化而引起的浮游植物水华到了“生态癌”阶段,这已经被公认[33]。国内近年来水华事件频频发生,如 2007 年 5 月,太湖暴发蓝藻水华,几乎一夜之间,无锡市数百万群众的饮用水安全受到严重威胁。近 10 年来,云南滇池频频暴发蓝藻水华,截至 2006 年,为治理滇池水华,各级财政已累计投入资金 46.1 亿元,但滇池水质迄今仍未有根本性改变。安徽巢湖从

1999 年至今，藻类水华严重，给当地水产养殖、居民用水等造成巨大影响。浮游植物是水生生态系统的第一生产力，其群落组成和多样性直接反映了水生生态系统的稳定性和水质状况。随着全球生物多样性的日益被重视，对物种多样性的研究也显得极其重要和紧迫。浮游植物对水环境的化学变化比较敏感，其时空分布也明显受到水环境因子的影响。因此，揭示水体富营养化和浮游植物水华暴发的机制，并阐释其防治的科学基础，是国家亟待解决的重大科学和技术问题，也是当前资源环境科学研究的热点。

东北地区湖库由于受独特的地理和气候条件的影响，水华暴发的概率相对较小。但是总体上湖泊营养化水平由贫营养型向中营养型、富营养型转变的趋势很难逆转。当前，针对东北典型湖库开展浮游植物多样性研究具有重大的理论和现实意义，其成果将有可能为政府在今后水体富营养化和水华治理方面节省巨额财政资金。

5.2　东北典型湖库浮游植物形态学鉴定

5.2.1　红旗泡水库

本次调查分别在 2011 年 5 月(春季)、8 月(夏季)、10 月(秋季)、12 月(冬季)进行水样采集和标本制作，每个季节都是在 3 个点位取样，通过显微鉴定，红旗泡水库共发现浮游植物 64 属，隶属于 8 门 40 科(本研究中 8 门分别简称为绿藻、硅藻、蓝藻、金藻、裸藻、甲藻、隐藻、黄藻)。从种类上看(图 5-1)，最多的是绿藻，有 22 属，其次是硅藻(16 属)和蓝藻(11 属)，另外，金藻 5 属，裸藻 4 属，甲藻 3 属，隐藻 2 属和黄藻 1 属。各门浮游植物丰度占比见图 5-2。从数量上看，红旗泡水库浮游植物四季平均丰度值为 $56.82 \times 10^5 \mathrm{ind/L}$，以硅藻最多，其次是蓝藻、绿藻、隐藻。红旗泡水库浮游植物优势属包括硅藻门的小环藻属、舟形藻属、针杆藻属，蓝藻门的颤藻属、微囊藻属，绿藻门的纤维藻属，以及隐藻门的蓝隐藻属。

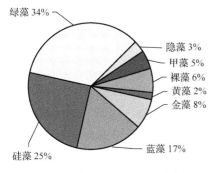

图 5-1　红旗泡水库浮游植物种类组成

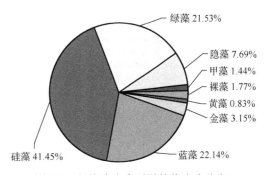

图 5-2　红旗泡水库浮游植物丰度分布

从采样的季节来看，不同季节红旗泡水库浮游植物的种类和数量变化都比较大。从种类上看(图 5-3)，硅藻在春季种类最多，蓝藻、绿藻在夏季种类最多，金藻在冬季种类最多。从数量上看(图 5-4)，各季节浮游植物丰度值依次是夏季＞秋季＞春季＞冬季。春季以硅藻为主，夏季蓝藻最多，其次是硅藻和绿藻，秋季蓝藻丰度大幅降低，而隐藻丰度大幅增长，形成以硅藻、绿藻、隐藻为优势群体的群落结构。冬季金藻数量明显提高，群落结构以绿藻、硅藻和金藻为主。

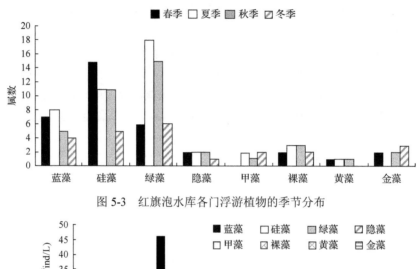

图 5-3　红旗泡水库各门浮游植物的季节分布

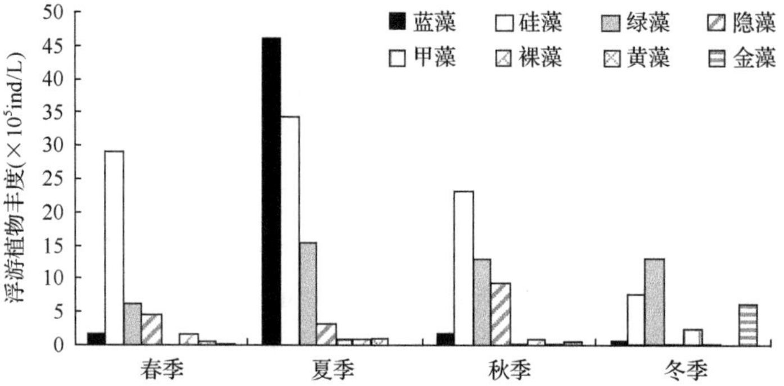

图 5-4　红旗泡水库浮游植物丰度的季节分布

5.2.2　西泉眼水库

本次调查分别在 2011 年 5 月(春季)、8 月(夏季)、10 月(秋季)进行水样采集和标本制作，每个季节都是在 3 个点位取样，通过显微鉴定，西泉眼水库共发现浮游植物 58 属，隶属于 7 门 40 科。从种类上看(图 5-5)，最多的是绿藻，有 26 属，其次是硅藻和蓝藻，均为 11 属，另外，金藻 4 属，甲藻、裸藻、隐藻各 2 属。从数量上看，西泉眼水库浮游植物春、夏、秋三季平均丰度值为 164.28×10⁵ind/L，以硅藻(40.56%)最多，其次是蓝藻(38.46%)、绿藻(17.61%)、隐藻(2.63%)，其他 3 门较少，均不超过 1%。各门浮游植物丰度占比见图 5-6。西泉眼水库浮游植物优势属包括硅藻门的小环藻属，蓝藻门的鱼腥藻属、微囊藻属，以及绿藻门的纤维藻属等。

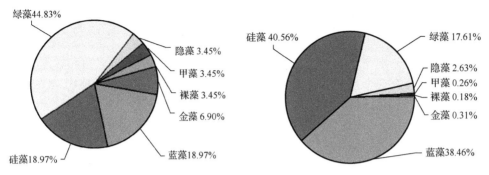

图 5-5　西泉眼水库浮游植物种类组成　　　　图 5-6　西泉眼水库浮游植物丰度分布

　　从采样季节来看,不同季节西泉眼水库浮游植物的种类和数量变化都比较大。从种类上看(图 5-7),硅藻、绿藻、甲藻都是在秋季种类最多,蓝藻在春、夏季种类都比较多,裸藻和金藻在春季种类最多,隐藻种类在各季节较为恒定。从数量上看(图 5-8),各季节浮游植物丰度值依次是夏季>春季>秋季。春季以硅藻为主,夏季硅藻数量大幅减少,蓝藻大量繁殖,占据优势地位,同时绿藻数量也有较明显增长,秋季蓝藻迅速消失,硅藻大量繁殖,重新成为优势群体。

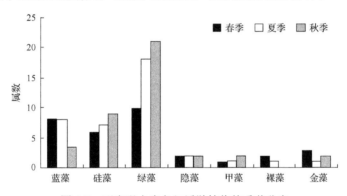

图 5-7　西泉眼水库各门浮游植物的季节分布

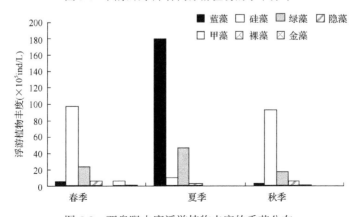

图 5-8　西泉眼水库浮游植物丰度的季节分布

5.2.3　兴凯湖

本次调查分别在 2011 年 5 月(春季)、10 月(秋季)进行水样采集和标本制作,每个季节都是在 3 个点位取样,通过显微鉴定,兴凯湖共发现浮游植物 48 属,隶属于 8 门 28 科。从种类上看(图 5-9),最多的是绿藻和硅藻,各有 16 属,其次是蓝藻(9 属),另外,裸藻、隐藻各 2 属,金藻、甲藻、黄藻各 1 属。从数量上看,兴凯湖浮游植物春、秋两季平均丰度值为 38.68×10^5ind/L,以硅藻(56.75%)最多,其次是绿藻(16.10%)、隐藻(12.20%)、蓝藻(11.54%)、金藻(1.63%),其他 3 门较少,均不超过 1%。各门浮游植物丰度占比见图 5-10。兴凯湖浮游植物优势属包括硅藻门的小环藻属、舟形藻属、星杆藻属、直链藻属,绿藻门的纤维藻属、栅藻属、鼓藻属,隐藻门的蓝隐藻属和隐藻属,以及蓝藻门的鱼腥藻属、微囊藻属等。

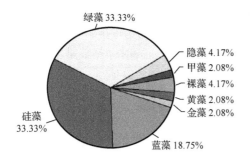
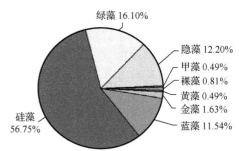

图 5-9　兴凯湖浮游植物种类组成　　　　图 5-10　兴凯湖浮游植物丰度分布

从采样季节来看,春、秋两季兴凯湖浮游植物的种类变化不大(图 5-11)。属数上蓝藻在春季略多,而绿藻在秋季略多。此外在春季未检测到甲藻,而秋季未能检测到黄藻。从数量上看(图 5-12),兴凯湖春、秋两季比较,以春季浮游植物丰度较高(47.55×10^5ind/L),秋季较低(29.81×10^5ind/L)。春季以硅藻为主,其次是绿藻和蓝藻,秋季硅藻数量大幅下降,但仍是最主要的藻类,秋季隐藻数量大幅上升,而绿藻、蓝藻数量均明显下降。

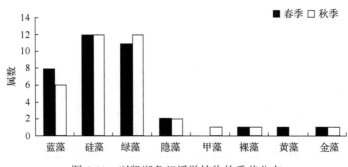

图 5-11　兴凯湖各门浮游植物的季节分布

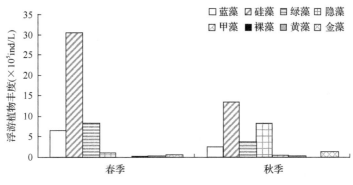

图 5-12　兴凯湖浮游植物丰度的季节分布

5.2.4　连环湖

本次调查分别在 2011 年 5 月(春季)、8 月(夏季)、10 月(秋季)进行水样采集和标本制作,每个季节都是在 3 个点位取样,通过显微鉴定,连环湖共发现浮游植物 66 属,隶属于 8 门 31 科。从种类上看(图 5-13),最多的是绿藻,有 26 属,其次是硅藻(17 属)和蓝藻(14 属),另外,裸藻 3 属,金藻和隐藻各 2 属,甲藻和黄藻各 1 属。各门浮游植物丰度占比见图 5-14。从数量上看,连环湖浮游植物三季平均丰度值为 97.36×10^5 ind/L,以蓝藻(37.50%)最多,其次是绿藻(35.37%)、绿藻(20.11%)、金藻(4.31%)、隐藻(1.26%)、裸藻(1.02%)、甲藻(0.39%)、黄藻(0.05%)。连环湖浮游植物优势属主要包括蓝藻门的席藻属、颤藻属、平裂藻属、鱼腥藻属,绿藻门的纤维藻属、栅藻属、四角藻属、鼓藻属,硅藻门的舟形藻属、针杆藻属,以及金藻门的锥囊藻属。

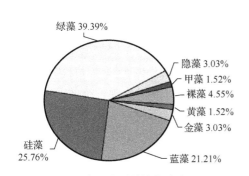

图 5-13　连环湖浮游植物种类组成

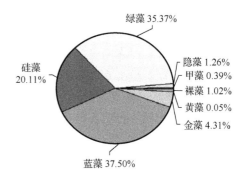

图 5-14　连环湖浮游植物丰度分布

从采样季节来看,不同季节连环湖浮游植物的种类和数量变化都比较大。从种类上看(图 5-15),硅藻在春季种类最多,蓝藻、绿藻、裸藻在夏季种类最多,金藻在秋季种类最多。从数量上看(图 5-16),各季节浮游植物丰度值依次是夏季>

春季＞秋季。春季和秋季都是绿藻数量最多，硅藻其次，此外金藻在春季数目较大。而夏季则是以蓝藻数目占绝对优势，绿藻其次，硅藻再次。

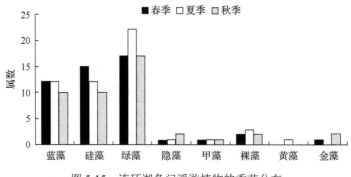

图 5-15　连环湖各门浮游植物的季节分布

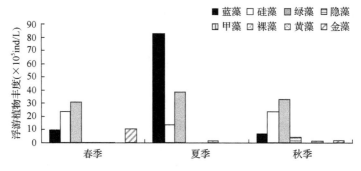

图 5-16　连环湖浮游植物丰度的季节分布

5.2.5　桃山水库

本次调查分别在 2011 年 5 月(春季)、8 月(夏季)、10 月(秋季)、12 月(冬季)进行水样采集和标本制作，每个季节都是在 3 个点位取样，通过显微鉴定，桃山水库共发现浮游植物 68 属，隶属于 7 门 37 科。从种类上看(图 5-17)，最多的是绿藻，有 25 属，其次是硅藻和蓝藻，各 15 属，另外，金藻 6 属，裸藻 3 属，隐藻和甲藻各 2 属。各门浮游植物丰度占比见图 5-18。从数量上看，桃山水库浮游植物四季平均丰度值为 92.52×10⁵ind/L，以硅藻(47.16%)最多，其次是蓝藻(32.81%)、绿藻(11.87%)、隐藻(5.08%)、裸藻(1.56%)、金藻(1.04%)、甲藻(0.48%)。桃山水库浮游植物优势属主要包括硅藻门的直链藻属、小环藻属、针杆藻属，蓝藻门的颤藻属、微囊藻属，绿藻门的纤维藻属，以及隐藻门的隐藻属。

不同季节桃山水库主要浮游植物的属数变化不大(图 5-19)，蓝藻在 4 个季节的样品中属数基本恒定，硅藻和绿藻除冬季属数较少外，春、夏、秋三季差异也很小。但是从浮游植物丰度来看(图 5-20)，不同季节差异显著。桃山水库各季节浮游植物丰度值依次是夏季＞春季＞秋季＞冬季。春季和秋季硅藻占绝对优势，夏季蓝藻占绝对优势，冬季硅藻和绿藻丰度较为接近，共同构成冬季浮游植物的主要类群。

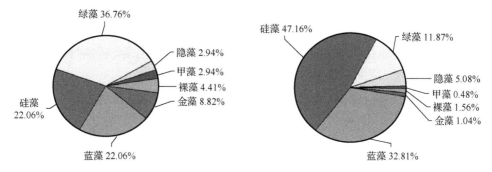

图 5-17　桃山水库浮游植物种类组成　　　图 5-18　桃山水库浮游植物丰度分布

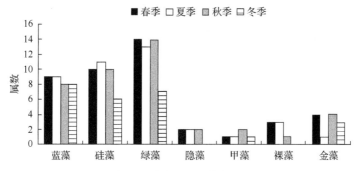

图 5-19　桃山水库各门浮游植物的季节分布

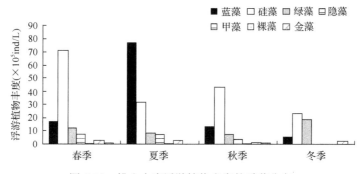

图 5-20　桃山水库浮游植物丰度的季节分布

5.2.6　镜泊湖

本次调查分别在 2011 年 5 月（春季）、8 月（夏季）、10 月（秋季）进行水样采集和标本制作，每个季节都是在 3 个点位取样，通过显微鉴定，镜泊湖共发现浮游植物 52 属，隶属于 7 门 32 科。从种类上看(图 5-21)，最多的是绿藻，有 17 属，其次是蓝藻和硅藻，分别有 14 和 13 属，另外，金藻 3 属，隐藻和甲藻各 2 属，裸藻 1 属。各门浮游植物丰度占比见图 5-22。从数量上看，镜泊湖浮游植物四季平均丰度值为 52.66×10^5ind/L，以硅藻(48.96%)最多，其次是隐藻(22.21%)、绿藻(15.45%)、蓝藻(12.02%)，而甲藻、金藻、裸藻均未超过 1%。桃山水库浮游植物优势属主要包括硅藻门的直链藻属、小环藻属、针杆藻属，蓝藻门的颤藻属、微囊藻属，绿藻门的纤维藻属，以及隐藻门的隐藻属。

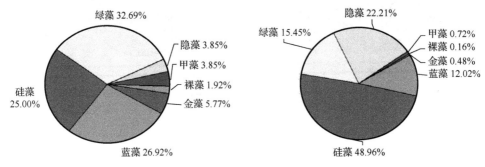

图 5-21　镜泊湖浮游植物种类组成　　　　图 5-22　镜泊湖浮游植物丰度分布

　　从采样季节来看，不同季节镜泊湖浮游植物的种类和数量变化都比较大。从种类上看(图 5-23)，蓝藻和绿藻在夏季种类最多，硅藻在春季种类最多，金藻在秋季种类最多。从数量上看(图 5-24)，各季节浮游植物丰度值依次是春季＞夏季＞秋季。春季浮游植物以硅藻和隐藻为主，夏季硅藻在数量上继续保持优势，同时隐藻数量大幅减少，而蓝藻数量大幅增长，秋季蓝藻和硅藻大幅减少，而隐藻数量增加明显，为秋季的优势门类。绿藻数量在春、夏、秋三季变幅不大，基本保持恒定。

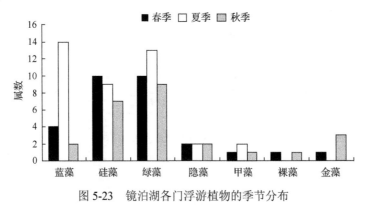

图 5-23　镜泊湖各门浮游植物的季节分布

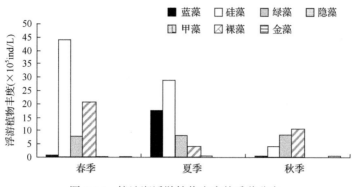

图 5-24　镜泊湖浮游植物丰度的季节分布

5.2.7　松花湖

本次调查分别在 2011 年 5 月(春季)、8 月(夏季)、10 月(秋季)进行水样采集和标本制作,每个季节都是在 3 个点位取样,通过显微鉴定,松花湖共发现浮游植物 44 属,隶属于 7 门 31 科。从种类上看(图 5-25),最多的是绿藻,有 17 属,其次是硅藻 12 属、蓝藻 6 属、甲藻 3 属,另外,金藻、裸藻、隐藻各 2 属。各门浮游植物丰度占比见图 5-26。从数量上看,松花湖浮游植物春、夏、秋三季平均丰度值为 24.46×10^{5}ind/L,以硅藻(45.83%)最多,其次是隐藻(24.23%)、绿藻(16.69%)、蓝藻(11.09%),其他甲藻、裸藻、金藻 3 门数量较少,均不超过 1%。松花湖浮游植物优势属在春季主要包括隐藻门的蓝隐藻属,硅藻门的小环藻属、星杆藻属,以及绿藻门的衣藻属等;在夏季主要包括硅藻门的小环藻属、针杆藻属、曲壳藻属、羽纹藻属,蓝藻门的颤藻属、微囊藻属、色球藻属,绿藻门的衣藻属、小球藻属,以及隐藻门的蓝隐藻属等;在秋季主要包括硅藻门的直链藻属,以及隐藻门的蓝隐藻属等。

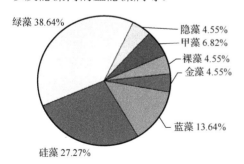

图 5-25　松花湖浮游植物种类组成

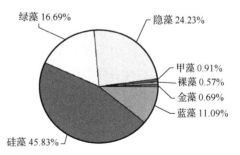

图 5-26　松花湖浮游植物丰度分布

从采样季节来看,不同季节松花湖浮游植物的种类和数量变化都比较大。从种类上看(图 5-27),蓝藻和绿藻在夏季种类最多,硅藻在秋季种类最多,裸藻和甲藻在春季种类最多，隐藻和金藻种类在各季节较为恒定。从数量上看(图 5-28)，各季节浮游植物丰度值依次是夏季＞春季＞秋季。春季浮游植物以硅藻和隐藻为主，夏季硅藻在数量上继续保持优势，同时隐藻数量大幅减少，而蓝藻数量大幅增长，绿藻数量在春、夏两季基本保持恒定，到了秋季随着温度降低各门藻类的数量都显著降低，但硅藻仍为秋季的优势藻类。

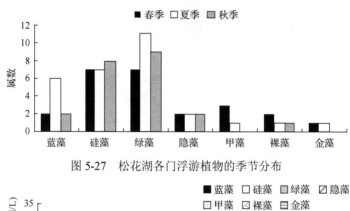

图 5-27　松花湖各门浮游植物的季节分布

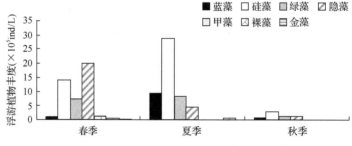

图 5-28　松花湖浮游植物丰度的季节分布

5.2.8　各湖库之间的比较

经过显微鉴定，本次调查的东北地区 7 个典型湖库共发现浮游植物 103 属，隶属于 8 门 57 科。其中，种类最多的是绿藻，共 21 科 40 属，其次是硅藻 11 科 24 属、蓝藻 11 科 21 属，此外，金藻 8 属，裸藻 4 属，甲藻 3 属，隐藻 2 属，黄藻 1 属。不同湖库各季节浮游植物多样性分析见图 5-29。春季浮游植物属数从多到少依次是：连环湖、桃山水库、兴凯湖、红旗泡水库、西泉眼水库、镜泊湖、松花湖；夏季浮游植物属数从多到少依次是：连环湖、红旗泡水库、桃山水库、镜泊湖、西泉眼水库、松花湖；秋季浮游植物属数从多到少依次是：连环湖、桃山水库、红旗泡水库、西泉眼水库、兴凯湖、镜泊湖、松花湖；冬季只采集到红旗泡水库和桃山水库 2 个湖库的样品，2 份样品的浮游植物属数相对其他季节都较少，桃山水库浮游植物属数略多于红旗泡水库。在所有样品中，连环湖样品在春、夏、秋三季浮游植物属数中都是最多的，表明连环湖的浮游植物多样性最高。

松花湖样品在春、夏、秋三季浮游植物属数中都是最少的，表明松花湖的浮游植物多样性最低。

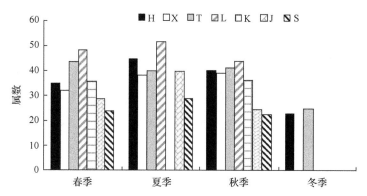

图 5-29　不同湖库各季节浮游植物多样性比较

H. 红旗泡水库；X. 西泉眼水库；T. 桃山水库；L. 连环湖；K. 兴凯湖；J. 镜泊湖；S. 松花湖

不同湖库各季节浮游植物丰度分析见图 5-30。春季浮游植物丰度从多到少依次是：西泉眼水库、桃山水库、连环湖、镜泊湖、兴凯湖、红旗泡水库、松花湖；夏季浮游植物丰度从多到少依次是：西泉眼水库、连环湖、桃山水库、红旗泡水库、镜泊湖、松花湖；秋季浮游植物丰度从多到少依次是：西泉眼水库、桃山水库、连环湖、红旗泡水库、兴凯湖、镜泊湖、松花湖，冬季浮游植物丰度相对其他季节较低，桃山水库浮游植物丰度值高于红旗泡水库。在所有样品中，西泉眼水库样品在春、夏、秋三季浮游植物丰度都是最高的，而松花湖样品在春、夏、秋三季浮游植物丰度都是最低的。

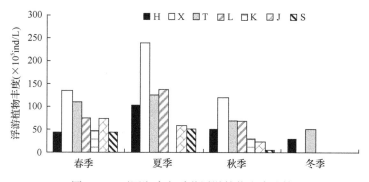

图 5-30　不同湖库各季节浮游植物丰度比较

H. 红旗泡水库；X. 西泉眼水库；T. 桃山水库；L. 连环湖；K. 兴凯湖；J. 镜泊湖；S. 松花湖

在上述各湖库浮游植物多样性与丰度的比较中，总体来看，镜泊湖和松花湖在两方面都处于较低水平，这可能与这两个湖库的特点有关系，这两个湖库均为深水湖库。研究表明，湖泊深度与浮游植物物种丰富度之间呈显著负相关[10]，这

可能与采样方式有关。因为深水湖库在不同水层中都可能有不同类型的浮游植物
生存，而进行显微鉴定时各湖库所取水样均为接近表层处，这样对于深水湖库而
言，就排除了很多在湖库较深处生存的浮游植物。因此对于深水湖库而言，其浮
游植物的丰富度很可能被相对低估。

图 5-31 显示了不同湖库各季节浮游植物多样性的结构组成，大多数湖库各季
节浮游植物主要种类都是由绿藻、蓝藻、硅藻组成的，三者总和一般能占浮游植
物属数的 70%以上。但不同季节也有个别湖泊的浮游植物多样性组成不完全符合
上述规律，如在春季(图 5-31a)松花湖蓝藻属数比例偏低，被甲藻超过；秋季(图
5-31c)镜泊湖金藻属数超过蓝藻。

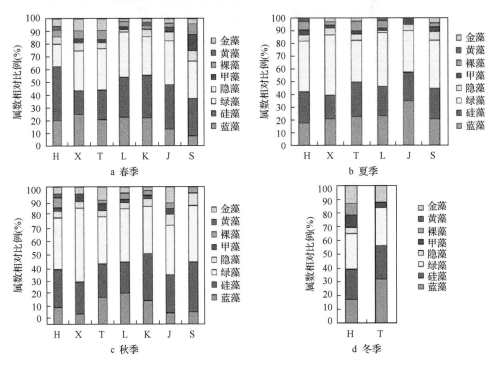

图 5-31　不同湖库浮游植物多样性的结构组成

H. 红旗泡水库；X. 西泉眼水库；T. 桃山水库；L. 连环湖；K. 兴凯湖；J. 镜泊湖；S. 松花湖

相比浮游植物多样性的结构组成，各湖库浮游植物丰度的结构组成(图 5-32)
体现出明显的季节效应，各湖库之间的差异也更大。春季(图 5-32a)多数湖库都是
以硅藻为主，但连环湖绿藻丰度最高，松花湖隐藻丰度最高。夏季(图 5-32b)多数
湖库以蓝藻为主，但镜泊湖和松花湖以硅藻为主。秋季(图 5-32c)多数湖库以硅藻
为主，但连环湖绿藻丰度最高，镜泊湖绿藻和隐藻丰度超过硅藻。冬季红旗泡水
库和桃山水库均是以硅藻和绿藻为主，红旗泡水库金藻丰度也较高，且多样性明
显要高于桃山水库。

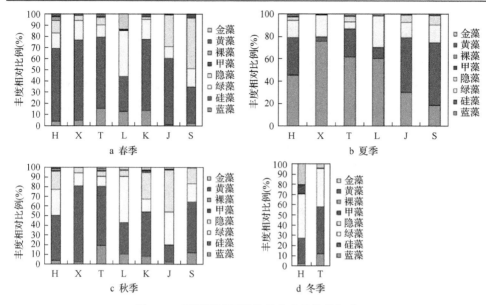

图 5-32　不同湖库浮游植物丰度的结构组成

H. 红旗泡水库；X. 西泉眼水库；T. 桃山水库；L. 连环湖；K. 兴凯湖；J. 镜泊湖；S. 松花湖

5.3　东北典型湖库真核浮游植物的 PCR-DGGE 分析

5.3.1　真核浮游植物基因组 DNA 提取和 PCR 扩增结果

5.3.1.1　水样 DNA 提取

DNA 提取能否使浮游植物细胞完全裂解及基因组 DNA 充分释放是影响后续多样性分子检测结果的首要且关键因素。本研究通过优化过滤水样体积、滤膜选择、DNA 提取液配方、蛋白质抽提步骤、核酸沉淀试剂选择等，建立了针对滤膜上浮游植物基因组 DNA 提取的方案，该方案基本能满足所有湖库水样浮游植物基因组 DNA 的提取。图 5-33 为提取的部分湖库水样 DNA 电泳照片，可见绝大多数样品 DNA 主带清晰，分子量在 20kb 以上，完全能够满足后续 PCR-DGGE 多样性分子检测的需要。

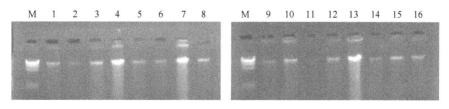

图 5-33　水样基因组 DNA 提取的 1%琼脂糖凝胶电泳分析

M. λ/*Hind*Ⅲ marker；1~16. 不同水样的基因组 DNA

5.3.1.2　PCR 扩增

本研究通过比较普通 PCR 扩增与巢式 PCR 扩增结果，确定了适合于本研究的 PCR 扩增方案。图 5-34a 为直接以所提取的水样基因组 DNA 为模板进行普通 PCR 扩增所获得的 18S rDNA 基因片段产物，图 5-34b 为以所提取的水样基因组 DNA 为模板进行巢式 PCR 扩增所获得的第 2 轮 PCR 产物，可见普通 PCR 扩增不能对所有样品进行有效扩增，如 5-34a 下排第 4 孔未能扩增出任何基因产物，上排第 5 孔尽管能扩增出产物，但条带较弱，进行下一步 DGGE 分析很难获得理想的结果。而巢式 PCR 对所有样品均能扩增出很亮的条带，包括普通 PCR 无法扩增出的样品。因此后面针对具体湖库水样进行 PCR-DGGE 分析均采用巢式 PCR 反应。

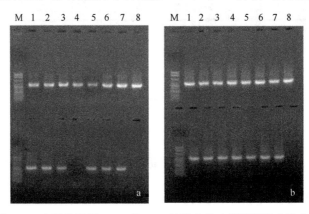

图 5-34　水样基因组 DNA 的 PCR 扩增产物琼脂糖凝胶电泳分析

a. 普通 PCR 扩增结果；b. 巢式 PCR 扩增结果；M. 100bp DNA maker；1～8. 不同水样的 PCR 扩增产物

5.3.2　5 个浅水湖库春、夏、秋三季真核浮游植物 DGGE 分析

5.3.2.1　红旗泡水库

图 5-35 为红旗泡水库水样三季 DGGE 指纹图谱，显示不同采样点不同季节样品中真核浮游植物 18S rDNA 基因的扩增条带。由图 5-35 可见，每个样品的泳道中都有较多条带，各样品检测到的条带数为 10～18 个，平均每份样品约为 14 个条带。根据 DGGE 条带的位置不同，在 12 份水样中共检出 30 种不同的条带。在 DGGE 指纹图谱中，每一个独立分离的条带代表一种或一种以上的真核浮游植物，因此红旗泡水库水样中的优势真核浮游植物为 30 种左右。在所有不同的条带中，仅有 2 种条带是在所有样品中都出现的，为所有样品的共有条带。仅有 1 种条带是仅出现在一份样品(S2 秋)中，为该样品的特有条带(表 5-1)。

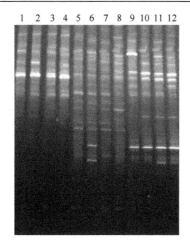

图 5-35　红旗泡水库水样 DGGE 指纹图谱
1~4. 采样点 S1~S4 春季水样；5~8. 采样点 S1~S4 夏季水样；
9~12. 采样点 S1~S4 秋季水样

表 5-1　DGGE 条带数统计

泳道	谱带数
1	12
2	10
3	13
4	12
5	14
6	18
7	16
8	17
9	14
10	15
11	16
12	16
总带数	30
共有条带	2
特有条带	1

从条带的样品分布来看，不同季节水样的 DGGE 谱带在条带数量、位置及亮度上均存在较大差异，而同一季节不同采样点位之间谱带差异相对较小。DGGE 谱带的差异反映了不同生境下浮游植物的群落结构，而这种结构上的差异(包括群落物种数及其丰度和分布均匀程度)可以用香农-维纳指数来表征。对红旗泡水库香农-维纳指数的分析表明(图 5-36)，对于任一点位，均是夏季香农-维纳指数最高(平均值为 2.58)，秋季次之(平均值为 2.17)，春季最低(平均值为 1.85)。这说明红旗泡水库夏季真核浮游植物的多样性最高，而春季多样性最低，从三个季节总体来看，香农-维纳指数最低的点位为 S1(平均值为 2.08)，最高的点位为 S3(平均值为 2.36)。通常，根据水库、湖泊等淡水水体不同区域光照条件不同，可以划分为沿岸带、敞水带、深水带等不同的生境。沿岸带指靠近湖岸的浅水区，日光可以直射到底；敞水带指沿岸带以外从水面直到光的有效透射深度(补偿深度)为止的水层；除沿岸带和敞水带以外的区域为深水带。对于红旗泡水库(平均水深

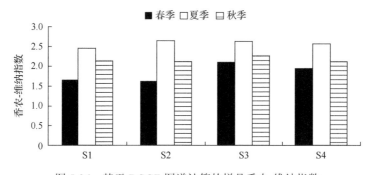

图 5-36　基于 DGGE 图谱计算的样品香农-维纳指数

2.6m)这样的浅水水库是不存在深水带的。S1 点位为红旗泡水库的库心，属于敞水带生境，S2、S3、S4 点位属于沿岸带生境。一般来说，湖泊的沿岸带光照、氧气和营养条件最佳，生物的种类和数量都很丰富。而相对于其他两个沿岸带生境的点位(S2 和 S4)，S3 点位更接近于红旗泡水库的入库口，其各种营养盐更丰富，因此其真核浮游植物的种类和数量在本次采样的 4 个点位中是最丰富的。

通过 UPGMA 算法基于各样品 DGGE 指纹图谱进行聚类分析，生成系统进化树(图 5-37)，结果表明，12 份水样被分成两大族群。春季水样聚为一大族群，秋季和夏季水样聚为一大族群，两大族群之间的相似度为 39.16%。在夏季和秋季这一大族群中，夏季水样和秋季水样也能够被很好地区分，这两者之间的相似度为 52.13%。春季水样真核浮游植物群落结构之所以与夏、秋两季水样相似度较低，这可能有两方面的原因：其一可能与取样间隔有关，春、夏、秋三季分别于 5 月、8 月、10 月进行取样，春季取样与夏季取样之间间隔了 3 个月，而夏、秋两季取样之间仅间隔了 2 个月，因此夏、秋两季水样的浮游植物群落结构相似度也更高。其二，红旗泡水库位于黑龙江省大庆市，属于我国北方高寒地区，冬季寒冷漫长，水库有近半年的冰冻期，5 月刚好是冰冻结束期，因此其浮游植物群落结构可能更趋近于冬季，而从夏季到秋季的过程中，水体始终是充分流动的，其物种群落的演变也是渐进式的。聚类结果也许在某种程度上反映了真核浮游植物对水体环境的适应性。

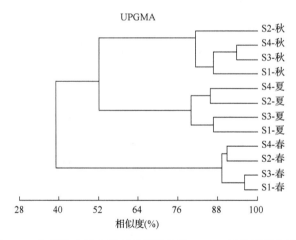

图 5-37　红旗泡水库水样真核浮游植物 DGGE 指纹聚类分析图

5.3.2.2　西泉眼水库

图 5-38 为西泉眼水库三季水样 DGGE 指纹图谱，显示不同采样点不同季节样品中真核浮游植物 18S rDNA 基因的扩增条带。各样品检测到的条带数为 8～18 个，平均每份样品约为 12.6 个条带。根据 DGGE 条带的位置不同，在 9 份水样中共检出 32 种不同的条带，因此西泉眼水库水样中的优势真核浮游植物为 32 种左

右。在所有不同的条带中，只有 1 种条带是在所有样品中都出现的，为各样品的共有条带,有 10 种条带只在 1 份样品中出现,可以看成这些样品的特有条带(表 5-2)。西泉眼水库 DGGE 图谱的特有条带数远远高于共有条带数，表明西泉眼水库不同季节和不同点位之间真核浮游植物的群落组成差异较大。

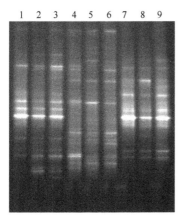

图 5-38　西泉眼水库水样 DGGE 指纹图谱

1~3. 采样点 S1~S3 春季水样；4~6. 采样点 S1~S3 夏季水样；
7~9. 采样点 S1~S3 秋季水样

表 5-2　DGGE 条带数统计

泳道	谱带数
1	8
2	12
3	14
4	15
5	18
6	15
7	9
8	11
9	11
总带数	32
共有条带	1
特有条带	10

从条带的样品分布来看，不同季节水样的 DGGE 谱带在条带数量、位置及亮度上均存在较大的差异，而同一季节不同采样点位之间谱带差异相对较小。对西泉眼水库香农-维纳指数的分析表明(图 5-39)，对于任一点位，均是夏季香农-维纳指数最高(平均值为 2.36)，秋季(平均值为 1.79)次之，春季(平均值为 1.76)最低，且春、秋两季比较接近。这说明温度对于西泉眼水库真核浮游植物群落分布的影响非常大。对不同点位香农-维纳指数的分析表明，最低的点位为 S1(三季平均值为 1.82)，最高的点位为 S3(三季平均值为 2.18)。

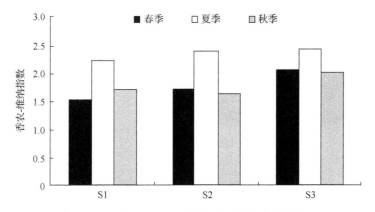

图 5-39　基于 DGGE 图谱计算的样品香农-维纳指数

通过 UPGMA 算法基于各样品 DGGE 图谱进行聚类分析，生成系统进化树（图 5-40），结果表明，西泉眼水库真核浮游植物的群落分布具有明显的时空效应。9 份水样被分成两大分支，春季和秋季水样聚为一个分支（二者相似度为 55.70%），而夏季水样独立为一个分支，夏季水样与春秋季水样相似度为 40.77%。在每一个季节的样品之间，均是 S2 与 S3 点位的水样首先进行聚类，然后再与 S1 点位聚类，这表明 S2 与 S3 点位真核浮游植物的相似度高于 S1 点位。真核浮游植物这种点位的分布特征很可能反映了不同取样点位之间生态环境上的差异。

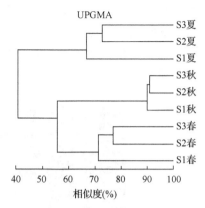

图 5-40　西泉眼水库水样真核浮游植物 DGGE 指纹聚类分析图

5.3.2.3　兴凯湖

图 5-41 为兴凯湖水样 DGGE 指纹图谱，显示不同采样点不同季节样品中真核浮游植物 18S rDNA 基因的扩增条带。各样品检测到的条带数为 9～13 个，平均每份样品约为 12 个条带。根据 DGGE 条带的位置不同，在 10 份水样中共检出 32 种不同的条带，因此兴凯湖水样中的优势真核浮游植物为 32 种左右。在所有不同的条带中，只有 1 种条带是在所有样品中都出现的，为共有条带，有 3 种条带只在 1 份样品中出现，可以看成这些样品的特有条带（表 5-3）。

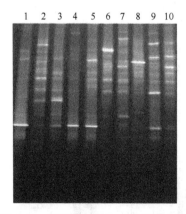

图 5-41　兴凯湖水样 DGGE 指纹图谱

1～5. 春季水样；6～10. 秋季水样。各季节水样点样顺序从左至右依次为：小湖东、小湖西、当壁镇、二闸、龙王庙

表 5-3　DGGE 条带数统计

泳道	谱带数
1	9
2	13
3	13
4	12
5	13
6	13
7	13
8	13
9	13
10	11
总带数	32
共有条带	1
特有条带	3

对兴凯湖样品香农-维纳指数的分析表明（图 5-42），春、秋两季香农-维纳指

数比较接近，各点位平均的香农-维纳指数分别为 1.85 和 1.82。对不同点位香农-维纳指数的分析表明，最低的点位为小湖东（两季平均值为 1.57），最高的点位为小湖西（两季平均值为 2.16）。

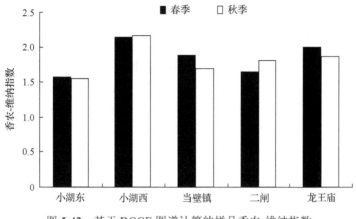

图 5-42 基于 DGGE 图谱计算的样品香农-维纳指数

通过 UPGMA 算法基于各样品 DGGE 指纹图谱进行聚类分析，生成系统进化树（图 5-43），结果表明，兴凯湖真核浮游植物的群落分布具有较明显的季节效应。所有样品被分成两大分支，春季样品为一个分支，秋季样品为另一个分支，两大分支之间的相似度为 42.1%。在每个分支内，龙王庙和二闸的样品总能聚到一起，表明这 2 个点位真核浮游植物群落组成的相似度较高。

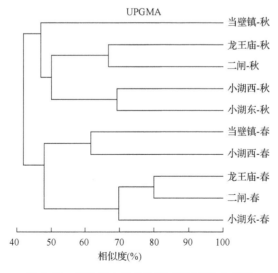

图 5-43 兴凯湖水样 DGGE 指纹聚类分析图

5.3.2.4　连环湖

图 5-44 为连环湖水样 DGGE 指纹图谱,显示不同采样点不同季节样品中真核浮游植物 18S rDNA 基因的扩增条带。各样品检测到的条带数为 5~15 个,平均每份样品约为 11 个条带。根据 DGGE 条带的位置不同,在 12 份水样中共检出了 35 种不同的条带,因此连环湖水样中的优势真核浮游植物至少为 35 种。在所有不同的条带中,没有 1 种条带是在所有样品中都出现的,因此连环湖各点位不同季节水样间无共有条带;只有 3 种条带(约 8%)在超过 1/2 的样品中(至少 9 份样品)出现,这说明连环湖不同季节不同点位水样的真核浮游植物群落组成间差异显著,不同样品之间共有条带很少;有 5 种条带(约 14%)只在 1 份样品中出现,可以看成这些样品的特有条带,这些条带所对应的真核浮游植物很可能只在这些样品中才出现或为优势种(表 5-4)。

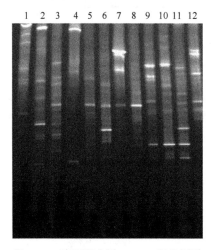

图 5-44　连环湖水样 DGGE 指纹图谱

1~4. 春季水样;5~8. 夏季水样;9~12. 秋季水样。各季节水样点样顺序从左至右依次为:他拉红泡、二八股泡、西葫芦泡、那什代泡

表 5-4　DGGE 条带数统计

泳道	谱带数
1	9
2	12
3	12
4	5
5	12
6	13
7	6
8	14
9	7
10	15
11	11
12	13
总带数	35
共有条带	0
特有条带	5

对连环湖样品各季节香农-维纳指数的分析表明(图 5-45),香农-维纳指数最高值出现在秋季的概率最高,共有 2 个点位(二八股泡、西葫芦泡),剩下 1 个点位(他拉红泡)香农-维纳指数最高值出现在春季,1 个点位(那什代)香农-维纳指数最高值出现在夏季;香农-维纳指数最低值出现在夏季的概率最高,共有 3 个点位(他拉红泡、二八股泡、西葫芦泡),另外 1 个点位香农-维纳指数最低值出现在春季(那什代泡)。总体上看,各季节香农-维纳指数的大小顺序依次为:秋季>春季>夏季。对不同点位香农-维纳指数的分析表明,香农-维纳指数最低的点位为他拉红泡(三季平均值为 1.59),香农-维纳指数最高的点位为二八股泡(三季平均值为 1.84)。

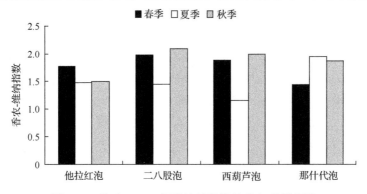

图 5-45　基于 DGGE 图谱计算的样品香农-维纳指数

通过 UPGMA 算法基于各样品 DGGE 指纹图谱进行聚类分析,生成系统进化树(图 5-46),结果表明,除那什代泡春季样品与其他样品差异较大外,其他所有样品被分为三大分支,分别是以夏季样品为代表的分支(包括西葫芦泡、他拉红泡和二八股泡的夏季样品,以及西葫芦泡春季样品);以秋季样品为代表的分支(包括那什代泡、他拉红泡、西葫芦泡的秋季样品,以及那什代泡夏季样品和他拉红泡春季样品);二八股泡春季和秋季样品独立为第 3 个分支。聚类分析的结果显示,连环湖真核浮游植物群落分布并非由单一因素决定,时间效应(季节变化)和空间效应(点位变化)对连环湖真核浮游植物的群落分布都具有重要影响。从时间维度上看,相同季节的样品在系统进化树上有聚在一起的倾向。从空间维度上看,同一点位或相近点位的样品在系统进化树上也有聚在一起的倾向。

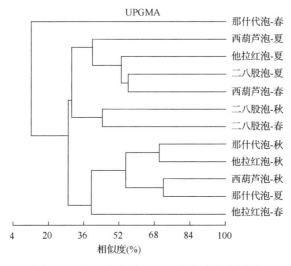

图 5-46　连环湖水样 DGGE 指纹聚类分析图

5.3.2.5　桃山水库

图 5-47 为桃山水样三季样品 DGGE 指纹图谱,显示不同采样点不同季节样品中真核浮游植物 18S rDNA 基因的扩增条带。各样品检测到的条带数为 6~16 个,平均每份样品约为 11.5 个条带。根据 DGGE 条带的位置不同,在 12 份水样中共检出 28 种不同的条带,因此桃山水库水样中的优势真核浮游植物为 28 种左右。在所有不同的条带中,没有 1 种条带是在所有样品中都出现的,因此桃山水库各点位不同季节水样间无共有条带;有 2 种条带只在 1 份样品中出现,为这 2 份样品的特有条带(表 5-5)。

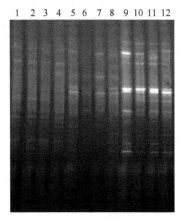

图 5-47　桃山水库水样 DGGE 指纹图谱

1~4. S1~S4 点位春季水样;5~8. S1~S4 点位夏季水样;
9~12. S1~S4 点位秋季水样

表 5-5　DGGE 条带数统计

泳道	谱带数
1	13
2	16
3	11
4	10
5	13
6	6
7	7
8	11
9	13
10	12
11	15
12	11
总带数	28
共有条带	0
特有条带	2

对桃山水库样品香农-维纳指数的分析表明(图 5-48),桃山水库不同点位不同季节的平均香农-维纳指数为 1.89,其中香农-维纳指数最高的样品为 S2-春季样品,

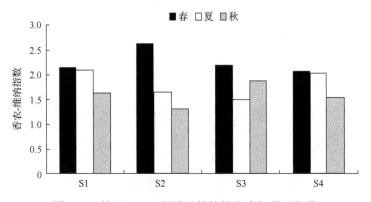

图 5-48　基于 DGGE 图谱计算的样品香农-维纳指数

香农-维纳指数最低的样品为 S2-秋季样品。各点位三季平均香农-维纳指数排序依次为 S1＞S4＞S2＞S3。从季节来看，桃山水库春季样品香农-维纳指数最高(平均值为 2.26)，夏季其次(平均值为 1.83)，秋季最小(平均值为 1.59)。

通过 UPGMA 算法基于各样品 DGGE 指纹图谱进行聚类分析，生成系统进化树(图 5-49)，结果表明，桃山水库真核浮游植物的群落分布具有较明显的季节效应。所有样品被分为三大分支，其中秋季样品独立为一个分支，所有的春季样品也独立为一个分支，而夏季样品中 S1、S4 与春季样品相似度较高，因而处于以春季水样为代表的分支内，S2、S3 夏季样品则形成独立的分支。

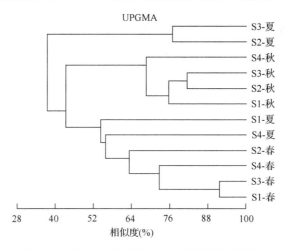

图 5-49　桃山水库水样 DGGE 指纹聚类分析图

5.3.3　2 个深水湖库真核浮游植物 DGGE 分析

5.3.3.1　镜泊湖

图 3-50 为镜泊湖秋季(10 月)水样 DGGE 指纹图谱，显示不同采样点不同采样深度样品中真核浮游植物 18S rDNA 基因的扩增条带。各样品检测到的条带数为 5～22 个，平均每份样品约为 14.5 个条带。根据 DGGE 条带的位置不同，在 14 份水样中共检出 33 种不同的条带，因此镜泊湖水样中的优势真核浮游植物至少为 33 种。在所有不同的条带中，有 2 种条带是在所有样品中都出现的，为镜泊湖各点位的共有条带；有 10 种条带(约 30.3%)在超过 1/2 的样品中(至少 8 份样品)出现；有 3 种条带(约 9.1%)只在 1 份样品中出现，可以看成这些样品的特有条带，这些条带所对应的真核浮游植物很可能只在这些样品中才出现或为优势种(表 5-6)。

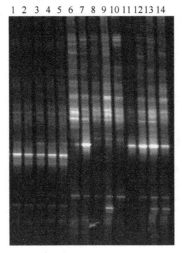

图 5-50　镜泊湖水样 DGGE 指纹图谱

1～5. 采样点 S1～S5 上层水样；6～10. 采样点 S1～S5 中层水样；

11～14. 采样点 S2～S5 下层水样

表 5-6　DGGE 条带数统计

泳道	谱带数
1	12
2	9
3	11
4	10
5	11
6	21
7	18
8	19
9	22
10	18
11	5
12	14
13	17
14	16
总带数	33
共有条带	2
特有条带	3

对镜泊湖秋季样品香农-维纳指数的分析表明(图 5-51)，所有样品香农-维纳指数平均值为 1.76，其中香农-维纳指数最大的点位为 S1 中(2.41)，香农-维纳指数值最小的点位 S2 下(1.08)。比较各点位香农-维纳指数，香农-维纳指数顺序依次为 S5＞S4＞S1＞S3＞S2。从香农-维纳指数的垂直分布来看，镜泊湖秋季水样真核浮游植物群落分布具有明显的垂直效应。不同水层香农-维纳指数平均值依次为中层＞下层＞上层。在本次取样的 5 个点位的不同水层中，均为中层水样的香农-维纳指数最大，这说明镜泊湖秋季水样中层的真核浮游植物多样性更高。

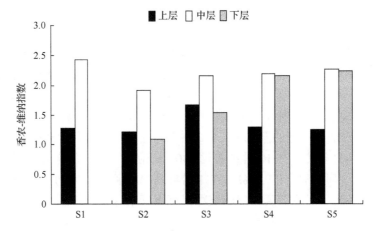

图 5-51　基于 DGGE 图谱计算的样品香农-维纳指数

通过 UPGMA 算法基于各样品 DGGE 指纹图谱进行聚类分析,生成系统进化树(图 5-52),结果表明,镜泊湖真核浮游植物的群落分布具有明显的垂直效应。14 份水样被分成两大分支,上层水样为 1 个独立分支,中层和下层水样聚为另一个分支,但是 DGGE 图谱并未能很好地区分中层和下层水样。这是因为镜泊湖属于深水湖泊,最大水深可达 48m,而下层水样只是采自水深 16m 处,相对于湖深而言,即使是下层水样,对镜泊湖而言仍然属于中上层。

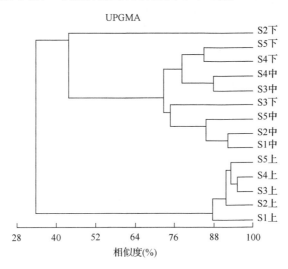

图 5-52　镜泊湖水样 DGGE 指纹聚类分析图

5.3.3.2　松花湖

图 5-53 为松花湖春季水样 DGGE 指纹图谱,显示不同采样点不同垂直深度真核浮游植物 18S rDNA 基因的扩增条带。由图 5-53 可见,各样品检测到的条带数为 7~15 个,平均每份样品约为 10.5 个条带。根据 DGGE 条带的位置不同,在 21 份水样中共检出 20 种不同的条带,因此松花湖春季水样中的优势真核浮游植物为 20 种左右。在所有不同的条带中,有 4 种条带(20%)是在所有样品中都出现的,为所有样品的共有条带,有 9 种条带(45%)在超过 1/2 的样品中出现,有 3 种条带(15%)只在 1 份样品中出现,可以看成这些样品的特有条带(表 5-7)。

对松花湖春季样品香农-维纳指数的分析表明(图 5-54),所有样品香农-维纳指数平均值为 1.86,其中香农-维纳指数值最大的点位为 JS5 下(2.18),香农-维纳指数值最小的点位为 JS2 上(1.21)。从香农-维纳指数的垂直分布来看,松花湖春季水样真核浮游植物群落分布具有明显的垂直效应。在本次取样的 7 个点位中,香农-维纳指数最大值出现在中层的点位有 4 个(JS3、JS4、JS6、JS7),剩下 3 个点位(JS1、JS2、JS5)的香农-维纳指数最大值均出现在下层,没有 1 个点位的香农-维纳指数最大值出现在上层。而香农-维纳指数最小值出现在上层的点位有 6 个，只有 1 个点位(JS3)香农-维纳指数最小值不是出现在上层。这些数据说明，松花湖春季水样中下层的真核浮游植物多样性更高。

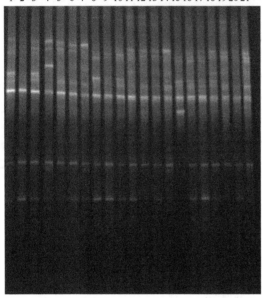

图 5-53　松花湖春季水样 DGGE 指纹图谱

1～7. JS1～JS7 上层水样；8～14. JS1～JS7 中层水样；
15～21. JS1～JS7 下层水样

表 5-7　DGGE 条带数统计

泳道	谱带数
1	8
2	7
3	8
4	8
5	9
6	9
7	12
8	8
9	9
10	11
11	15
12	14
13	13
14	15
15	9
16	10
17	11
18	12
19	11
20	11
21	10
总带数	20
共有条带	4
特有条带	3

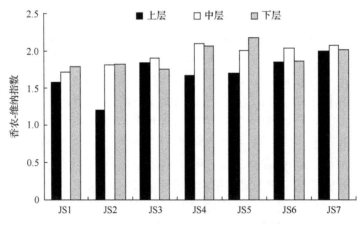

图 5-54　基于 DGGE 图谱计算的样品香农-维纳指数

通过 UPGMA 算法基于各样品 DGGE 指纹图谱进行聚类分析，生成系统进化树(图 5-55)，结果表明，松花湖春季样品中真核浮游植物的群落分布具有较明显的垂直分布效应，不同垂直高度的水样由于光照、温度、营养盐水平等不同，因而在不同的垂直高度会形成特定的浮游植物群落，表现在系统进化树中，相同垂直高度的样品有聚在一起的倾向。这种倾向在中层水样和下层水样中比较明显，中层水样 JS4 中、JS5 中 JS6 中和 JS7 中相似度较高，因而在 UPGMA 聚类图中处于一个相对独立的分支中，下层水样 JS2 下、JS3 下、JS4 下和 JS6 下在 UPGMA 聚类图中也处于一个相对独立的分支中。

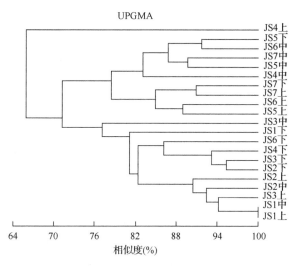

图 5-55　松花湖春季水样 DGGE 指纹聚类分析图

5.3.4　冬季样品真核浮游植物 DGGE 分析

图 5-56 为东北典型湖库冬季水样 DGGE 指纹图谱。各湖库不同采样点均能检测到数目不等的 DGGE 条带，表明在我国东北地区极其寒冷的冬季冰层以下仍然活跃着大量的真核浮游植物。如表 5-8 所示，红旗泡水库各点位检测到的条带数为 9～11 个，平均每份样品 10 个条带，根据 DGGE 条带的位置不同，在 4 份水样中共检出 21 种不同的条带，其中有 3 种条带为 4 个点位的共有条带，13 种条带为不同点位的特有条带。兴凯湖 3 个点位检测到的条带数均为 11 个，根据 DGGE 条带的位置不同，在 3 份水样中共检出 19 种不同的条带，其中有 3 种条带为 3 个点位的共有条带，8 种条带为不同点位的特有条带。桃山水库各点位检测到的条带数为 16～17 个，根据 DGGE 条带的位置不同，在 3 份水样中共检出 19 种不同的条带，其中有 14 种条带为 3 个点位的共有条带，2 种条带为不同点位的特有条带。连环湖各点位检测到的条带数为 6～10 个，平均每份样品约 8 个条带，根据 DGGE 条带的位置不同，在 4 份水样中共检出 18 种不同的条带，其中 4 个点位没有共有条带，有 9 种条带为不同点位的特有条带。镜泊湖各点位检测到的条

带数为 6～10 个，平均每份样品约 8 个条带，根据 DGGE 条带的位置不同，在 3 份水样中共检出 10 种不同的条带，其中有 6 种条带为 3 个点位的共有条带，3 种条带为不同点位的特有条带。松花湖各点位检测到的条带数为 8～11 个，平均每份样品约 9 个条带，根据 DGGE 条带的位置不同，在 3 份水样中共检出 18 种不同的条带，其中有 1 种条带为 3 个点位的共有条带，9 种条带为不同点位的特有条带。

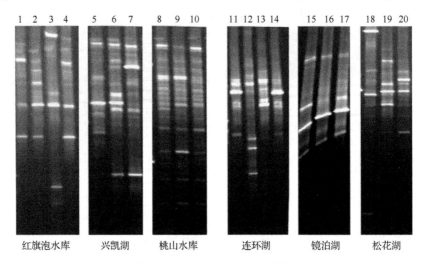

图 5-56　冬季水样 DGGE 图谱

表 5-8　冬季水样 DGGE 条带数统计

	点位平均条带数	总条带数	共有条带数	特有条带数
红旗泡水库	10	21	3	13
兴凯湖	11	19	3	8
桃山水库	17	19	14	2
连环湖	8	18	0	9
镜泊湖	8	10	6	3
松花湖	9	18	1	9

在所研究的 6 个湖库中，桃山水库各点位平均条带数最多(17 个)，明显高于其他湖库，但条带分布在点位之间差异不大，表现为共有条带数也最多(14 个)。镜泊湖点位平均条带数和按照位置定义的总条带数均最少，但共有条带的比例较高(60%)。红旗泡水库、兴凯湖、连环湖和松花湖各点位平均条带数和总条带数均比较接近，且均表现为特有条带数远多于共有条带数。

5.4　东北典型湖库真核浮游植物与环境因子的相关性分析

5.4.1　5个浅水湖库真核浮游植物与环境因子的相关性分析

5.4.1.1　红旗泡水库

DCA表明，物种分布的梯度长度SD值为2.215（＞2），具有明显的单峰模型特征，本研究以典范相关分析（CCA）来研究微型真核浮游植物与环境因子之间的相关性。运用CCA将DGGE图谱和水样环境因子结合在一起进行分析，结果如表5-9所示。本研究共测定了14种水质相关的理化参数，通过前向选择（forward selection）对各环境因子单独解释图谱多样性数据的方差值进行排序，并利用蒙特卡罗（Monte Carlo）测试（499个非限制性筛选循环）对各环境因子的解释显著性进行检测，结果显示，其中8种环境因子（电导率、pH、水温、透明度、硝态氮、氨态氮、总氮、叶绿素a）与物种排序轴具有显著的相关性（$P < 0.05$），故选择这8种环境因子进行最终的排序分析。第一和第二轴的特征值分别为0.417和0.322，表明这两个轴对于红旗泡水库真核浮游植物的群落分布都具有重要影响。第一轴和第二轴共解释了69.4%的真核浮游植物的组成变化。

表5-9　典范相关分析结果

项目	Axis1	Axis2	Axis3	Axis4
特征值	0.417	0.322	0.080	0.036
物种与环境相关系数	0.997	0.990	0.983	0.937
物种累积变化率(%)	39.2	69.4	77.0	80.4
物种与环境累积变化率(%)	45.1	79.9	88.6	92.6

在CCA的样方与环境变量双序图中，样方用原点表示，环境变量用箭头表示，样方之间距离越近，表示2个样方之间物种群落分布的相似程度也越高。箭头连线的长度则代表相应环境变量与研究对象分析相关程度的大小，越长代表其对所研究对象的分布的影响越大。箭头连线与排序轴夹角的余弦值代表其与排序轴的相关性大小。排序结果如图5-57所示，不同季节的样品在排序空间里按照第一轴和第二轴都能明显地区分。第一轴与电导率（$r=0.9862$）、氨态氮（$r=0.8072$）、总氮（$r=0.7903$）呈显著正相关，与pH（$r=-0.9052$）、硝态氮（$r=-0.8304$）、叶绿素a浓度（$r=-0.6963$）呈负相关，而第二轴与温度（$r=-0.9543$）和透明度（$r=-0.9590$）有极高的负相关性。

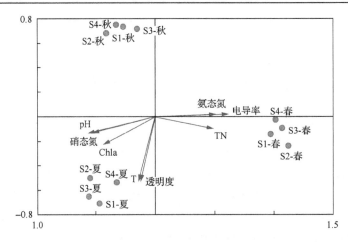

图 5-57　红旗泡水库 DGGE 图谱与环境因子的典范相关分析图

5.4.1.2　西泉眼水库

DCA 表明，物种分布的梯度长度 SD 值为 2.239（＞2），具有明显的单峰模型特征，本研究以典范相关分析（CCA）来研究微型真核浮游植物与环境因子之间的相关性。运用 CCA 将 DGGE 图谱和水样环境因子结合在一起进行分析，结果如表 5-10 所示。本研究共测定了 14 种水质相关的理化参数，通过前向选择（forward selection）对各环境因子单独解释图谱多样性数据的方差值进行排序，并利用 Monte Carlo 测试（499 个非限制性筛选循环）对各环境因子的解释显著性进行检测，结果显示，其中 5 种环境因子（水温、pH、叶绿素 a、总磷、总碱度）与物种排序轴具有显著的相关性（$P<0.05$），故选择这 5 种环境因子进行最终的排序分析。前三轴的特征值分别为 0.431、0.298、0.172，表明前三轴对西泉眼水库真核浮游植物的群落分布都具有重要影响。第一轴解释了 30.8%的微型真核浮游植物的组成变化，前三轴共解释了 64.3%的微型真核浮游植物的组成变化。

表 5-10　典范相关分析结果

项目	Axis1	Axis2	Axis3	Axis4
特征值	0.431	0.298	0.172	0.081
物种与环境相关系数	0.993	0.977	0.959	0.958
物种累积变化率(%)	30.8	52.0	64.3	70.1
物种与环境累积变化率(%)	42.4	71.7	88.6	96.6

排序结果如图 5-58 所示，不同季节的样品在排序空间里按照第一轴和第二轴都能明显地区分。第一轴与水温（$r=0.9848$）、pH（$r=0.9856$）、叶绿素 a（$r=0.7511$）均具有较高的正相关性，而与总碱度（$r=-0.7447$）和总磷（$r=-0.7344$）具有很高的负相关性。而第二轴与总磷（$r=0.5569$）和叶绿素 a（$r=-0.5746$）也具有一定程度的相关性。

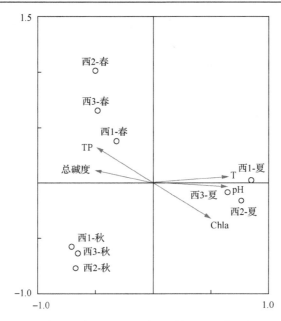

图 5-58　西泉眼水库 DGGE 图谱与环境因子的典范相关分析图

5.4.1.3　兴凯湖

　　DCA 表明，物种分布的梯度长度 SD 值为 2.261（＞2），具有较明显的单峰模型特征，本研究以典范相关分析（CCA）来研究兴凯湖微型真核浮游植物与环境因子之间的相关性。运用 CCA 将 DGGE 图谱和水样环境因子结合在一起进行分析，结果如表 5-11 所示。本研究共测定了 14 种水质相关的理化参数，通过前向选择（forward selection）对各环境因子单独解释图谱多样性数据的方差值进行排序，并利用 Monte Carlo 测试（499 个非限制性筛选循环）对各环境因子的解释显著性进行检测，结果显示，其中 4 种环境因子（水温、总氮、COD_{Mn}、BOD_5）与物种排序轴具有显著的相关性（$P＜0.05$），故选择这 4 种环境因子进行最终的排序分析。前三轴的特征值分别为 0.327、0.215、0.178，表明前三轴对兴凯湖真核浮游植物的群落分布都具有重要影响。第一轴解释了 20.6%的微型真核浮游植物的组成变化，前三轴共解释了 45.4%的微型真核浮游植物的组成变化。

表 5-11　典范相关分析结果

项目	Axis1	Axis2	Axis3	Axis4
特征值	0.327	0.215	0.178	0.087
物种与环境相关系数	0.971	0.887	0.927	0.929
物种累积变化率(%)	20.6	34.2	45.4	50.8
物种与环境累积变化率(%)	40.5	67.2	89.2	100

　　排序结果如图 5-59 所示，春、秋两季的样品在第一轴上可以较明显地区分。第一轴与水温(r=0.8894)、COD_{Mn}(r=0.8428)和 BOD_5(r=0.7988)均有较明显的正相关性，而与总氮(r=−0.8628)具有较明显的负相关性。

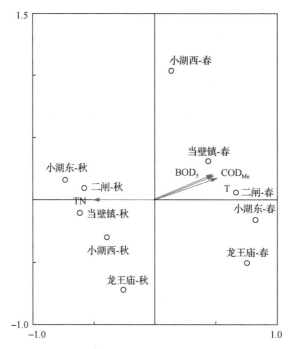

图 5-59　兴凯湖 DGGE 图谱与环境因子的典范相关分析图

5.4.1.4　连环湖

　　DCA 表明，物种分布的梯度长度 SD 值为 3.379($>$2)，具有较明显的单峰模型特征，本研究以典范相关分析(CCA)来研究连环湖微型真核浮游植物与环境因子之间的相关性。运用 CCA 将 DGGE 图谱和水样环境因子结合在一起进行分析，结果如表 5-12 所示。本研究共测定了 14 种水质相关的理化参数，通过前向选择(forward selection)对各环境因子单独解释图谱多样性数据的方差值进行排序，并利用 Monte Carlo 测试(499 个非限制性筛选循环)对各环境因子的解释显著性进行检测，结果显示，其中 4 种环境因子(COD_{Mn}、BOD_5、总碱度、重碳酸盐)与物种排序轴具有显著的相关性($P<0.05$)，故选择这 4 种环境因子进行最终的排序分析。前两轴的特征值分别为 0.367、0.282，表明前两轴对于连环湖真核浮游植物的群落分布具有重要影响。第一轴解释了 18.8%的微型真核浮游植物的组成变化，前两轴共解释了 33.2%的微型真核浮游植物的组成变化。第一轴与第二轴的物种与环境相关系数分别为 0.936 和 0.949，这表明水样中真核浮游植物与环境因子间

存在较强的关联。

表 5-12 典范相关分析结果

项目	Axis1	Axis2	Axis3	Axis4
特征值	0.367	0.282	0.073	0.051
物种与环境相关系数	0.936	0.949	0.722	0.833
物种累积变化率(%)	18.8	33.2	36.9	39.5
物种与环境累积变化率(%)	47.5	83.9	93.4	100.0

排序结果如图 3-68 所示，第一轴与 BOD_5(r=0.7715)、总碱度(r=0.7555)、重碳酸盐(r=0.7003)和 COD_{Mn}(r=0.5085)具有一定的正相关性，第二轴与 COD_{Mn}(r=−0.7341)负相关性较强。排序图能较好地区分不同季节的样品，表明季节变迁对连环湖真核浮游植物的群落组成具有较大影响。

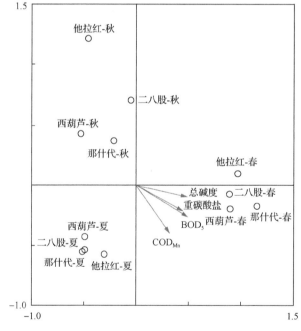

图 5-60 连环湖 DGGE 图谱与环境因子的典范相关分析图

图中的他拉红、二八股、西葫芦、那什代均为连环湖点位简称，下同

5.4.1.5 桃山水库

DCA 表明，物种分布的梯度长度 SD 值为 2.208(>2)，具有较明显的单峰模型特征，本研究以典范相关分析(CCA)来研究桃山水库微型真核浮游植物与环境因子之间的相关性。运用 CCA 将 DGGE 图谱和水样环境因子结合在一起进行分

析，结果如表 5-13 所示。本研究共测定了 15 种水质相关的理化参数，通过前向选择(forward selection)对各环境因子单独解释图谱多样性数据的方差值进行排序，并利用 Monte Carlo 测试(499 个非限制性筛选循环)对各环境因子的解释显著性进行检测，结果显示，其中 8 种环境因子(水温、COD_{Mn}、BOD_5、溶解氧、硝态氮、叶绿素 a、总磷、总氮)与物种排序轴具有显著的相关性($P<0.05$)，故选择这 8 种环境因子进行最终的排序分析。第 1～4 轴的特征值依次为 0.338、0.221、0.170、0.141，表明这四个轴对桃山水库真核浮游植物的群落分布都具有重要影响，其中以第一轴影响最大。第一轴解释了 25.1%的微型真核浮游植物的组成变化，前四轴共解释了 64.5%的微型真核浮游植物的组成变化。

表 5-13 典范相关分析结果

项目	Axis1	Axis2	Axis3	Axis4
特征值	0.338	0.221	0.170	0.141
物种与环境相关系数	0.980	0.965	0.996	0.903
物种累积变化率(%)	25.1	41.5	54.1	64.5
物种与环境累积变化率(%)	32.4	53.6	69.9	83.4

排序结果如图 5-61 所示，第一轴与溶解氧($r=0.8293$)、总氮($r=0.6175$)、硝态氮($r=0.6281$)均具有较高的正相关性，与COD_{Mn}($r=-0.8606$)、水温($r=-0.8158$)、BOD_5($r=-0.7618$)、总磷($r=-0.6439$)、叶绿素 a($r=-0.5860$)等均具有一定的负相关性。

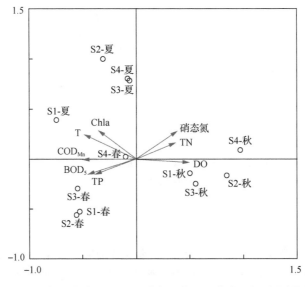

图 5-61 桃山水库 DGGE 图谱与环境因子的典范相关分析图

5.4.2　2 个深水湖库真核浮游植物与环境因子的相关性分析

5.4.2.1　镜泊湖

DCA 表明，物种分布的梯度长度 SD 值为 2.558（>2），具有较明显的单峰模型特征，本研究以典范相关分析（CCA）来研究镜泊湖微型真核浮游植物与环境因子之间的相关性。运用 CCA 将 DGGE 图谱和水样环境因子结合在一起进行分析，结果如表 5-14 所示。本研究共测定了 12 种水质相关的理化参数，通过前向选择（forward selection）对各环境因子单独解释图谱多样性数据的方差值进行排序，并利用 Monte Carlo 测试（499 个非限制性筛选循环）对各环境因子的解释显著性进行检测，结果显示，其中仅 1 种环境因子（水温）与物种排序轴具有显著的相关性（$P=0.0020$），其他环境因子相关性均不显著，故最终的排序分析仅包括水温一种环境因子。第 1~4 轴的特征值依次为 0.281、0.285、0.156、0.104，表明这四个轴对镜泊湖真核浮游植物的群落分布都具有重要影响，其中以前两轴影响较大。第一轴解释了 24.3% 的微型真核浮游植物的组成变化，前四轴共解释了 71.3% 的微型真核浮游植物的组成变化。

表 5-14　典范相关分析结果

项目	Axis1	Axis2	Axis3	Axis4
特征值	0.281	0.285	0.156	0.104
物种与环境相关系数	0.724	0.000	0.000	0.000
物种累积变化率(%)	24.3	48.9	62.3	71.3
物种与环境累积变化率(%)	100.0	0.0	0.0	0.0

排序结果如图 5-62 所示，水温与第一轴重合，且与第一轴的相关性为正（$r=0.7236$），排序结果表明，镜泊湖秋季样品真核浮游植物的群落分布主要受水温影响。第一轴能较明显地区分上层水样与中下层水样，这与聚类分析的结果也是比较接近的。

5.4.2.2　松花湖

DCA 表明，物种分布的梯度长度 SD 值为 1.3（<2），具有较明显的线性模型特征，本研究以冗余分析（RDA）来研究松花湖春季微型真核浮游植物与环境因子之间的相关性。RDA 结果能在最大程度上代表所有指标解释能力的最小变量组合。

本研究共测定了 10 种水质相关的理化参数，通过前向选择（forward selection）对各环境因子单独解释图谱多样性数据的方差值进行排序，并利用 Monte Carlo 测试（499 个非限制性筛选循环）对各环境因子的解释显著性进行检测，结果显示，其中 5 种环境因子(硝态氮、亚硝态氮、氨态氮、总氮、COD$_{Mn}$)与物种排序轴具有显著的相关性($P<0.05$),故选择这 5 种环境因子进行最终的排序分析。

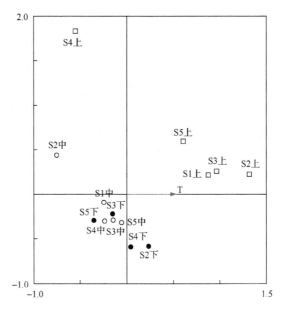

图 5-62　镜泊湖秋季样品 DGGE 图谱与环境因子的典范相关分析图

RDA 结果(表 5-15)显示,第一轴和第二轴的特征值分别为 0.259 和 0.082,其中第一轴的特征值明显高于第二轴,表明物种分布主要由第一轴的环境因子所解释。第一轴能够单独解释 25.9%的微型真核浮游植物的组成变化,第一轴和第二轴共解释了 34.0%的微型真核浮游植物的组成变化。

表 5-15　冗余分析结果

项目	Axis1	Axis2	Axis3	Axis4
特征值	0.259	0.082	0.063	0.029
物种与环境相关系数	0.888	0.749	0.757	0.786
物种累积变化率(%)	25.9	34.0	40.3	43.3
物种与环境累积变化率(%)	58.0	76.3	90.5	97.0

采样点与环境因子 RDA 排序结果如图 5-63 所示,第一轴与氨态氮($r=0.8615$)、亚硝态氮($r=-0.8494$)、COD$_{Mn}$($r=0.6595$)呈显著正相关,与总氮($r=-0.8455$)、硝态氮($r=-0.8270$)呈显著负相关。分析第一轴与环境因子的相关性可知,第一轴可以清楚地将各采样点按照不同形态氮水平进行梯度排序,沿着第一轴从左到右,形成氨态氮和亚硝态氮越来越高、总氮和硝态氮越来越低的趋势。从点位分布上看,7 个采样点可以被明显区分为 2 类,采样点 JS1、JS2、JS3 和 JS4 为一类,其

总氮和硝态氮水平相对较高，而采样点 JS5、JS6、JS7 为另一类，其氨态氮、亚硝态氮和 COD_{Mn} 相对较高。从采样点的垂直分布来看，同一采样点不同水层在第一轴上大都比较接近(不同的水层用不同的符号表示，不同采样点用不同颜色区分)，这表明就各采样点而言，点位之间的差异大于水层垂直差异。RDA 结果也表明，松花湖春季水样真核浮游植物的群落组成主要受不同形态氮素水平和高锰酸盐指数的影响。

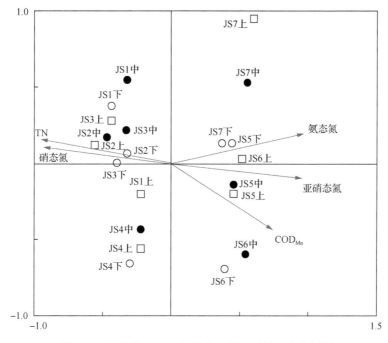

图 5-63　松花湖 DGGE 图谱与环境因子的冗余分析图

5.5　综合评价藻类与环境因子的响应关系

5.5.1　浮游植物多样性研究的方法

　　基于形态特征的显微镜检方法是浮游植物研究中最常用的方法，这一方法的优点是操作简便，只需要一台普通的光学显微镜就能够进行鉴定，实验条件要求不高，成本低廉，而且鉴定的结果可以达到属或种的水平，因而鉴定准确性较高。但是该方法过于依赖鉴定人员的经验，且无法适应对大量平行样品的快速鉴定。因此，近年来，随着各种理化技术的进步，新的鉴定浮游植物的方法不断被开发出来。其中，分子生物学方法是除显微镜检法外唯一能够在种的水平上对浮游植物进行鉴定的技术，因此在研究浮游植物多样性方面具有其他方法无法比拟的灵敏性。

本研究运用 DGGE 技术研究东北地区典型湖库真核浮游植物群落组成的时空变化规律。所选取的 PCR 引物是基于 18S rDNA 序列的特异引物，因此在 PCR 产物中是不包含大量细菌序列的，同时我们在水样处理过程中，对采回的水样首先通过 200 目的筛子进行简单过滤，可以有效地去除水样中粒径较大的悬浮物及大多数体型较大的浮游动物，这样保证在滤膜上的微生物以真核浮游植物为主，而在后续 PCR 的过程中，由于模板的竞争效应，可以确保所扩增的产物以真核浮游植物占据绝对优势。在 DGGE 图谱分析中，每一个 DGGE 条带大致与群落中的一个优势物种群相对应，DGGE 条带的数目表示生物多样性，而 DGGE 条带的亮度则反映某一物种群落的丰富度。通常条带越多，说明物种多样性越丰富；条带信号越强，则表示该物种的丰度越高[34-35]。在本研究中，各个湖库不同样品之间既有共同条带，又有各自的特有条带，这说明各湖库不同季节、不同垂直高度或不同点位均形成了自己特定生态位的真核浮游植物群落结构。

在研究过程中我们发现，不同的浮游植物鉴定方法所获取的信息各有侧重，因此有必要综合运用多种方法，从而尽可能完整地获取所调查样品的群落丰富度信息。例如，DGGE 方法尽管在浮游植物快速鉴定方面具有很大优势，同时结合 DGGE 条带的测序，还可以区分在形态上非常接近的属，但是样品中所占比例超过 1%的物种才有可能被检测到[36]，而且由于原核生物与真核生物序列的差异，很难找到同时适用于蓝藻和其他真核藻类的 PCR 引物，因此不能在同一块 DGGE 胶上同时分析蓝藻和其他真核藻类。而应用传统的显微镜检方法不仅能获得水样中浮游植物的多样性信息和丰富度信息，还可以同时鉴定出各种原核和真核藻类。但显微镜检方法的结果可能会偏向于在形态上易于鉴定的物种，从而低估了真实的物种丰富度[10]。

5.5.2　东北典型湖库的生态环境

为了比较全面地了解我国东北平原与山地湖区浮游植物的分布情况，我们选取了分布于东北黑龙江省、吉林省 7 个有代表性的湖泊和水库。这 7 个湖库成因各异，大小、深浅不一，因而在很多环境指标上表现出异质性。例如，兴凯湖总磷含量远高于富营养水平的阈值；连环湖为碱水湖，多数点位 pH 达到 9 左右；松花湖氮含量偏高，尤其以硝态氮为主。尽管很多环境因子在不同湖库或同一湖库的不同点位之间均有较大差异，但各湖库(尤其是分季节调查的 5 个浅水湖库)很多环境因子具有明显的季节效应，如 BOD_5、COD_{Mn}、氨态氮、电导率等在多数湖库均为春季最高；水温、pH、叶绿素 a 浓度等在多数湖库均为夏季最高；溶解氧在多数湖库为秋季最高。

从各湖库当前的营养水平来看，所调查的 7 个湖库未发现贫营养湖库，所有湖库的营养水平均介于中营养至中度富营养之间。这表明，我国东北平原与山地湖区的营养化水平已经处于较高水平，发生类似于我国其他湖区的水华事件已经具备了一定基础，只是由于东北地区独特的气温条件限制了水华的发生，但对我国东北平原与山地湖区开展营养水平的调查研究和富营养化治理已经刻不容缓。

5.5.3　东北典型湖库浮游植物时空演替规律

关于浮游植物的季节变化规律，Sommer 等[37]提出了所谓的 PEG 模型（Plankton Ecology Group model，PEG model），来解释温带湖泊浮游植物的季节演替规律。该模型将浮游植物的周年变化分成 5 个阶段：冬季营养充分，但光照有限，因此以硅藻为优势种类；随着温度逐渐上升，到春夏季节，绿藻丰度逐渐升高，同时水体中磷元素的大量消耗而使磷成为绿藻进一步增长的限制性元素；随后绿藻大量死亡，硅藻重新占据优势，此时浮游植物生物量还维持在较低水平上；随后随着环境温度变化及硅限制，具有固氮能力的蓝藻类成为夏秋季节的主要优势种群；之后随着温度下降，到冬季，硅藻又重新占据优势。通过对东北地区 7 个典型湖库浮游植物进行显微镜检调查，我们发现，东北地区典型湖库浮游植物的季节演替与 PEG 模型基本吻合。东北典型湖库春季一般以硅藻为优势种类，部分深水湖泊如松花湖和镜泊湖，隐藻丰度也很高，到夏季，随着环境温度升高，各门藻类在数量上都会有较大增长，但蓝藻数量提高的幅度往往是最大的，如红旗泡水库、西泉眼水库、桃山水库等浅水水库蓝藻往往会占据绝对优势，而像镜泊湖和松花湖这样的大型深水湖泊，由于水温的改变不如小型水库剧烈，因此硅藻仍是夏季最主要的种类，但蓝藻数量提高的幅度也是最明显的。此外，从春季到夏季的过程中，绿藻的种类数和丰度往往也会有明显增长。进入秋季，由于东北地区属于高纬度地区，秋季的气温已经相当于甚至低于大多数温带地区，因此藻类种类和数量均大幅减少，硅藻重新成为各湖泊的优势种类，这一状况一直维持到第二年的春季。此外，部分湖泊冬季较耐冷的金藻数量往往会有明显增加。DGGE 图谱分析同样显示出明显的季节变化规律。

在本文的研究中，我们重点考察了 3 个不同维度的浮游植物的演替规律。其中浮游植物变化最明显的是时间维度，即季节变化。其次是不同垂直深度的浮游植物变化，这主要是通过对 2 个深水湖泊（镜泊湖和松花湖）设置不同深度的采样点来实现的。基于镜泊湖和松花湖样品的 DGGE 结果均表明，香农-维纳指数最大值出现在中层的点位最多，其次是下层，这表明中层的真核浮游植物多样性最高，下层次之；而表层香农-维纳指数是最低的，因此表层浮游植物多样性应该是最低的。这一结果一方面可能与我们采样点的设置有关，由于客观条件的限制，我们设置的中层、下层分别是 6m 和 16m，而镜泊湖的最大水深为 48m，松花湖的最大水深甚至达到 80m，因此对于部分点位而言，以 16m 作为下层，实际距离湖底还有很长的距离，这样中层和下层之间的区分意义不大。另一方面在浮游植物的垂直分布中，蓝藻和绿藻多分布于湖水的上层，而硅藻、金藻、黄藻等多分布于较深的位置。由于本研究中镜泊湖取的是秋季样品，松花湖取的是春季样品，均是以硅藻为优势藻，而喜居于上层的蓝藻又未包括在我们的 DGGE 条带中，因此这样的结果是合理的。

　　第三个维度是不同采样点位之间浮游植物分布的差异性。相对于前两个维度来说，对于大多数湖泊而言，这一维度浮游植物分布的差异性是最小的。但是在本研究所涉及的 7 个湖库中，连环湖是一个例外。由于连环湖是由很多个相对独立的湖泡组成的，各个湖泡之间仅以河沟相连，因此不同采样点位之间表现出相当大的差异性。此外，不同点位之间浮游植物多样性水平的差异还与不同点位所处的独特生境有关。例如，在红旗泡水库不同点位浮游植物多样性的比较中发现，位于库心（敞水带）的点位浮游植物多样性要明显低于位于沿岸带的点位，而位于入库口附近的点位浮游植物多样性则是最高的。

5.5.4　东北典型湖库浮游植物群落与环境因子的相关性

　　物种群落分布及其与环境因子的相互关系是生态学研究的核心问题之一。迄今为止，国内外有大量研究者对浮游植物与水环境理化参数的关系进行了大量的研究，结果表明，不同湖库具有不同的主要环境影响因子。Maayke 等[10]通过对遍布于美国的 540 个湖泊的浮游植物进行显微鉴定和统计分析，结果发现，浮游植物多样性表现出很强的纬度、经度和海拔梯度分异，并且叶绿素 a 浓度和湖泊面积是浮游植物多样性的重要驱动力。张亚克等[38]应用 CCA 对淀山湖浮游植物种类分布与环境营养因子间的相关性进行研究，发现 TP、硝态氮、NH_3-N 对藻类种群的变化均表现出显著影响。Wu 等[39]应用 DGGE 和 T-RFLP 两种分子生物学方法对我国东西藏高原 11 个高山湖泊的真核浮游生物多样性进行了研究，并通过 CCA 发现对湖泊真核浮游植物群落影响最大的环境因子包括碱度、纬度和海拔。于洪贤等[40]运用灰色关联分析方法对牡丹江浮游植物丰度与环境因子的关系进行相关性分析，结果发现，不同季节对浮游植物丰度产生影响的主要相关因子并不相同，春季为 COD_{Mn}、BOD_5 和 pH；夏季为 BOD_5、温度和溶解氧；秋、冬季均为氨态氮、BOD_5 和温度，其中影响最大的是 BOD_5。本研究通过多元统计分析方法（典范相关分析和冗余分析）对 7 个东北典型湖库基于 DGGE 图谱的物种群落分布与相关环境因子的相关性分析发现，不同湖库真核浮游植物群落受不同的主要环境因子的影响。例如，红旗泡水库主要受电导率、pH、水温、透明度、硝态氮、氨态氮、总氮、叶绿素 a 的影响；西泉眼水库主要受水温、pH、叶绿素 a、总磷、总碱度的影响；兴凯湖主要受水温、总氮、COD_{Mn}、BOD_5 的影响；连环湖主要受 COD_{Mn}、BOD_5、总碱度、重碳酸盐的影响；桃山水库主要受水温、COD_{Mn}、

BOD$_5$、溶解氧、硝态氮、叶绿素 a、总磷、总氮等的影响；镜泊湖主要受水温的影响；松花湖主要受硝态氮、亚硝态氮、氨态氮、总氮、COD$_{Mn}$ 的影响。

在所有这些起主要作用的环境因子中，温度是最重要的影响因素，在本研究所调查的 7 个典型湖库中，有 5 个湖库微型真核浮游植物的群落分布明显受到温度影响。此外，对 7 个湖库浮游植物的显微镜检分析也表明，不同季节浮游植物的种类、数量等均存在较大差异。而季节变迁最直接的变化就是温度的改变。水温的变化直接影响水环境的化学反应、生化反应、氧的溶解和水生生物的生长等一系列过程[41]。迄今已有大量研究表明，温度对于微型浮游生物或者其中特定类群的分布起决定性作用。Tan 等[42]应用 DGGE 技术研究太湖微囊藻的季节变化及其与环境因子的关系时发现，温度与微囊藻 OTU 组成呈显著正相关。Li 等[43]应用 DGGE 技术分析了江西省梁子湖微型浮游生物(包括真核和原核生物)的群落季节变化，并结合 RDA 发现，温度对于人工湖泊浮游生物的群落分布具有决定性影响。Pinhassi 等[44]、Lindstrom[45]、Sestanovic 等[46]、Sapp 等[47]均指出温度对浮游细菌的分布具有重要影响。

此外，总氮、硝态氮、高锰酸盐指数、五日生化需氧量、叶绿素 a 浓度等也是对浮游植物影响较大的环境因子。其中总氮、硝态氮等代表了湖库营养水平对浮游植物分布的影响。氮元素是导致湖库富营养化的重要影响因子，其生物地球化学循环是生物圈物质和能量循环的重要组成部分。在湖泊营养循环中占有重要地位[48]。高锰酸盐指数和五日生化需氧量均可以衡量水体中有机物污染的程度，其值偏高表明水体受到有机物或其他化学物质的污染而导致水质下降。叶绿素 a 浓度目前被广泛应用于浮游植物生物量的估计，其值的高低与浮游植物数量有直接关系。

5.6　本 章 小 结

本章通过基于形态学的显微镜检分析和基于分子生物学的 DGGE 分析两种实验技术对分布于我国东北平原与山地湖区的 7 个典型湖库不同季节、不同垂直深度样品的浮游植物多样性进行了研究，分析了各个湖库浮游植物的时空变化规律，并在对各湖库不同环境因子的调查研究的基础上，通过多元统计分析揭示了各湖库浮游植物多样性与环境因子的相关性，其主要成果如下。

1)对东北地区 5 个浅水湖库和 2 个深水湖库的主要理化参数进行了测定，并应用综合营养状态指数法对各湖库营养水平进行综合评价。各湖库的环境参数体现出明显的季节效应。BOD$_5$、COD$_{Mn}$、氨态氮、电导率等在多数湖库均为春季最高；水温、pH、叶绿素 a 浓度等在多数湖库均为夏季最高；溶解氧在多数湖库为秋季最高。从对各湖库当前的营养水平综合评价来看，所调查的 7 个湖库未发现贫营养湖库，所有湖库的营养水平均介于中营养至中度富营养之间。

2) 通过显微镜检分析鉴定了东北地区 7 个典型湖库不同季节的浮游植物群落组成。7 个湖库共发现浮游植物 103 属，隶属于 8 门 57 科。从季节分析来看，浮游植物种类和丰度的最高值出现在夏季的概率最高，其次是春季，种类和丰度最低值均出现在冬季或秋季(部分湖泊冬季未采样)。从浮游植物种类分布来看，7 个湖库鉴定种类最多的是绿藻(21 科 40 属)，其次是硅藻(11 科 24 属)和蓝藻(11 科 21 属)。对各个湖库进行横向比较，浮游植物种类最多的是连环湖，在春、夏、秋三季鉴定属数均高于其他湖库，浮游植物丰度最高的是西泉眼水库，在春、夏、秋三季丰度值均高于其他湖库。各湖库不同种类浮游植物的群落结构组成与各湖库的自然情况如面积大小、水深、湖泊成因等具有一定程度的相关性。

3) 建立了适用于真核浮游植物多样性分析的 PCR-DGGE 技术体系，并对 DNA 提取、PCR 扩增等进行了优化。

4) 通过 DGGE 技术对 5 个浅水湖库(红旗泡水库、西泉眼水库、兴凯湖、连环湖、桃山水库)不同季节样品，2 个深水湖库(镜泊湖和松花湖)不同垂直水层样品，以及部分湖库的冬季样品中所分布的真核浮游植物多样性进行了分析。基于 DGGE 条带的香农-维纳多样性指数分析和聚类分析表明，7 个湖库真核浮游植物的分布具有明显的季节效应、垂直效应和点位效应。对于浅水湖库，相同季节的样品在进行聚类分析时倾向于聚到同一分支内；对于深水湖库，相同垂直深度的样品有聚在一起的倾向。沿岸带真核浮游植物多样性大于敞水带。

5) 运用多元统计分析对东北地区 7 个湖库的真核浮游植物多样性与相应湖库主要理化参数之间的相关性进行了分析，揭示了影响各湖库真核浮游植物群落结构的主要环境因子。研究发现，各湖库影响真核浮游植物多样性分布的环境因子不完全相同，其中温度、总氮、硝态氮、高锰酸盐指数、五日生化需氧量、叶绿素 a 浓度等在多个湖库中都是主要的影响因子。

参 考 文 献

[1] 章宗涉, 黄祥飞. 淡水浮游生物研究方法[M]. 北京: 科学出版社, 1991.

[2] 刘建康. 高级水生生物学[M]. 北京: 科学出版社, 1999.

[3] 胡鸿钧, 魏印心. 中国淡水藻类——系统、分类及生态[M]. 北京: 科学出版社, 2006.

[4] Hutchinsong G E. The paradox of the plankton[J]. Am. Nat., 1961, 95: 137-147.

[5] Sommer U. The paradox of the plankton: fluctuations of phosphorus availability maintain diversity of phytoplankton in flow-through cultures[J]. Limnol Oceanogr, 1984, 29(3): 633-636.

[6] Schefer M S, Rinaldi A, Gragnani L R, et al. On the dominance of filamentous cyanobacteria in shallow, turbid lakes[J]. Ecology, 1997, 78: 272-282.

[7] Homstrom E. Phytoplankton in 63 limed lakes in comparison with the distribution in 500 untreated lakes with varying pH[J]. Hydrobiologia, 2002, 470: 115-126.

[8] Temponeras M, Kristiansen J, Moustaka-Gouni M. Seasonal variation in phytoplankton composition and physical-chemical features of the shallow Lake Doirani, Macedonia, Greece[J]. Hydrobiologia, 2000, 424: 109-122.

[9] 王苏民, 窦鸿身. 中国湖泊志[M]. 北京: 科学出版社, 1998.

[10] Maayke S, Jef H, Gary G, et al. Large-scale biodiversity patterns in freshwater phytoplankton[J]. Ecology, 2011, 92(11): 2096-2107.

[11] Biegala I C, Not F, Vaulot D, et al. Quantitative assessment of picoeukaryotes in the natural environment by using taxon-specific oligonucleotide probes in association with tyramide signal amplification-fluorescence *in situ* hybridization and flow cytometry[J]. Appl Environ Microbiol, 2003, 69(9): 5519-5529.

[12] 张俊芳, 沈强, 胡菊香, 等. 流式细胞摄像系统应用于藻类检测的初步研究[J]. 水生态学杂志, 2012, 33(2): 91-95.

[13] Murphy L S, Guillard R R I. Biochemical taxonomy of marine phytoplankton by electrophoresis of enzymes I. The centric diatoms *Thalassiasira pseudonana* and *T. fluiatilis*[J]. J. Phycol., 1976, 12: 9-13.

[14] Millner H W. The fatty acids of Chlorella[J]. J Biochem, 1948, 176: 813-817.

[15] Khotimechenko S V. Fatty acid composition of 12 species of Chlorophyceae from the Senegalese coast[J]. Phytochemistry, 1992, 31: 2739-2741.

[16] Khotimchenko S V. Fatty acids of brown algae from the Russian far east[J]. Phytochemistry, 1998, 49(8): 2363-2369.

[17] Fahrenkrug P M, Bett M B, Parker D L. Base composition of DNA from selected strains of the cyanobacterial genus *Microcystis*[J]. Int J Syst Bacteriol, 1992, 42: 182-184.

[18] 沈联德. 药用植物学[M]. 2版. 北京: 人民卫生出版社, 1996.

[19] Mackey M D, Maekey D J, Higgnsi H W, et al. CHEMTAX——a program for estimating class abundances from chemical markers: application to HPLC measurements of Phytoplankton[J]. Marine Ecology Progress Series, 1996, 144: 265-283.

[20] Boddy L, Morris C W, Wilkins M F, et al. Identification of 72 phytoplankton species by radial basis function neural network analysis of flow cytometric data[J]. Marine Ecology Progress Series, 2000, 195: 47-59.

[21] 张前前, 类淑河, 王修林, 等. 浮游植物活体三维荧光光谱特征提取[J]. 高技术通讯, 2005, 15(4): 75-78.

[22] 陈月琴, 屈良鹄, 曾陇梅, 等. 南海赤潮有毒甲藻链状塔玛亚历山大藻的分子鉴定[J]. 海洋学报, 1999, 21(3): 106-111.

[23] 吴利, 余育和, 张堂林, 等. 牛山湖浮游生物群落 DNA 指纹结构与理化因子的关系[J]. 湖泊科学, 2008, 20(2): 235-241.

[24] 姜玮, 乔文文, 李赟. 7株盐藻的 5.8S rDNA 和 IT S 序列及 RAPD 分析[J]. 中国海洋大学学报, 2009, 39(sup): 363-368.

[25] 叶吉龙, 杨维东, 李宏业, 等. 塔玛亚历山大藻遗传多样性的微卫星分析[J]. 热带亚热带植物学报, 2010, 18(4): 428-434.

[26] Muller J, Friedl T, Hepperle D, et al. Distinction between multiple isolates of *Chlorella vulgaris*(Chlorophyta, Trebouxiophyceae) and testing for conspecificity using amplified fragment length polymorphism and its rDNA sequences[J]. Journal of Phycology, 2005, 41(6): 1236-1247.

[27] 钟文辉, 蔡祖聪. 土壤微生物多样性研究方法[J]. 应用生态学报, 2004, 15(5): 899-904.

[28] Beatriz D, Carlos P A, Terence L M. Application of denaturing gradient gel electrophoresis (DGGE) to study the diversity of marine picoeukaryotic assemblages and comparison of DGGE with other molecular techniques[J]. Appl Environ Microbiol, 2001, 67(7): 2942-2951.

[29] 谭啸, 孔繁翔, 曾庆飞. 太湖中微囊藻群落的季节变化分析[J]. 生态与农村环境学报, 2009, 25(1): 47-52.

[30] Estelle M, Assaf S. Amplified rDNA restriction analysis (ARDRA) for monitoring of potentially toxic cyanobacteria in water samples[J]. Israel Journal of Plant Sciences, 2008, 56: 75-82.

[31] 陈美军, 孔繁翔, 陈飞洲, 等. 太湖不同湖区真核微型浮游生物基因多样性的研究[J]. 环境科学, 2008, 29(3): 769-775.

[32] 赵璧影, 陈美军, 孙颖, 等. 南京 8 个湖泊超微真核浮游生物遗传多样性的研究[J]. 环境科学, 2010, 31(5): 1293-1298.

[33] 官涤, 任伊滨, 李菁. 环境因子对水华暴发的影响研究[J]. 环境科学与管理, 2011, 36(8): 55-68.

[34] Urakawa H, Yoshida T, Nishimura M, et al. Characterization of depth-related population variation in microbial communities of a coastal marine sediment using 16S rDNA-based approaches and quinone profiling[J]. Environ Microbiol, 2000, 2(5): 542-554.

[35] Makoto I, Rafael G, Amanda L, et al. Changes in community structure of sediment bacteria along the Florida coastal everglades marsh-mangrove-seagrass salinity gradient[J]. Environmental Microbiology, 2010, 59: 284-295.

[36] Ferris M J, Muyzer G, Ward D M. Denaturing gradient gel electrophoresis profiles of 16S rRNA defined populations inhabiting a hotspring microbial mat community[J]. Appl Environ Microbiol, 1996, 62: 340-346.

[37] Sommer U, Gliwicz Z M, Lampert W, et al. The PEG-model of seasonal succession of plank tonic events in fresh waters[J]. Archiv für Hydrobiologie, 1986, 106(4): 433-471.

[38] 张亚克, 梁霞, 何池泉, 等. 淀山湖不同季节营养盐含量与藻类群落的相互关系[J]. 湖泊科学, 2011, 23(5): 747-752.

[39] Wu Q L, Chatzinotas A, Wang J J. Genetic diversity of eukaryotic plankton assemblages in eastern Tibetan lakes differing by their salinity and altitude[J]. Microb Ecol, 2009, 58: 569-581.

[40] 于洪贤, 曲翠, 马成学. 牡丹江浮游植物丰度与环境因子的相关性分析[J]. 湿地科学, 2008, 6(2): 293-297.

[41] 李强, 赵越, 李玉华, 等. DGGE 分析微型真核浮游生物遗传多样性及其与环境因子的相关性[J]. 东北农业大学学报, 2013, 44(8): 70-75.

[42] Tan X, Kong F X, Zeng Q F. Seasonal variation of *Microcystis* in Lake Taihu and its relationships with environmental factors[J]. Journal of Environmental Sciences, 2009, 21: 892-899.

[43] Li X M, Yu Y H, Zhang T L, et al. Seasonal variation of plankton communities influenced by environmental factors in an artificial lake[J]. Chinese Journal of Oceanology and Limnology, 2012, 30(3): 397-403.

[44] Pinhassi J, Hagstrom A. Seasonal succession in marine bacterioplankton[J]. Aquat Microb Ecol, 2000, 21: 245-256.

[45] Lindstrom E S. Investigating influential factors on bacterioplankton community composition: results from a field study of five mesotrophic lakes[J]. Microb. Ecol., 2001, 42: 598-605.

[46] Sestanovic S, Solic M, Krstulovic N, et al. Seasonal and vertical distribution of planktonic bacteria and heterotrophic nanoflagellates in the middle Adriatic Sea[J]. Helgol Mar Res, 2004, 58: 83-92.

[47] Sapp M, Wichels A, Wiltshire K H, et al. Bacterial community dynamics during the winter-spring transition in the North Sea[J]. FEMS Microbiol Ecol, 2007, 59: 622-637.

[48] 曾巾, 杨柳燕, 肖琳, 等. 湖泊氮素生物地球化学循环及微生物的作用[J]. 湖泊科学, 2007, 19(4): 382-389.

第6章 东北平原与山地湖区营养盐输入
与藻类生长的响应关系

6.1 概　况

6.1.1 湖泊富营养化现状

湖泊富营养化是指在人类生产生活的影响下，生物新陈代谢所需的碳、氮、磷等营养物质进入湖泊水体中，从而引起湖水中藻类及其他浮游生物的大量繁殖，致使水体中溶解氧的含量下降，透明度降低，水质恶化，水体中的鱼类及其他生物大量死亡的现象[1]。

自20世纪以来，水体富营养化的问题普遍得到了湖泊学家、生态学家的广泛关注，也得到了一些国家政府、国际组织的重视。1973年，经济合作与发展组织建立了"国际富营养化研究合作计划"[2]。经过数十年的研究调查，控制湖泊水体的富营养化主要体现在三个方面：营养元素的控制、富营养化水体水质的改善及政策控制。

相关文献表明，水体中藻类的繁殖速度主要受水体中氮、磷含量的影响，也就是说水体中氮、磷含量直接影响水体的富营养化进程[3]。此外，还有研究显示，水体中的维生素类、有机质及金属元素铁、锰、钼等也会导致水体中藻类的大量暴发[4,5]，造成水体富营养化。

改善富营养化水体水质的技术主要包括控制湖泊内源性营养负荷的技术、减少入湖营养物质的技术、湖泊生态修复技术及藻类治理技术等。其中，外源控制技术十分关键，它包括氧化塘技术、废污水迁移、生物除磷、土地处理系统、限制洗涤剂的磷含量，以及生物过滤法等[6]。而沉积物氧化、底泥覆盖、化学沉淀、底泥疏浚、引水冲刷、湖内下层水抽取、水位操作、选择排放等属于内源控制技术[7-10]。生态修复技术是指食鱼性鱼调控技术、大型高等水生植物修复技术等[11]。湖泊中藻类的治理方式主要是指气浮除藻、过滤除藻、养鱼除藻、化学药剂除藻及机械收藻等[12]。关于湖泊富营养化的治理政策主要包括两类：一类是采取税收补贴机制，从而影响湖泊水体的污染浓度；另一类是实行激励机制，从而影响产生污染的投入，如减少农药和化肥的投入[13]。

我国学者早在20世纪50年代到60年代初期就已关注到湖泊水体富营养化的

问题，曾在湖泊中浮游植物群落、水体营养类型、消灭"湖靛"的方法等方面进行研究[14,15]。近年来，国内大量学者开始关注太湖、洪湖、巢湖、东湖、洞庭湖、滇池、白洋淀等水体的富营养化进程[16-20]。研究表明，长江中下游浅水湖泊中的沉积物对磷存在吸附特性[21]，控制浅水湖泊富营养化，不仅要从外源控制，而且要与内源治理相结合[22]。研究者还曾以太湖为研究对象，探究了湖泊中沉积物的悬浮动力学机制，并得出了内源释放的一般性模式[23]。对农业灌溉沟渠氮、磷营养的研究表明，不同 pH 的沟渠沉积物所截留的氮、磷是不同的，且截留量随着pH 增大而上升[24]。研究者还以云南洱海湖为研究对象，采用生物对策探讨生态恢复的方式方法，提出了 6 种生态恢复工程模式，包括河口模式、滩地模式、鱼塘模式、陡岸模式、堤防模式和农田模式等[25]。

　　我国国土辽阔，区域差异性显著，因此制定全国性的战略对策对于预防我国湖泊的富营养化是十分必要的，因此刘鸿亮院士[26]提出，应积极并准确地制定我国湖泊的营养物控制战略，在此基础上，确定生态分区的湖泊营养物标准和基准，并通过采用最大日负荷限值(TMDL)营养物削减集成的技术和总量控制的方法，来达到改善湖泊水质的目标。

6.1.2　铜绿微囊藻与水体富营养化的响应关系

　　微囊藻属(*Microcystis*)隶属于蓝藻门，是湖泊、水库等水体中普遍存在的藻类[27]。早在 20 世纪 60 年代，就有国内外学者针对其在水体中的结构和生态功能等进行了大量的研究[28-30]。从 60 年代开始，我国也开始对一些湖库进行了调查，并初步了解了微囊藻的分布情况，直到 80 年代初，我国一些湖库因富营养化由微囊藻属的一些藻类引起水华，其危害才引起人们的关注[31,32]。

　　铜绿微囊藻(*Microcystis aeruginosa*)具有蓝藻门的一般特征，在我国大部分富营养化水体中，铜绿微囊藻在数量和发生频率上均占优势[33]。在铜绿微囊藻死亡或细胞膜通透性增强时会向水中释放微囊藻毒素，对环境和人类健康造成严重危害[34,35]。多年来，中外学者围绕铜绿微囊藻做了大量工作，研究方向包括铜绿微囊藻与不同环境因子[36,37]、营养盐条件[38-40]、其他藻类之间的竞争[41,42]、铜绿微囊藻毒素[43-45]及藻液的三维荧光特性[46,47]等方面。

　　水体中浮游植物的种类及数目与水体中的营养盐浓度密切相关，营养盐浓度越高，藻类的种类越少，数量却很大；营养盐浓度越低，藻类的种类及数量恰恰相反[48]。大量研究表明，氮、磷营养盐的比例与藻类的生长繁殖密切相关。其中，有学者采用室内培养实验方法，研究不同比例的氮、磷营养盐对铜绿微囊藻生长的影响，证实了铜绿微囊藻的生长状况较好地符合逻辑斯谛(logistic)生长模型，最适合铜绿微囊藻生长的氮磷比为 14∶1[49]。也有学者在不同氮磷比的培养条件下，得出在氮磷比为 16 : 1 时，铜绿微囊藻的生长速率最快，生物量也最高；在氮磷比低于 16 时，铜绿微囊藻的生长状况比氮磷比高于 16 时好，说明其生长繁殖主要受磷营养盐的限制[50]。对大亚湾海域的研究表明，氮磷比在 0.31～143.1 浮动，在氮磷比为 5～30 时，有大量裸甲藻出现，认为合适的氮磷比是大亚湾浮游植物大密度出现的主要原因[51]。通过研究不同氮源对铜绿微囊藻增殖的影响，结果表明，以硝态氮为氮源时，铜绿微囊藻的增殖速率快于以氨态氮和尿素为氮源的速率；以氨态氮为氮源时，低浓度氨态氮有助于铜绿微囊藻的生长，而高浓度氨态氮会抑制其生长[52]。通过研究水体中磷浓度对铜绿微囊藻营养盐吸收代谢的影响，发现在一定范围内，铜绿微囊藻对水体中磷的吸收速率与水体中磷浓度成正比[53]。国内外学者对浮游生物吸收营养盐的行为也进行了大量研究，氮、磷营养盐在海洋环境中的浓度、形态结构、数量变化对赤潮生物的生理、生化组成有很大影响，同时还决定了形成赤潮的规模和程度[54,55]。

近些年，随着社会经济的快速发展，生活水平的提高，湖库上游及其周边人类生产活动的增多，湖库水质受到严重影响，湖库富营养化频繁发生[56,57]。水体富营养化在我国东部湖库较为常见，如巢湖、滇池、太湖等，蓝藻水华现象比较严重[58]，因此，这些湖库得到了国外学者的重视[59]。

虽然东北平原与山地湖区尚未出现大面积的水华现象，但部分湖库水体中氮、磷含量也已超出相应水质标准，其富营养化的问题不容小觑。近些年东北地区快速发展，人们的生活水平显著提高，对周围环境的影响也日益严重，工业废水、生活污水的排放，农药、化肥的施入，通过雨水汇集、地表径流等作用，源源不断地向湖泊水库的水体中汇集，导致水质下降，富营养化趋势明显增强。

6.1.3　主要研究内容和方法

本章选取黑龙江省镜泊湖、兴凯湖、五大连池，吉林省松花湖，以及辽宁省大伙房水库为研究对象，以铜绿微囊藻为主要供试藻类，通过藻类生长潜力试验（AGP 试验），研究 5 个湖库水体的藻类生长潜力；通过水体中氮、磷营养盐的输入，测定铜绿微囊藻生长过程中藻密度、藻液中的水溶性总氮（total dissolved nitrogen，TDN）、硝态氮（$NO_3^- - N$）、水溶性总磷（total dissolved phosphorus，TDP）、溶解性正磷酸盐、叶绿素 a 等指标，阐明铜绿微囊藻生长过程中细胞内溶解性有机物（IDOM）荧光特性的变化，揭示东北典型湖库水体营养盐输入与藻类生长的响应关系，以期为东北平原与山地湖区水华产生机制研究及预防提供理论依据。

6.1.3.1　湖库水体样品采集

采样时间为 2010 年 10 月，选取镜泊湖、兴凯湖、五大连池、松花湖、大伙房水库为典型湖库，在了解各湖库水质基本情况的基础上，综合各湖库的地理地形特征及周围环境特征，选择合适的采样点位，利用 GPS 对采样点位进行定位，使用有机玻璃采水器，每点位采集水样 2.5L，装入事先经稀盐酸清洗液清洗过的聚乙烯瓶中，送回实验室，并保存在 4℃冰箱中，经 0.45μm 滤膜过滤，滤液经蒸汽灭菌后用于接种培养。

各湖库的基本信息见表 6-1，各湖库采样点设置见图 6-1、图 6-2。

表 6-1　各湖库基本信息

湖库名	点位	编号	经纬度	
镜泊湖	采样点 1	HJ1	128°56′26.0″E	44°02′12.2″N
镜泊湖	采样点 2	HJ2	128°58′09.3″E	43°54′23.3″N
兴凯湖	采样点 3	HX1	132°01′52.4″E	45°15′57.2″N
兴凯湖	采样点 4	HX2	132°50′58.4″E	45°03′52.2″N
五大连池	采样点 5	HW1	126°10′53.6″E	48°40′21.7″N
五大连池	采样点 6	HW2	126°10′44.4″E	48°46′01.8″N
松花湖	采样点 7	JS1	126°42′20.2″E	43°41′53.1″N
松花湖	采样点 8	JS2	126°51′47.3″E	43°39′04.1″N
大伙房水库	采样点 9	LD1	124°05′38.2″E	41°52′47.6″N
大伙房水库	采样点 10	LD2	124°10′54.7″E	41°53′01.8″N

图 6-1　各湖库分布示意图

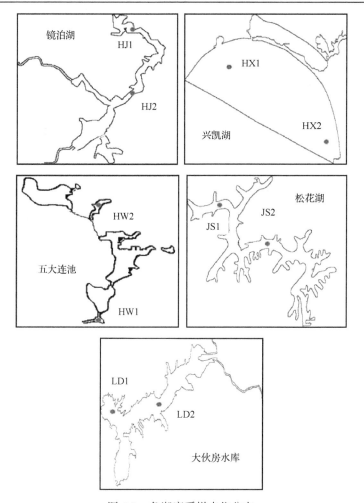

图 6-2　各湖库采样点位分布

6.1.3.2　藻种及培养基

结合东北平原与山地湖区湖泊特征及藻类的优势种，拟选定铜绿微囊藻作为试验藻种。因 M11 培养基成分简单，藻种在该培养基中的对数生长期较长，最大比增长率和最大现存量都较大，M11 为室内蓝藻、绿藻共培养小型、中型实验适宜的培养基。M11 培养基组成：100mg/L 的 $NaNO_3$，75mg/L 的 $MgSO_4·7H_2O$，10mg/L 的 K_2HPO_4，40mg/L 的 $CaCl_2·2H_2O$，20mg/L 的 Na_2CO_3，6mg/L 的柠檬酸铁和 1mg/L 的 $Na_2EDTA·2H_2O$，pH=8.0。

试验所用铜绿微囊藻(*Microcystis aeruginosa*)来自中国科学院水生生物研究所藻种库。

6.1.3.3　接种与培养

藻种培养过程与普通藻类培养相似，即配制培养基、高压灭菌培养基(培养基灭菌条件一般为 121℃、30min，温度或压强过高会破坏培养基成分)、接种和培养。培养过程中定期检查藻细胞生物量，当达到可接种密度时即可用于试验。

将处于对数生长期的藻种离心(2000r/min、10min)，去掉上清液，用无菌水反复洗涤、离心 3 次后进行接种，初始接种浓度为 $5×10^4$ 个/mL。

水样的处理：使用真空水泵，将采集的水样经 0.45μm 玻璃纤维素滤膜抽滤，滤液备用。滤液添加营养物进行藻类生长潜力试验(AGP 试验)，各浓度梯度添加的营养盐氮源为硝酸钠($NaNO_3$)、磷源为磷酸氢二钾(K_2HPO_4)。AGP 试验添加浓度按照表 6-2 进行，每组设 3 个平行样。试验采用 1L 三角瓶，内置 500mL 水样，高温湿热灭菌(121℃、30min)，冷却后接入处于对数生长期的铜绿微囊藻。培养条件为光照强度(2000±10)lx，光暗比 12h∶12h，每天人工摇动 2 或 3 次，铜绿微囊藻培养温度 25℃。根据对水样 TDN、TDP 的测定，通过添加氮盐($NaNO_3$)和磷盐(K_2HPO_4)，使藻种接种前水样的 TDN 和 TDP 浓度分别为 3.00mg/L、0.20mg/L，每个点位水样设 3 个重复。

表 6-2　AGP 试验添加营养组

各点位营养组设置	添加的营养盐	每组试验瓶数
水样对照组	水样滤液	3
单独添加磷盐组		
P1	水样滤液+0.015mg/L	3
P2	水样滤液+0.050mg/L	3
单独添加氮盐组		
N1	水样滤液+0.225mg/L	3
N2	水样滤液+0.750mg/L	3
混合添加营养组		
N1P1	水样滤液+0.015mg(P)/L+0.225mg(N)/L	3
N2P2	水样滤液+0.050mg(P)/L+0.750mg(N)/L	3
完全营养对照组		
M11	M11 培养基	3
总计		24

6.1.3.4　指标的测定

藻密度的计数方法：在铜绿微囊藻的培养过程中，每隔 2 天在相同的时间用血球计数板在显微镜下计数，每次计数体积为 10μL，每个样品计数三次，取平均值得到当日藻密度。当每组试验每天生物量的平均增长率低于 5%时，即可认为达到最大现存量。

比增长率的计算：通过对藻密度的计数，可以计算出比增长率(μ)，利用公式

$$\mu = (\ln X_2 - \ln X_1) / (t_2 - t_1)$$

式中，X_2 为某一时间间隔终结时的藻类现存量(藻密度)；X_1 为某一时间间隔起始时的藻类现存量；$t_2 - t_1$ 为某一时间间隔的天数。

藻液中氮指标的测定：在铜绿微囊藻的培养过程中，每隔 2 天在相同时间取一定量的藻液进行氮指标的测定。

藻液中 TDN 的测定：采用过硫酸钾氧化-紫外分光光度法测定[60]。藻液经 0.45μm 玻璃纤维素滤膜过滤后，取 10mL 滤液，加入碱性过硫酸钾溶液 5mL，加塞后，在管口包一块纱布，用线扎紧，置于高压蒸汽灭菌锅中消煮 0.5h，自然冷却后，加入(1∶9)盐酸 1mL，用无氨水定容至 25mL，摇匀后，用 10mm 石英比色皿在 220nm 和 275nm 波长下测定其吸光值，代入标准曲线得出相应的 TDN 含量。

藻液中的 $NO_3^- - N$ 的测定：采用紫外分光光度法测定[60]。藻液先经氢氧化铝絮凝沉淀，取过滤后的滤液 50mL，加入(1∶9)盐酸 1.0mL，用无氨水定容至 25mL，摇匀后，在紫外分光光度计上，用 10mm 石英比色皿在 220nm 和 275nm 波长下测定其吸光值，代入标准曲线得出相应的 $NO_3^- - N$ 含量。

藻液中磷指标的测定：在铜绿微囊藻的培养过程中，每隔 2 天在相同时间取一定量的藻液进行磷指标的测定。

藻液中 TDP 的测定：采用过硫酸钾消解-钼锑钪比色法测定[60]。先将藻液用 0.45μm 玻璃纤维素滤膜过滤后，取 40mL 滤液于 50mL 的比色管中，加入过硫酸钾溶液 4mL，加塞后，在管口包一块纱布，用线扎紧，置于高压蒸汽灭菌锅中，121℃、30min 后，自然冷却，后定容至 50mL，加入 1mL 10%抗坏血酸溶液，混匀，30s 后加入 2mL 钼酸盐溶液，摇匀，放置 15min，用 10mm 石英比色皿于 700nm 波长下测定其吸光值，代入标准曲线得出相应的 TDP 含量。

藻液中溶解性正磷酸盐的测定：采用钼锑钪比色法测定[60]。先将藻液用 0.45μm 玻璃纤维素滤膜过滤后，取 50mL 藻液于 50mL 的比色管中，加入 1mL 10%抗坏血酸溶液，混匀，30s 后加入 2mL 钼酸盐溶液，摇匀，放置 15min，用 10mm 石英比色皿于 700nm 波长下测定其吸光值，代入标准曲线得出相应的溶解性正磷酸盐含量。

叶绿素 a 含量的测定：采用分光光度法[60]。用玻璃纤维膜(Whatman GF/C)将藻液过滤，加入 90%丙酮后研磨成糊状，放入冰箱中萃取 8～20h 后，离心 1～3 次，将上清液用 90%丙酮定容至 10mL。小心将离心的上清液注入 1cm 测定池，

用 90%丙酮溶液作参比，分别在 750nm、663nm、645nm、630nm 波长下测定吸光值，计算叶绿素 a 含量。

铜绿微囊藻细胞内溶解性有机物(IDOM)的荧光测定：分别在藻液培养的第4、第 10、第 16 天同一时间取一定藻液，用 0.45μm 滤膜过滤，过滤后将滤纸捣碎，用超纯水定容，采用连续冻融法(重复 3 次)。镜检确保藻细胞破裂达到 90%以上后采用 0.45μm 滤膜过滤，即得到细胞内溶解性有机物(IDOM)溶液，用于荧光扫描。

荧光光谱测定采用仪器为 Perkin Elmer Luminescence Spectrometer LS50B，该仪器的主要性能参数如下。激发光源：150-W 氙弧灯；PMT 电压：700V；信噪比＞110；带通(bandpass)：λ_{Ex}=10nm、λ_{Em}=10nm；响应时间：自动；扫描光谱进行仪器自动校正。三维荧光光谱的扫描参数：发射光谱波长 Em=250～550nm，扫描速度1500nm/min。

数据处理及分析：利用 Excel 2007、SPSS 19.0 软件对实验数据进行了处理和分析，利用 MATLAB 2010 软件对样品的三维荧光光谱数据进行区域体积积分，根据 Chen 等[61]的方法，计算各区域的归一化区域体积积分(normalized excitation-emission area volumes，$\Phi_{i,n}$)和荧光响应值比例(percent fluorescence response，$P_{i,n}$)。

6.2　不同湖库水体的藻类生长潜力

对不同湖库水体进行 AGP 试验，10 个点位完全营养对照组的铜绿微囊藻的生长曲线如图 6-3 所示。

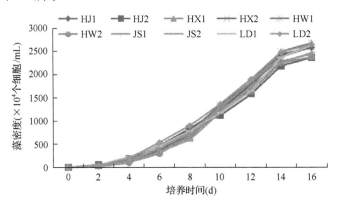

图 6-3　AGP 试验 M11 对照组铜绿微囊藻生长曲线

由图 6-3 可见，完全营养对照组使用 M11 培养基，其 N、P 含量较高，在铜绿微囊藻的整个生长过程中，有明显的对数生长期，而且时间跨度比较长，各个点位设置的 M11 对照组间铜绿微囊藻的生长曲线基本一致，说明整个试验过程中的光照强度、培养温度、藻种情况等外界影响因子条件基本相同，可以对不同湖库不同点位的 AGP 试验进行综合讨论。

6.2.1 镜泊湖水体的藻类生长潜力

镜泊湖 2 个点位(HJ1、HJ2)水体的 AGP 试验中,藻类生长曲线如图 6-4 所示。2 个点位中氮、磷混合添加营养组 N1P1、N2P2 的铜绿微囊藻生长要好于其他组,氮、磷浓度较高,能满足铜绿微囊藻生长所需的营养盐。在培养 12 天以后,单独添加氮、磷营养组的藻类进入平稳生长或衰亡期,表明镜泊湖水体藻类生长受多个营养因子的影响,氮、磷混合培养更有利于藻类生长。由图 6-4 可以看出,高氮、磷混合营养组 N2P2 的藻类生长明显优于低氮、磷混合营养组 N1P1;同时单独添加磷营养组藻类生长较单独添加氮营养组及湖水对照组藻密度略有增加,表明镜泊湖水体磷营养应是富营养化的关键限制因子。对镜泊湖不同点位藻密度进行比较,结果表明,HJ1 点位的氮、磷混合营养组藻类生长情况好于 HJ2 点位相应组别,HJ2 点位的单独氮、磷营养组藻类生长情况好于 HJ1 相应组别,表明镜泊湖不同区域水体生态环境具有一定的差异性。

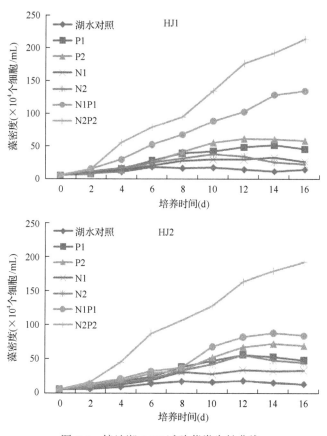

图 6-4 镜泊湖 AGP 试验藻类生长曲线

　　通过记录藻密度，计算得出 HJ1 和 HJ2 点位铜绿微囊藻在不同营养组下的平均最大现存量和平均最大比增长率，结果如图 6-5 所示。

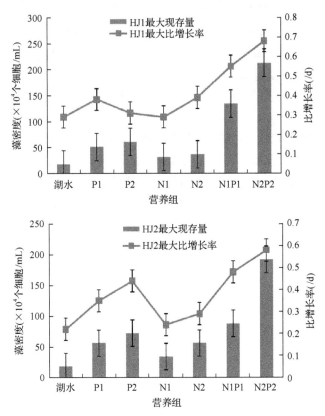

图 6-5　镜泊湖 AGP 试验藻类生长平均最大现存量和最大比增长率
横轴中的湖水即湖水对照组试验

　　HJ1 点位湖水对照组的平均最大现存量为 1.8×10^5 个细胞/mL，单独氮营养组、单独磷营养组的平均最大现存量分别为 3.45×10^5 个细胞/mL 和 5.6×10^5 个细胞/mL，分别是湖水对照组的 1.92 倍和 3.11 倍；混合营养组的平均最大现存量为 1.51×10^6 个细胞/mL，是湖水对照组的 8.39 倍。湖水对照组的平均最大比增长率为 0.29/d，单独氮营养组、单独磷营养组的平均最大比增长率分别为 0.35/d 和 0.34/d，氮、磷营养组间区别不大，较湖水对照组略有提高，混合营养组的平均最大比增长率为 0.62/d，是湖水对照组的 2.14 倍。

　　HJ2 点位湖水对照组的平均最大现存量为 1.8×10^5 个细胞/mL，单独氮营养组、单独磷营养组的平均最大现存量分别为 4.5×10^5 个细胞/mL 和 6.4×10^5 个细胞/mL，分别是湖水对照组的 2.50 倍和 3.56 倍；混合营养组的平均最大现存量为 1.4×10^6 个细胞/mL，是湖水对照组的 7.78 倍。湖水对照组的平均最大比增长率为 0.22/d，单独氮营养组、单独磷营养组的平均最大比增长率分别为 0.27/d 和 0.40/d，同比湖水对照组，单独磷营养组提高较单独氮营养组明显，混合营养组的平均最大比增长率为 0.53/d，是湖水对照组的 2.40 倍。

综上所述，镜泊湖水体氮、磷营养混合输入比各营养单独输入更能促进藻类生长，且能提高藻类的增殖速率；与 HJ1 点位相比，磷盐输入对 HJ2 点位藻类增殖速率的提高效果更为显著。

6.2.2 兴凯湖水体的藻类生长潜力

兴凯湖 2 个点位(HX1、HX2)水体的 AGP 试验中，藻类生长曲线如图 6-6 所示。2 个点位中添加高氮、磷浓度的混合营养组铜绿微囊藻生长要明显好于低氮、磷混合营养组，亦好于其他各组，表明氮、磷营养混合添加对兴凯湖水体藻类生长

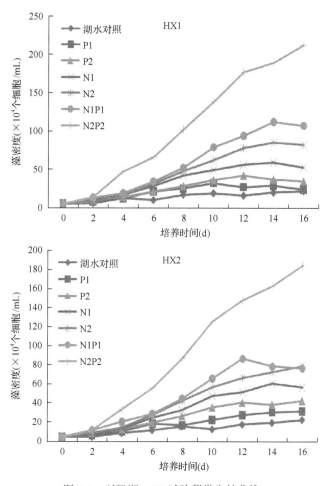

图 6-6 兴凯湖 AGP 试验藻类生长曲线

具有正交互作用。单独添加氮营养组的藻类生长优于单独添加磷营养组及湖水对照组，证实氮营养是兴凯湖水体富营养化的主导因子。在第 12 天以后，单独添加氮磷营养组的藻类进入平稳生长或衰亡期，HX2 点位的高氮营养组藻类生长好于低氮、磷混合营养组，说明此时两组中氮已成为限制藻类生长的影响因子，兴凯湖水体氮的增加比磷对铜绿微囊藻的生长有更明显的促进作用。HX1 点位的藻类生长情况好于 HX2 点位。

通过记录藻密度，计算得出 HX1 和 HX2 点位铜绿微囊藻在不同营养组下的平均最大现存量和平均最大比增长率，结果如图 6-7 所示。

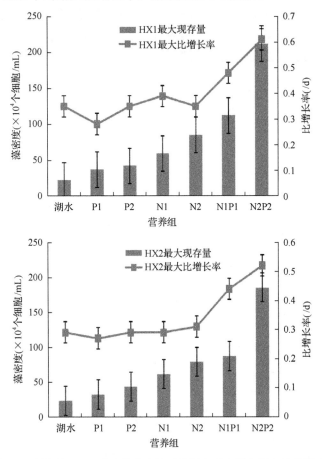

图 6-7　兴凯湖 AGP 试验藻类生长平均最大现存量和最大比增长率

横轴中的湖水即湖水对照组试验

HX1 点位湖水对照组的平均最大现存量为 2.2×10^5 个细胞/mL，单独氮营养组、单独磷营养组的平均最大现存量分别为 7.2×10^5 个细胞/mL 和 3.95×10^5 个细胞/mL，分别是湖水对照组的 3.27 倍和 1.80 倍；混合营养组的平均最大现存量为

1.62×10^6 个细胞/mL，是湖水对照组的 7.36 倍。湖水对照组的平均最大比增长率为 0.35/d，单独氮营养组、单独磷营养组的平均最大比增长率分别为 0.37/d 和 0.32/d，湖水对照组和单独氮、磷营养组间差别不大，混合营养组的平均最大比增长率为 0.55/d，是湖水对照组的 1.57 倍。

HX2 点位湖水对照组的平均最大现存量为 2.3×10^5 个细胞/mL，单独氮营养组、单独磷营养组的平均最大现存量分别为 7.0×10^5 个细胞/mL 和 3.75×10^5 个细胞/mL，分别是湖水对照组的 3.04 倍和 1.63 倍；混合营养组的平均最大现存量为 1.36×10^6 个细胞/mL，是湖水对照组的 5.91 倍。湖水对照组的平均最大比增长率为 0.29/d，单独氮营养组、单独磷营养组的平均最大比增长率分别为 0.30/d 和 0.28/d，同比湖水对照组，湖水对照组和单独氮、磷营养组间差别不大，混合营养组的平均最大比增长率为 0.48/d，是湖水对照组的 1.66 倍。

综上所述，氮盐的输入比磷盐的输入对兴凯湖 2 个点位湖水的藻类生长有更好的促进作用，但对藻类的增殖速率没有影响。

6.2.3 五大连池水体的藻类生长潜力

五大连池 2 个点位(HW1、HW2)水体的 AGP 试验中，藻类生长曲线如图 6-8 所示。2 个点位中添加氮、磷混合营养组的铜绿微囊藻生长要好于其他组。单独添加氮、磷营养组的藻类生长较湖水对照组好，高磷营养组的藻类生长较低磷和 2 个氮营养组略好。HW1 点位的藻类生长情况好于 HW2 点位。除氮、磷混合营养组外，其他各组在培养的第 10 天以后，铜绿微囊藻进入平稳生长或衰亡状态。以上结果表明，五大连池水体磷和氮的增加对铜绿微囊藻的生长有促进作用，磷盐的作用略高于氮盐。

通过记录藻密度，计算得出 HW1 和 HW2 点位铜绿微囊藻在不同营养组下的平均最大现存量和平均最大比增长率，结果如图 6-9 所示。

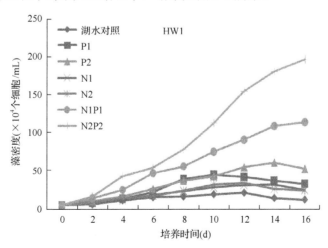

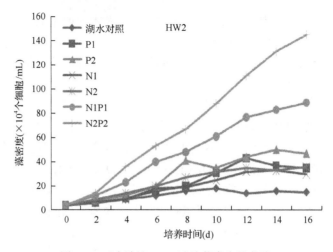

图 6-8　五大连池 AGP 试验藻类生长曲线

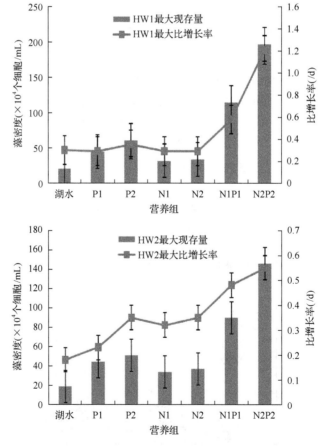

图 6-9　五大连池 AGP 试验藻类生长平均最大现存量和最大比增长率

横轴中的湖水即湖水对照组试验

HW1 点位湖水对照组的平均最大现存量为 2.1×10^5 个细胞/mL，单独氮营养组、单独磷营养组的平均最大现存量分别为 3.3×10^5 个细胞/mL 和 5.3×10^5 个细胞/mL，分别是湖水对照组的 1.57 倍和 2.52 倍；混合营养组的平均最大现存量为 1.56×10^6 个细胞/mL，是湖水对照组的 7.43 倍。湖水对照组的平均最大比增长率为 0.30/d，单独氮营养组、单独磷营养组的平均最大比增长率分别为 0.29/d 和 0.32/d，湖水对照组和单独氮、磷营养组间差别不大，混合营养组的平均最大比增长率为 0.89/d，是湖水对照组的 2.97 倍。

HW2 点位湖水对照组的平均最大现存量为 1.9×10^5 个细胞/mL，单独氮营养组、单独磷营养组的平均最大现存量分别为 3.55×10^5 个细胞/mL 和 4.75×10^5 个细胞/mL，分别是湖水对照组的 1.87 倍和 2.50 倍；混合营养组的平均最大现存量为 1.18×10^6 个细胞/mL，是湖水对照组的 6.21 倍。湖水对照组的平均最大比增长率为 0.18/d，单独氮营养组、单独磷营养组的平均最大比增长率分别为 0.34/d 和 0.29/d，同比湖水对照组，单独添加氮、磷营养组的藻类最大比增长率有所提高，混合营养组的平均最大比增长率为 0.52/d，是湖水对照组的 2.89 倍。

综上所述，磷盐的输入比氮盐的输入对五大连池 2 个点位湖水的藻类生长有更好的促进作用；HW1 点位对藻类的增殖速率没有影响，HW2 点位对藻类的增殖速率有所促进，且氮盐的促进作用较磷盐明显；氮、磷营养盐的混合输入对铜绿微囊藻增殖速率的影响很大。

6.2.4　松花湖水体的藻类生长潜力

松花湖 2 个点位(JS1、JS2)水体的 AGP 试验中，藻类生长曲线如图 6-10 所示。2 个点位中添加氮、磷混合营养组的铜绿微囊藻生长要好于其他组。单独添加磷营养组的藻类生长较单独添加氮营养组和湖水对照组好。JS1 点位与 JS2 点位氮、磷营养组的藻类生长情况差异不大，但 JS2 点位的藻类生长期较 JS1 点位持久。除氮、磷混合营养组外，其他组在培养的第 10～12 天以后，铜绿微囊藻进

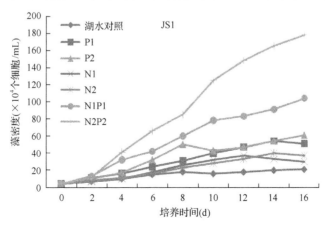

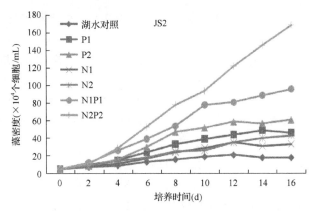

图 6-10 松花湖 AGP 试验藻类生长曲线

入平稳生长或衰亡状态。以上结果说明，松花湖水体磷和氮的增加对铜绿微囊藻的生长有促进作用，磷盐的作用略高于氮盐。

通过记录藻密度，计算得出 JS1 和 JS2 点位铜绿微囊藻在不同营养组下的平均最大现存量和平均最大比增长率，结果如图 6-11 所示。

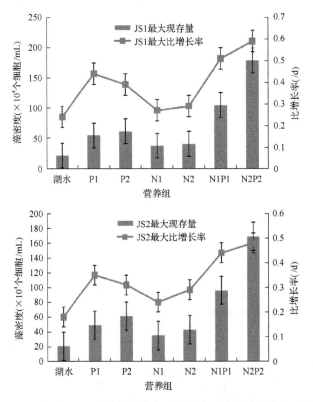

图 6-11 松花湖 AGP 试验藻类生长平均最大现存量和最大比增长率
横轴中的湖水即湖水对照组试验

JS1 点位湖水对照组的平均最大现存量为 2.2×10^5 个细胞/mL,单独氮营养组、单独磷营养组的平均最大现存量分别为 3.95×10^5 个细胞/mL 和 5.85×10^5 个细胞/mL,分别是湖水对照组的 1.80 倍和 2.66 倍;混合营养组的平均最大现存量为 1.42×10^6 个细胞/mL,是湖水对照组的 6.45 倍。湖水对照组的平均最大比增长率为 0.24/d,单独氮营养组、单独磷营养组的平均最大比增长率分别为 0.28/d 和 0.42/d,单独氮、磷营养组较湖水对照组有所提高,磷营养组提高较多,是湖水对照组的 1.75 倍,混合营养组的平均最大比增长率为 0.55/d,是湖水对照组的 2.29 倍。

JS2 点位湖水对照组的平均最大现存量为 2.1×10^5 个细胞/mL,单独氮营养组、单独磷营养组的平均最大现存量分别为 3.9×10^5 个细胞/mL 和 5.5×10^5 个细胞/mL,分别是湖水对照组的 1.86 倍和 2.62 倍;混合营养组的平均最大现存量为 1.33×10^6 个细胞/mL,是湖水对照组的 6.33 倍。湖水对照组的平均最大比增长率为 0.18/d,单独氮营养组、单独磷营养组的平均最大比增长率分别为 0.27/d 和 0.33/d,同比湖水对照组,单独氮、磷营养组的藻类最大比增长率有所提高,磷营养组是湖水对照组的 1.83 倍,混合营养组的平均最大比增长率为 0.46/d,是湖水对照组的 2.56 倍。

综上所述,磷盐的输入比氮盐的输入对松花湖 2 个点位湖水的藻类生长有更好的促进作用,同时也提高了藻类的增殖速率,其中磷营养盐的作用强于氮营养盐;氮、磷营养盐的混合输入对铜绿微囊藻增殖速率的影响很大。

6.2.5　大伙房水库水体的藻类生长潜力

大伙房水库 2 个点位(LD1、LD2)水体的 AGP 试验中,藻类生长曲线如图 6-12 所示。2 个点位中添加氮、磷混合营养组的铜绿微囊藻生长要好于其他组,单独添加磷营养组的藻类生长较单独添加氮营养组和湖水对照组好,氮、磷营养组间藻类生长差异不明显。除氮、磷混合营养组外,其他组在培养的第 12～14 天以后,铜绿微囊藻进入平稳生长或衰亡状态。以上结果说明,大伙房水库水体磷和氮的增加对铜绿微囊藻的生长有促进作用,单独添加氮或磷营养盐对铜绿微囊藻生长的促进作用差异不明显。

通过记录藻密度,计算得出 LD1 和 LD2 点位铜绿微囊藻在不同营养组下的平均最大现存量和平均最大比增长率,结果如图 6-13 所示。

LD1 点位湖水对照组的平均最大现存量为 2.1×10^5 个细胞/mL,单独氮营养组、单独磷营养组的平均最大现存量分别为 4.45×10^5 个细胞/mL 和 5.35×10^5 个细胞/mL,分别是湖水对照组的 2.12 倍和 2.55 倍;混合营养组的平均最大现存量为 1.38×10^6 个细胞/mL,是湖水对照组的 6.57 倍。湖水对照组的平均最大比增长率为 0.24/d,单独氮营养组、单独磷营养组的平均最大比增长率分别为 0.25/d 和 0.43/d,单独氮营养组和湖水对照组差异不明显,磷营养组提高较多,是湖水对照组的 1.79 倍，混合营养组的平均最大比增长率为 0.50/d，是湖水对照组的 2.08 倍。

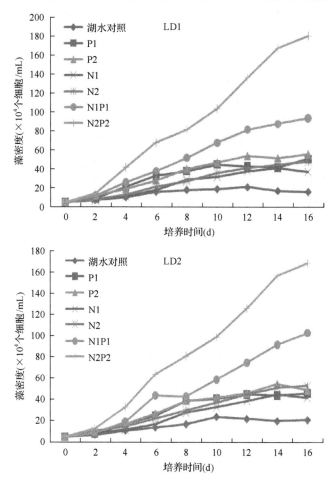

图 6-12 大伙房水库 AGP 试验藻类生长曲线

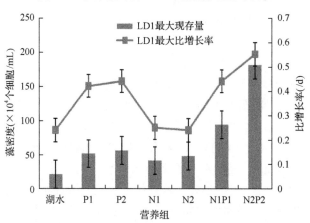

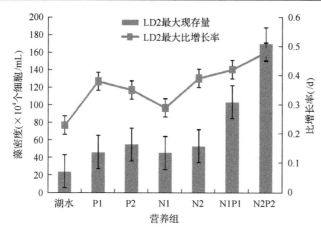

图 6-13　大伙房水库 AGP 试验藻类生长平均最大现存量和最大比增长率

横轴中的湖水即湖水对照组试验

　　LD2 点位湖水对照组的平均最大现存量为 2.3×10^5 个细胞/mL，单独氮营养组、单独磷营养组的平均最大现存量分别为 4.9×10^5 个细胞/mL 和 5.05×10^5 个细胞/mL，分别是湖水对照组的 2.13 倍和 2.20 倍；混合营养组的平均最大现存量为 1.36×10^6 个细胞/mL，是湖水对照组的 5.91 倍。湖水对照组的平均最大比增长率为 0.23/d，单独氮营养组、单独磷营养组的平均最大比增长率分别为 0.34/d 和 0.37/d，同比湖水对照组，单独添加氮、磷营养组的藻类最大比增长率有所提高，分别是对照组的 1.48 倍和 1.61 倍，混合营养组的平均最大比增长率为 0.45/d，是湖水对照组的 1.96 倍。

　　综上所述，磷盐的输入比氮盐的输入对大伙房水库 2 个点位湖水的藻类生长有更好的促进作用，同时磷营养盐的输入提高了藻类的增殖速率，氮营养盐的输入对藻类增殖速率的影响不明显，只有LD2点位单独添加高氮营养组的影响较大；氮、磷营养盐的混合输入对铜绿微囊藻增殖速率的影响很大。

6.3　不同湖库水体藻类生长控制因子的研究

　　结合 5 个湖库 10 个点位湖水的 AGP 试验结果，对各添加营养组及对照组平均最大现存量、平均最大比增长率、氮浓度和磷浓度进行相关性分析，软件选用SPSS 19.0，结果见表 6-3。

　　由表 6-3 可以看出，不同湖库平均最大现存量与磷浓度在 $\alpha = 0.01$ 时存在显著正相关，平均最大比增长率与磷浓度在 $\alpha = 0.01$ 时存在显著正相关。这表明，此时期影响东北典型湖库水体铜绿微囊藻平均最大现存量和平均最大比增长率的因子主要是磷浓度。

表 6-3　AGP 试验相关性分析

参数	$\bar{X}_{max}$	$\bar{\mu}_{max}$	N	P
$\bar{X}_{max}$	1			
$\bar{\mu}_{max}$	0.820**	1		
N	0.200	0.151	1	
P	0.438**	0.350**	−0.502**	1

**表示显著性水平 $\alpha < 0.01$（双尾检验）；$n = 70$

本研究中 AGP 试验铜绿微囊藻的生长参数选用平均最大现存量。由表 6-4 可知，在显著水平 $\alpha = 0.05$ 下，5 个湖库 10 个点位添加营养组、湖水对照组间平均最大现存量的方差差异显著（$F > F_\alpha$，$P < \alpha$），说明所有点位添加营养组与湖水对照组间铜绿微囊藻的增长差异显著，可以应用多重比较的方法对 AGP 试验结果进行分析。

表 6-4　AGP 试验最大现存量方差分析

点位	F_α（临界 F 值）	P 值	F
HJ1	3.87	0.000	94.058
HJ2	3.87	0.000	152.062
HX1	3.87	0.000	131.608
HX2	3.87	0.000	146.736
HW1	3.87	0.000	137.717
HW2	3.87	0.000	91.007
JS1	3.87	0.000	132.802
JS2	3.87	0.000	210.239
LD1	3.87	0.000	85.897
LD2	3.87	0.000	96.282

6.3.1　镜泊湖水体 AGP 试验最大现存量的多重比较

镜泊湖 HJ1 点位水体 AGP 试验最大现存量的多重比较结果如表 6-5 所示，湖水组（表中为湖水）的平均最大现存量显著低于单独添加磷营养组和氮、磷混合营养组，而与单独添加氮营养组无显著差异，又有高磷营养组的平均最大现存量显著高于单独添加氮营养组，低磷营养组的平均最大现存量与单独添加氮营养组无显著差异。因此磷是限制 HJ1 点位铜绿微囊藻生长的主要营养因子，氮不是主要的控制因子。

表 6-5　HJ1 点位 AGP 试验最大现存量的多重比较

	湖水	P1	P2	N1	N2	N1P1
湖水						
P1	33*					
P2	43*	10				
N1	14	19	29*			
N2	19	14	24*	5		
N1P1	116*	83*	73*	102*	97*	
N2P2	195*	162*	152*	181*	176*	79*

*表示显著性水平 $\alpha < 0.05$

镜泊湖 HJ2 点位水体 AGP 试验最大现存量的多重比较结果如表 6-6 所示，湖水组的平均最大现存量显著低于混合营养组，单独添加磷营养组的平均最大现存量显著高于单独添加氮营养组，低磷营养组的平均最大现存量与高氮营养组无显著差异。因此氮和磷均是限制 HJ2 点位铜绿微囊藻生长的主要营养因子，而磷是更为主要的控制因子。

表 6-6　HJ2 点位 AGP 试验最大现存量的多重比较

	湖水	P1	P2	N1	N2	N1P1
湖水						
P1	38*					
P2	54*	16*				
N1	16*	22*	38*			
N2	38*	0	16*	22*		
N1P1	70*	32*	16*	54*	32*	
N2P2	174*	136*	120*	158*	136*	104*

*表示显著性水平 $\alpha < 0.05$

6.3.2　兴凯湖水体 AGP 试验最大现存量的多重比较

兴凯湖 HX1 点位水体 AGP 试验最大现存量的多重比较结果如表 6-7 所示，湖水组的平均最大现存量与低磷营养组无显著差异，而显著低于其他营养组，单独添加氮营养组的平均最大现存量显著高于单独添加磷营养组，低氮营养组的平均最大现存量与高磷营养组无显著差异。因此氮和磷均是限制 HX1 点位铜绿微囊藻生长的主要营养因子，而氮是更为主要的控制因子。

表6-7　HX1点位AGP试验最大现存量的多重比较

	湖水	P1	P2	N1	N2	N1P1
湖水						
P1	12					
P2	22*	10				
N1	36*	24*	14			
N2	65*	53*	43*	29*		
N1P1	92*	80*	70*	56*	27*	
N2P2	192*	180*	170*	156*	127*	100*

*表示显著性水平 $\alpha < 0.05$

兴凯湖 HX2 点位水体 AGP 试验最大现存量的多重比较结果如表 6-8 所示，湖水组的平均最大现存量与低磷营养组无显著差异，而显著低于其他营养组，单独添加氮营养组的平均最大现存量显著高于单独添加磷营养组。因此氮和磷均是限制 HX2 点位铜绿微囊藻生长的主要营养因子，而氮是更为主要的控制因子。

表6-8　HX2点位AGP试验最大现存量的多重比较

	湖水	P1	P2	N1	N2	N1P1
湖水						
P1	9					
P2	20*	11				
N1	38*	29*	18*			
N2	56*	47*	36*	18*		
N1P1	64*	55*	44*	26*	8	
N2P2	156*	147*	136*	118*	100*	92*

*表示显著性水平 $\alpha < 0.05$

6.3.3　五大连池水体 AGP 试验最大现存量的多重比较

五大连池 HW1 点位水体 AGP 试验最大现存量的多重比较结果如表6-9所示，湖水组的平均最大现存量显著低于单独添加磷营养组和氮、磷混合营养组，而与单独添加氮营养组无显著差异，又有高磷营养组的平均最大现存量显著高于单独添加氮营养组，低磷营养组的平均最大现存量与单独添加氮营养组无显著差异。因此磷是限制 HW1 点位铜绿微囊藻生长的主要营养因子，氮不是主要的控制因子。

表 6-9　HW1 点位 AGP 试验最大现存量的多重比较

	湖水	P1	P2	N1	N2	N1P1
湖水						
P1	24*					
P2	40*	16				
N1	11	13	29*			
N2	13	11	27*	2		
N1P1	93*	69*	53*	82*	80*	
N2P2	176*	152*	136*	165*	163*	83*

*表示显著性水平 $\alpha < 0.05$

　　五大连池 HW2 点位水体 AGP 试验最大现存量的多重比较结果如表 6-10 所示，湖水组的平均最大现存量显著低于混合营养组，又有高磷营养组的平均最大现存量显著高于单独添加氮营养组，低磷营养组的平均最大现存量与单独添加氮营养组无显著差异。因此氮、磷均是限制 HW2 点位铜绿微囊藻生长的主要营养因子，但磷是更为主要的控制因子。

表 6-10　HW2 点位 AGP 试验最大现存量的多重比较

	湖水	P1	P2	N1	N2	N1P1
湖水						
P1	25*					
P2	32*	7				
N1	15*	10	17*			
N2	18*	7	14*	3		
N1P1	71*	46*	39*	56*	53*	
N2P2	127*	102*	95*	112*	109*	56*

*表示显著性水平 $\alpha < 0.05$

6.3.4　松花湖水体 AGP 试验最大现存量的多重比较

　　松花湖 JS1 和 JS2 点位水体 AGP 试验最大现存量的多重比较结果分别如表 6-11 和表 6-12 所示，2 个点位结果相似，湖水组的平均最大现存量显著低于混合营养组，又有高磷营养组的平均最大现存量显著高于单独添加氮营养组，低磷营养组的平均最大现存量显著高于低氮营养组。因此氮、磷均是限制 JS1、JS2 点位铜绿微囊藻生长的主要营养因子，但磷是更为主要的控制因子。

表 6-11　JS1 点位 AGP 试验最大现存量的多重比较

	湖水	P1	P2	N1	N2	N1P1
湖水						
P1	34*					
P2	41*	7				
N1	17*	17*	24*			
N2	20*	14	21*	3		
N1P1	84*	50*	43*	67*	64*	
N2P2	158*	124*	117*	141*	138*	74*

*表示显著性水平 $\alpha < 0.05$

表 6-12　JS2 点位 AGP 试验最大现存量的多重比较

	湖水	P1	P2	N1	N2	N1P1
湖水						
P1	28*					
P2	40*	12*				
N1	14*	14*	26*			
N2	22*	6	18*	8		
N1P1	75*	47*	35*	61*	53*	
N2P2	148*	120*	108*	134*	126*	73*

*表示显著性水平 $\alpha < 0.05$

6.3.5　大伙房水库水体 AGP 试验最大现存量的多重比较

大伙房水库 LD1 和 LD2 点位水体 AGP 试验最大现存量的多重比较结果分别如表 6-13 和表 6-14 所示，2 个点位结果相似，湖水组的平均最大现存量显著低于混合营养组，而单独添加磷营养组的平均最大现存量与单独添加氮营养组无显著差异。因此氮、磷均是限制 LD1、LD2 点位铜绿微囊藻生长的主要营养因子，但单独添加氮或磷营养盐对藻类生长的促进作用差异不显著。

表 6-13　LD1 点位 AGP 试验最大现存量的多重比较

	湖水	P1	P2	N1	N2	N1P1
湖水						
P1	30*					
P2	35*	5				
N1	20*	10	15			
N2	27*	3	8	7		
N1P1	73*	43*	38*	53*	46*	
N2P2	160*	130*	125*	140*	133*	87*

*表示显著性水平 $\alpha < 0.05$

表 6-14　LD2 点位 AGP 试验最大现存量的多重比较

	湖水	P1	P2	N1	N2	N1P1
湖水						
P1	32*					
P2	31*	9				
N1	21*	1	10			
N2	29*	7	2	8		
N1P1	79*	57*	48*	58*	50*	
N2P2	145*	123*	114*	124*	116*	66*

*表示显著性水平 $\alpha < 0.05$

6.4　不同湖库水体营养盐输入与藻类生长的响应关系

根据对 5 个湖库 10 个点位水体中溶解性总氮(TDN)和溶解性总磷(TDP)的测定,通过添加氮盐($NaNO_3$)和磷盐(K_2HPO_4),使藻种接种前湖水的 TDN 和 TDP 浓度分别为 3.00mg/L 和 0.20mg/L,使 5 个湖库水体中氮、磷营养盐的含量处于同一水平,通过对铜绿微囊藻的培养,计数培养过程中的藻密度,并计算藻类生长的比增长率,还要测定藻液中的 TDN 含量、硝态氮($NO_3^- - N$)含量、TDP含量、正磷酸盐含量、叶绿素 a 含量等指标的变化,结合藻类生长过程中藻细胞内溶解性有机物(IDOM)荧光特性的变化,以期研究不同湖库水体营养盐输入与藻类生长的响应关系。

6.4.1　营养盐输入对藻密度的影响

5 个湖库中同一湖库不同点位的藻密度变化曲线如图 6-14 所示。由图 6-14 可知,5 个湖库藻密度变化趋势整体相近,同一湖库不同点位差异不明显。5 个湖库中藻密度最大值为镜泊湖水库(HJ1 为 2.99×10^6 个细胞/mL、HJ2 为 3.34×10^6 个细胞/mL),最小值为大伙房水库(LD1 为 2.13×10^6 个细胞/mL、LD2 为 2.31×10^6 个细胞/mL)。培养前镜泊湖水样中 $NO_3^- - N$ 含量最高,有利于藻类的生长,使藻类的藻密度高于其他各湖库。兴凯湖藻密度(HX1 为 3.01×10^6 个细胞/mL、HX2 为 2.73×10^6 个细胞/mL)和五大连池藻密度(HW1 为 2.82×10^6 个细胞/mL、HW2 为 2.91×10^6 个细胞/mL)略高于松花湖的藻密度,培养前兴凯湖水样中 $NO_3^- - N$ 含量最低,通过氮源输入得以提高,同时培养前水样中 TDP 含量明显高于其他各湖库,有利于藻类的生长。

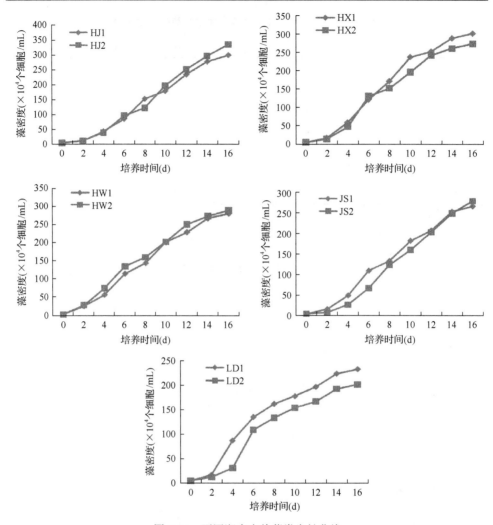

图 6-14　不同湖库水体藻类生长曲线

　　图 6-15 为不同湖库藻种培养过程中第 2 天、第 8 天和第 16 天的藻密度变化情况。由图 6-15 可知，藻类总体呈现上升趋势，不同湖库间存在一定差异。在第 2 天，五大连池的藻密度最大，均值为 2.95×10^5 个细胞/mL，明显高于其他各湖库；在培养中期第 8 天，兴凯湖的藻密度快速升高，均值达到 1.62×10^6 个细胞/mL，高于其他湖库；在第 16 天，镜泊湖的藻密度最大，均值为 3.17×10^6 个细胞/mL，而大伙房水库的藻密度最低，均值为 2.22×10^6 个细胞/mL。在 5 个湖库中，通过营养盐的输入，各湖库表现出的藻类生长潜力不同，其中五大连池水体适合藻类的快速分裂增殖，镜泊湖水体表现出的藻类生长潜力最大，大伙房水库水体表现出的藻类生长潜力最低，兴凯湖、五大连池和松花湖居中。

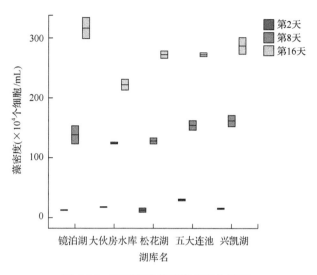

图 6-15　不同湖库藻密度的变化情况

6.4.2　营养盐输入对藻类比增长率的影响

图 6-16 为 5 个湖库中同一湖库不同点位铜绿微囊藻生长的比增长率变化曲线。由图 6-16 可知，五大连池和松花湖 JS1 点位呈明显的下降趋势，最大比增长率均出现在第 2 天；其他各湖库及点位呈先上升后下降趋势，最大比增长率除 LD2 点位出现在第 6 天外，其余均出现在第 4 天。最大比增长率最大值为五大连池（HW1 为 0.86/d、HW2 为 0.91/d），五大连池水样 pH 为 7.6~8.25，且 NH_4^+-N 含量较高（HW1 为 0.97mg/L、HW2 为 1.37mg/L），明显高于其他各湖，有利于藻类在培养初期快速分裂，藻密度快速增长。除五大连池外，其他各湖库的最大比增长率差异不大，范围在 0.55~0.65/d。

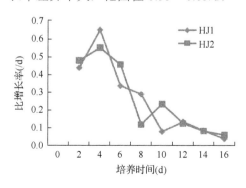

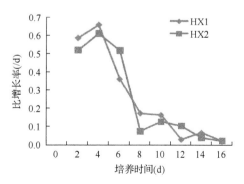

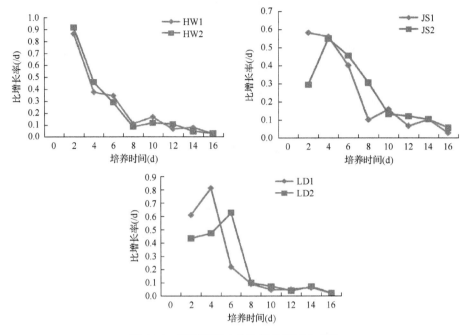

图 6-16 不同湖库水体比增长率变化曲线

  图 6-17 为不同湖库藻种培养过程中不同时期比增长率的变化情况。由图 6-17 可知，只有五大连池与其他各湖库有明显差异，第 2 天的比增长率均值为 0.89/d，明显高于其他湖库，之后比增长率又快速下降，在第 8~10 天均值为 0.12/d，低于其他湖库。初期比增长率是五大连池＞兴凯湖＞松花湖＞镜泊湖＞大伙房水库。这说明 5 个湖库在水体有外源氮、磷营养盐输入后，五大连池比其他湖库更易使藻类快速增殖，从而可能出现水华。

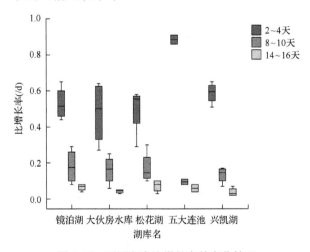

图 6-17 不同湖库比增长率的变化情况

6.4.3　营养盐输入对藻液中 TDN 含量的影响

图 6-18 为 5 个湖库中同一湖库不同点位藻类培养过程中藻液中 TDN 含量的变化曲线。由图 6-18 可知，5 个湖库都呈现明显的下降趋势，同一湖库不同点位间无明显差异。五大连池 HW1、HW2 点位的 TDN 含量减少值分别为 2.61mg/L 和 2.84mg/L，大于其他湖库减少值（2.23～2.53mg/L），原因是五大连池水样培养前 $NO_3^- - N$ 含量明显高于其他各湖库，培养过程中，藻类生长主要消耗氨态氮和 $NO_3^- - N$，藻类通过反硝化作用消耗水体中的 $NO_3^- - N$ 产生氮气并排到空气中，其他湖库培养前后 TDN 减少值相近。这说明氮作为藻类生长所需的主要营养盐，在藻类的整个生长过程中 TDN 含量下降明显。

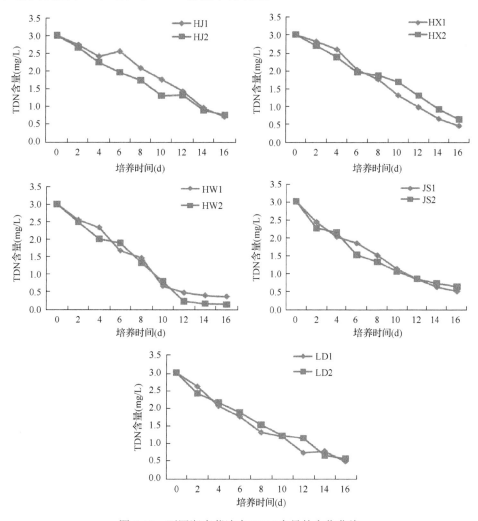

图 6-18　不同湖库藻液中 TDN 含量的变化曲线

　　图 6-19 为不同湖库藻种培养过程中不同时期藻液中 TDN 含量的变化情况。由图 6-19 可知，5 个湖库的 TDN 含量均呈下降趋势，其中第 2 天松花湖下降最为明显，到第 8 天时，五大连池和大伙房水库均与松花湖下降到相近水平，而第 16 天五大连池 TDN 含量最低，消耗最大。虽然各湖库在藻种培养前 TDN 含量相同，但是其中的氮源形态及含量各不相同，说明在藻类培养过程中，松花湖的氮源最容易被吸收，五大连池的氮源被消耗最多，镜泊湖消耗最少。

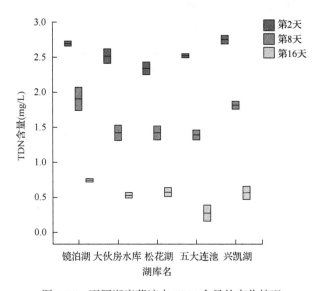

图 6-19　不同湖库藻液中 TDN 含量的变化情况

6.4.4　营养盐输入对藻液中 NO_3^--N 含量的影响

　　5 个湖库中同一湖库不同点位藻类生长过程中藻液 NO_3^--N 含量的变化曲线如图 6-20 所示。由图 6-20 可知，5 个湖库均呈明显的下降趋势，各点位水体在培养铜绿微囊藻初始 TDN 含量相同，但是 NO_3^--N 含量各不相同，五大连池 NO_3^--N 含量最低，且不同点位差异明显；大伙房水库最高。NO_3^--N 是藻类生长可直接吸收利用的氮源，随着藻密度增加，NO_3^--N 含量逐渐降低，在对数生长期下降明显。5 个湖库各点位培养前后 NO_3^--N 减少值分别如下：HJ1 为 2.36mg/L，HJ2 为 2.26mg/L；HX1 为 2.20mg/L，HX2 为 2.07mg/L；HW1 为 1.05mg/L，HW2 为 0.89mg/L；JS1 为 2.25mg/L，JS2 为 2.21mg/L；LD1 为 1.62mg/L，LD2 为 1.80mg/L。

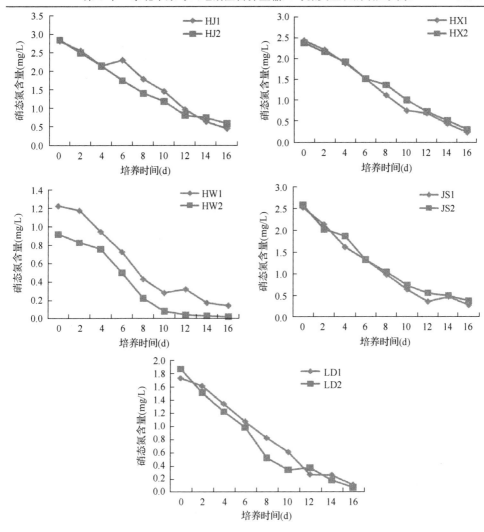

图 6-20　不同湖库藻液中 NO$_3^-$-N 含量的变化曲线

图 6-21 为不同湖库在藻种培养过程中不同时期 NO$_3^-$-N 含量的变化情况。由图 6-21 可知，各湖库水体 NO$_3^-$-N 初始含量差异很大，其中镜泊湖含量最高，均值为 2.85mg/L，五大连池最低，均值为 1.07mg/L，大伙房水库含量也较低，均值为 1.80mg/L。在培养过程中，五大连池的 NO$_3^-$-N 前期下降缓慢，松花湖下降较快，说明五大连池水体的氮源组分较多样化，含有其他便于藻类生长的氮源，且含量较高，如氨态氮等。虽然其他 4 个湖库水体的氮源组分也不是单一的，但是主要是以 NO$_3^-$-N 为主，其他形式的氮源含量较低。

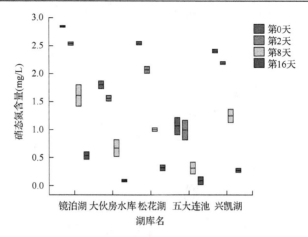

图 6-21 不同湖库藻液中 NO$_3^-$-N 含量的变化情况

6.4.5 营养盐输入对藻液中 TDP 含量的影响

图 6-22 为 5 个湖库中同一湖库不同点位藻液中 TDP 含量的变化曲线。由图 6-22 可知，随着藻密度的增大，水体中 TDP 含量呈明显的下降趋势。除松花湖 JS1 和 JS2 点位间差异不明显外，其他各湖库不同点位间均存在差异。5 个湖库的终止 TDP 含量均接近于 0，兴凯湖 2 个点位和松花湖 JS2 点位的终止 TDP 含量均为 0.01mg/L。随着水体中磷源含量的降低，磷的浓度会成为限制藻类生长的主要因素。

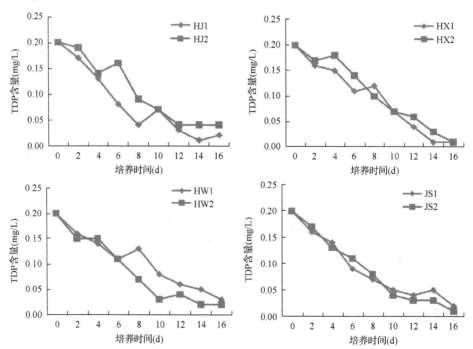

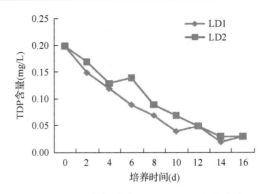

图 6-22　不同湖库藻液中 TDP 含量的变化曲线

图 6-23 为不同湖库在藻种培养过程中不同时期藻液中 TDP 含量的变化情况。由图 6-23 可知，5 个湖库的 TDP 含量变化均呈下降趋势，镜泊湖是前期下降快速，后期下降缓慢，兴凯湖正好相反，前期下降较缓慢，后期下降较快，其他 3 个湖库 TDP 下降速度均较为平缓，五大连池到第 2 天时下降最多，之后下降速度缓慢。这说明，镜泊湖的磷源便于被藻类吸收消耗，松花湖和兴凯湖消耗最多，五大连池中可被藻类直接吸收利用的磷源少于其他湖库。

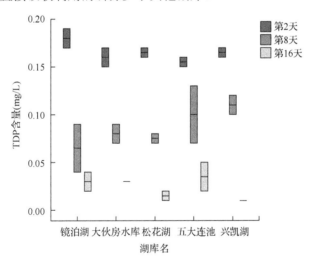

图 6-23　不同湖库藻液中 TDP 含量的变化情况

6.4.6　营养盐输入对藻液中正磷酸盐含量的影响

图 6-24 为 5 个湖库中同一湖库不同点位藻液中正磷酸盐含量的变化曲线。由图 6-24 可知，5 个湖库在藻类培养过程中，正磷酸盐的含量均呈现明显的下降趋势。五大连池 HW1 和 HW2 点位间差异明显。5 个湖库水体中培养铜绿微

囊藻前的正磷酸盐含量各不相同，其中兴凯湖最高，五大连池次之，其他三个湖库相近。培养开始后，各湖库的正磷酸盐含量在前 8 天下降较快，后期下降速度减慢，同时会有少许波动。由于水体中通过加入 K_2HPO_4 来调节 TDP 浓度，因此水体中的溶解性总磷主要由正磷酸盐构成，正磷酸盐就是藻类后期生长的主要限制因子。

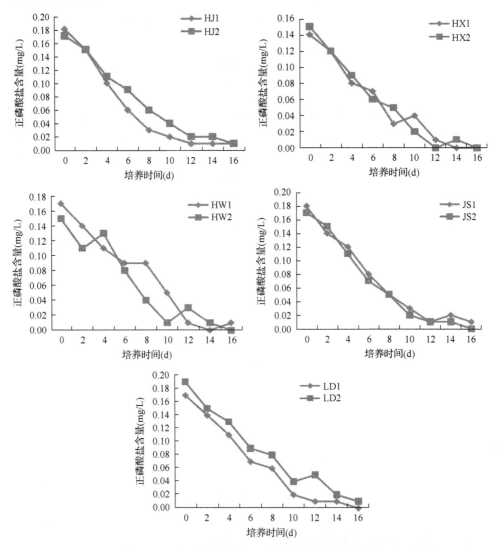

图6-24　不同湖库藻液中正磷酸盐含量的变化曲线

　　图6-25为不同湖库在藻种培养过程中不同时期藻液中正磷酸盐含量的变化情况。由图6-25可知，在藻种培养前初始正磷酸盐含量各不相同，其中大伙房水库

含量最多，均值为 0.18mg/L，略大于镜泊湖和松花湖，兴凯湖含量最少，均值为 0.15mg/L。在培养过程中，5 个湖库的正磷酸盐含量变化均呈下降趋势，在第 2～8 天，镜泊湖的正磷酸盐含量下降最多，其次是松花湖，下降最少的为五大连池，而在培养的第 16 天，各湖库的正磷酸盐含量均接近或等于 0mg/L。这说明，5 个湖库中兴凯湖水体中正磷酸盐含量少于其他湖库，含有一定量的不能直接被藻类吸收的磷源，不利于藻类后期的快速增长。镜泊湖、大伙房水库和松花湖水体中磷源的存在形式主要是正磷酸盐，其他形式含量很少，当有外源磷源输入时，有利于藻类的生长积累。

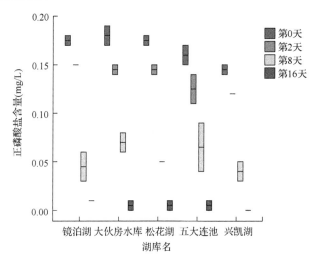

图 6-25　不同湖库藻液中正磷酸盐含量的变化情况

6.4.7　营养盐输入对藻中叶绿素 a 含量的影响

5 个湖库中同一湖库不同点位的叶绿素 a 含量变化曲线如图 6-26 所示。由图 6-26 可知，5 个湖库的叶绿素 a 含量的变化趋势均是先快速上升后缓慢下降，下降的过程中会出现上下浮动变化的情况。5 个湖库叶绿素 a 含量的最大值分别如下：HJ1 为 134.99μg/L（8d），HJ2 为 148.57μg/L（8d）；HX1 为 133.39μg/L（8d），HX2 为 122.41μg/L（6d）；HW1 为 119.01μg/L（8d），HW2 为 117.09μg/L（6d）；JS1 为 138.58μg/L（8d），JS2 为 113.57μg/L（8d）；LD1 为 127.46μg/L（6d），LD2 为 121.92μg/L（6d）。大伙房水库和五大连池 HW2 点位的叶绿素 a 含量最大值均出现在第 6 天；第 6～8 天均处在藻类的对数生长期，说明铜绿微囊藻在快速增长的过程中，会通过光合作用产生能量，随后随着藻类的生长进入平缓期和静止期，叶绿素 a 含量逐渐降低。

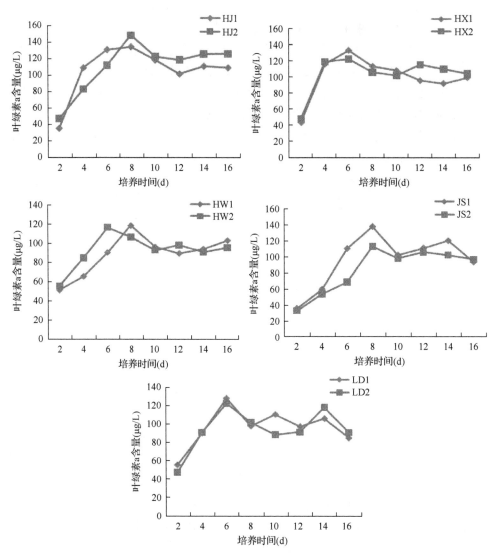

图 6-26　不同湖库叶绿素 a 含量变化曲线

　　图 6-27 为 5 个湖库在藻种培养过程中不同时期叶绿素 a 含量的变化情况。由图 6-27 可知，5 个湖库叶绿素 a 含量在第 8 天高于第 16 天，同时明显高于第 2 天，总体呈现了先快速上升后缓慢下降的趋势。叶绿素 a 含量的最大值出现在藻类快速生长的对数生长期。其中第 8 天时，镜泊湖的叶绿素 a 含量明显高于其他湖库，大伙房水库含量最低。这说明，镜泊湖水体有利于藻类较长时间地保持一个快速生长的趋势，松花湖、五大连池和兴凯湖次之，大伙房水库最低。

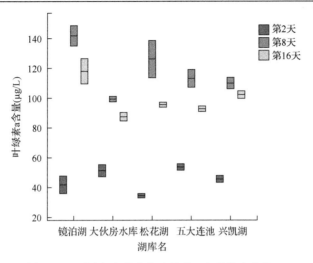

图 6-27　不同湖库藻液中叶绿素 a 含量的变化情况

6.5　营养盐输入对藻细胞内溶解性有机物荧光特性的影响

根据对 5 个湖库 10 个点位水体中溶解性总氮(TDN)和溶解性总磷(TDP)的测定，通过添加氮盐($NaNO_3$)和磷盐(K_2HPO_4)，使藻种接种前湖水的 TDN 和 TDP 浓度分别为 3.00mg/L 和 0.20mg/L，即使 5 个湖库水体中氮、磷营养盐的含量处于同一水平，通过对铜绿微囊藻的培养，测定藻类生长过程中(第 4 天、第 10 天、第 16 天)藻细胞内溶解性有机物(IDOM)荧光特性的变化，分析不同湖库营养盐输入对藻细胞内溶解性有机物(IDOM)荧光特性的影响。

为了进一步判断 5 个湖库不同点位铜绿微囊藻 IDOM 的结构差异性，根据 Chen 等[61]报道的方法,对 IDOM 三维荧光光谱图进行了荧光区域积分(FRI)分析，其中 I、II 为类酪氨酸区域，III 为类富里酸区域，IV 为类色氨酸区域，V 为类胡敏酸区域。对 5 个湖库不同点位铜绿微囊藻 IDOM 三维荧光光谱图进行 FRI 计算，得到总区域积分值($\Phi_{T,n}$)及各区域的荧光区域积分值($\Phi_{i,n}$)。

6.5.1　镜泊湖 IDOM 的荧光特性

镜泊湖 2 个点位(HJ1 和 HJ2)铜绿微囊藻在第 4 天(4d)、第 10 天(10d)、第 16 天(16d)细胞内溶解性有机物(IDOM)的三维荧光光谱如图 6-28 所示。HJ1 和 HJ2 点位在 3 个时期均出现 3 个特征峰，两个是类蛋白荧光峰 Peak S (Ex/Em=220～230nm/333～355nm)和 Peak T (Ex/Em=280nm/340～350nm)，另一个是可见光区类富里酸荧光峰 Peak C(Ex/Em=300～350nm/420～440nm)。第 4 天时，HJ1 和 HJ2

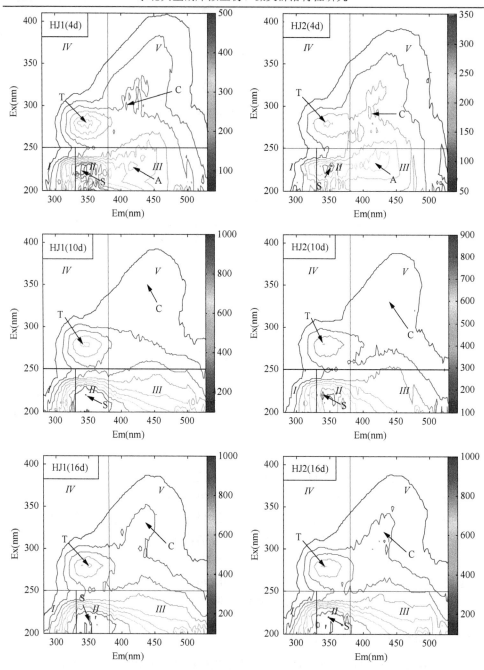

图 6-28　镜泊湖铜绿微囊藻 IDOM 的三维荧光光谱

均出现了紫外区类富里酸荧光峰 Peak A（Ex/Em=220～230nm/410～420nm）。Peak A 和 Peak C 的可能来源为死亡的藻细胞及冻融过程中藻细胞破坏而产生的有机物，响应值低说明所采用的细胞内物质提取方法对 IDOM 的破坏程度轻微，不会影响分析。比较 2 个点位 3 个时期的荧光光谱可以看出，随着培养时间的延长，同一点位的相同特征峰荧光强度增强。Peak S 的荧光强度一直高于 Peak T。

6.5.2　镜泊湖 IDOM 的三维荧光区域积分

镜泊湖铜绿微囊藻 IDOM 三维荧光光谱 FRI 分析如图 6-29 所示，HJ1 在 4～10 天时，总区域积分 $\Phi_{T,n}$ 出现突跃式的增长，在 10～16 天时，增幅较小；HJ2 的增幅较平均。I 区、II 区和 IV 区是类蛋白区，与藻类的生长有密切关系。其中，2 个点位 I+II 区的荧光响应值比例（$P_{I+II,n}$）明显大于其他 3 个区域，而且呈现先升高后缓慢下降的趋势。在第 4 天，HJ1 的 $P_{I+II,n}$（53.66%）高于 HJ2 的 $P_{I+II,n}$（47.02%），HJ2 的 $P_{IV,n}$（13.87%）略高于 HJ1 的 $P_{IV,n}$（12.95%）。2 个点位 IV 区的 $P_{IV,n}$ 均呈现逐渐下降的趋势，在 4～10 天的下降幅度大于 10～16 天。在第 10 天和第 16 天，HJ1、HJ2 的 $P_{I+II,n}$ 和 $P_{IV,n}$ 差异不明显。在第 4 天时，镜泊湖的 $\Phi_{I+II,n}$ 较高，均值为 $2.00 \times 10^6 \mathrm{AU\text{-}nm}^2[\mathrm{mg/L\ C}]^{-1}$；镜泊湖的 $\Phi_{IV,n}$ 也较高，均值为 $5.20 \times 10^6 \mathrm{AU\text{-}nm}^2[\mathrm{mg/L\ C}]^{-1}$。在第 10 天时，镜泊湖的 $\Phi_{I+II,n}$ 和 $\Phi_{IV,n}$ 有明显的升高，均值分别达到 $4.72 \times 10^6 \mathrm{AU\text{-}nm}^2[\mathrm{mg/L\ C}]^{-1}$ 和 $8.94 \times 10^6 \mathrm{AU\text{-}nm}^2[\mathrm{mg/L\ C}]^{-1}$。在第 16 天时，镜泊湖的 $\Phi_{I+II,n}$ 和 $\Phi_{IV,n}$ 保持升高，但幅度较小。

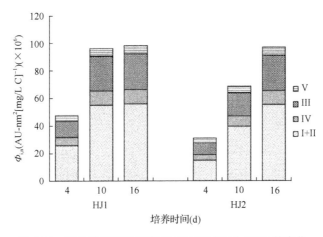

图 6-29　镜泊湖铜绿微囊藻 IDOM 区域积分（FRI）的变化

6.5.3　兴凯湖 IDOM 的荧光特性

兴凯湖 2 个点位（HX1 和 HX2）铜绿微囊藻在第 4 天、第 10 天、第 16 天细胞内溶解性有机物（IDOM）的三维荧光光谱如图 6-30 所示。HX1 和 HX2 点位在 3 个时期均出现 2 个特征峰，两个均是类蛋白荧光峰，HX1 点位为 Peak S（Ex/Em=230nm/346～356nm）和 Peak T（Ex/Em=280nm/342～347nm），HX2 点位为 Peak S（Ex/Em=230nm/350～356nm）和 Peak T（Ex/Em=280nm/341～350nm），比较 2 个点

位 3 个时期的荧光光谱可以看出，随着培养时间的延长，同一点位的相同特征峰荧光强度增强。Peak S 的荧光强度一直高于 Peak T。

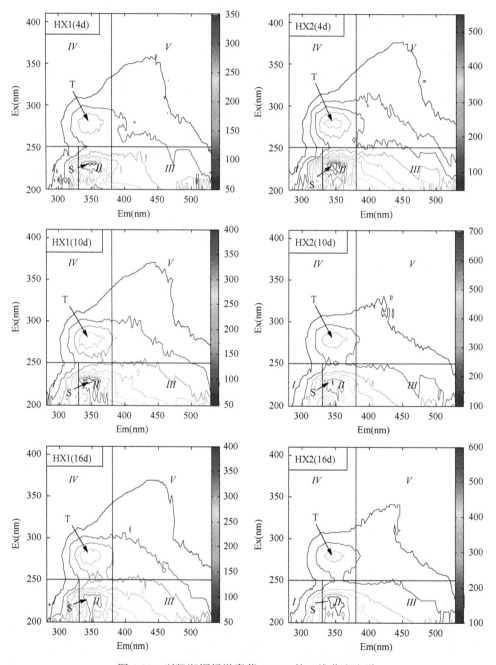

图 6-30 兴凯湖铜绿微囊藻 IDOM 的三维荧光光谱

6.5.4　兴凯湖 IDOM 的三维荧光区域积分

兴凯湖铜绿微囊藻 IDOM 三维荧光光谱 FRI 分析如图 6-31 所示,在藻类整个生长周期中,HX1 总区域积分 $\Phi_{T,n}$ 均低于 HX2。其中,HX1 的 $P_{I+II,n}$ 均低于同时期 HX2 的 $P_{I+II,n}$,HX1 的 $P_{IV,n}$ 均高于同时期 HX2 的 $P_{IV,n}$。在第 4 天时,兴凯湖的 $\Phi_{I+II,n}$ 较高,均值为 $2.16\times10^{7}\mathrm{AU\text{-}nm^{2}[mg/L\ C]^{-1}}$;兴凯湖的 $\Phi_{IV,n}$ 也较高,均值为 $4.69\times10^{6}\mathrm{AU\text{-}nm^{2}[mg/L\ C]^{-1}}$。在第 10 天时,兴凯湖的 $\Phi_{I+II,n}$ 和 $\Phi_{IV,n}$ 有一定幅度的升高。在第 16 天时,兴凯湖的 $\Phi_{I+II,n}$ 和 $\Phi_{IV,n}$ 有小幅下降。

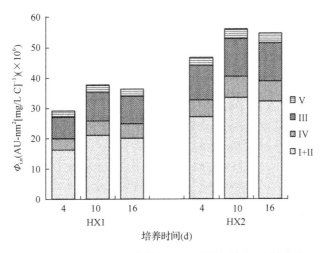

图 6-31　兴凯湖铜绿微囊藻 IDOM 区域积分(FRI)的变化

6.5.5　五大连池 IDOM 的荧光特性

五大连池 2 个点位(HW1 和 HW2)铜绿微囊藻在第 4 天、第 10 天、第 16 天细胞内溶解性有机物(IDOM)的三维荧光光谱如图 6-32 所示。HW1 和 HW2 点位在 3 个时期均出现 2 个特征峰,两个均是类蛋白荧光峰,即 Peak S(Ex/Em=220nm/351～361nm)和 Peak T(Ex/Em=280nm/343～356nm),HW2 点位在第 4 天出现了可见光区类富里酸荧光峰 Peak C(Ex/Em=310nm/394～411nm)和紫外区类富里酸荧光峰 Peak A(Ex/Em=230nm/414～418nm),随着培养时间的延长,Peak C 和 Peak A 的荧光峰强度渐渐变弱,直至消失。比较 2 个点位 3 个时期的荧光光谱可以看出,随着培养时间的延长,同一点位的相同特征峰荧光强度增强。Peak S 的荧光强度一直高于 Peak T。

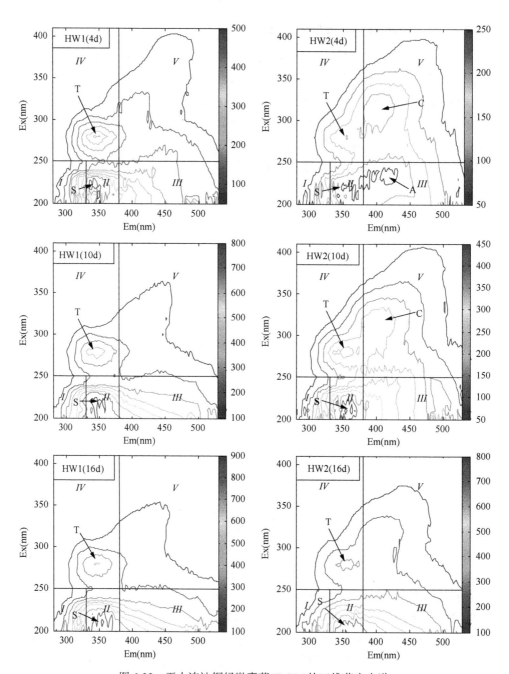

图 6-32 五大连池铜绿微囊藻 IDOM 的三维荧光光谱

6.5.6　五大连池 IDOM 的三维荧光区域积分

五大连池铜绿微囊藻 IDOM 三维荧光光谱 FRI 分析如图 6-33 所示,HW1、HW2 的总区域积分 $\Phi_{T,n}$ 变化趋势分别类似于 HJ1 和 HJ2。HW1 的 $P_{I+II,n}$ 均明显高于同时期 HW2 的 $P_{I+II,n}$,且均呈现上升趋势,HW1 的 $P_{IV,n}$ 均低于同时期 HW2 的 $P_{IV,n}$,且均呈现下降趋势。在第 4 天时,五大连池的 $\Phi_{I+II,n}$ 较高,均值为 $1.89 \times 10^7 \text{AU-nm}^2[\text{mg/L C}]^{-1}$;五大连池的 $\Phi_{IV,n}$ 也较高,均值为 $5.29 \times 10^6 \text{AU-nm}^2[\text{mg/L C}]^{-1}$。在第 10 天时,五大连池的 $\Phi_{I+II,n}$ 也有较明显的升高,均值为 $3.28 \times 10^7 \text{AU-nm}^2[\text{mg/L C}]^{-1}$。在第 16 天时,五大连池的 $\Phi_{I+II,n}$ 和 $\Phi_{IV,n}$ 均保持升高,但幅度较小。

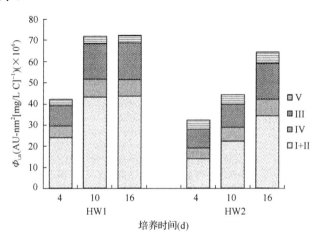

图 6-33　五大连池铜绿微囊藻 IDOM 区域积分(FRI)的变化

6.5.7　松花湖 IDOM 的荧光特性

松花湖 2 个点位(JS1 和 JS2)铜绿微囊藻在第 4 天、第 10 天、第 16 天细胞内溶解性有机物(IDOM)的三维荧光光谱如图 6-34 所示。JS1 和 JS2 点位在 3 个时期均出现 2 个特征峰,两个均是类蛋白荧光峰,即 Peak S(Ex/Em=230nm/344～366nm)和 Peak T(Ex/Em=280nm/333～354nm);JS1 和 JS2 点位在第 4 天出现了紫外区类富里酸荧光峰 Peak A(Ex/Em=230～250nm/406～426nm),JS1 点位出现了可见光区类富里酸荧光峰 Peak C(Ex/Em=280～290nm/389～410nm),随着培养时间的延长,Peak C 和 Peak A 的荧光峰强度渐渐变弱,直至消失。比较 2 个点位 3 个时期的荧光光谱可以看出,随着培养时间的延长,同一点位的相同特征峰荧光强度增强。Peak S 的荧光强度一直高于 Peak T。

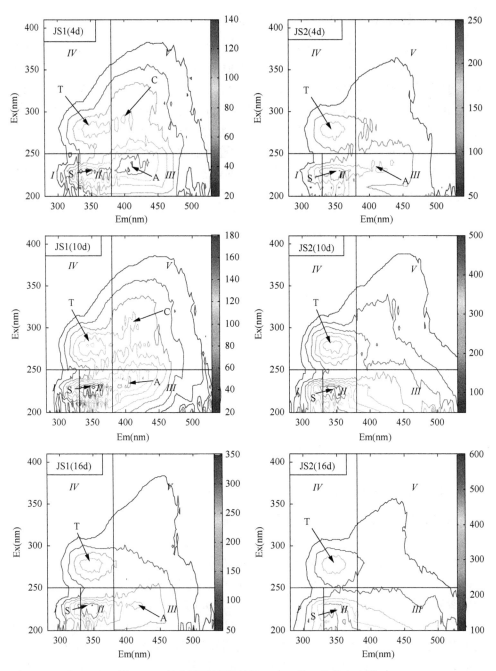

图 6-34 松花湖铜绿微囊藻 IDOM 的三维荧光光谱

6.5.8 松花湖 IDOM 的三维荧光区域积分

松花湖铜绿微囊藻 IDOM 三维荧光光谱 FRI 分析如图 6-35 所示，JS1 和 JS2 的总区域积分 $\Phi_{T,n}$ 变化呈上升趋势，LS1 在 10~16 天有大幅增长，LS2 在 4~10 天增幅较大。JS1 的 $P_{I+II,n}$ 均明显低于同时期 JS2 的 $P_{I+II,n}$，在第 4 天，JS1 的 $P_{IV,n}$（16.24%）低于 JS2 的 $P_{IV,n}$（17.35%），第 10 天和第 16 天，JS1 的 $P_{IV,n}$ 均高于 JS2 的 $P_{IV,n}$。在第 4 天时，松花湖的 $\Phi_{I+II,n}$ 最低；松花湖的 $\Phi_{IV,n}$ 最低，均值为 2.85×10^6AU-nm^2[mg/L C]$^{-1}$。在第 10 天时，松花湖的 $\Phi_{I+II,n}$ 和 $\Phi_{IV,n}$ 均有一定幅度的升高。在第 16 天时，松花湖的 $\Phi_{I+II,n}$ 和 $\Phi_{IV,n}$ 均保持升高，但幅度较小。

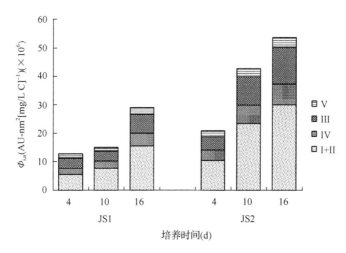

图 6-35　松花湖铜绿微囊藻 IDOM 区域积分（FRI）的变化

6.5.9 大伙房水库 IDOM 的荧光特性

大伙房水库 2 个点位（LD1 和 LD2）铜绿微囊藻在第 4 天、第 10 天、第 16 天细胞内溶解性有机物（IDOM）的三维荧光光谱如图 6-36 所示。LD1 和 LD2 点位在 3 个时期均出现 2 个特征峰，两个均是类蛋白荧光峰，即 LD1 点位 Peak S（Ex/Em=220~230nm/349~356nm）和 Peak T（Ex/Em=280nm/337~348nm），LD2 点位 Peak S（Ex/Em=220nm/346~354nm）和 Peak T（Ex/Em=280nm/336~348nm），比较 2 个点位 3 个时期的荧光光谱可以看出，随着培养时间的延长，同一点位的相同特征峰荧光强度增强。Peak S 的荧光强度一直高于 Peak T。

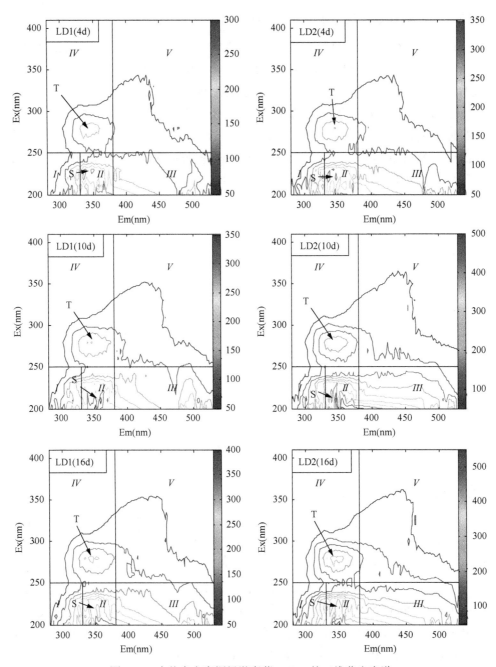

图 6-36　大伙房水库铜绿微囊藻 IDOM 的三维荧光光谱

6.5.10　大伙房水库 IDOM 的三维荧光区域积分

大伙房水库铜绿微囊藻 IDOM 三维荧光光谱 FRI 分析如图 6-37 所示，LD1 和 LD2 的总区域积分 $\Phi_{T,n}$ 变化呈平稳的上升趋势，LD1 的 $P_{I+II,n}$ 均低于同时期 LD2 的 $P_{I+II,n}$，且均呈缓慢的上升趋势，LD1 的 $P_{IV,n}$ 均高于同时期 LD2 的 $P_{IV,n}$，且呈现下降趋势，但 LD2 由第 10 天的 11.91% 升高到第 16 天的 12.28%。在第 4 天时，大伙房水库的 $\Phi_{I+II,n}$ 居中，均值为 1.47×10^7AU-nm^2[mg/L C]$^{-1}$；大伙房水库的 $\Phi_{IV,n}$ 也居中，均值为 3.59×10^6AU-nm^2[mg/L C]$^{-1}$。在第 10 天时，大伙房水库的 $\Phi_{I+II,n}$ 和 $\Phi_{IV,n}$ 均有一定幅度的升高。在第 16 天时，大伙房水库的 $\Phi_{I+II,n}$ 和 $\Phi_{IV,n}$ 均保持升高，但幅度较小。

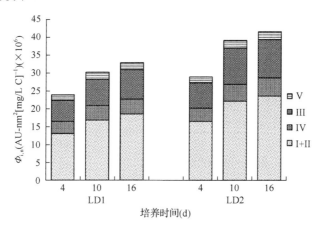

图 6-37　大伙房水库铜绿微囊藻 IDOM 区域积分（FRI）的变化

6.5.11　不同湖库 10 个点位的聚类分析

为了进一步分析不同湖库不同点位水体培养的铜绿微囊藻 IDOM 的差异性，该研究以第 16 天的 $\Phi_{I+II,n}$、$\Phi_{IV,n}$ 和 $\Phi_{T,n}$ 为变量，对 10 个点位进行了聚类分析，得出聚类分析树（图 6-38）。根据图 6-38，可以将 10 个点位分为三类，具体情况如表 6-15 所示。类别 I：包含了 HJ1、HJ2 两个点位。该类别 IDOM 的 $\Phi_{I+II,n}$、$\Phi_{IV,n}$ 和 $\Phi_{T,n}$ 值最大，水体最有利于铜绿微囊藻的生长，且藻类的生长情况最好。类别 II：包含 HX1、LD1、JS1、LD2 四个点位。该类别 IDOM 的 $\Phi_{I+II,n}$、$\Phi_{IV,n}$ 和 $\Phi_{T,n}$ 值最小，铜绿微囊藻在该类水体中生长较缓慢。类别 III：包含 HX2、JS2、HW2、HW1 四个点位。该类别 IDOM 的 $\Phi_{I+II,n}$、$\Phi_{IV,n}$ 和 $\Phi_{T,n}$ 值介于 I 类和 II 类水体之间，较有利于铜绿微囊藻的生长。

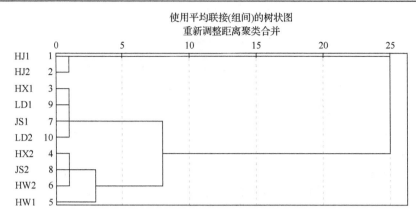

图 6-38　10 个点位的聚类分析树图

表 6-15　10 个点位的聚类结果[×10⁶(AU-nm²[mg/L C]⁻¹)]

类别	点位编号	$\Phi_{I+II,n}$ 均值	$\Phi_{IV,n}$ 均值	$\Phi_{T,n}$ 均值
I	HJ1、HJ2	55.44	10.30	97.63
II	HX1、LD1、JS1、LD2	19.40	4.64	34.90
III	HX2、JS2、HW2、HW1	34.94	7.40	61.13

6.6　湖库营养盐输入与藻类生长区域差异性分析

6.6.1　不同湖库水体 AGP 试验差异

为研究东北典型湖库水体对微囊藻生长的影响,本实验室进行了大量的研究。许多研究报道了氮、磷营养盐与铜绿微囊藻的生长具有密切的关系,而人为因素对氮、磷营养盐在水体中的浓度的影响较大。因此,针对氮、磷营养盐浓度对铜绿微囊藻生长的影响的研究成为近年来研究的热点。氮、磷营养盐对藻类生长的作用往往是相互影响的。

在本次关于不同湖库水体的 AGP 试验中,由于不同湖库间水质及水中氮、磷营养盐浓度不同,因此在培养铜绿微囊藻的过程中,各湖库及点位的不同营养组间铜绿微囊藻的生长曲线、最大现存量和最大比增长率及其出现的时间都不尽相同。其中,不同湖库及点位的湖水对照组间铜绿微囊藻的最大现存量(1.8～2.4×10⁵ 个细胞/mL)和最大比增长率(0.18～0.35/d)差异不大,说明各湖库水体中氮、磷营养盐的浓度不足以使铜绿微囊藻大量增殖,但是铜绿微囊藻能够在细胞中储存过量摄取的磷等营养元素,为其在环境或营养物改变的条件下继续增殖所用,通常可以支持细胞 2～4 次的分裂[62],因此在 AGP 试验过程中铜绿微囊藻并没有在培养初期因环境条件的变化而停止生长。不同湖库及点位混合营养组中铜绿微囊藻的最大现存量和最大比增长率高于单独添加氮、磷营养组,除兴凯湖是氮营养组的藻类最大现存量高于磷营养组外，其他各湖库及点位的情况恰恰相反，而松花湖（JS1、JS2）、HJ2 和 LD1 点位磷营养组的藻类最大比增长率高于氮营养组，其他湖库及点位藻类的最大比增长率相差不大。这说明，当 5 个湖库水体中有氮和磷营养盐混合输入时，铜绿微囊藻会快速、大量增殖；兴凯湖水体中氮盐的输入比磷盐更能促进铜绿微囊藻的生长繁殖，其他湖库水体中输入磷盐对铜绿微囊藻生长的影响更大。

6.6.2　不同湖库水体藻类生长控制因子的差异

不同湖库平均最大现存量与磷浓度在 $\alpha= 0.01$ 时存在显著正相关，平均最大比增长率与磷浓度在 $\alpha= 0.01$ 时也存在显著正相关。这表明此时期影响东北典型湖库水体铜绿微囊藻平均最大现存量和平均最大比增长率的因子主要是磷浓度。通过对不同湖库水体 AGP 试验最大现存量进行多重比较，结果表明，HJ1 和 HW1 点位结果相似，湖水组的平均最大现存量显著低于单独添加磷营养组和氮、磷混合营养组，而与单独添加氮营养组无显著差异，又有高磷营养组的平均最大现存量显著高于单独添加氮营养组，低磷营养组的平均最大现存量与单独添加氮营养组无显著差异，因此磷是限制 2 个点位铜绿微囊藻生长的主要因子，氮不是主要的控制因子。兴凯湖 2 个点位磷营养组的平均最大现存量显著低于氮营养组，但高于湖水对照组，说明氮、磷营养盐共同影响兴凯湖水体中铜绿微囊藻的生长，且氮营养盐对兴凯湖水体中铜绿微囊藻的影响作用强于磷营养盐。其他湖库及点位均是由氮、磷营养盐共同影响水体中铜绿微囊藻的生长的，且磷盐的作用强于氮盐。

6.6.3　不同湖库水体营养盐输入与藻类生长的响应关系差异

通过对不同湖库水体中输入氮、磷营养盐，使其 TDN、TDP 浓度相同，但是对藻类生长的影响不同。10 个点位水体中铜绿微囊藻的最大现存量均不同，其中镜泊湖的最大现存量最大，均值为 3.17×10^6 个细胞/mL，而大伙房水库的最大现存量最小，均值为 2.22×10^6 个细胞/mL，镜泊湖水体最适宜铜绿微囊藻的生长。不同湖库间铜绿微囊藻最大比增长率的大小和出现时间有差异，五大连池的最大比增长率最大，均值为 0.89/d，而且出现在第 2 天，其他湖库及点位最大比增长率出现在第 4～6 天，其值也在 0.55～0.65/d，因为五大连池水样 pH 在 7.6～8.25，且 NH_4^+-N 含量较高，五大连池 NH_4^+-N 含量（HW1 为 0.97mg/L、HW2 为 1.37mg/L）明显高于其他各湖库，有利于藻类在培养初期快速分裂，藻密度快速增长，藻类对不同氮源的利用不同，而 NH_4^+-N 是藻类能够优先利用的氮源[63,64]。在铜绿微囊藻的培养过程中，10 个点位水体中 TDN、TDP、NO_3^--N 和正磷酸盐的浓度均呈下降趋势，在最后阶段（16d），NO_3^--N 和正磷酸盐的浓度均接近于 0，说明氮、磷营养盐是铜绿微囊藻生长需要的主要营养物质，当浓度很低时，限制了藻类的进一步生长。10 个点位叶绿素 a 含量的变化曲线相近，均为先升高后下降，下降时出现波动现象，叶绿素 a 含量的最大值一般出现在 6～8 天，此外，叶绿素 a 含量的最大值比细胞最大现存量提前到达，这与 Brand 等[65]和易文利等[50]的研究结果类似，当细胞生物量达到最大值时，叶绿素 a 含量反而降低，叶绿素 a 含量提前达到最大值，表明藻细胞在培养的 6～8 天已适应新环境，表现出较强的光合作用，为细胞的进一步增殖提供了物质基础。

6.6.4　不同湖库水体铜绿微囊藻荧光特性差异

利用三维荧光光谱对铜绿微囊藻细胞内的 IDOM 进行分析，主要的荧光峰位于类蛋白区域(峰 S 和峰 T)，峰 S 荧光强度高于峰 T，随着培养时间的延长，荧光强度也随之增大。同一时间，不同点位相同特征峰的荧光强度存在差异。峰 S 所覆盖的荧光区域包含了类酪氨酸 (Ex/Em=230nm/300nm) 和类色氨酸 (Ex/Em=230nm/350nm) 芳香族物质。峰 T 所覆盖的荧光区域包含微生物溶解性产物(Ex/Em=280nm/310nm)、芳香族蛋白质及酚类物质(Ex/Em=280nm/350nm)，这些物质均属于藻细胞内部具有丰富活性的生化有机物。正常的蓝藻细胞中含有多种物质，具有荧光特性基团的物质主要有蛋白质(酶、藻蓝蛋白)、多肽(藻毒素)、氨基酸和 DNA 等。

对 IDOM 的三维荧光光谱[分为 5 个区域(I～V 区)]进行区域积分，随着培养藻类的时间变长，各湖库点位 IDOM 的 $\Phi_{T,n}$ 总体变化呈现上升趋势，与藻类的生长趋势基本一致。不同湖库 IDOM 三维荧光光谱类蛋白区域($P_{I+II+IV,n}$，即 $P_{I+II,n}$ 与 $P_{IV,n}$ 之和)比例在 59.42%～72.04%，表明各点位藻类 IDOM 均以类蛋白物质为主。由于湖库不同，IDOM 的 $\Phi_{T,n}$、$\Phi_{I+II,n}$ 和 $\Phi_{IV,n}$ 值明显不同，通过比较同一湖库 2 个点位水体培养铜绿微囊藻 IDOM 的三维荧光区域积分均值，结果表明，$\Phi_{T,n}$ 从大到小依次为镜泊湖、五大连池、兴凯湖、松花湖、大伙房水库。由于 $\Phi_{T,n}$ 值与藻类的生长趋势密切相关，在一定程度上反映了不同湖库藻类的生长能力，因此，通过比较不同湖库各点位 IDOM 的 $\Phi_{T,n}$ 均值，初步认为，在同水平氮、磷条件下，镜泊湖水体较适宜铜绿微囊藻的生长，其次是五大连池、兴凯湖，而铜绿微囊藻对大伙房水库、松花湖水体的适宜性相对较弱。对 10 个样点第 16 天以 $\Phi_{I+II,n}$、$\Phi_{IV,n}$ 和 $\Phi_{T,n}$ 为变量进行聚类分析，结果分为 3 类。I 类仅包含了镜泊湖的 2 个采样点(HJ1、HJ2)，镜泊湖为堰塞湖，且属于深水湖。镜泊湖呈东北向西南的带状延长，HJ2 采样点位于湖的中部，湖面较窄，湖水较深，流速较大，水中所含营养物质更新较快；HJ1 采样点位于湖的北部，湖面加宽，水深最大，流速较小，而且点位位于风景区，有大量的有机废水流入湖中，增加了水体中的营养物质，有利于藻类生长。II 类包含了大伙房水库(LD1、LD2)、兴凯湖(HX1)和松花湖(JS1)共 4 个采样点，大伙房水库每年水的更新量极大，几乎库水全部更新。

因此，水库中营养盐除在底质中有一定富集外，在库水中几乎全部更新。水库中的营养盐主要取决于入库水量中所含的营养盐量。上游农业生产是水体营养物质的主要来源，采样时间为秋季，农业生产中施用肥料给水体带来的营养物质明显减少，不利于藻类大量生长。兴凯湖是黑龙江流域最大的湖泊，是中俄界湖，我国境内岸边多为砂砾浅滩，湖底以砂为主，湖面波涛汹涌，湖水透明度较低。采样时兴凯湖正处于丰水期，水交换速度和水量都比其他季节高，湖泊内的营养物质减少[66,67]。HX1 采样点水浅浪大，HX2 采样点水深浪小，HX1 采样点的水交换速度较 HX2 采样点快，营养物质较 HX2 采样点少。松花湖为人工型湖泊水库，且为深水湖库。其具有河流的特点，有利于污染物的稀释扩散，增强了水体自净能力，在湖泊水体自净的条件下，污染物在运输过程中会逐渐被稀释降解[68]，下游湖水较深、湖面较宽、水体流速较缓等使固体悬浮物含量降低，并且湖体没有其他大型入湖河流的汇入，因此松花湖下游水质要好于上游，位于下游的 JS1 采样点水质要好于位于中上游的 JS2 采样点。III 类包含了五大连池（HW1、HW2）、兴凯湖（HX2）和松花湖（JS2）共 4 个采样点。III 类水体中营养物质较 II 类更适于铜绿微囊藻的生长。五大连池周围河流发育不良，无大河流，水流量较小，水体中营养物质含量较高，有利于藻类生长，然而水体的重碳酸盐含量较高，碱度较大，康丽娟等[69,70]的研究表明，重碳酸盐碱度过高对铜绿微囊藻的生长有一定的抑制作用，因此五大连池水体中铜绿微囊藻的生长情况比镜泊湖弱，而好于其他湖库。

6.7　本 章 小 结

对 5 个湖库水体进行 AGP 试验，当水体中有氮和磷营养盐混合输入时，铜绿微囊藻会快速、大量增殖，氮、磷均是不同湖库铜绿微囊藻生长的控制因子，但其作用并不一致。氮对兴凯湖 2 个点位铜绿微囊藻生长的限制性作用强于磷；而镜泊湖、五大连池、松花湖和大伙房水库则是磷较氮能更有效地促进铜绿微囊藻的生长。

在 5 个湖库水体中 TDN、TDP 浓度达到同一水平的条件下，镜泊湖水体最适宜铜绿微囊藻的生长，大伙房水库水体中铜绿微囊藻的生长情况较其他湖泊略差，五大连池水体有利于铜绿微囊藻在培养初期快速分裂增殖。水体中硝态氮、正磷酸盐是铜绿微囊藻生长的主要营养物质，在培养末期消耗殆尽；叶绿素 a 含量在铜绿微囊藻快速增长时达到峰值，而随着氮、磷浓度的降低，叶绿素 a 含量出现下降的趋势。

利用三维荧光光谱对铜绿微囊藻细胞内的 IDOM 进行分析，主要的荧光峰位于类蛋白区域，类酪氨酸区的荧光强度高于类色氨酸区，随着培养时间的延长，荧光强度也随之增大。同一时间，不同点位相同特征峰的荧光强度存在差异。

　　FRI 分析显示，在铜绿微囊藻的生长周期中，镜泊湖和兴凯湖的 $P_{I+II,n}$ 均呈现先升后降的趋势，其余湖库的 $P_{I+II,n}$ 均呈现上升的趋势，除兴凯湖和 JS1 采样点外，其余点位的 $P_{IV,n}$ 均呈现下降趋势。各湖库的 $P_{I+II,n}$ 和 $P_{IV,n}$ 总体上呈现互补的趋势。总区域积分 $\Phi_{T,n}$ 表现为镜泊湖＞五大连池＞兴凯湖＞松花湖＞大伙房水库。

　　对 10 个采样点进行聚类分析，共分为三类：类别 I 包含了 HJ1、HJ2 两个采样点；类别 II 包含 HX1、LD1、JS1、LD2 四个采样点；类别 III 包含 HX2、JS2、HW2、HW1 四个采样点。I 类水体中富含营养物质，最有利于铜绿微囊藻的生长；II 类水体水交换速度较快，更新量大，营养物质含量较低，铜绿微囊藻在该类水体中生长较缓慢；III 类水体较有利于铜绿微囊藻的生长。

参 考 文 献

[1] 赵永宏, 邓祥征, 战金艳, 等. 我国湖泊富营养化预防与控制策略研究进展[J]. 环境科学与技术, 2010, 33(3): 92-98.

[2] 王有利. 松花湖富营养化现状及其防治对策的探讨[D]. 吉林大学硕士学位论文, 2004.

[3] 闫兴成, 王明玥, 许晓光, 等. 富营养化湖泊沉积物有机质矿化过程中碳、氮、磷的迁移特征[J]. 湖泊科学, 2018, (2): 306-313.

[4] Utkilen H, Giolme N. Iron-stimulated toxin production in *Microcystis aeruginosa*[J]. Applied and Environmental Microbiology, 1995, (61): 797-800.

[5] 李小平. 美国湖泊富营养化的研究和治理[J]. 自然杂志, 2002, 24(2): 63-68.

[6] 尚斌, 周谈龙, 董红敏, 等. 生物过滤法去除死猪堆肥排放臭气效果的中试[J]. 农业工程学报, 2017, 33(11): 226-232.

[7] Wauer G, Gonsiorczyk T, Kretschmer K, et al. Sediment treatment with a nitrate-storing compound to reduce phosphorus release[J]. Water Res, 2005, 39(2-3): 494-500.

[8] Walpersdorf E, Neumann T, Stuben D. Efficiency of natural calcite precipitation compared to lake marl application used for water quality improvement in an eutrophic lake[J]. Appl Geochem, 2004, 19(11): 1687-1698.

[9] Jobgen A M, Palm A, Melkonian M. Phosphorus removal from eutrophic lakes using periphyton on submerged artificial substrate[J]. Hydrobiologia, 2004, 528(1-3): 123-142.

[10] Schauser I, Lewandowski J, Hupfer M. Decision support for the selection of an appropriate in-lake measure to influence the phosphorus retention in sediments[J]. Water Res, 2003, (37): 801-812.

[11] Michael T Sierp, Jian G Qin, Friedrich Recknagel. Biomanipulation: a review of biological control measures in eutrophic waters and the potential for Murray cod *Maccullochella peelii peelii* to promote water quality in temperate Australia[J]. Rev Fish Biol Fisheries, 2009, (19): 143-165.

[12] 秦伯强, 杨柳燕, 陈非洲, 等. 湖泊富营养化发生机制与控制技术及其应用[J]. 科学通报, 2006, 51(16): 1857-1866.

[13] 陈少强. 发达国家环境税考察及其启示[J]. 地方财政研究, 2008, 5(8): 62-64.

[14] 中国科学院南京地理研究所. 太湖综合调查初步报告[M]. 北京: 科学出版社, 1965.

[15] 饶钦止. 五里湖 1951 年湖泊学调查(四)浮游植物[J]. 水生生物学集, 科学出版社, 1962.

[16] 刘建康. 东湖生态学研究(一)[M]. 北京: 科学出版社, 1990.

[17] 邱东茹, 吴振斌, 刘保元. 武汉东湖水生植被的恢复试验研究[J]. 湖泊科学, 1997, 9(2): 168-174.

[18] 屠清瑛. 巢湖富营养化研究[M]. 合肥: 中国科技大学出版社, 1990.

[19] 章中, 唐以剑. 白洋淀区域水污染控制研究(第一集)[M]. 北京: 科学出版社, 1995.

[20] 金相灿, 刘树坤, 章宗涉, 等. 中国湖泊环境(第一册)[M]. 北京: 中国环境科学出版社, 1995.

[21] 王圣瑞, 金相灿, 赵海超, 等. 长江中下游浅水湖泊沉积物对磷的吸附特征[J]. 环境科学, 2005, 26(3): 38-43.

[22] 秦伯强. 长江中下游浅水湖泊富营养化发生机制与控制途径初探[J]. 湖泊科学, 2002, 14(3): 193-202.

[23] 秦伯强, 胡维平, 高光, 等. 太湖沉积物悬浮的动力机制及内源释放的概念性模式[J]. 科学通报, 2003, 48(17): 1822-1831.

[24] 席北斗, 徐红灯, 翟丽华, 等. pH 对沟渠沉积物截留农田排水沟渠中氮、磷的影响研究[J]. 环境污染与防治, 2007, 29(7): 490-494.

[25] 叶春. 洱海湖滨带生态恢复工程模式研究[M]. 北京: 中国环境科学研究院, 1999.

[26] 刘鸿亮. 湖泊营养物控制的国家战略[J]. 环境保护, 2007, (7B): 16-19.

[27] 朱浩然. 中国淡水藻志——色球藻纲[M]. 北京: 科学出版社, 1991: 11-18.

[28] Reynolds C S, Rogers D A. Seasonal variations in the vertical distribution and buoyancy of *Microcystis aeruginosa* Kütz. emend. Elenkin in Rostherne Mere, England[J]. Hydrobiologia,1976, 48(1): 17-23.

[29] Lmamuara N. Studies on the water blooms in Lake Kasumigaura[J]. Verh. Int. Angew. Limnol., 1981: 652-658.

[30] Takamura N, Iwakumar T, Yasuno M. Uptake of ^{13}C and ^{15}N (ammonium, nitrate and urea) by *Microcystis* in Lake Kasumigaura[J]. Journal of Plankton Research, 1987, 9(1): 151-165.

[31] 杨清心. 太湖水华成因及控制途径初探[J]. 湖泊科学, 1996, 8(1): 67-74.

[32] 杨清心, 李文朝. 太湖藻类水华盛发期水质富营养化状况的 Fuzzy 聚类分析[J]. 南京林业大学学报(生态专集), 1991, 15(增刊): 121-127.

[33] 王苏民, 窦鸿身. 中国湖泊志[M]. 北京: 科学出版社, 1998.

[34] Carmichael W W, Azevdo S M F O, An J S, et al. Human fatalities from cyanobacteria: chemical and biological evidence for cyanotoxins[J]. Environ Health Perspect, 2001, 109(7): 663-668.

[35] Yuan M, Carmichael W W, Hilborn E D. Microcystin analysis in human sera and liver from human fatalities in Caruaru, Brazil 1996[J]. Toxicon, 2006, 48(6): 627-640.

[36] Jiang Y, Ji B, Wong R N S, et al. Statistical study on the effects of environmental factors on the growth and microcystins production of bloom-forming cyanobacterium-*Microcystis aeruginosa*[J]. Harmful Algae, 2008, 7(2): 127-136.

[37] Zhang P, Zhai C M, Chen R Q, et al. The dynamics of the water bloom-forming *Microcystis aeruginosa* and its relationship with biotic and abiotic factors in Lake Taihu, China[J]. Ecological Engineering, 2012, 47: 274-277.

[38] Chu Z S, Jin X C, Yang B, et al. Buoyancy regulation of *Microcystis flos-aquae* during phosphorus-limited and nitrogen-limited growth[J]. Journal of Plankton Research, 2007, 29(9): 739-745.

[39] Dai R H, Liu H J, Qu J H, et al. Relationship of energy charge and toxin content of *Microcystis aeruginosa* in nitrogen-limited or phosphorous-limited cultures[J]. Toxicon, 2008, 51(4): 649-658.

[40] Yang Z, Geng L L, Wang W, et al. Combined effects of temperature, light intensity, and nitrogen concentration on the growth and polysaccharide content of *Microcystis aeruginosa* in batch culture[J]. Biochemical Systematics and Ecology, 2012, 41: 130-135.

[41] 储昭升, 金相灿, 阎峰, 等. EDTA 和铁对铜绿微囊藻和四尾栅藻生长和竞争的影响[J]. 环境科学, 2007, 28(11): 2457-2461.

[42] Amano Y, Sakai Y, Sekiya T, et al. Effect of phosphorus fluctuation caused by river water dilution in eutrophic lake on competition between blue-green alga *Microcystis aeruginosa* and diatom *Cyclotella* sp.[J]. Journal of Environmental Sciences, 2010, 22(11): 1666-1673.

[43] 代瑞华, 刘会娟, 曲久辉, 等. 氮磷限制对铜绿微囊藻生长和产毒的影响[J]. 环境科学学报, 2008, 28(9): 1738-1743.

[44] Dai R H, Liu H J, Qu J H, et al. Effects of amino acids on microcystin production of the *Microcystis aeruginosa*[J]. Journal of Hazardous Materials, 2009, 161(2-3): 730-736.

[45] Xiao Y, Liu Y D, Wang G H, et al. Simulated microgravity alters growth and microcystin production in *Microcystis aeruginosa* (cyanophyta)[J]. Toxicon, 2010, 56(1): 1-7.

[46] Qu F S, Liang H, He J G, et al. Characterization of dissolved extracellular organic matter(dEOM) and bound extracellular organic matter (bEOM) of *Microcystis aeruginosa* and their impacts on UF membrane fouling[J]. Water Research, 2012, 46(9): 2881-2890.

[47] Qu F S, Liang H, Wang Z Z, et al. Ultrafiltration membrane fouling by extracellular organic matters (EOM) of *Microcystis aeruginosa* in stationary phase: Influences of interfacial characteristics of foulants and fouling mechanisms[J]. Water Research, 2012, 46(5): 1490-1500.

[48] 况琪军, 夏宜琤. 太平湖水库的浮游藻类与营养型评价[J]. 应用生态学报, 1992, 3(2): 165-168.

[49] 崔力拓, 李志伟. 氮、磷营养盐组成对铜绿微囊藻生长的影响[J]. 河北渔业, 2006, 5: 12-14.

[50] 易文利, 王国栋, 刘选卫, 等. 氮磷比例对铜绿微囊藻生长及部分生化组成的影响[J]. 西北农林科技大学学报 (自然科学版), 2005, 33(6): 151-154.

[51] 王朝晖, 齐雨藻. 甲藻孢囊在长江口海域表层沉积物中的分布[J]. 应用生态学报, 2003, 14(7): 1039-1043.

[52] 张青田, 王新华, 林超, 等. 不同氮源对铜绿微囊藻增殖的影响[J]. 水生态学杂志, 2011, 32(4): 115-120.

[53] 方群, 崔莉凤, 庞晓辰. 铜绿微囊藻对磷酸盐的代谢及动力学研究[J]. 环境科学与技术, 2010, 33(9): 79-81.

[54] 朱根海, 许卫忆, 朱德第, 等. 长江口赤潮高发区浮游植物与水动力环境因子的分布特征[J]. 应用生态学报, 2003, 14(7): 1135-1139.

[55] 韩秀荣, 王修林, 孙霞, 等. 东海近海海域营养盐分布特征及其与赤潮发生关系的初步研究[J]. 应用生态学报, 2003, 14(7): 1097-1101.

[56] 李军. 长江中下游地区浅水湖泊生源要素的生物地球化学循环[D]. 中国科学院研究生院(地球化学研究所)博士学位论文, 2005.

[57] 李瑞玲, 张永春, 颜润润. 中国湖泊富营养化治理对策研究及思考[J]. 环境污染与防治(网络版), 2009, (3): 1-8.

[58] 金相灿, 刘鸿亮, 屠清瑛. 中国湖泊富营养化[M]. 北京: 中国环境科学出版社, 1995.

[59] Rohrlack T, Dittmann E, Henning M, et al. Role of Microcystins in poisoning and food ingestion inhibition of *Daphnia galeata* caused by the cyanobacterium *Microcystis aeruginosa*[J]. Appl Environ Microbiol, 1999, (65): 737-739.

[60] 国家环境保护总局. 水和废水监测分析方法[M]. 4版. 北京: 中国环境科学出版社, 2002.

[61] Chen W, Paul W H, Jerry A L, et al. Fluorescence excitation emission matrix regional integration to quantify spectra for dissolved organic matter[J]. Environmental Science and Technology, 2003, 37: 5701-5710.

[62] 谢平. 论蓝藻水华的发生机制——从生物进化、生物地球化学和生态观点[M]. 北京: 科学出版社, 2007.

[63] 张玮, 林一群, 郭定芳, 等. 不同氮、磷浓度对铜绿微囊藻生长、光合及产毒的影响[J]. 水生生物学报, 2006, 30(3): 318-322.

[64] Kameyama K, Sugiura N, Lsoda H, et al. Effect of nitrate and phosphate concentration on production of mierocystins by *Microcystis viridis* N1ES102[J]. Aquatic Ecosystem Health ＆ Management, 2002, 5(4): 443-449.

[65] Brand L E, Guillard R R, Murphy L S. A method for the rapid and precise determination of acclimated phytoplankton reproduction rates[J]. J. Plankton Res., 1981, 3(2): 193-201.

[66] 王建国, 于洪贤, 马成学, 等. 兴凯湖浮游植物数量特征与群落结构分析[J]. 淡水渔业, 2011, 41(4): 26-31.

[67] 孙冬, 孙晓俊. 兴凯湖水文特性[J]. 东北水利水电, 2006, 24(2): 21-27.

[68] 汤洁, 孙立新, 边境, 等. 松花湖富营养化评价及防治措施[J]. 中国水利, 2010, 19: 40-42.

[69] 康丽娟, 潘晓洁, 常锋毅, 等. HCO_3^-碱度增加对铜绿微囊藻光合活性和超微结构的影响[J]. 武汉植物学研究, 2008, 26(1): 70-75.

[70] 康丽娟, 潘晓洁, 常锋毅, 等. HCO_3^-碱度对铜绿微囊藻生长与光合活性的影响[J]. 长江流域资源与环境, 2008, 17(5): 775-779.